우주법

제3판

우주법

제3판

박원화 · 정영진 지음

한국학술정보(주)

30여 년의 외교관 생활을 그만두고 한국항공대학교 교수로 재취업하여 2009년 봄 학기부터 강의도 하는 학자 생활에 들어갔다. 1983년 소련의 대한항공 007기 격추 사건이라는 크나큰 사건을 당시 외교부 조약국 직원으로서 담당한 것이 계기가 되어 사건 처리 후 항공우주법을 공부하고 한때 저술활동도 하는 등 학구적 생활의 편린을 맛본 것이 인연이었겠다.

1990년 국내에서 처음으로 『우주법』을 발간하였을 때는 대부분의 사람들에게 제목부터 생소하였을 것이다. 그러나 지금은 우리나라의 최초 우주인(이소연)이 2008년에 탄생하였고, 2009년 10월 대전에서 세계우주대회(IAC)도 개최되는 등 그 어느 때보다도 한국에서의 우주에 대한 관심이 커졌다고 본다. 이에 힘입어 2009년 『우주법 제2판』을 발간한 데 이어 이번에는 우주법을 박사과정으로 공부하고 현업에 종사하고 있는 한국항공우주연구원(KARI)의 정영진 박사와 함께 『우주법 제3판』을 공저로 발간하면서 내용에 충실을 기하게 되어 기쁘기 그지없다.

저술 내용에 있어서 우리나라 위성산업 관련 법령과 문제점을 포함한 제3장 이하의 내용은 필자(박원화)가 기술하였고, 우주법의 이론적 내용, 배경과 역사에 관한 기술 및 우주자산의정서와 우주행동규범(Space Code of Conduct) 등 일부 중요 시사 문제는 정영진 박사가 주로 담당하였다. 이러한 공저는 이번부터 한국학술정보(주)로 출판사를 변경하여 출간하는 것과 때를 같이하는 것인바, 새 술은 새 포대에 담는다는 의미로서의 내용 혁신을 의미하는 결과가 될 것이다.

정영진 박사는 프랑스에서 한국인으로는 처음으로 우주법 분야에서 박사학위를 취득한 후 현재 한국항공우주연구원(KARI)의 선임 연구원으로서 우주법 성안을 위한 국제회의에 한국을 대표하여 참가하는 한편 KARI의 다양한 대외 업무에서 우주법과 우주정책적 요소에 관련된 분야를 담당하면서 우리나라의 대외 우주협력 업무에 기여하고 있다.

본서를 저술하는 데 있어서 최신 우주통신 동향을 파악하는 데 전파연구소의 이황재 박사가 도움을 주었고, 한국항공대학교 학생 김진우, 조원태, 정소연 등 세 명이 자료를 확인하고 교정을 보느라 노고가 많았는바, 이에 감사한다.

2012년 10월
저자 씀

목차

제1장　우주활동의 시작

제2장　우주법의 내용

제3장 국제우주법의 형성과 국제기구

제4장　우주의 법적 지위

1. 우주, 달 및 기타 천체의 법적 지위 ㅣ 86

2. Air Space와 Outer Space의 경계 ㅣ 95

제5장　우주법의 기본 원칙

1. 우주의 탐사와 이용 자유의 원칙 ㅣ 110

제8장　인공위성의 실용적 및 상업적 이용과 적용 규범

제9장 　위성자료 활용

제10장 우주법의 기타 문제

제11장 우주 보험

부록

우주관련 기타 국제 문서 | 441

AASL	: Annals of Air and Space Law
AJIL	: American Journal of International Law
Am. J. of Int'l Law	: American Journal of International Law
Am. Bar Ass'n. J.	: American Bar Association Journal
Annals Air & Sp. Law	: Annals of Air and Space Law
API	: Advanced Public Information
AR	: Administrative Regulations
ARABSAT	: Arab Satellite Communications Organization
ASAT	: Anti-Satellite Weapon
ASEAN	: Association of South East Asian Nations
AWST	: Aviation Week & Space Technology
BSS	: Broadcast Satellite Service
Can. Yrbk. of Int'l Law	: Canadian Yearbook of International Law
CCIR	: International Radio Consultative Committee (ITU) (Comité consultatif international des radiocommunications)
CCITT	: International Telegraph and Telephone Consultative Committee (ITU) (comité consultatif international télégraphique et téléphonique)
CD	: Conference on Disarmament
CEOS	: Committee on Earth Observation Satellites
CGMS	: Coordination Group of Meteorological Satellites
CNES	: Centre National d'Etudes Spatiales

COPUOS	: Committee on the Peaceful Uses of Outer Space (UN)
DBS	: Direct Broadcast Satellite
DDI	: Due Diligence Information
DLR	: Deutsches für Luft und Raumfahrt
EARC	: Extraordinary Administrative Radio Conference
EGNOS	: European Geostationary Navigation Overlay Service
ELDO	: European Launcher Development Organization
ELV	: Expendable launch vehicle
ESA	: European Space Agency
ESCAP	: Economic and Social Commission for Asia and Pacific
ESRO	: European Space Research Organization
EUMETSAT	: European Organization for the Exploitation of Meteorological Satellites
EUTELSAT	: European Telecommunications Satellite Organization
FSS	: Fixed Satellite Service
GCOS	: Global Climate Observing System
GIS	: Geographic Information System
GMES	: Global Monitoring for Environment and Security
GNSS	: Global Navigation Satellite System
GPS	: Global Positioning System
Harv. Int'l Law Jl.	: Harvard International Law Journal
IADC	: Inter-Agency Space Debris Coordination Committee
IAEA	: International Atomic Energy Agency
ICBM	: Intercontinental Ballistic Missile
ICJ	: International Court of Justice
ICSU	: International Council of Scientific Unions
I.E.E.E	: Institute of Electrical and Electronics Engineers
IFIC	: International Frequency Information Circular
IFRB	: International Frequency Registration Board

IGY	: International Geophysical Year
ILA	: International Law Association
ILM	: International Law Materials
IMO	: International Maritime Organization
Indian J. of Int'l. L.	: Indian Journal of International Law
INTELSAT	: International Telecommunications Satellite Organization
INMARSAT	: International Maritime Satellite Organization
Int'l. & Comp. L. Q.	: International and Comparative Law Quarterly
Int'l. L. Rep.	: International Law Report
IOC	: Intergovernmental Oceanographic Commission (UNESCO)
IPCC	: Intergovernmental Panel on Climate Change
ISO	: International Standardization Organization
ITAR	: International Traffic in Arms Regulations
ITSO	: International Telecommunication Satellite Organization
ITU	: International Telecommunication Union
ITU BR	: International Telecommunication Union Radiocommunication Bureau
JAXA	: Japanese Aerospace Exploration Agency
J. of Air Law & Comm	: Journal of Air Law and Commerce
J. of Sp. Law	: Journal of Space Law
LNTS	: League of Nations Treaty Series
Mil. Law Rev.	: Military Law Review
MIFR	: Master International Frequency Register
MSS	: Mobile Satellite Service
NASA	: National Aeronautics and Space Administration
NOAA	: National Oceanic and Atmospheric Administration
Northrop U.L.J. of Aerosp. Energy and Env.	: Northrop University Law Journal of Aerospace, Energy and Environment
NPT	: Treaty on the Non-Proliferation of Nuclear Weapons

PAROS	:	Prevention of an Arms Race in Outer Space
J. or PCIJ	:	Permanent Court of International Justice
PPWT	:	Treaty on the Prevention of the Placement of Weapons in Outer Space, the Threat or Use of Force against Outer Space Objects
RACS	:	Regional Administrative Radio Conference
RKA	:	Russian Federal Space Agency or Roscomos
RNSS	:	Regional Navigation Satellite System
RR	:	Radio Regulations
RRB	:	Radio Regulation Board
SALT	:	Strategic Arms Limitation Talks
SDI	:	(United States) Strategic Defense Initiative
SPOT	:	Satellite Pour l'Observation de la Terre
SPS	:	Solar Power System
COPOUS	:	(United Nations) Committee on the Peaceful Uses of Outer Space
UHF	:	Ultra High Frequency
UNEP	:	United Nations Environment Program
UNESCO	:	United Nations Economic, Scientific and Cultural Organization
UNGA	:	United Nations General Assembly
UNISPACE	:	United Nations Conference on Exploration and Peaceful Uses of Outer Space
UNTS	:	United Nations Treaty Series
USGS	:	U.S. Geological Survey
VHF	:	Very High Frequency
WARC	:	World Administrative Radio Conference
WIPO	:	World Intellectual Property Organization
WMO	:	World Meteorological Organization
WRC	:	World Radio Conference

우주활동의 시작

우주활동의 시작

1. 기술의 발전

1.1. 로켓 및 우주 운송 체제

우주공학의 창시자로 불리는 Konstantin Tsiolkovsky는 1903년 로켓비행이론을 창안하고 우주 로켓 디자인의 기본 원칙을 정립하였다.[1] Tsiolkovsky가 실제로 로켓을 발사하지는 않았지만, 고속의 우주비행은 다단계 로켓 사용을 통하여서 가능하다는 이론이 Tsiolkovsky에 의해서 형성되었다. Tsiolkovsky는 다단계 로켓 중 제1단의 기능은 추진 엔진과 추진 엔진에 부착된 인공위성을 포함하는 발사 물체 모두를 들어 올릴 수 있는 힘[2]을 발생시키는 것이라 주장하였고 이를 위한 엔진 연료로서 액체 사용을 권고하였다.

세계 최초의 탄도미사일은 1938년부터 독일 나치에 의하여 개발된 V-2미사일이다. 1942년 6월과 8월에 각각 두 차례의 발사 실패 후, 같은 해 10월 시험 발사에 성공하였다. V-2는 최대 사정거리 192km 그리고 비행고도 85km로 연장되었으며, 1944년 9월 발사를 시작으로 1945년 3월까지 제2차 세계대전 중 약 1,500여 차례 발사되었다. 특히 1944년 9월 중 벨기에서 프랑스 파리로 발사된 V-2는 5분 만에 파리 외곽에 이르러 6명의 사망자와 36명의 부상자를 초래하였다. V-2는 우주에 접근하지는 못하였지만 대류권을 이탈하여 중간권의 상부에 도달한 첫 로켓으로 오늘날 우주발사체의 원형으로 평가되고 있다.[3]

제2차 세계대전 이후 냉전시대에 접어들면서 소련과 미국은 경쟁적으로 미사일 개발에 전력을

---

1) Gatland, K, The Illustrated Encyclopedia of Space Technology, A Comprehensive History of Space Exploration, (New York, 1981), p.10 이하.

2) 물체를 수직으로 이륙시키는 힘(thrust)은 엔진과 추진엔진(booster)에 의존하는데 추진엔진은 지상 이륙 시 거대한 동력을 발하여 우주선이 지구인력을 이탈토록 하는 로켓임. 미국 우주왕복선의 추진엔진은 고체 연료를 사용함.

3) 전게 주 Gatland, K p.50.

기울였다. 1956년 대륙간 탄도미사일로 고안된 R-7은 1957년 개발이 완성되었다. 그러나 1957년 5월 첫 발사가 발사 후 100초 만에 엔진의 폭발로 실패하고 연이은 4차례의 발사도 모두 실패하였다. R-7은 세계 첫 인공위성인 Sputnik 1호를 탑재하고 1957년 10월 4일 마침내 성공하였다. 당시 소련의 국가원수인 니키타 세르게예비치 흐루쇼프는 R-7의 성공적인 발사 후 불과 한 달여 만에 다른 인공위성의 발사를 요구하였고, 같은 해 11월 3일 원숭이를 태운 Sputnik 2호가 성공적으로 발사되었다. R-7은 Vostok, Voskhod, Soyuz 그리고 Molnya와 같은 발사체로 개량되어 개발되고 있다.[4]

지구와 지구환경을 체계적으로 연구하기 위하여 국제과학연맹이사회(International Council of Scientific Unions)의 주관 하에 1957년 7월부터 1959년 12월까지 국제지구물리관측년(International Geophysical Year)[5]이라는 국제적인 지구물리학 연구에 관한 계획이 수립되었다. 미국은 IGY 기간 중 과학위성을 발사할 목적으로 1955년 Vanguard 로켓 개발에 착수하였다. Vanguard는 3단으로 구성되며 1단은 독일의 V-2를 격추하기 위해 개발한 고체 로켓인 Viking, 2단은 대기 및 우주 방사능 연구를 위해 개발된 고체 로켓인 Aerobee 그리고 3단은 새로운 고체 로켓으로 이루어졌다. Vanguard는 1959년까지 총 11차례 발사되었으나, 인공위성을 궤도에 성공적으로 진입시킨 것은 세 차례에 불과하였다.[6]

그러다가 미국은 1960년대 초까지 약 10여 개의 소모용 발사체를 개발하였다. 이 중 대륙 간 탄도미사일로 개발된 Titan은 1959년부터 2005년까지 미국의 군사위성 발사를 위해 총 368차례 발사되었다. Big Bird와 KH-11 Keyhole과 같은 미국의 첩보위성이 Titan 3C와 Titan 3D에 의해 발사되었다. Titan 이외에 대륙 간 탄도미사일 용도로 개발된 SM-65 Atlas는 비군사적 용도로도 사용되어, 1958년 12월 세계 최초 통신위성인 SCORE(Communication by Orbiting Relay Equipment)를 발사하였다. 개량화를 거친 Atlas V는 2020년까지 발사가 계획되어 있다.

고체 추진 엔진을 발사체 하단에 여러 개 장착하는 방식을 통해 발사체의 추진력을 대폭 증가

---

4) Jasani, Military Space Technology and Its Implications, in, Jasami, B., (ed), Outer Space-A New Dimension of the Arms Race, (London, 1982), p.27.

5) 1932년과 1933년에 진행된 국제지구극관측년 이후, 로켓 공학 및 정보처리 분야를 이용하는 국제적 과학연구를 수행하기 위하여 1950년 미국의 과학자인 Lloyd Viel Berkner 등 지구물리학자들이 제3차 국제지구관측년을 제안하였다. 이러한 제안은 극 연구에서 지구물리학 연구로 확대되었으며 그 결과 국제지구물리관측년으로 알려지게 되었다. IGY에는 로켓공학을 이용하여 고도가 높은 상층의 대기 현상을 조사하는 방법이 처음으로 사용되었음. 70개국 이상이 참여한 IGY의 성공으로, 태양극소기국제관측년(International Year of the Quiet Sun, 1964년-1965년), 국제수문학 10개년 계획(International Hydrological Decade, 1965년-1975년), 국제해양탐사 10개년 계획(International Decade of Ocean Exploration, 1970년-1980년) 등 국제협력 연구가 계획되었음.
국제지구물리관측년에 관한 상세한 내용은 다음 자료 참조:
-US National Committee for the International Geophysical Year, National Academy of Sciences, Press Release, 29 July 1955;
-Buedeler, W., The International Geophysical Year, (Paris, 1957);
-Chapman, S., IGY, Year of Discovery, (Ann Arbor, Mich., 1959);
-Staff Report on the International Year and Space Research, 86th Cong., lst Sess.,1959.

6) 전게 주 Jasani, pp.20-21.

시켜 왔다. 미국의 Delta가 대표적인 경우이다.[7] 초기에 Delta의 탑재 용량은 130kg에 불과하였으나 중형 Delta IV는 약 4톤에서 6.5톤에 이르는 탑재체를 정지천이궤도(geostationary transfer orbit)에 발사할 수 있다. 중형 Delta IV는 2002년에 처음으로 발사되어 2009년까지 7차례 발사가 모두 성공하였다.

소련도 미국에 뒤질세라 발사체 개발에 주력하였다. 사거리 13,000km 이상 100메가톤에 달하는 핵탄두의 발사가 가능한 Proton은 초기 대륙 간 탄도미사일로 개발되었다. Proton은 1965년에 처음 발사되어 현재는 러시아 정부의 용도뿐만 아니라 상업용으로도 이용되고 있다. Proton의 탑재 능력은 지구 저궤도의 경우 약 22톤 그리고 정지궤도의 경우 약 6톤에 이른다.

그러나 당시 미국과 소련의 발사체는 모두 소모용이었다. 1981년 4월 12일 미국의 우주왕복선 Columbia 호의 발사는 재사용이 가능한 우주왕복선 시대를 열었다. 두 명의 승무원이 탑승한 Columbia호는 소련인 Youri Gagarine의 우주비행 20주년을 기념하여 케네디 우주센터에서 발사되었다. 미국의 우주왕복선 개발은 1961년 5월 25일 미국의 John F. Kennedy 대통령이 발표한 인간을 달에 보내는 Apollo 프로그램으로 거슬러 올라간다. 결국 1969년 7월 21일 미국인 Neil Armstrong과 Buzz Aldrin이 달에 인간의 첫발을 내디뎠다.

Columbia호에 뒤이어 Challenger호가 1983년 4월에, Discovery호가 1984년 8월에, Atlantis호는 1985년 10월에 그리고 Endeavour호는 1992년 5월에 비행에 성공하였다. 그러나 미국의 우주왕복선 프로그램은 1986년 1월 28일 Challenger호가 발사 직후 73초 만에 고체연료 추진 엔진의 공중 폭발로 승무원 7명 전원이 사망하는 대 참사로 인해 약 2년 반 동안 그 운용이 마비되었다. 1988년 Discovery호의 발사로 우주왕복선 프로그램은 재개되었으며, Challenger호는 Endeavour호로 교체되었다. Endeavour호는 1992년 5월 첫 발사되었다. Columbia호 또한 2003년 2월 28번째 비행을 마치고 대기권에 진입하는 과정에서 파괴되어 승무원 7명이 전원 사망하였다.

NASA는 2011년 3개의 우주왕복선 프로그램을 모두 종료하였다. Discovery호는 2011년 2월, Endeavour호는 2011년 5월, 그리고 우주왕복선 Atlantis호는 2011년 7월 최종 비행을 성공적으로 완수하였다. 지난 30년간 미국의 우주왕복선은 총 135회를 비행하였으며 비행거리는 5.4억 마일에 이른다. 그리고 우주왕복선에 총 16개국 852명의 비행사가 탑승하였다.[8]

한편, 소련은 1986년 지상으로부터 약 296km에서 약 420km 사이에서 궤도를 유지하는 우주정

---

7) AWST 83.3.14일자 p.142.

8) 지구 주위를 포물선 형태로 도는 지구 저 궤도는 지상에서 가까운 지점(perigée)이 약 90km, 지상에서 먼 지점(apogée)은 매우 다양한 고도를 형성하나 perigée보다는 훨씬 높은 점을 유지하면서 상당 기간 동안 지상에서 발사된 물체(인공위성)가 순환하는 궤도를 말함. 인공위성이 지구상의 일정부분(예컨대 북미 또는 러시아)을 지나갈 때 perigée가 되도록 순환궤도를 사전에 계산하여 우주에 물체를 진입시키는 경우가 많은바, 이는 통신, 첩보 및 관측 등의 목적 때문임. 궤도의 고도에 따라서 지구를 한 바퀴 순환하는 회수가 다르지만 하루 약 10회인 경우가 많음.

거장 Mir 건설에 착수하였으며, 1996년 Mir가 완성되었다. Mir는 임무 종료로 2001년 3월 궤도에서 이탈하기 전까지 주로 생물학, 인체생물학, 물리학, 천문학, 기상학 등 승무원의 실험 장소로 사용되었다.

소련은 적국의 핵미사일 요격을 주요 내용으로 하는 미국 Ronald Reagan 대통령의 방위전략구상인 SDI[9]에 대한 대응 차원에서 미국의 우주왕복선 개발에 해당하는 Buran(Bourane) 프로그램을 추진하였다. 우주왕복선 Buran은 1988년 11월 15일 발사체 Energia에 의해 지상 약 160km에 도달한 후, 자체 엔진으로 지상 약 250km까지 비행하였다. 그러나 소련은 냉전의 해빙기를 맞이하면서 중복적인 투자가 되는 고 비용의 Buran 개발을 더 이상 추진하지 않았다.

인공위성의 발사는 지상에서뿐만 아니라 비행 중인 항공기나 선박에서도 가능하다. 비행 중인 항공기로부터 인공위성을 탑재한 로켓을 분리하여 궤도에 진입시킬 경우 지상에서 발사하는 것과는 달리 거대한 중력을 극복하지 않아도 되기 때문에 약간의 추진력만으로 궤도 진입이 가능하다는 장점이 있다. 예를 들면, 미국 공군의 폭격기 B-52가 비행 중 미국의 군사용 인공위성 Glomar를 탑재한 로켓 Pegasus를 태평양 상공에서 공중 발사하여 Glomar를 극지 궤도에 진입시키려는 계획이 이에 해당된다.[10] Sea Launch는 적도 해상의 이동 발사대에서 인공위성 발사 서비스를 제공하는 다국적 기업으로, 미국의 Boeing, 러시아의 Energia, 우크라이나의 SDO Yuzhnoye 그리고 노르웨이의 Aker Solutions에 의해 1995년 설립되었으며 지분의 40%는 Boeing이 소유하고 있다. 국가 기관이 우주산업을 직접 통제하고 운영하는 소련(현재 러시아)과는 다르게 미국에서는 이와 같이 민간 기업이 다양한 발사체 서비스를 제공하고 있다.[11] Sea Launch는 1999년 3월 첫 발사 후 현재까지 32차례 발사되었는데 한국통신의 정지궤도 통신위성인 무궁화 5호가 2006년 8월 Sea Launch에 의해 발사되었는데 수년 전 발사 실패와 재정문제로 파산상태에 있었으나 이제 정상화되는 중이다.[12]

---

9) SDI(Space Defense Initiative)는 1983년 3월 23일 미국 Ronald Reagan 대통령이 발표한 전략방위구상으로, Star Wars라고도 불림. SDI는 냉전 시대 소련의 핵미사일 위협에 대하여 과거 30년간 탄도탄 요격미사일(Anti-Ballistic Missile) 및 탄도미사일 방어(Ballistic Missile Defense)에 의한 핵 억제력은 한계가 있어, 이를 대체하기 위하여 적의 핵 공격 시 우주와 지상에서의 요격을 주목적으로 하는 군사전략임. SDI는 미사일기지에서 발사되어 추진체와 탄두의 분리 전에 요격하는 초기요격 방법, 우주공간을 날아오는 동안에 요격하는 중도요격 방법, 미국 본토 상공에서 요격하는 종점요격 방법의 3단계로 구성되어 있음.

10) AWST 89.1.9일자 p.59 및 pp.36~41 참조.

11) 발사체 경우 McDonnell Douglas사의 Delta, Martin Marietta사의 Titan, General Dynamics사의 Atlas-Centaur가 대표적인 예이며 우주선(spacecraft를 우리말로 번역한 것임. Spacecraft는 우주왕복선인 Space shuttle은 물론 자체 조종이나 원격 조종에 의하여 항행이 가능한 각종 우주물체를 총칭하는 용어임)의 경우 우주왕복선 궤도기(orbiter)를 제작한 Rockwell International 사, 77.8.20 발사된 후 1979년 목성(Jupiter)탐사를 시작하여 1980~81년 토성(Saturn), 1986년 천왕성(Uranus) 이후 1989년 해왕성(Neptune)을 근접 촬영하는 Voyager호를 제작한 JPL(Jet Propulsion Laboratory)이 대표적인 예임. Spacecraft와 Spaceplane은 공히 우주선으로 한글 번역되나 Spacecraft는 인공위성도 포함하는 광의의 우주선이고 Spaceplane은 우주비행을 할 수 있는 형태를 갖는 우주선, 즉 협의의 우주선으로 이해하여야 함.

12) 오늘날 상업용 발사체 시장은 Arianespace와 ILS(International Launch Services)가 큰 몫을 차지하고 있으나 미국 SpaceX사의 Falcon 9로켓의 첫 발사가 성공(2012년 5월)하면서 정상화 궤도에 있는 Sea Launch와 함께 4강 구도를 형성할 것으로 기대됨. ILS는 러시아의 Khrunichev State Research and Production Space Center (Khrunichev)의 자회사인바, Khrunichev는 그간 Proton로켓을 360회나 발사하였음. Delta와 Atlas 로켓을 이용하는 ULA(United Launch Alliance)는 미국의 군용 인공위성 발사만을 담당하면서 상업용 발사에는 관여하고 있지 않음. 2011년 상업용 발사

중국은 자국의 탄도미사일 Dong-Feng 3에 기초하여 1965년부터 우주발사체 개발에 착수하였다. 중국의 첫 우주발사체인 LM 1(Long March 1)은 1970년에서 1971년 사이 세 차례 발사되었으며, 중국의 첫 인공위성인 China 1이 1970년 4월 LM 1에 의해 발사되었다. 당시 LM 1의 탑재 중량은 300kg이었으나 그 후 탑재 중량을 740kg으로 늘렸다. LM은 개량화를 통해 현재 LM 4까지 개발되었으며 LM 5는 현재 개발 중이다.

중국은 1988년 12월 LM 3을 네 차례 연속 발사에 성공하였으며, 자국의 첫 유인 우주선인 Shenzou 5호를 2003년 10월 LM 2F를 통해 성공적으로 발사하였다. 무인 달 탐사위성 창어 1호는 LM 3A에 의해, 그리고 창어 2호는 LM 3C에 의해 2007년 10월과 2010년 10월 각각 성공적으로 발사되었다.

최근에 중국의 첫 여성 우주인 Liu Yang이 탑승한 유인 우주선 Shenzou 9호가 LM 2F에 의해 2012년 6월 성공적으로 발사되었으며, Shenzou 9호는 중국 최초의 우주정거장인 텐궁 1호와 도킹에 성공하였다. 이로서 중국은 미국과 러시아에 뒤이어 세계에서 세 번째로 무인과 유인 우주 도킹 기술을 확보하게 되었다.

유럽에서는 1964년 설립된 유럽발사체개발기구(European Launcher Development Organization: ELDO)와 유럽우주연구기구(European Space Research Organization: ESRO)가 1975년 유럽우주청(European Space Agency: ESA)으로 통합된 후 종합적인 인공위성 및 발사체 개발 계획에 들어갔다. ESA는 ESA의 분담금 비율이 가장 높은 프랑스의 제안으로 ESA의 우주발사체 프로그램인 Ariane 개발에 착수하였다. 1979년 12월 Ariane 1을 성공적으로 발사하여 1.7톤의 인공위성을 지구정지궤도에 진입시켰으며 그 후 지속적인 개량을 통해 Ariane 2, Ariane 3, Ariane 4, 그리고 Ariane 5가 개발되었다.[13] Ariane 4는 약 4.3톤의 인공위성을 지구정지궤도에 진입시킬 수 있는 대형 발사체로 개선되었으며 1988년 6월 첫 발사 이후 2003년까지 116차례나 발사되었다. 이 가운데 발사 실패는 세 차례에 불과하였다.

Ariane 발사체 프로그램의 개발 목적은 미국과 러시아로부터 우주 기술을 독립하는 것과 유럽 국가의 정부 소유 위성을 매년 한두 차례 발사할 수 있는 능력을 배양하는 것이었다. 그러나 Ariane은 이미 1979년부터 2009년 사이 100kg 이상의 인공위성을 약 300기 이상 발사하였으며 정지궤도에 발사하는 통신위성은 236기를 발사하였다. 그중 유럽의 인공위성을 69기 발사한 것과는 달리 미국의 인공위성을 81기 그리고 아시아 인공위성을 49기 발사하여, Ariane은 이미 발사체의 상업화에 성공하였다.

시장은 약 20억 불로서 프랑스와 러시아가 각기 약 40% 이상을 차지함. AWST 2012.7.9자 32쪽.

13) 전게 주 Gatland, K, p.47.

이스라엘의 로켓 개발은 1963년 이스라엘과 프랑스의 항공기 제조업체인 Dassault사 간에 체결된 Jericho라는 이스라엘의 탄도 미사일 개발에서 시작되었다. 그러나 12기의 미사일이 이미 프랑스에서 이스라엘에 이송된 상태에서, 1968년 1월 프랑스의 무기 금수 조치에 따라 프랑스와의 협력이 중지되었다. 게다가 1969년에는 이스라엘이 단거리 탄도미사일인 Jericho 1을 핵탄두를 탑재한 전략 미사일로 사용하지 않을 것을 미국과 합의하였다. 그럼에도 불구하고 우여곡절 끝에 약 100기의 미사일이 생산된 것으로 알려져 있다. 장거리 탄도미사일로 개발된 Jericho 2는 1988년 첫 발사되었다. Jericho 2의 탑재 중량은 500kg이고 최대 사거리는 7,800km에 이른다. 특히 Jericho 2의 개량형인 Shavit은 이스라엘의 첩보 군사위성인 Ofeq 발사에 이용되었다. 1988년부터 2007년까지 총 7기의 Ofeq를 발사하였고 그중 1998년 Ofeq 4 그리고 2004년 Ofeq 6 발사는 실패하였다. 이스라엘은 1994년 대륙 간 탄도미사일인 Jericho 3을 개발하기 시작하여 1998년 1월 첫 시험 발사를 하였다.

인도는 1970년대 우주발사체 개발에 착수하였다. 인도우주기구(Indian Space Research Organization: ISRO)가 처음으로 개발한 발사체 SLV는 40kg의 인공위성을 저궤도로 진입시킬 수 있었다.[14] SLV는 후에 ASLV로 개량 개발되었다. SLV는 1979년 8월 첫 발사에는 실패하였으나 1980년 3월, 1981년 5월 그리고 1983년 4월에 자국의 인공위성인 RS-1, RS-D1 그리고 RS-D2 발사에 성공하였다.[15]

그 후 인도는 극궤도 위성 발사체인 PSLV를 개발하여 1993년 9월 처음 발사하였으나 높이 통제 시스템의 문제로 성공하지는 못하였다. 그러나 이후 1997년 1차례의 실패를 제외하면 총 21차례 발사 중 나머지 19차례 모두 성공적으로 발사하였다. 특히 2008년 4월에 발사된 PSLV는 모두 10기의 위성을 탑재하였다. 지구정지궤도 위성 발사체인 GSLV는 1990년에 개발이 시작되었다. 러시아의 액체산소·액체수소 엔진을 활용한 GSLV는 탑재중량이 약 1540kg에서 2310kg까지 개선되었다. 2001년 4월 처음 발사되어 2003년 5월 그리고 2004년 9월 연이어 발사에 성공하였으나 그 후 4차례 발사는 모두 실패하였다.

일본의 로켓 개발은 1954년에 설립된 동경대학 부설 생산기술연구소로 거슬러 올라간다. 생산기술연구소와 동 대학 부설 항공연구소가 1964년 우주항공연구소로 통합되었다. 일본 로켓의 시초는 1954년부터 생산기술연구소에 의해 개발되어 1955년 3월 발사된 길이 23cm, 직경 1.8cm 그리고 무게 200g의 펜슬(pencil)로켓이다. 그 후 고체연료를 이용하는 관측 로켓인 Kappa와 Lambda를 차례로 개발하였다. 인공위성의 발사 등 우주개발을 본격적으로 추진하기 위하여 1963년에 계획된 로켓이 M이다. 1966년 첫 발사 후 2006년까지 총 26기의 위성을 발사하였다.

---

14) Gatland, K., The Industrial Encyclopedia of Space Technology: A Comprehensive History of Space Exploration, (New York, 1981), p.59.
15) AWST 83.3.14일자, p.143.

일본은 종전의 과학 위성 발사를 위한 로켓 개발에서 벗어나 상업적 실용 위성 발사를 위한 액체연료 로켓 개발을 시작하였다. 이를 위해 미국의 Delta 로켓 기술을 단계적으로 이전받아 1970년부터 N 로켓 개발에 착수하였다. N 1은 1975년 9월 시험위성을 성공적으로 발사하고 1972년 2월 발사 실패를 제외하고 1982년까지 총 7기의 위성을 발사하여 6차례 성공하였다. 그리고 대형 인공위성 발사를 위해 N 1의 후속 모델로서 N 2를 개발하였으며 1987년까지 총 8차례 모두 성공적으로 발사하였다. 그 후 N 2는 H 1과 H 2로 개량되었다. 정지궤도 위성을 발사할 목적으로 개발된 H 2A는 2001년 8월 첫 실험발사 후 우리나라 다목적 실용위성 아리랑 3호를 탑재한 2012년 5월 발사까지 총 21차례 발사되었다. 그 가운데 2003년 11월 단 1차례 실패하였다.

1.2. 통신 기술

우주의 탐사와 이용에 있어서 무선통신은 절대적이다. 우주물체의 조종, 통제, 원격 측정, 추적 등 그 어느 활동에 있어서도 무선통신은 불가결한 요소를 구성한다. 지구에서 인공위성, 발사체 등을 발사한 후 발사체를 조종하고 이로부터 송신되는 데이터를 수신하고 또는 인공위성을 통하여 지상의 타 지점과 교신하는 모든 기능이 전파 송신에 의존한다.

무선 신호는 전자기파 또는 전파로 이동하며 빛과 비슷한 특성을 가지고 있다.[16] 이 무선 신호는 무선 파장이 일정 시간 내에 진동하는 횟수를 헤르츠(hertz)라는 주파수 단위로 표기하여 서로 상이한 무선 신호를 구분한다. 주파수의 종류로는 초저주파, 저주파, 중간주파, 고주파, 초고주파 등이 있다. 같은 지역에서 서로 다른 사람이 동일한 주파수에 2개 이상의 서로 다른 메시지를 동시에 보낼 경우 혼선이 발생한다. 전파의 파장이 짧고, 높은 주파수를 가진 고주파는 긴 파장을 가진 저주파수보다 먼 거리까지 전달되기 때문에 장거리 무선통신에 사용된다. 이 고주파는 송신된 후 지구 대기의 전리층에 반사되어 먼 거리에 도달할 수 있으나 기상 또는 하루 중 어느 때이냐에 따라서 고주파의 상태가 변하기 때문에 항시 신뢰할 수 있는 통신 방법으로 사용하기는 곤란하다.

한편, 하나의 TV채널이 초고주파(VHF 또는 마이크로파)에서 약 1,000개의 전화 회선을 필요로 하는 것처럼, 많은 양의 정보를 운반하기 위해서는 고주파의 넓은 대역이 필요하다. 마이크로파는 전리층을 통과하지만 통과 전 지상에 설치된 중계국에서 수신하여 보강하는 방법을 통해 장거리 통신에 이용할 수 있다. 마이크로 통신의 경우 산맥, 숲, 바다 등의 자연 조건이 송신 장애

---

16) 라디오 통신에 관한 기본 지식은 Langley, G., Telecommunications Primer, (2nd ed., London, 1986), Pitman Publishing 참조.

요인이 되지만, 장거리 통신을 위해 통신위성을 사용한다면 고주파의 무선 신호를 용이하게 중계할 수 있고, TV프로나 고음질의 음성 메시지를 장거리 통신하는 데 매우 간편하기 때문에 통신위성을 이용한 각국의 우주 활용이 매우 활발하다.[17] 통신위성을 이용한 송신은 다른 어떠한 방법을 통한 송신보다 먼 거리에 도달할 수 있으며 지상에서 많은 시설물을 필요로 하지 않는다는 장점이 있다.

지구 상공에 중계국을 띄워 올리는 방법을 이용한 원거리 송신의 가능성은 헝가리 출신의 로켓 엔지니어인 Herman Noordung이 1929년 자신의 저서인 "Problems of Space Flight"에서 처음 언급하였다. 그의 뒤를 이어 영국의 작가이자 발명가인 Arthur C. Clarke이 1945년 자신의 논문 'Extraterrestrial Relays'에서 TV용 무선 신호를 포함한 UHF를 적도 상공 35,800km 상공의 지구정지궤도에서 중계하는 무선 중계방식을 구상하였다.

그 후 과학자들은 달과 기구(balloon)의 반사작용을 이용하여 한 지상국(局)으로부터 다른 지상국으로 무선 신호를 중계하는 실험을 시작하였다. 1951년 미국의 육군 엔지니어들은 당시 폭풍으로 통신이 두절된 워싱턴과 하와이 두 도시를 달을 이용하여 통신하는 데 성공하였다. 26m 안테나를 이용하여 430MHz를 송신하는 이러한 방법은 1962년까지 계속되었다.

1958년 12월 세계 최초의 통신위성인 SCORE가 미국의 Atlas 로켓에 의하여 발사되었고 미국의 Eisenhower 대통령이 SCORE를 이용하여 성탄 메시지를 송신하였다. SCORE의 후속으로 1960년 10월 발사된 인공위성 Courier 1은 분당 6,800단어의 중계가 가능하였으며, Eisenhower 대통령이 Courier 1을 이용해 New Jersey로부터 UN에 메시지를 보냈다.

지상국에서 전자기파를 확산시키는 방법으로 기구도 사용되었다. NASA의 통신위성 실험 프로젝트의 일환으로 기구(気球) 위성인 ECHO 1과 ECHO 2가 1960년과 1964년에 각각 발사되었다. 직경 30m의 기구를 알루미늄 마일라[18]로 만들어 지상 1,500km 상공에 띄워 기구가 지상에서 올라오는 파장을 반사하도록 하는 것이었다.

1962년 7월에는 TV 신호를 중계하기 위하여 미국의 통신기업인 AT&T사의 Telstar 1 위성이 미국의 Thor-Delta 로켓에 의하여 발사되었다. Telstar 1은 미국에서 영국과 프랑스에 소재한 지상국에 최초로 TV프로를 송신하였으며 쌍방 전화통화도 중계하였다. 1963년 7월에 발사된 TELSTAR 2는 600개의 음성 전화선과 하나의 TV채널을 2.25W의 출력으로 중계하였다.

---

17) 고품질(high quality)의 장거리 통신을 위하여 광섬유(fiber-optic)케이블도 많이 이용되고 있는바, 최근 수년간 광섬유 케이블과 통신위성을 이용한 방법 중 어느 방법이 보다 경제적이냐에 관하여 많은 연구가 진행됨. 이에 관하여 최근 미국 Comsat(위성체 회사)은 양자가 음성, 데이터 및 비디오 통신에 있어서 상호 보완적인 기능을 하며, 통신위성이 광섬유케이블에 대하여 경쟁능력이 있다는 연구를 오래전에 발표함(AWST 89.2.20일자 p.131 참조).
18) Mylar는 녹음테이프용에 사용되는 얇고 끈질긴 폴리에스테르 제품의 상표명임.

미국의 전자회사인 RCA(Radio Corporation of America)는 NASA와 합작으로 중계 송신 인공위성인 Relay 1과 Relay 2를 개발하여 1962년 12월과 1964년 1월 각각 발사하였다.

세계 최초의 지구정지궤도[19] 통신위성은 NASA에 의하여 1963년에 발사된 Syncom 2이다. 그리고 1964년 8월에 발사된 Syncom 3는 1964년 일본 동경에서 개최되었던 하계 올림픽 개회식을 생중계 하였다.

통신위성의 출력이 강할수록 지상국의 수신 및 송신 안테나 크기가 작아도 된다. 통신위성의 출력이 계속 강화되어 지상국의 안테나 크기도 점점 작아짐에 따라 지상국의 설치 경비도 그만큼 감소되어 가고 있다. 그리고 통신 기술의 발달로 위성 통신은 더욱 대중화되었다.

한편 인공위성을 통한 통신의 양태는 다음 3가지로 구분된다.

첫째, 두 지점 간(point-to-point) 위성 통신의 형태로서 지상의 메시지가 마이크로파 또는 유선과 같은 재래식 방법을 통하여 지상국에 전달된 후 지상국에서 이를 통신위성에 송신하고, 통신위성은 다시 다른 지상국에 중계하면 그 지상국이 재래식 통신 방법을 이용하여 각 수신인에게 메시지를 전달하는 것이다. 이 형태는 복잡하고 비용이 비싼 지상국들을 거쳐야 한다는 단점이 있다.

두 번째, 통신위성의 출력강화로 지상 수신 안테나의 크기가 작고 구조가 복잡하지 않기 때문에 두 지점 간 위성 통신처럼 지상국을 설치하지 않아도 넓은 지역에 걸쳐서 간이 지상국 시설만 갖추면 통신위성과 송신과 수신이 가능하다. 이 형태는 이동식 지상국에서도 송수신이 가능하지만 가정에서 라디오나 TV를 직접 수신할 정도는 아니다.

세 번째, 직접방송 위성(Direct Broadcast Satellite: DBS)의 형태로서 가정에서 조그마한 위성 통신 수신용 안테나만 설치하면 DBS로부터 방송 신호를 직접 수신하여 세계 각국의 방송을 청취할 수 있다. DBS는 국가 간에 전파 간섭 문제가 제기되기도 하지만 미국과 인도 등 국토가 넓은 국가에서는 널리 활용되고 있다.

일본은 1984년 1월 직접방송 위성인 BS-2A를, 1986년 2월에는 BS-2B를 발사하였다. BS-2B를 통해 일본 전역에 컬러TV가 방영되었으며, 지리적 관계로 우리나라 가정에서도 일본방송을 접시형 안테나의 설치로 수신이 가능하였다. 일본은 한 걸음 더 나아가 고성능 TV(High Definition TV)를 개발하여 TV프로를 DBS로 중계하는 문제를 국제전기통신연합(International Telecommunication

---

19) 적도 상공 35,786km의 우주 지점을 연결한 원에 위치한 공간은 지구의 자전 속도와 같은 속도로 돌기 때문에 동 공간에 물체를 쏘아 올릴 경우 동 물체는 지구의 같은 표면만 향하게 되므로 통신, 방송, 관측용 인공위성의 위치로서 매우 유용함. 따라서 각국은 이 위치, 즉 지구정지궤도 중 좋은 자리를 먼저 차지하려고 경쟁하고 있음.

Union: ITU)에서 활발히 추진하였다.

그러나 타 국이 소유한 통신위성을 통하여 송신되는 외국의 방송 프로를 차단할 방법이 없어 DBS 방송은 인접국의 정치적 그리고 문화적 측면에서 중요한 국제적 문제로 등장하고 있다.

1.3. 원격탐사 기술

원격 탐사는 엄격한 의미에서 원거리에서 어떠한 물체나 지상 조건에 관한 정보를 획득하는 것이다. 이러한 원격 탐사는 1830년경 카메라의 발명에서 그 기원을 찾을 수 있다. 카메라가 발명되고 얼마 후 기구(balloons)에서 비로소 공중 촬영이 시작되었다. 초기에는 흑백의 사진 촬영만 가능하였으나 제1차 세계대전 이후 칼라 사진술이 개발되었다.

공중 촬영은 군사적 용도로 매우 유용하여 제1차 세계대전부터 항공기를 이용한 공중 촬영이 활발해 졌다. 그러다가 1957년 Sputnik 1 발사로 항공기의 비행 고도보다 훨씬 높은 지구 상공에서 촬영이 가능하다는 판단을 하게 되었다. 우주에서의 촬영은 미국의 첫 유인 우주 비행 프로그램으로 1961년 5월 발사된 Mercury에서 시작되었다. 이러한 촬영은 Mercury의 뒤를 이어서 Gemini와 Apollo에 의하여 계속되었다. 특히 3명의 우주인[20]이 탑승하여 1969년 3월 발사된 미국의 Apollo 9의 촬영 실험은 원격 탐사에 전기를 마련하였다. Apollo 9에서의 촬영은 컬러 필터를 통하여 4개의 카메라로 동시에 촬영함으로써 고해상도 영상의 촬영이 가능하였다. 이러한 방법은 미국의 원격 탐사 위성인 Landsat에 직접 적용되고 있다.

2. 경제의 조건

2.1. 우주활동의 경제 성장의 촉진

오늘날 60여 개 이상의 국가가 인공위성을 보유하고 있으며 현재 궤도에서 운용 중인 인공위성은 약 1,000기나 된다. 그리고 모든 G20 국가가 우주 프로그램을 수립하고 있다. 그중 35개국의 우주 프로그램에 대한 총 예산은 2009년과 2010년에 각각 6,440억 US$와 6,530억 US$에 달한

---

20) James McDivitt, David Scott, Rusty Schweickart.

다. 특히 미국, 중국, 일본, 프랑스 그리고 러시아 등 5개 우주 강국은 매년 2009년과 2010년에 20억 US\$ 이상을 투자하였다.

세계적인 경제 위기에도 불구하고, 이와 같이 우주 분야는 다른 분야에 비하여 2008년 이후 꾸준한 성장을 보여주고 있다. 우주가 국가의 주요한 전략 분야일 뿐만 아니라 수년간에 걸친 우주의 연구개발에서 비롯되는 상업적 활동이 증가하였기 때문이다. 위성방송 및 GPS 수신기와 같이 정보기술 제품과 서비스 시장이 확대되었고, 심지어는 우주 관련 유락 시설과 저궤도 비행과 같은 우주여행 상품이 판매되고 있는 실정이다. 이는 우주 기술의 진보에 따라 상업용 우주 발사체의 발사 비용이 1960~70년대에 비하여 3분의 1까지 하락한 것에 기인한다. 우주발사체 1kg을 지구정지궤도에 발사하는 경비는 1990년에 4만 US\$였으나 2000년에 2만 6천 US\$로 떨어 졌다. 인공위성의 지구 저궤도 발사 비용은 2000년 1kg에 5천 US\$에 불과하였다.[21] 이러한 발사 비용의 하락은 우주활동의 확대를 가져올 것이다.

우주 관련 경제 규모를 획일적으로 측정하는 것은 매우 어렵지만, 2009년 우주 관련 제품과 서비스에서 발생한 수익은 약 1,500억 US\$에서 1,650억 US\$에 이르는 것으로 평가되고 있다.

특히 상업 우주시장을 대표하는 통신 분야에서 주요 위성 사업자들은 경제위기에도 불구하고 위성방송 시장의 성장과 국방 및 새로운 고객의 구매 요구 증가로 2008년 이후 수익 달성 기록 을 갱신해 오고 있다. 예를 들면, 2009년 중계기(transponder)와 위성 통신의 임대계약은 110억 US\$에서 150억 US\$에 이르는 수익을 가져왔다.

자동차 내비게이션과 같은 위치 정보 시장은 2009년 150억 US\$의 수익을 발생시켰다. 무엇보 다 최근 들어 위치 정보를 제공하는 스마트폰과 기타 모바일 제품의 급속한 등장으로 위치 정보 시장은 계속해서 성장할 것으로 기대된다.

다른 분야에 비해서 아직 시장규모가 그다지 크지는 않지만 지구관측위성 시장과 우주보험 시장도 꾸준한 성장을 이어가고 있다. 2009년 현재 지구관측위성 시장의 가치는 약 9억 US\$에서 12억 US\$로 평가되고 있으며, 우주보험 시장은 보험료(premium) 기준으로 연 8억 US\$의 시장을 형성하고 있다.

2.2. 우주활동의 사회적 · 경제적 효과

우주 프로그램에 대한 투자는 그 프로그램이 가져다 줄 과학과 기술, 산업 및 안보 측면에서

---

21) Space Security Index, AASL, vol.XXXII (2007), p.221.

의 이익에 의하여 정당화된다. 그러나 이러한 투자는 사회·경제적 측면의 이익을 제공할 뿐만 아니라 기상 예측, 원격 의료, 환경 감시 및 농업 예측과 같은 다른 분야에도 비용의 효율성과 생산성 향상을 가져다준다.

과거 미국의 한 연구 기관인 MRI(Midwest Research Institute)의 조사에 따르면, 연구 개발에 투자된 1달러는 투자 후 18년간 7달러의 국민생산 증가 효과를 가져 온다고 한다. MRI는 이 논리를 NASA의 연구개발 비용에 적용할 때, 1959년부터 1969년까지 미국의 민간 우주 연구개발에 투자된 250억 US$는 1970년까지 520억 US$ 그리고 1987년까지는 1,810억 US$의 GNP 증가 효과를 가져 올 것이라고 전망하였다.[22]

MRI의 전망은 적은 예산의 우주 프로그램을 가지고 있는 국가들에게서 그대로 실현되고 있다. 덴마크는 유럽우주청(ESA)에 백만 €를 투자하여 평균 3백 7십만 €의 자금 회전을 발생시켰으며, 벨기에도 유럽우주청에 백만 €를 투자하여 벨기에 산업체에 1백 4십만 €의 자금이 회전되었다.

우주활동에 대한 투자는 직접적인 고용 증대 효과가 있다. 간접 고용 효과까지 감안한다면 그 숫자는 훨씬 증가한다. 미국에서 우주왕복선 프로그램이 시행되는 경우 직접 고용의 2.8배가 고용되는 것으로 추산된다. 예를 들어 1970년대 미국 캘리포니아에서 우주왕복선 계획으로 연 인원 약 95,300여 명이 직접 고용되었으며 간접 고용된 인원까지 포함하면 고용증대인원은 약 266,000여 명에 이른다는 계산이 나온다.[23]

현재, 우주 제조 분야만 보더라도 미국의 우주 산업체에는 약 17만 명이, 유럽 산업체에서는 약 3만천 명이, 그리고 중국 산업체에서는 약 5천 명이 근무하고 있다.

3. 정책과 법의 진전

법의 주요 기능은 사회질서 유지에 있다. 한 사회제도 내에서 규칙의 가치는 사회질서를 유지하고 보강하는 성공의 정도로 측정되어야 하는데 다음과 같은 요소가 규칙의 가치를 결정한다.

① 규칙의 채택 이유
② 사회의 규칙에 대한 지지 정도

---

22) Heiss, Space: Opportunity and Challenge for Private Free Enterprise in the Next Decade, in, Space Shuttle Operational Planning, Po1icy and Legal Issues, Report of the Sub-committee on Space science and Applications, Committee on Science and Technology, House of Representatives, 96th Cong., lst Sess., 1979, p.41.

23) 미국 Rockwell International 사 Space Division 간행 Impact of the Space Shuttle Program on the California Economy(1974) 참조.

③ 규칙이 존중되는 정도
④ 규칙이 환경 변화에 계속 적절한지의 여부

우주법이라는 규칙의 형성과 해석은 우주활동의 주체인 국가, 국제기구 및 민간 기업을 규제하려는 UN을 비롯한 정부 간 국제기구 또는 각국의 규범적 제도 사이의 정치적 과정에서 비롯된다.

3.1. 우주 기술과 정책의 이중적 성격

우주기술은 군사적 이용과 비군사적 이용이라는 이중적 기능을 가지고 있다. 그리고 우주의 군사적 이용 가능성은 우주발사체뿐만 아니라 인공위성 등 모든 우주 분야의 발전에 중요한 영향을 미친다. 따라서 과거 미국과 러시아의 우주 정책은 항상 이 두 가지 측면을 동시에 고려하였다. 군사적 측면에서는 자국의 군사 전략 및 목적을 달성할 수 있는 우주 기술을 개발하는 것이었으며, 비군사적 측면에서는 UN하에서 국제 협력을 촉진할 수 있는 법적 체제를 마련하는 것이었다.

그러나 국제협력을 통한 국제사회의 이익과 자국의 이익은 일반적으로 상충되는 요소이다. 국제사회의 이익을 위해서는 어느 정도 자국의 이익을 포기해야 하는 경우가 발생하기 때문이다. 그 반대의 경우도 마찬가지이다. 이러한 상호 충돌은 UN에서 우주 관련 조약[24]을 채택하는 협상에서도 여실히 드러났다.

우주조약 채택을 위한 일련의 협의 과정은 매우 복잡한 국제 정치의 일면을 보여주었다. 협의 과정에는 자본주의와 사회주의를 대표하는 미국과 소련을 중심으로 캐나다, 프랑스, 영국 등의 서방국가와 이집트, 인도, 브라질, 아르헨티나 등의 비동맹국가가 참여하였다. 이 과정에서 미국과 소련은 각각 우주를 자국의 이익을 확고히 하는 방향으로 적용할 수 있는 신축성을 유지하는 한편, 우주에서 최소한의 공공질서를 수립하고자 하였다.

이와 같이 우주에서의 법적 체계의 수립을 위한 일련의 작업은 그럴듯한 수사학적인 입장 표명과는 달리 내부적으로 국가 간의 경쟁과 복잡한 국제 역학구조가 반영된 것이다. 즉, 우주기술 개발을 비롯하여 관련 정책의 수립에는 국제사회 전체의 이익보다는 기본적으로 자국의 안보와 명예가 내재되어 있다.

---

24) 1967년에 채택된 Treaty on Principles Governing the Activities of Outer Space, in the Exploration and Use of Outer Space Including the Moon and Other Celestial Bodies로서 본문에서 후술함.

3.2. 국가 우주 정책의 시작

1957년 Sputnik 1의 발사는 세계 각국의 정치인, 관료, 언론인, 그리고 일반 시민들을 흥분시키기에 충분하였다. 그러나 경제, 군사 그리고 기술 등 모든 분야에서 타의 추종을 불허하던 미국은 자국을 압도한 소련의 군사 능력과 기술 능력에 당황하지 않을 수 없었다. 그리고 이는 미국의 우월한 지위가 앞으로도 유지될 수 있을지에 대한 의구심을 갖게 해 주었다. 이러한 미국의 우려는 1961년 소련인 Yuri Gagarin의 우주 비행으로 극에 달하였다.

소련이 Sputnik 1을 발사하기 전만 하더라도 미국 정부와 의회는 항공과 우주의 연구개발에 크게 관여하지 않았다. 아울러 미국의 민간 우주 계획은 국제 협력의 측면에서 국제 지구 관측연도 기간에 과학 위성의 발사에 전념하고 있었다. 비록 Sputnik 1의 발사가 제한된 군사적 의미만을 갖는다 할지라도 미국의 Eisenhower 대통령에게는 큰 충격이었으며, 정치적 이유에서도 이에 대응하는 조치를 필요로 하였다. 그러나 우주 기술의 발달은 상당한 시간이 소요되는 만큼 Sputnik 1에 대응할 만한 조치를 취할 수는 없었다. 결국 미국은 소련이 우주경쟁에서 자신보다 앞섰다는 사실을 최소화하는 데 주력하였다.

소련의 인공위성 개발이 주로 군사적 목적이었던 반면, 미국은 우주 계획을 군사적 목적과 비군사적 목적으로 명확히 구분하였다. 이러한 미국의 정책은 국제 지구 관측연도에 발사하려고 하였던 Vanguard가 국방부의 장거리 탄도미사일이나 군사적 목적의 인공위성 발사와는 무관하다는 점에서 나타난다. 그러나 1957년 12월 Vanguard 1의 발사 실패로 미국의 명예가 크게 실추되었다. 결국 소련과의 우주경쟁에서 뒤처지면서 군사적 목적과 비군사적 목적을 구분할 여유가 없었으며, 미국의 첫 민간 인공위성인 Explorer I은 군사 목적의 로켓에 의하여 발사되었다. 즉, 미국은 1958년 1월 Jupiter C의 발사체를 이용하여 Explorer 1을 성공적으로 발사함으로써 우주경쟁에 본격적으로 뛰어들었다.

3.3. 국제 협력의 정책

1961년 Youri Gagarin이 우주비행에 성공한 뒤 10년에 걸쳐 소련은 '모든 인류의 이익을 위한 지식의 습득'이라는 전제하에 유인 및 무인 우주선, 통신위성 등 다양한 우주 연구 활동을 전개하였다. 그리고 소련은 원격탐사 계획뿐만 아니라, Leonid Brezhnev가 1969년 1월 선언한 '소련의 우주를 향한 대로(main road of the Soviet Union to space)'를 실현하기 위하여 궤도에 우주 기지를 건설하는 계획도 수립하였다.[25]

미국과의 우주 경쟁이 계속되는 가운데 소련이 평화공존과 긴장완화를 내세운 것은 국제협력의 건전한 환경 조성에 어느 정도 기여한 측면이 없지 않다. 1963년의 핵무기 실험 금지조약[26], 1967년의 외기권조약 그리고 1968년 핵무기 확산 금지조약[27]의 체결이 그 예이다. 그리고 미국과 소련의 우주경쟁과는 별도로 사회주의 국가 간에 그리고 프랑스와 같은 서방국가와 사회주의 국가 간에 과학 연구와 인공위성 발사를 공동으로 추진하려는 분위기가 차츰 조성되어 갔다.

냉전의 긴장 완화를 모색하던 미국은 소련과 공동 이해를 갖는 분야를 개발하여 협력하는 것이 최선이라고 판단하였고 이를 위해 우주에서의 협력을 선택하였다. 그럼에도 불구하고 미국은 자존심과 자국의 이익을 위해 소련과의 우주 경쟁에서 물러설 수는 없었다. 이러한 가운데 미국과 소련이 회담을 개최하였으며, 이 회담의 결과 1962년 미국의 NASA와 소련의 과학원(Soviet Academy of Science) 간에 기상 위성, 위성을 이용한 지구자기장 연구 및 통신 실험 등에 관한 연구 협정이 체결되었다.[28] 그리고 John F. Kennedy 대통령은 유엔총회 연설에서 1960년대에 한 국가의 대표가 아닌 모든 국가의 대표를 달에 보내겠다는 뜻을 표명하고, 소련이 동 계획에 참여할 것을 권고하였다.[29] 그러나 소련은 아무런 반응도 보이지 않았다.

우주 분야에서의 국제 협력은 초기부터 미국 우주 정책의 일부를 구성하였다. 1960년대 미국의 우주협력 제의는 소련의 독주에 대응하고 국제적으로 미국의 명예를 제고하여 자국의 국익을 증진하는 방편으로 간주되었다. 아울러 우주활동에 있어서 국제 협력은 경제와 정치에서도 우호적인 관계를 촉진할 것이라고 판단하였다. 미국은 자국의 우주 분야 국제협력의 목표를 다음과 같이 설정하고 있다.

> 첫째, 우주 분야에서 미국의 리더십 발휘
> 둘째, 우주 분야에서 안보 안정 및 책임 있는 행동의 강화를 위한 주도적 역할
> 셋째, 정보 기반 우주시스템에 기초하고 상업성이 있는 지상 활용을 포함하는 신 시장 기회의 촉진
> 넷째, 정부의 환경 데이터에 대한 완전하고, 자유로운 그리고 시기적절한 접근을 촉진하는 정책 채택의 장려
> 다섯째, 국제 파트너십에 참여하는 국가와의 적절한 비용 및 위험 분담 촉진

---

25) Petrov, G.I. Conquest of Outer Space in the USSR, (Moscow, 1971), p.49.

26) Treaty Banning Nuclear Weapon Tests in the Atmosphere, in Outer Space and Under water.

27) Treaty on the Non-Proliferation of Nuclear Weapons.

28) Harvey, D.L. & Ciccoritti, L.C., US-Soviet Cooperation in Space, document prepared for the Center for Advanced International Studies, (Miami, 1974), pp.107-132.

29) Schlessinger, A. M., A Thousand Days, (Boston, 1965), p. 920.

여섯째, 동맹국과 우주 파트너의 현존하는 그리고 계획된 우주 역량을 지렛대 삼아 미국의 우주 역량 증대

냉전시대의 한 획을 그었던 미국과 소련 간의 우주경쟁도 1991년 12월 소련의 붕괴에 따른 냉전 종식으로 변화하기 시작하였다. 소련의 해체 후 1993년 우주 예산이 1989년 우주 예산의 10%에 그치는 등 러시아는 심각한 경제난을 겪고 있었으며, 한편 미국은 소련의 우주정거장 Mir에 대응하여 1980년대 초 우주정거장 프로젝트를 추진하였으나 예산 부족과 설계 문제로 큰 진전이 없었다. 결국 양 국가의 이해관계가 맞아떨어져 1992년 6월 미국 George W. Bush 대통령과 러시아의 Boris Eltsine 대통령이 우주의 평화적 탐사와 이용에 관한 양국 간 협력을 촉진하기 위하여 미국 우주인 한 명이 러시아의 우주정거장 Mir에 탑승하고 두 명의 러시아 우주인이 미국의 우주왕복선에 탑승하는 것에 합의하였다.

3.4. 유럽의 우주 정책

3.4.1. 유럽우주청 설립

미국과 소련의 우주경쟁은 두 가지 측면에서 다른 산업국가 특히 유럽 국가의 우려를 초래하였다. 무엇보다 유럽의 우주 관련 전문가들이 미국으로 이동하는 두뇌 유출 위험이 컸다. 그리고 유럽이 적극적으로 우주기술을 개발하지 않을 경우, 향후 우주 산업에서 파생되는 기술적·경제적·문화적 이익을 향유할 수 없다는 위기감이 떠오르기 시작하였다. 그러나 우주 계획의 수행을 위해 소용되는 연구개발 비용은 유럽의 어느 한 국가가 감당하기에는 막대한 부담이었다. 결국 여러 유럽 국가 간에 긴밀한 협력의 필요성이 대두되었다.

특히, 프랑스의 Charles de Gaulle 대통령은 10년 이내에 유럽을 제3의 우주 대국으로 부상시켜 미국에 대한 의존도를 불식시켜야 한다는 인식하에 유럽 내에서 우주 협력을 적극 추진하였다. 유럽의 우주 협력 목적은 유럽의 과학자들이 평화적 목적으로 우주탐사를 할 수 있는 수단을 제공하면서 동시에 상호 중복되는 연구개발을 피함으로써 유럽 각국의 경제적 손실을 막는 것이었다.

이를 위해 1960년대 초 우주 연구 및 발사체 개발 등을 위한 지역 기구의 설립에 관한 논의가 진행되었으며, 마침내 1962년 유럽우주연구기구(European Space Research Organization: ESRO)와 유럽발사체개발기구(European Organization for the Development and Construction of Space Vehicle Launchers)가 설립되었다. ESRO는 1964년까지 관측용 과학로켓을 발사한 데 이어 4년 후에는 미국 NASA의

지원을 받아 첫 번째 위성을 발사하였다.

ESRO와 ELDO의 설립은 당시 다수 국가의 능력에 대한 필요가 하나의 지역 기구에 집중된 국제 협력의 좋은 사례이다. ESRO와 ELDO와 같은 다자 협력과는 별도로 양자 간 우주 협력도 추진되었다. 예컨대, 프랑스와 서독은 실험용 통신위성인 Symphonie의 개발과 발사를 위한 협약을 1967년 6월 체결하였다. 그 결과 1974년 12월 Symphonie-A가 케네디 우주센터에서 성공적으로 발사되었다. 다음 해 1월 프랑스의 Valery Giscard d'Estaing 대통령과 서독의 Helmut Schmidt 총리가 Symphonie-A를 이용한 비디오콘퍼런스에서 새해 인사를 주고받았다.

1975년 5월 서독, 벨기에, 덴마크, 프랑스, 영국, 이탈리아, 네덜란드, 스웨덴, 스위스 등 유럽의 9개국이 ESRO와 ELDO를 통합하여 유럽우주청(European Space Agency: ESA)을 설립하였다.[30]

3.4.2. 유럽연합의 우주 정책

오늘날의 유럽연합(European Union: EU)의 모태는 프랑스 외무장관 Robert Schuman에 의해 주창되어 1951년 프랑스, 서독, 이탈리아, 벨기에, 네덜란드 그리고 룩셈부르크에 의하여 설립된 유럽석탄철강공동체(European Coal and Steel Community: ECSC)이다. 그리고 1957년 3월 로마조약에 의해 유럽경제공동체(European Economic Community: EEC)와 유럽원자력공동체(European Atomic Energy Community: Euratom)가 설립되었다. ECSC, EEC 그리고 Euratom으로 구성된 유럽공동체(European Community: EC)는 1992년에 채택되어 1993년 발효된 마스트리흐트 조약에 의하여 EU로 변경되었다.

EU의 산업 정책은 미국이나 러시아의 의존에서 벗어나 유럽 산업의 능력을 독립시키는 것이었다. 우주산업도 예외는 아니어서, EU는 독립적이고, 신뢰할 수 있으며, 효율적인 자체 산업을 구축한다는 목표를 세웠다. 그리고 미국이 전 세계에 무료로 제공하고 있는 위성항법시스템인 GPS(Global Positioning System)[31]를 유사 시 차단할 것에 대비하여, 유럽의 독자적인 위성항법시스템 구축의 필요성이 제기되었다. 이러한 배경에 기초하여 2003년 EU와 ESA 공동 추진으로 Galileo 프로그램이 시작되었다.

1992년 EU 집행위원회·이사회·의회가 공동으로 우주에 대해 논의하기 시작하여 1996년에는 우주활용, 우주시장 및 산업경쟁력을 촉진하기 위한 방안을 논의하였다.[32] EU의 우주정책은

---

30) ESA의 창설배경과 과정에 관하여는 Matte, N.M., Aerospace Law, (Toronto 1977), pp.60-62 참조.

31) 미국이 군사용으로 개발한 것이었으나 1983년 대한항공 007기가 항로이탈 결과 소련 상공에서 격추되어 모든 탑승원 269명이 몰사한 사건을 계기로 미국 레이건 대통령이 민간에게도 무료로 개방하도록 지시한 결과 전 세계에서 여러 분야에 걸쳐 유용하게 이용되고 있음.

32) "Communication from the Commission to the Council and the European Parliament, The European Union and Space: fostering application, markets and industrial competitiveness", Commission of the European Communities, COM(96) 617 final.

1998년 6월 EU 이사회와 ESA가 공동으로 채택한 'ESA와 유럽공동체간 협력강화를 위한 결의'에서 본격화되었다. 이 결의는 우주 정책을 수립함에 있어서 ESA 회원국이지만 EC 비회원국인 국가뿐만 아니라 EC 회원국이지만 ESA 비회원국인 국가의 이익을 모두 고려하도록 하고 있다.

2003년 11월에는 지구관측, 항행, 위성통신, 유인 우주비행, 미세중력, 발사체 등의 우주 프로그램의 수행과 전파할당 정책 등의 수립에 필요한 법적 체계를 마련하기 위하여 EC와 ESA 간에 기본협정이 체결되었다. 기본협정에서 가장 주목할 만한 것은 'EC와 ESA의 공동 이니셔티브'로 EC의 우주 관련 활동을 EC법에 의거하여 ESA가 관리하게 하고, EC는 ESA의 선택적 활동[33]에 참여하는 것이다.

그리고 2007년 5월에는 17개 ESA 회원국과 27개 EU 회원국이 공동으로 '유럽우주정책 결의'를 채택하였다. 이 결의는 개별 국가 차원에서 벗어나 유럽 전체를 위한 우주활동의 기본비전과 전략을 수립하도록 권고하고 있다.

EEC 설립조약인 로마조약과 EU 설립조약인 마스트리히트 조약을 개정한 리스본 조약이 2007년 12월 채택되고 2009년 12월 발효되었다. 리스본 조약은 2005년 프랑스와 네덜란드의 국민투표에서 부결된 EU 헌법을 대체하는 조약으로서 EU의 헌법적 기초를 수립하고 있다.

리스본 조약 제189조가 EU에서의 과학기술 촉진이라는 일반적인 선언에 그치지 않고 EU와 독립적인 법적 지위를 갖는 정부 간 국제기구인 ESA를 직접 규정하고 있다는 것은 우주가 EU의 중요한 전략의 하나로 굳혀졌다는 것을 보여준다.

(리스본 조약 제189조)
1. 과학기술 진보, 산업경쟁력 그리고 EU 정책의 이행을 촉진하기 위하여, EU는 유럽우주정책을 수립하여야 한다. 이를 위해서 EU는 공동 이니셔티브의 촉진, 연구와 기술개발의 지원 그리고 우주탐사와 개발에 필요한 노력을 조정할 수 있다.
2. 1항에 언급된 목적 달성에 기여하기 위하여, 유럽의회와 이사회는 통상의 입법 절차에 따라, 회원국의 법과 규제의 모든 조화를 배제하고, 유럽우주프로그램의 형태를 띨 수 있는 필요한 조치를 마련하여야 한다.
3. EU는 ESA와의 모든 적절한 관계를 수립하여야 한다.

---

33) ESA의 활동은 ESA 설립협약 제 V.1조에 의거하여 모든 회원국이 참여하는 '의무적 활동(mandatory activities)'과 공식적으로 불참을 선언한 회원국을 제외한 모든 회원국이 참여하는 '선택적 활동(optional activities)'으로 구분됨.
  – 의무적 활동
    •교육, 자료수집, 미래 프로젝트 연구, 기술연구 등의 기본적 활동
    •위성과 기타 우주시스템을 포함한 과학프로그램의 시행
    •국제/국내 프로그램의 조화를 목적으로 회원국에게 관련 정보의 수집배포, 흠결 및 중복 통보, 조언과 지원 제공
    •우주기술 이용자와의 규칙적인 관계유지와 이용자 요구사항 파악
  – 선택적 활동
    •인공위성 연구・개발・제조・발사・궤도진입・통제와 기타 우주시스템
    •발사시설과 우주수송시스템의 연구・개발・건설・운용

EU 집행위원회는 리스본 조약 제189조에 따라 ESA와 공동으로 2011년 4월 'EU 시민에게 유익한 EU의 우주전략을 향하여(Towards a space strategy for the European Union that benefits its citizens)'라는 유럽우주정책(European Space Policy)을 발표하였다.

유럽우주정책은 우주를 세 가지 측면에서 접근하였다. 첫째, 사회적 측면이다. 환경, 기후변화, 공공 및 민간 안보, 인도적 및 개발 지원, 교통, 정보사회와 같은 분야에 있어서 EU 시민의 복지는 우주 정책에 의존한다는 것이다. 둘째, 경제적 접근으로서 우주는 지식, 신상품 및 새로운 유형의 산업 협력을 가져오는 혁신의 원동력일 뿐만 아니라 경쟁력, 성장 및 직업창출에 기여한다는 것이다. 셋째, 우주는 EU의 정치적 그리고 경제적 독립에 기여할 수 있다는 전략적 측면의 접근이다.

상기 세 가지 목적을 달성하기 위하여 유럽우주정책은 다음과 같이 5대 전략을 제시하였다.

첫째, 유럽의 공공정책 목적과 유럽 시민과 기업의 필요에 조력하는 우주응용의 개발
둘째, 우주에 기초한 유럽의 안보와 국방 수요의 충족
셋째, 혁신적이며 지속가능하고 품질이 높고, 비용 면에서 효율적인 서비스를 제공하는 경쟁력 있는 유럽 우주 산업체의 보유
넷째, 우주 기반 과학에 대한 투자와 국제 우주탐사에서의 견고한 역할을 통해 지식 기반 사회에 기여
다섯째, 유럽의 독립적인 우주 활용을 보장하기 위하여 최고의 기술, 시스템 및 능력에 대한 유럽의 제한 없는 접근의 확보

유럽우주정책은 5대 전략에 따라 위성항법 분야에서는 Galileo와 EGNOS[34] 프로젝트를, 기후변화 등 환경에 대응하기 위하여서는 GMES 프로젝트를 최우선순위에 두었다.

3.5. 세계 차원에서의 정책과 법

제2차 세계대전 후 미국과 소련은 자국과 동맹국의 안보는 상호 억제(mutual deterrence) 정책에 의하여 가장 잘 보호될 수 있다는 인식을 가지고 있었다. 그리고 상호 억제를 위해서는 무엇보다 핵 억제를 위한 군사 전략이 필요하였다. 미국과 소련 중 일국에 의한 핵무기의 대규모 이용은 경험에 비추어 양 진영 모두의 파괴를 초래하므로 미국과 소련은 상대 진영을 무력화하기에 충분한 대량파괴무기를 비축할 필요가 있었다. 테러의 균형(balance of terror)이라는 이러한 미국과 소련의 정책은 효율적인 감시체제를 요구하였고, 군사첩보위성은 가장 첨단의 방법으로서 전

---

34) 위성을 이용한 유럽의 측위보강 시스템으로서 GPS, GLONASS, Galileo 등의 기능을 보강하여 지구 표면에서의 물체의 위치를 파악하는데 유용한 서비스임. 3개의 정지위성과 지상 네트워크로 2009.10.1 공식 가동함.

략정보를 수집하는 데 필수적이었다. 이러한 활동은 우주의 평화적 이용뿐만 아니라 세계 정치의 안정화를 위해 유익한 요소로 간주되었다. 이러한 분위기에서 1960년대 소련과 미국의 주요 우주활동은 군사목적의 인공위성 발사였다.

따라서 1960년대 초 소련은 우주에서의 협력을 더 이상 비무장 문제와 연결시키지 않았다. 그럼에도 불구하고 1963년에 소련은 미국과 함께 UN의 노력을 지지하여 UN에서 '우주의 탐사와 이용에서 국가의 활동을 규제하는 법원칙 선언'이 채택되고 4년 후인 1967년에 외기권조약이 채택되었다.

우주법의 발전에 있어서 미국과 소련의 영향력을 보여주는 가장 대표적인 예는 외기권조약의 채택이다. 외기권조약은 미국과 소련이 양대 진영의 관계 악화를 우려하는 세계 여론을 무마하기 위하여 작성된 양해안에 불과하다는 비판이 종종 제기되어 왔다. 예컨대 외기권조약 제4조에서 규정하는 우주에서의 대량파괴무기(weapons of mass destruction)의 금지는 이보다 더 효율적인 무기가 이미 개발되어 있기 때문에 미국과 소련이 이를 겉치레로 받아들였다는 것이다.

외기권조약은 용어의 정의 또는 특정 내용에 있어서 적지 않은 법적 흠결(*lacunas*)을 포함하고 있어 우주법의 정상적 발전을 위한 초석으로 간주하기에는 부적합한 면이 없지 않다는 비판이 있다. 우선 우주(Outer Space)라는 기본적인 용어를 정의하지 않고 외기권조약이 채택되었음에도 불구하고 같은 조약 내에 달과 기타 천체라는 상호 상이한 요소를 다 같이 포함하고 있다.[35] 이러한 문제점은 우주 조약의 채택 당일 유엔총회에서 인도, 멕시코, 이집트 등의 대표들이 지적하기도 하였다.[36]

그러나 우주가 국제사회, 즉 인류 전체의 이익이 우선시되면서 과거에 비하여 미국과 소련이 자국의 의사를 국제사회에 부과하는 데 큰 어려움을 겪는 것도 부인할 수 없다.

---

35) Matte, Treaty Relating to the Moon, in, Jasentuliyana, N & Lee, R.L., (eds), Manual on Space Law, Vol. 1, (New York, 1979), p.253.
36) UN Doc A/c. 1/PV 1492(1967); UN Doc A/AC, 105/C.2(1966).

우주법의 내용

제2장

우주법의 내용

1. 국제우주법의 탄생

과학기술 활동을 포함하는 인간의 모든 새로운 활동은 어떠한 형태로든지 그러한 활동을 규제하려는 새로운 규범의 생성을 가져온다. 우주활동도 예외는 아니며, Christol 교수의 언급이 이를 잘 표현해 주고 있다.

> 우주시대의 도래와 함께 인류는 새로운 모험과 도전의 과학인 우주환경에 눈을 돌렸다. 과거 수십 년간에 걸친 과학적·기술적 혁명의 산물인 이 새로운 기회는 국제법의 새로운 차원, 즉 국제우주법의 탄생을 가져왔다. 적용 규범의 형성을 필요로 하는 우주법은 우주 환경과 자연 자원의 자유로운 탐사·이용·개발을 위한 자유로운 접근에 초점을 맞추고 있다. 대규모의 인간 개입은 우주에서 인간 활동을 용이하게 하기 위한 가장 적절한 정치적·법적 가치를 확인할 필요성을 절실하게 인식하게 되었다. 혼란보다는 질서를 원하는 문명의 요구는 우주법의 전진적 발전에 있어서 선호되는 가치임과 동시에 추진력이 되고 있다.[1]

1957년 10월 4일 인류 최초의 인공위성 Sputnik 1호가 발사되자, 냉전시대에 우주가 군사적 목적으로 이용될 수 있다는 우려가 국제사회에 빠르게 확산되었다. Sputnik 1호가 발사된 후 불과 한 달여 만인 1957년 11월 14일 유엔총회는 결의 제1148호를 채택하였다. 이 결의는 국가들에게 우주로 발사되는 물체가 오로지 평화적·과학적 목적으로만 이용되도록 보장하기 위한 감시제도를 연구하도록 권고하였다. 다음 해인 1958년 12월 13일 유엔총회는 결의 제1348호[2]를 채택하고, '우주의 평화적 이용 잠정 위원회(ad hoc Committee on the Peaceful Uses of Outer Space)'를 설립하였다. 결의 제1348호는 잠정 위원회에 우주탐사 프로그램을 수행함에 있어서 야기될 수 있는 법적 문제의 성격을 검토하여 제14차 유엔총회에 보고하도록 하였다. 상기 유엔총회 결의 제1148호와 제1348호는 우주활동을 규제하기 위하여 법적 접근을 시도한 첫 국제문서이다.

----

1) Christol, Inventory of Space Activities: Legal Aspects, in, Space Activities and Implications: Where From and Where To at the Threshold of the 80's, (Montreal, 1980), pp.69~70.
2) 결의문 내용은 본 서 부록 참조.

국제법은 대개 국제법 학자의 법률 이론으로 출발하여, 국가 및 UN과 같은 국제기구의 참여로 형성되고 발전되어 왔다. 우주활동을 규제하기 위한 논의도 마찬가지이다.

우주에 관한 규범적 접근의 필요성은 1910년 벨기에 변호사인 Emile Laude가 쓴 "실제적 문제(Question pratiques)"라는 제목의 논문에서 찾을 수 있다. 이 논문에서 Laude는 '전자파(Hertzian waves)의 소유권과 이용에 관한 문제가 언젠가 제기될 것'이며 '그래서 우주법(Law of Space) 용어가 일반적인 용어가 될 것이다'고 주장하였다.

그러나 1932년 체코슬로바키아 변호사인 Vladimir Mandle가 독일에서 출간한 50페이지 분량의 '우주법 – 우주비행 문제(*Das Weltraumreht - Ein problem der Raumfahrt*)'라는 연구서가 우주법을 포괄적으로 연구한 최초의 작업으로 평가받고 있다. Mandle은 자신의 연구서에서 우주에서의 인간활동에 항공법을 어떻게 적용할 것인지에 대한 문제를 다루었다. Mandle은 '유추'를 통해 이 문제를 설명하였다. 즉, Mandle은 독일 민법과 유사한 독일 항공법을 우주 비행에 유추 적용하여, 토지 소유자는 자신이 실제적으로 통제할 수 있는 높이까지만 상공 통과를 금지할 수 있다고 주장하였다. 그리고 Mandle은 향후 우주비행과 관련하여 기본적으로 국제항공법 개정의 필요성을 언급하였다. 무엇보다 Mandle 연구서의 가장 큰 업적은 다음과 같은 두 가지 규범을 기술한 것이다. 첫째, 모든 발사체에 대한 허가 요건이 있어야 한다. 둘째, 제3자 책임은 계약의 범주 내에서 엄격한 책임이어야 하며, 책임은 과실에 의해서만 적용되어야 한다. 발사 허가와 책임 문제는 오늘날 국제우주법에서 가장 기본적이면서 핵심적인 내용을 구성하는 자국의 우주활동에 대한 국가의 통제와 손해배상책임의 중심이 되는 가장 긴요한 요소이기 때문이다.

1950년대에 들어서 로켓의 비행 고도가 높아지자 학자들의 관심이 증대되었다. 특히, 1951년 미국의 항공법 전문가인 John Cobb Cooper는 로켓 또는 기타 유도 미사일이 수년 안에 지구에서 달까지 비행이 가능할 수 있다는 과학자들의 말을 인용하면서, 로켓이 영공을 벗어나는 지역을 비행하는 시기가 오기 전에 주권의 상부 한계에 대한 국제적 합의의 필요성을 주장하였다.

독일 쾰른 대학의 교수였던 Alex Meyer는 1952년 제3차 국제우주대회(International Astronautical Congress)에서 '우주에서 비행의 법적 문제(Legal Problems of Flight into the Outer Space)'라는 논문을 발표하였다. Meyer는 무엇보다 우주의 법적 성격과 관련하여 다른 법을 유추해서는 안 된다는 점을 강조하고, 우주는 국가 주권의 대상이 아니라는 기본원칙을 주장하였다. Meyer가 그 당시에 우주정거장의 설치 가능성을 예견한 것은 매우 특기할 만하다. 이와 관련하여 Meyer는 우주정거장의 설치는 공해 상공에서만 가능하며 우주정거장에 대한 관할권은 발사국이 갖는다는 의견을 피력하였다. 한편, Meyer는 1958년 자신의 논문 '우주의 법적 문제 관련 최근 논의에 대한 비평'에서 연해(coastal sea)와 공해(High Seas) 간의 접속수역(contiguous zone)과 같이 영공과 우주 사이에도 접속수역을 인정하자는 Cooper의 제안을 강하게 부정하였다. 결국 Meyer는 영공과 우주 사이의 경계를 획정하는 국제 협정 체결의 필요성을 강조하고 협정문 초안을 작성할 적절한 기구로 국제민간항공기구(ICAO)를 제시하였다.

1956년 C. Wilfred Jenks는 자신의 논문에서 '기초적인 천문학적 사실에 의거하여, 지구의 대기권을 초과하는 공간은 지구 표면의 일부분에 기초하여 그러한 공간에 대한 특별한 주권의 투영을 통한 전유가 불가능한 국제공역(res extra commercium)이어야 한다'고 주장하였다.[3]

이상 기술한 바와 같이, 우주법은 약 50여 년간 학회의 콘퍼런스 또는 저널을 통해 국제법 전문가들에 의해 논의되어 오다가 1950년대 후반부터 UN이 그 논의의 장이 되었다. 결국 우주에 관련한 고유한 업무를 담당하기 위해 UN은 COPUOS를 설립하고 여기에서 결의가 채택되고 조약의 체결에까지 이르게 되었다. 우주법도 국제법의 한 분야로서 관련 조약이 다른 국제법의 분야와 같이 형성되고 발전하였으나 우주 산업의 발달 속도가 그러하듯이 오랜 기간을 거칠 겨를이 없었던 관계로 많은 경우 조약에 의존하고 있는 것이 다른 국제법의 분야와 다른 특색을 가지고 있다.

2. 국제우주법의 법원

현재의 법이 성립하게 된 데에는 반드시 인과적 또는 역사적 배경이 존재한다. 이것을 일반적으로 법원(source of law)이라고 한다. 국제우주법의 법원(法源)은 국제환경법과 마찬가지로 과학기술의 발달에서 찾을 수 있다.[4] 그러므로 국제우주법에 고유한 법원이 있을 수 있겠지만, 국제우주법은 원칙적으로 국제법의 일부를 구성하기 때문에 국제법의 일반적인 법원에서 그 법원의 기초를 두고 있다.

우주법을 구성하는 내용들을 다음과 같이 정리할 수 있다.

- 다자조약
- 양자협정
- 국제법의 일반원칙
- 국내법
- 법원 판결

3) C. WILFRED JENKS, *Space Law*, Stevens & Sons, London, 1965, pp.97-98.
4) 정인섭, *신 국제법 강의*, 박영사, 2011, p.26.

－지역적 합의내용(European Union, 즉 구주연합에서 적용되는 법률 등)
－우주법 연구 학회 등 비정부 간 기구

　그러나 우주법을 구성하는 가장 중요한 내용은 다자조약인바, 우주법은 우주 산업과 기술의 급속한 발달의 결과 많은 경우 법원(法源)으로서 관습법을 추월하게 되었으며 그 결과 오늘날 우주법은 거의 다 성문법(written law)으로만 존재하고 있다. 우주에 관한 5개 조약과 ITU 헌장과 협약, 그리고 ITU에서 제정하고 개정하는 무선규칙(Radio Regulation)이 우주법의 중요한 법원을 이룬다. 후술하는 국제우주법협회(IISL)와 국제법협회(ILA)는 비정부 학술단체로서 우주법 형성에 있어서 보조적인 역할을 한다.
　한편 분쟁 발생 시 적용되는 내용을 가지고 우주법의 법원을 살펴보는 것도 가능하다.
　일반적으로 국제사법재판소(ICJ) 규정 제38조에 근거하여 국제법의 법원을 설명하는 데에 국제법 학자 간에 큰 이견이 없다.[5] 제38조는 다음과 같다.

　　1. 재판소는 재판소에 회부된 분쟁을 국제법에 따라 재판하는 것을 임무로 하며, 다음을 적용한다.
　　　a. 분쟁국에 의하여 명백히 인정된 규칙을 확립하고 있는 일반적인 또는 특별한 국제협약
　　　b. 법으로 수락된 일반 관행의 증거로서의 국제관습
　　　c. 문명국에 의하여 인정된 법의 일반원칙
　　　d. 법칙 결정의 보조수단으로서의 사법판결 및 제국의 가장 우수한 국제법 학자의 학설. 다만, 제59조[6]의 규정에 따를 것을 조건으로 한다.
　　2. 이 규정은 당사자가 합의하는 경우에 재판소가 형평과 선에 따라 재판하는 권한을 해하지 아니한다.

　국제법의 법원에서 국제법을 창설하는 과정과 국제법을 규정하는 기관을 구분할 필요가 있다. 전자는 실정 국제법의 규칙을 창설하는 다양한 경로를 말하며, 후자는 이미 창설된 규칙의 존재와 내용을 결정하는 역할을 한다. 국제협약, 국제관습, 그리고 법의 일반 원칙 등 ICJ 규정 제38조에 열거된 3개의 법원은 국제법의 창설내용에 해당되며, 사법 결정, 우수한 국제법 학자의 학설, 각국의 외교관행, 국제 법원 및 국내 법원 등이 국제법을 규정 또는 확인하는 기관 및 수단이 된다.

---

5) Brownlie, I., Principles of Public International Law, (3rd ed.,), (Oxford,1979), p.3.
6) 국제사법재판소(ICJ) 규정 제59조는 다음과 같다. '재판소의 결정은 당사자 사이와 그 특정 사건에 관하여서만 구속력을 가진다.'

2.1. 국제 조약

1969년 5월 채택된 조약법에 관한 비엔나 협약은[7] 조약의 채택과 적용에 관한 원칙을 규정하는 조약의 조약(treaty of treaties)이다.

비엔나 협약 제2조는 조약을 '서면 형식으로 국가 간에 체결되며 또한 국제법에 의하여 규율되는 국제적 합의'로 정의한다.[8] 그리고 조약은 그 명칭에 상관없이, 예를 들면 협약(convention), 의정서(protocol), 협정(accord, agreement), 규약(covenant), 규정(statute), 각서(memorandum) 등이라 하더라도, 제2조의 정의를 충족하는 국제적 합의인 한 모두 조약에 해당한다.[9]

전통적으로 조약의 체결 등에 관한 행위는 전권위임장(Full powers)의 제시로 시작된다. 전권위임장은 조약문의 작성과 채택을 위한 협의 과정에 참여하고 채택 후 조약에 대한 국가의 동의를 표시할 수 있는 권한을 부여하는 문서를 말한다. 그러나 국가원수, 정부수반 및 외무부 장관은 전권위임장을 제시하지 않아도 조약 체결과 관련하여 자국을 대표할 수 있다. 이외에도 직무상 관련이 있는 경우에는 전권위임장을 제시하지 않아도 된다.[10]

조약문은 채택을 위한 외교회의에 출석하여 투표하는 국가들의 3분의 2의 찬성에 의하여 채택된다. 물론 동일한 정족수의 국가가 다른 규칙을 적용하기로 합의한 경우에는 그러하지 아니하다. 그러나 조약의 채택만으로 즉시 국제법상 구속력을 갖는 것은 아니다. 조약이 효력을 발휘하기 위해서는 일정 수 이상의 국가가 해당 조약에 서명 내지 비준 또는 가입을 하여야 한다. 비준국 또는 가입국의 수 또는 효력의 발효 시기는 조약문 채택 시에 결정되는 것이 보통이다.

---

7) Vienna Convention on the Law of Treaties로서 2012년 9월 현재 112개 당사국.

8) 과거 조약 체결의 주체는 국가에만 한정되었으나, 국제기구의 수가 늘어나고 그 역할이 증대됨에 따라 국제기구에 대하여도 법인격을 부여할 필요성이 인정되었다. 그 결과 1986년 '국가와 국제기구 간 또는 국제기구 간 조약법에 관한 비엔나 협약'이 채택되었으나 아직 발효되지 않았음.

9) 외교통상부 조약국, *알기 쉬운 조약 업무*, 필코문화사, 2006, p.18.
   외교통상부는 조약의 명칭과 각 명칭이 갖는 성격을 다음과 같이 기술하고 있음.
   · 조약(Treaty): 가장 격식을 따지는 것으로 정치적 · 외교적 기본관계나 지위에 관한 실질적 합의를 기록. 예) 한 · 러시아 기본관계에 관한 조약(1993), 한 · 인도 범죄인 인도조약(2005)
   · 규약(Covenant), 헌장(Charter), 규정(Statute): 주로 국제기구를 구성하거나 특정 제도를 규율하는 국제적 합의에 사용. 예) 국제연맹규약, UN 헌장, 국제사법재판소(ICJ) 규정 등
   · 협약(Convention): 양자조약에서 특정 분야 · 기술적 사항에 관한 입법적 성격의 합의에 사용. 예) 한 · 요르단 이중과세방지협약(2005), 국제기구 주관 하에 개최되는 국제회의 도는 외교회의에서 체결하는 다자조약에 사용. 예) 담배규제기본협약(2005)
   · 의정서(Protocol): 기본적인 문서에 대한 개정 또는 보충적 성격을 띠는 조약에 사용. 예) 한 · 루마니아 경제과학기술협력협정 개정의정서(2005), 제네바 제 협약에 대한 추가 및 국제적 무력충돌의 희생자 보호에 관한 의정서(1949)
   · 교환각서(Exchange of Notes): 조약의 서명 절차를 체결주체 간의 각서 교환으로 간소화함으로써 기술적 성격의 합의에 있어 폭주하는 행정 수요에 부응하기 위해 사용. 예) 한 · 칠레 사증면제 교환각서(2004)
   · 양해각서(Memorandum of Understanding): 이미 합의된 사항 또는 조약 본문에 사용된 용어의 개념을 명확히 하기 위해 당사자 간 외교교섭의 결과 상호 양해된 사항을 확인 · 기록하는 경우에 사용하며 최근에는 독자적인 전문적 · 기술적 내용의 합의에도 많이 사용. 예) WTO DDA 국제신탁기금 출연에 관한 한 · WTO 양해각서(2005)

10) 파견국과 접수국간의 조약문을 채택할 목적으로서 외교공관장, 국제회의, 국제기구 또는 그 국제기구의 어느 한 기관 내에서 조약문을 채택할 목적으로 국가에 의하여 그 국제회의, 그 국제기구 또는 그 기구의 그 기관에 파견된 대표 등이 이에 해당함.

조약의 전체적인 내용에 대해서는 일반적으로 동의하나 그 적용에 있어서 일부 내용이 국내법과 일치하지 않는 등의 이유로 국가가 조약의 당사국이 되는 것을 기피할 수가 있다. 따라서 국가의 국내 상황을 고려하면서 동시에 조약 당사국의 수를 늘리기 위하여 조약법에 관한 비엔나 협약은 유보(reservation) 제도를 마련하였다. 즉, 조약의 대상 및 목적과 양립하는 범위 내에서 국가는 조약 가입 시 조약의 국내 적용에 있어서 일부 규정의 법적 효과를 배제하거나 변경시키려는 의도를 갖는 선언을 일방적으로 할 수 있다.[11]

유효하게 체결되고 발효된 조약은 당사국을 구속하며 당사국은 성실하게 조약을 이행하여야 한다.[12] 예를 들면 조약 당사국은 국내법 규정을 이유로 조약의 불이행을 정당화할 수는 없다. 그리고 조약의 발효에 필요한 비준국의 수가 충족되지 못하였거나 발효 시점에 아직 이르지 못한 경우에도 국가가 그 조약에 서명하였거나 조약을 구성하는 문서를 교환하였다면, 발효 전인 조약이라 하더라도 국가는 그 조약의 대상과 목적을 저해하는 행위를 하여서는 안 된다.[13]

발효된 조약이 구체적인 사실에 적용되는 과정에서 해당 조항이 의도한 바가 명백하게 무엇이었는지를 파악하는 것이 필요하다. 조약법에 관한 비엔나 협약 제31조가 조약문의 해석에 대한 일반원칙을 제시하고 있다.

― 해석의 일반규칙 ―
1. 조약은 조약문의 문맥 및 조약의 대상과 목적으로 보아 그 조약의 문맥에 부여되는 통상적 의미에 따라 성실하게 해석되어야 한다.
2. 조약의 해석목적상 문맥은 조약문에 추가하여 조약의 전문 및 부속서와 함께 다음의 것을 포함한다.
  (a) 조약의 체결에 관련하여 모든 당사국간에 이루어진 그 조약에 관한 합의
  (b) 조약의 체결에 관련하여 일국 또는 그 이상의 당사국이 작성하고 또한 다른 당사국이 그 조약에 관련된 문서로서 수락한 문서
3. 문맥과 함께 다음의 것이 참작되어야 한다.
  (a) 조약의 해석 또는 그 조약규정의 적용에 관한 당사국 간의 추후의 합의
  (b) 조약의 해석에 관한 당사국의 합의를 확정하는 그 조약 적용에 있어서의 추후의 관행
  (c) 당사국 간의 관계에 적용될 수 있는 국제법의 관계규칙
4. 당사국이 특별한 의미를 특정용어에 부여하기로 의도하였음이 확정되는 경우에는 그러한 의미가 부여된다.

그러나 제31조의 일반원칙에 따라 해석하였을 때 경우에 따라서는 의미가 모호해지거나 애매할 수가 있으며 또는 예상과는 달리 명백히 불합리하거나 비합리적인 결과를 초래할 수도 있다.

---

11) 조약법에 관한 비엔나 협약 제2조 1. (d).
12) 상동 제26조.
13) 상동 제18조.

따라서 보충적 수단으로서 조약 체결 당시의 교섭기록이나 상황에 근거하여 문제가 되는 조항을 해석할 수 있다.[14)

2.2. 관습국제법

ICJ 규정 제38조에 따라 국제관습은 국제법 법원의 하나를 구성한다. 관습의 형성은 논리적인 필요성에서 비롯되거나 사회적 필요성을 충족시키기 위한 사회학적 현상이다. 그리고 이러한 관습의 자발적인 형성은 사회적 필요성에 대한 집단적인 법적 인식을 통해 실현된다. 집단적인 법적 인식의 존재는 관습의 국제법상 대세적 의무(obligations *erga omnes* in international law)를 수립하는 기본적인 근거가 된다. 따라서 관습국제법이 성립되기 위해서는 실제적인 요소로서 일반적인 관행(general practice)과 심리적인 요소로서 법적 확신(*opinio juris*) 두 가지 요소가 충족되어야 한다.

관행은 국제법 주체의 전체적인 행동에서 비롯된다. 국가뿐만 아니라 정부 간 국제기구, 국제 사법기관 및 비정부 간 국제기구, 경우에 따라서는 제한적으로 개인의 행동도 관행을 구성할 수 있다.

국가의 행동은 국제사회에서 국제 관계를 담당하는 각국의 정부 기관, 즉 외교부의 행동을 통해서 주로 표현된다. 외교부의 선언, 외교 서신, 외교관에게 하달되는 지침 등이 대표적인 예이다. 외교사절은 아니지만 정부 관료가 정부를 대표하여 정부 간 국제기구에서의 협의 과정 또는 국제사법기관의 사법 심사 과정에 참여하여 행동하는 것도 포함된다.

국제기구는 국제사회의 주요한 문제에 대하여 결의를 채택하는 방식을 통해 국제법의 형성에 직접 참여한다. 특히 유엔은 새로운 규범을 창출하기 위한 절차를 개시할 수도 있다. 대표적인 예로 유엔은 1960년 12월 유엔총회 결의(1514)를 통해 '식민지 국가와 민족에 대한 독립 부여 선언(Declaration on the Granting of Independence to Colonial Countries and Peoples)'을 채택하였다. 이 결의는 어느 한 국가의 반대도 없이 당시 식민 지배를 하던 9개국의 기권[15)]과 89개국의 찬성으로 채택되었다. 이 결의는 식민지 해방에 관한 국제법의 형성에 결정적인 역할을 하였다. 한편, 국제사법기관인 ICJ는 판결에서 과거 자신의 판결을 인용함으로써 관습의 형성에 기여하고 있다.

고려의 대상이 되는 관행이 국가 등 국제법 주체에 의하여 법적 의무라는 확신이 수반되어야 한다. 개인도 특히 중재재판을 통해 법적 확신의 구성에 기여를 할 수 있다. 이러한 법적 확신은 국제관습과 국제관례(international usage)를 구분 짓는 특징이다.

---

14) 조약법에 관한 비엔나 협약 제32조.

15) 호주, 벨기에, 도미니크 공화국, 프랑스, 포르투갈, 스페인, 남아프리카 연합, 영국, 그리고 미국이 기권을 하였는 바, 도미니크 공화국을 제외한 8개국은 결의 체결 당시 식민 지배를 하던 강대국이었음.

2.3. 국제기구의 결의

국제기구는 기구의 설립 헌장이 정하는 목적의 범위 내에서 내부 운영에 대하여 그리고 국제 사회의 주요 현안에 대하여 결의를 채택할 수 있다. 내부 운영에 대한 국제기구의 결의가 회원 국을 구속한다는 점에 대해서는 별다른 이견이 없다. 문제는 국제기구 내부의 재정 및 행정적인 사항이 아니라 규범을 정립할 의도로 해석될 수 있는 결의가 갖는 법적 성격이다.

유엔총회는 '헌장의 범위 안에 있거나 또는 이 헌장에 규정된 어떠한 기관의 권한 및 임무에 관한 어떠한 문제 또는 어떠한 사항도 토의할 수 있으며', '그러한 문제 또는 사항에 관하여 유 엔 회원국 또는 안전보장이사회에 권고할 수 있다'.[16) 그리고 총회는 '국제법의 점진적 발달 및 그 법전화를 장려하기 위하여 연구를 발의하고 권고한다'.[17) 이와 같이 총회의 결의는 구속력이 없으며 권고적 효력만을 갖는다.

그러나 전 세계 거의 모든 국가로 구성되는 유엔총회의 결의를 권고적 효력에 국한시키기에 는 지금까지 총회의 결의가 국제법의 발달에 기여한 바가 너무 크다. 유엔총회 결의는 관습국제 법의 증거를 구성한다. 유엔총회에서 대다수의 회원국에 의하여 채택된 법 원칙에 관한 선언 (Declaration)이 대표적이다. 선언의 채택은 회원국의 현실적 또는 잠재적인 법적 확신(*opinio juris communis*) 및 신의성실에 따라 해당 선언을 실행하겠다는 회원국의 의지를 표현한 것이기 때문이 다. 따라서 유엔총회 결의를 유엔 내에서 형성되는 관습국제법의 탄생을 받아내는 조산원 (midwives)으로 비교하기도 한다.[18)

제2차·세계대전 후 국제연맹에 의해 남아프리카연방을 수임국으로 하는 위임통치지역이었던 서남아프리카(현재 나미비아)의 국제적 지위에 관하여 유엔총회가 ICJ에 권고적 의견을 요청한 남아프리카 사건에서 Tanaka 판사는 개별 의견(dissenting opinion)을 통해 유엔총회의 법적 성격을 다음과 같이 설명하였다.

> '각각의 결의(resolutions), 선언(declarations), … 등이 기구[유엔]의 회원국에게 구속력을 갖는다는 것 을 인정할 수 없다. 관습국제법에 요구되는 것은 동일한 관행의 반복이다; 따라서, 이 사건에서, 한 기구 또는 여러 기구 내에서, 같은 문제에 대해 결의 및 선언 등이 반복적으로 채택되어야 한다.

---

16) 유엔 헌장 제10조.

17) 유엔 헌장 제13조. 유엔 헌장 제13조에 따라 유엔은 1948년 유엔 국제법위원회(International Law Commission: ILC)를 설치하였음. ILC의 주요 업무 는 '국제법의 점진적 발전(progressive development of international law)'과 '국제법의 법전화(codification of international law)'를 촉진하는 것임. ILC 규정 제15조는 '국제법의 점진적 발전'을 '국제법에 의하여 아직 규제되지 않은 주제 또는 법이 국가 관행에서 아직 충분히 발전되지 않은 주제에 관하여 협약안을 준비하는 것'으로, '국제법의 법전화'는 '이미 광범위한 국가관행, 선례 그리고 이론이 존재하는 분야에서 국제법 규칙의 보다 명확 한 형성과 체계화'로 정의하고 있음.

18) Bin Cheng, United Nations Resolutions on Outer Space: 'Instant' International Customary Law? (1965), 5 Indian J. of Int'l L. 23.

각 참가국의 집단적 의지(collective will)의 표명으로 간주되는 각각의 결의, 선언 등의 반복과 병행하여, 국제사회의 의지는 분명히 규범 형성의 전통적인 방법에 비하여 보다 신속하게 그리고 보다 정확하게 형성될 수 있다. 이러한 집단적, 누적적 그리고 유기적인 관습 형성의 과정은 협약에 의한 입법과 관습 제정을 위한 전통적인 방법 사이의 중간 방식으로서 특징지어질 수 있으며, 그리고 국제법의 발전이라는 관점에서 중요한 역할을 갖는 것으로 간주될 수 있다.

요컨대, 국제사회의 권한 있는 기관에 의한 헌장의 해석에 관하여, 결의, 선언, 결정 등과 같이 권위 있는 공표의 축적은 ICJ 규정 제38조 1항(b)에서 언급된 국제 관습의 증거로서 특징지어질 수 있다.'[19]

2.4. 법의 일반원칙

ICJ 규정 제38조에 규정된 문명국에 의하여 인정된 법의 일반원칙이란 각기 다른 국내 법제도에 공통된 원칙을 말한다. 국제법의 법원으로서 법의 일반원칙은 미국의 독립 전쟁 종료 후 미해결 문제를 처리하기 위하여 1794년 11월 미국과 영국에 의하여 체결된 Jay 조약에 의거하여 설립된 혼합 영미 위원회(Mixed Anglo-American Commission)가 결정의 근거를 법의 일반원칙에 두었던 것에서 시작되었다. 그 후 중재재판소는 결정의 근거로서 법의 일반원칙을 꾸준히 인용하였으며 분쟁 당사국도 이에 대한 반론을 제기하지 않았다.

법의 일반원칙은 1907년 전리품 국제재판소 설립에 관한 헤이그 협약(Convention(XII) relative to the Creation of an International Prize Court)에서 국제법의 법원으로서 성문화되었다. 법의 적용과 관련하여, 헤이그 협약 제7조는 발효 중인 조약을 우선적으로 따르도록 규정하고 있다. 그리고 관련 조약 규정이 없는 경우에는 재판소는 국제법 규칙을 적용해야 한다. 그러나 일반적으로 인정된 규칙이 존재하지 않는 경우, 재판소는 정의와 형평의 일반원칙에 따라(in accordance with the general principles of justice and equality) 재판하여야 한다.[20]

문명국에 의하여 인정된 법의 일반원칙이라 하더라도 그러한 원칙이 반드시 모든 국가에서 확인될 필요는 없으며, 일반성이 인정되는 것으로 충분하다. 이와는 반대로, 국내 법제도에 공통된 모든 원칙이 국제법에 적용될 수 있는 것은 아니다. 즉, 국제법과 양립 가능한 법의 일반원칙에

---

19) *South West Africa Cases, Second Phase, Judgment, I.C.J. Reports 1966, p.6, p.292.*

20) 1907년 전리품 국제재판소 설립에 관한 협약 제7조의 규정은 다음과 같음:

"If a question of law to be decided is covered by a treaty in force between the belligerent captor and a Power which is itself or whose subject or citizen is a party to the proceedings, the Court is governed by the provisions in the said treaty.

In the absence of such provisions, the Court shall apply the rules of international law. If no generally recognized rules exists, the Court shall give judgment in accordance with the general principles of justice and equality.

The above provisions apply equally to the questions relating to the order and mode of proof.

If, in accordance with Article 3, No. 2(c), the ground of appeal is the violations of an enactment issued by the belligerent captor, the Court will enforce the enactment.

The Court may disregard failure to comply with the procedure laid down in the enactments of the belligerent captor, when it is of opinion that the result of complying therewith are unjust and inequitable."

한한다. 예를 들면, 구 유고슬라비아 국제형사재판소에서 국내법의 접근에 대해서는 국제형사절차의 독특한 성격을 고려하여 국제적으로 매우 신중하게 다루어져야 한다고 판시한 바 있다.[21)]

법의 일반원칙은 관습법과 조약의 공백을 메우거나 법적 흠결로 인한 혼란을 피할 수 있게 해 준다. 즉, 법의 일반원칙은 국제법의 보완적이고 부차적인 법원을 구성한다.

2.5. 연성법(soft law)

연성법은 법적으로 어떠한 구속력도 갖지는 않지만 법에 준하는 다양한 유형의 문서를 총칭할 때에 주로 사용된다. 연성법은 조약이나 관습국제법이 그 형성에 상당한 시간이 소요되어 빠르게 변화하거나 갑작스럽게 등장하는 국제사회의 이슈에 대응하기 어렵다는 한계에서 등장하였다.[22)]

국제기구에서 채택되는 문서들이 주로 연성법에 해당한다. 특히 유엔총회가 채택하는 대부분의 결의(resolution) 및 선언(declaration)을 비롯하여, 행동규범(code of conduct), 성명(statement), 원칙(principles), 행동계획(action plan) 등이 있다.

이러한 연성법 문서들은 국제 법질서에서 요구되는 국제법 주체 간에 이루어진 합의의 표현, 즉 선언적인 정치적 표현 이상으로 해당 문서의 목적을 이행하겠다는 국가의 강한 의지의 표현이다. 이러한 국가의 의지가 국제사회에 의해 일반적으로 수락된 의견으로 점차 발전하게 된다. 따라서 때로는 연성법 문서가 국내 정책 또는 국내법의 변경을 필요로 하는 경우에도 마지못해 문서에 서명을 하는 국가도 있다.

연성법은 경제적 및 사회적 목적의 달성과 환경 보호라는 두 가지 요소의 균형을 위해 국가가 부득이하게 국제적인 환경 규제를 따르도록 약속하는 국제환경법 분야에서 발전되었다. 특히 연성법은 다른 분야에 비하여 발전 속도가 매우 빨라 종종 미래 예측이 어려운 과학기술 분야에서 요구된다. 우주의 탐사와 활용 분야에서와 같이 조약 등 법적으로 구속력 있는 문서를 통해 현재의 과학기술의 수준을 규제할 경우 오히려 미래의 과학기술의 발전을 저해할 우려가 있기 때문이다. 이러한 측면에서 연성법은 다른 국제법 법원과 달리 유동적이다.

---

21) IT-95-14-AR 108 *bis*, 29 Oct. 1997.
22) 전게 주 정인섭, p.63.

3. 국제우주법의 발전

3.1. UN 우주 관련 조약

UN의 우주활동에 관한 공식적인 법적 논의는 '우주의 평화적 이용 잠정 위원회'를 설립한 1958년 UN 총회 결의 제1348호의 채택으로 시작되었다. 그 후 약 40여 년에 걸쳐 UN은 우주활동에 관한 5개의 조약을 체결하고, 5개의 원칙 및 선언을 채택하였다. 특히 매우 초보적인 수준에서 논의가 시작되어 1979년까지 무려 5개의 조약이 체결되고 발효된 것은 우주활동의 규제 필요성에 대한 국제사회의 합의를 잘 보여주고 있다.

국제법의 점진적 발전의 촉진과 국제법의 성문화를 목적으로 1947년 11월 설립된 국제법위원회(International Law Commission: ILC)[23]는 국제법의 법원, 주체, 국가 승계, 국가 관할권, 국제기구, 국제형법, 해양, 분쟁 해결 등 국제법의 전 분야에 걸쳐 성문화 작업을 해 오고 있지만, 실제로 조약문의 채택, 체결 및 발효에 이른 경우는 생각보다 많지 않다. 예를 들면, 국제법상 국가책임이 대표적인 경우이다. 국가책임은 ILC 설립 후 선정된 첫 의제로서, 동 의제를 본격적으로 검토하기 위하여 1955년 F.V. Gracia-Amador를 특별보고자로 임명한 이래 2001년 최종초안을 채택하는 데 무려 50여 년의 시간이 소요되었다. 그럼에도 불구하고 아직 정식 조약으로 채택하지 못하고 있는 상황이다.

그러나 과학 기술의 발달로 우주활동이 과학적 목적에 한정되지 않고 국가의 안보, 우주의 군사적 이용 가능성, 상업적 이용 등으로 확대되자, 각국은 최대한 자유로운 활동을 향유하기 위해 법적 구속력을 갖는 국제 문서의 체결에 소극적일 수밖에 없었다. 따라서 컨센서스로 진행되는 COPUOS의 의사결정 방식으로는 새로운 규범의 출현을 기대하기 어렵다. 결국 UN은 국제법상 법적 구속력을 갖는 조약 대신에 국제사회의 법적 확신과 국제관습의 증거를 구성할 수 있는 총회 결의라는 방식으로 선회하였다. UN 5개의 원칙 및 선언 중 4개가 1979년 이후에 채택된 것도 이러한 이유에서 기인한다.

3.1.1. 1967년 외기권 조약[24]

우주의 탐사와 이용에 관한 법적 검토는 1962년 3월 COPUOS에 법률소위원회(Legal Sub-Committee)

---

23) UN GA Resolution 174(II).

24) Treaty on Principles Governing the Activities of States in the Exploration and Use of Outer Space Including the Moon and Other Celestial Bodies 로서 1966.12.19 유엔총회 결의문 제2222호로 채택, 1967.1.27. 서명에 개방, 1967.10.10. 발효, 2012년 1월 현재 101개 당사국.

가 설립되면서부터 본격화 되었다. 법률소위원회에서의 논의는 크게 세 가지, 즉 첫째 우주활동에 관한 기본 원칙, 둘째 우주인과 우주선의 귀환과 조력, 셋째 우주 사고의 손해배상 책임으로 나뉘었다.

특히, UN 총회는 1961년 12월 우주의 탐사와 이용에 관한 법적 검토를 위한 지침으로서 다음 두 가지 원칙을 권고하였다.

> 첫째, UN 헌장을 포함하는 국제법이 우주와 천체에 적용되어야 한다.
> 둘째, 우주와 천체는 국제법에 따라 모든 국가에 의한 탐사와 이용이 자유로워야 하며 국가 소유
> 의 대상이 되지 않는다.

1962년 5월 제1차 법률소위원회에 소련과 미국이 각각 두 개의 안을 제시하였다. 소련은 우주의 탐사와 이용에 관한 국가 활동을 규제하는 기본적인 법 원칙 선언안과 우주인 구조에 관한 국제협정안을, 미국은 우주발사체와 사람의 지원과 귀환에 관한 원칙안과 우주발사체 사고 시 손해배상에 관한 국제협정안을 각각 제안하였다. 그러나 법률소위원회에서 상기 네 개 안에 대하여 어떠한 합의도 이루어지지 않았다. 소련과 미국의 안 이외에도 같은 해에 통일아랍공화국[25]의 우주의 평화적 이용에서 국제협력 규범안, 영국의 우주의 탐사와 이용에 관한 국가 활동을 규제하는 기본 원칙 선언안, 그리고 미국의 우주의 탐사와 이용에 관한 원칙 선언안이 추가로 COPUOS에 제출되었다.

1963년 5월 제2차 법률소위원회에서 소련은 1962년 제출하였던 법 원칙 선언안의 수정안을 제출하였고 벨기에는 손해배상 책임 규칙의 통일에 관한 워킹페이퍼를 제출하였다.

결국 1963년 12월 아홉 개 내용으로 구성된 우주의 탐사와 이용에서 국가 활동을 규제하는 법 원칙 선언이 만장일치로 채택되었다.

상기 법 원칙 선언을 채택한 UN 총회 결의 1963호는 법 원칙 선언이 향후 국제 협정의 형태로 구체화되도록 권고하고 있으나 이에 대한 각국의 입장은 둘로 대별되었다. 법 원칙 선언을 국제법상 구속력 있는 국제 조약의 형태로 서둘러 구체화하자는 입장의 소련, 불가리아, 체코슬로바키아, 헝가리, 몽골, 폴란드, 루마니아 등의 동구권 국가들과는 달리, 호주, 벨기에, 이탈리아, 멕시코, 스웨덴, 영국, 미국 등은 법 원칙 선언보다는 우주인과 우주발사체의 지원과 귀환 그리고 사고 발생 시 손해배상에 대한 국제 협정문의 작성을 우선시하였다.

상기와 같은 의견 차이는 1964년 COPUOS 법률소위원회에서 계속되었다. 그러나 1965년 미국

---

25) 1958년부터 1961년까지 존재하였던 이집트와 시리아의 국가 연합(union)으로서의 United Arab Republic.

이 천체의 탐사에 대한 조약안 작성에 대하여 긍정적인 입장을 보이면서 국제법상 구속력 있는 문서의 채택을 위한 작업이 본격화되었다.

1966년 제5차 법률소위원회에 소련은 우주, 달 및 다른 천체의 탐사와 이용에 있어서 국가 활동을 규제하는 법 원칙에 관한 조약안을, 미국은 달과 다른 천체의 탐사를 규제하는 조약안을 각각 제출하였다. 소련과 미국은 논의 과정에서 수정안을 제출하였고, 호주, 인도, 통일아랍공화국 그리고 영국도 특정 사항에 대한 다양한 안을 제시하였다.

제5차 법률소위원회에서 조약의 범위를 비롯하여 일부 조항에 대해서는 합의가 이루어졌다. 특히 조약의 범위와 관련하여, 미국이 초기에 제안한 달과 다른 천체에 한정되지 않고 달과 천체를 포함하는 우주 전체로 확대되었다. 그러나 천체에서의 시설에 대한 접근, 우주활동에 대한 정보 제공, 국제기구에 대한 조약의 적용, 천체에서의 군사 장비의 이용 등 합의가 이루어지지 않은 내용은 같은 해인 1966년 제21차 UN 총회에서 논의하기로 하였다. 미국과 소련은 UN 총회 개시 전에 재차 수정안을 제출하였다.

UN 총회 제1위원회에서 1966년 12월 16일과 17일 양일간 이 조약안을 논의하기로 예정되었다. 그러나 COPUOS 회원국이 협의를 통해 제5차 법률소위원회에서 해결되지 않은 문제에 대하여 전격적으로 합의를 이룸에 따라, 1966년 12월 15일 43개국[26]의 지지를 얻은 "달과 다른 천체를 포함하여 우주의 탐사와 이용에서 국가의 활동을 규제하는 원칙에 관한 조약안"이 제1위원회에 제출되었다. 이 조약안은 제1위원회에서 만장일치로 1966년 12월 17일 채택되었다.

1967년 외기권조약은 1959년 남극조약과 1963년 핵실험 금지 조약과 함께 평화 구축을 위한 일련의 협정으로 여겨졌고 아울러 우주의 군사적 이용을 주장했던 국가들에 대한 평화 우호 국가들의 승리로 평가되기도 하였다.

그럼에도 불구하고 1967년 외기권조약이 규정하지 못하거나 불명확성으로 인한 법적 흠결에 대하여 상당수의 국가가 우려를 표명하였으며, 그러한 우려는 현재에도 비판의 대상이 되고 있다. 무엇보다 1967년 외기권조약이 영공과 우주의 경계를 획정하지 않아 국가 간 분쟁의 가능성을 항상 내포하고 있다는 것과 우주의 군사적 이용을 명문으로 금지하지 않았다는 비판이 대표적이다.

---

26) 아프가니스탄, 아르헨티나, 호주, 오스트리아, 벨기에, 브라질, 불가리아, 캐나다, 차드, 칠레, 체코슬로바키아, 다호메이(서아프리카공화국의 옛 이름으로서 현재 베냉), 덴마크, 핀란드, 프랑스, 그리스, 헝가리, 이란, 이라크, 아일랜드, 이탈리아, 일본, 요르단, 레바논, 리베리아, 모리타니아, 멕시코, 몽골, 모로코, 네팔, 니제르, 나이지리아, 폴란드, 루마니아, 르완다, 시에라리온, 수단, 스웨덴, 터키, 소련, 영국, 미국, 헝가리.

3.1.2. 1968년 구조 협정[27]

조난 시 우주인과 우주선을 위한 지원과 구조에 관한 법적 문제는 1962년 5월 제1차 법률소위원회에서 처음으로 논의된 세 가지 의제 중 하나였다. 소련은 비상 착륙 시 우주인과 우주선의 구조에 관한 국제협정안을, 그리고 미국은 우주선과 사람의 지원과 귀환에 대한 안을 각각 같은 해 6월 법률소위원회에 제출하였다. 소련의 안은 조약이었으나, 미국의 안은 UN 총회 결의의 형태를 취하였다.

제1차 법률소위 회기 동안 우주선과 우주인의 구조 및 귀환을 위한 규제가 필요하다는 인식은 국가 간에 일반적으로 인정되었으나, 그 방식에 있어서는 의견의 차이를 보였다.

캐나다, 영국 그리고 미국은 우주선과 우주인의 구조는 UN 총회 결의를 통해 규제되어야 한다고 주장하였다. 이러한 주장은 법률소위원회의 경우 UN 총회의 의지만 있으면 언제든지 결의안을 작성할 수 있는 것과는 달리, 조약문의 작성과 비준은 상당한 시간이 소요되기 때문에 국가들이 총회 결의를 선호한다는 것이다. 그러나 체코슬로바키아, 폴란드, 루마니아 그리고 소련은 구속력 있는 국제 문서의 채택을 주장하였다. 특히 구속력 있는 조약 규정을 통해 조난을 당한 우주인의 구조 시 국가의 권리와 의무의 범위를 정의할 것을 제안하였다.

이와 같이 총회 결의와 조약으로 의견이 대별되는 상황에서 프랑스와 이탈리아를 비롯한 일부 국가들은 일종의 중재안을 제시하였다. 즉, 우선 우주선과 우주인의 구조 등에 관한 UN 총회 결의의 채택을 제안하면서 총회 결의가 채택된 후에 국제 협정을 작성하자는 것이었다.

미국은 1963년 제2차 법률소위원회에서 국제 협정을 채택하는 방향으로 종전의 입장을 선회하였고 1964년 제3차 법률소위원회에서 국제협정안을 제출하였다. 그리고 소련은 1962년에 제출하였던 자국의 국제협정안에 대하여 제2차 회기에서 두 차례에 걸쳐 수정안을 제시하였다. 특히 소련의 수정안은 두 가지 원칙을 내세웠다. 첫째 조난당한 우주인을 지원하는 것은 모든 국가의 인도적 의무라는 것과 둘째, 국가의 주권 원칙이 존중되어야 한다는 것이다. 한편, 캐나다와 호주는 공동으로 국제협정안을 제시하였으며 이 안의 대부분은 소련과 미국의 안에 기초를 두고 있었다.

제3차 그리고 제4차 법률소위원회에서는 공해 또는 국가의 관할권 및 통제가 미치지 않은 지역에서의 구조, 우주물체의 확인과 UN의 발사 등록 시스템의 수립 필요성, 발사국에 의한 위험한 우주물체의 제거, 지원 비용에 대한 발사국의 보상, 분쟁해결 절차 등과 같은 내용이 논의되었다.

---

27) Agreement on the Rescue of Astronauts, the Return of Astronauts and the Return of Objects Launched into Outer Space로서 1967.12.19. 유엔 총회 결의문 제2345호로 채택, 1968.4.22. 서명에 개방, 1968.12.3. 발효, 2012년 1월 현재 91개 당사국.

법률소위원회는 달과 다른 천체를 포함하여 우주의 탐사와 이용에서 국가의 활동을 규제하는 원칙에 관한 조약을 1966년 제5차 회기에서 최종 채택하기로 하였고 이를 위해 동 회기에서는 우주선과 우주인의 귀환과 구조 그리고 손해배상 책임은 논의하지 않았다.

3.1.3. 1972년 책임 협약[28]

미국이 제안한 우주선 사고 시 손해배상에 관한 법적 문제의 검토도 COPUOS 법률소위원회의 초기 의제 중 하나였다. 그리고 미국의 제안은 UN 총회가 아닌 COPUOS가 최종 승인하는 결의안의 형태를 취하였다.

그러나 결의안보다는 국제협정안의 작성이 선호되었고 결국 COPUOS는 전문가 자문위원회를 구성하고 우주선에 의하여 야기된 손해배상에 관한 국제협정안을 작성토록 하였다. 아울러 COPUOS는 전문가 자문위원회에 다음과 같이 네 가지 지침을 권고하였다.

> 첫째, 우주선 발사에 책임 있는 국가 또는 국제기구는 인적 손해, 생명의 손실 또는 피해에 대하여 국제적으로 책임을 부담하여야 한다.
> 둘째, 우주선에 의하여 야기된 인적 손해, 생명의 손실 또는 재산 피해에 기초한 청구는 우주선 발사에 책임 있는 국가, 국가들 또는 국제기구에 대하여 과실 증명을 요구하지 않는다.
> 셋째, 청구는, 국내 구제절차의 완료와 상관없이, 손해, 생명의 손실 또는 피해를 야기한 우주선의 발사에 책임 있는 국가, 국가들 또는 국제기구에 대하여 피해 발생 후 적당한 기간 내에 제기될 수 있다.
> 넷째, ICJ는, 다른 분쟁 해결 수단에 대한 관련 국가 간 합의가 없는 경우, 손해배상에 관한 협정의 해석 또는 적용에 관한 모든 분쟁에 대한 관할권을 갖는다.

우주에 발사된 물체에 의하여 야기된 인적 또는 물적 피해에 대하여 국제적인 차원에서 국가가 책임을 부담하여야 한다는 점에서는 국가 간에 일반적인 합의가 이루어졌으나, 책임의 근거에 대하여서는 의견이 나뉘었다.

영국은 우주선의 경우 항공기와는 달리 과실 또는 부주의를 증명하는 것이 사실상 어렵기 때문에 절대적 책임을 주장하였다. 그러나 이탈리아는 2기의 우주선이 서로 충돌하는 경우와 같이 모든 경우에 절대적 책임이 적용될 수 없다는 견해를 드러냈다.

1963년 제2차 법률소위원회에서는 책임의 주체로서 국가와 국제기구를 구분할 필요성이 처음으로 제기되었다. 소련은 국가와 국제기구의 책임을 동일 선상에 두는 것은 잘못된 것이라고 지적하였다. 왜냐하면 국제기구의 회원국이 국제기구를 자국의 국제책임을 회피할 목적으로 이용

---

28) Convention on International Liability for Damage Caused by Space Objects로서 1971.11.29. 유엔총회 결의문 2777호로 채택, 1972.3.29. 서명에 개방, 1973.10.9. 발효. 2012년 1월 현재 88개 당사국.

할 수 있기 때문이다.

1964년 제3차 법률소위원회는 두 차례의 수정을 거친 미국의 협정안과 헝가리의 협정안, 그리고 1963년 벨기에가 제출한 워킹페이퍼를 검토하였다.

특히, 미국은 자신의 협정안에서 몇몇 용어의 정의를 시도하였다. 우선, '피해(damage)'를 생명의 손실, 인적 손해 또는 재산의 파괴, 손실 및 피해로 정의하였다. 그리고 '발사국(launching State)'을 i) 물체를 우주에 발사하거나 발사하게 하는, ii) 자신의 영토 또는 시설이 물체의 발사에 이용되는, iii) 물체의 궤도 또는 비행경로에 대하여 통제를 행사하는 체약국 또는 정부 간 국제기구에 한정하였다. 1972년 책임 협약에는 i)과 ii)가 발사국의 개념으로 최종 규정되었다.

1965년 제4차 법률소위원회에서 재차 수정된 미국, 헝가리 그리고 벨기에의 안이 검토되었다. 동 회기에서는 세 가지 사항에 대하여 국가 간에 합의가 이루어졌다. 첫째, 적용 범위와 관련하여 협정은 지구, 공중 그리고 우주에서 우주 물체에 의하여 야기된 손해에 적용된다. 둘째, '발사(launching)'는 시도된(attempted) 발사를 포함하는 것으로 이해한다. 셋째, 국가뿐만 아니라 국제기구도 자신의 우주활동이 야기한 손해에 대하여 책임을 진다.

1966년에는 COPUOS가 외기권조약 채택을 위한 논의에 집중하여, 손해배상 책임에 관한 문제는 1967년 제6차 법률소위원회로 연기되었다. 제6차 회기에서는 아르헨티나가 '우주선(space vehicle)'의 개념과 손해배상 청구 절차를 제안하였다. 그리고 캐나다와 인도는 '피해' 개념을 새롭게 제안하였다. 그러나 피해에 '간접적 피해(indirect damage)'와 '지연된 피해(delayed damage)'를 포함시키는 것에 대하여 합의가 이루어지지는 못 하였다.

1968년 제7차 회기에서는 다수의 국가들이 워킹페이퍼를 제출하였다. 특히 오스트리아와 캐나다는 지구 및 항공기, 우주 물체 그리고 제3자에 대한 손해배상책임 또는 공동 손해배상책임에 관한 워킹페이퍼를 제출하였다. 이외에도 오스트리아와 영국은 배상금 결정을 위한 적용 법규, 인도는 절대 책임과 책임의 면제 등에 관한 워킹페이퍼를 각각 제출하였다.

법률소위원회는 1969년 제8차 회기에서의 논의를 거쳐 1970년 제9차 회기에서 서문과 13개조로 구성된 책임 협약안을 채택하였다. 그러나 적용 법규와 분쟁 해결에 관한 문제는 국가 간 합의를 이루지 못하였다.

적용 법규와 관련하여, 아르헨티나, 호주, 캐나다, 이탈리아, 일본, 스웨덴, 영국 등은 책임 협약은 신속하고 포괄적인 손해 배상이 가능한 피해자 중심의 협약이어야 한다는 점을 강조하였다. 따라서 각각의 피해자는 손해가 발생하지 않았다면 존재하였을 상태와 동일한 상태로 회복되어야 하며, 이를 위해서는 손해가 발생한 지역의 법규가 적용되어야 한다는 것이다. 분쟁 해결과 관련하여 이들 국가는 당사자 간의 합의를 제1차적인 분쟁 해결 방법으로 제시하고 당사자 간 합의가 실패할 경우 손해 배상액의 산정을 포함하는 본안 판결을 내릴 수 있는 재판소의 설립을 제안하였다.

그러나 불가리아, 헝가리, 폴란드, 소련 등의 국가는, 적용 법규와 관련하여, 발사국의 국내법 또는 국제법의 적용을 통해서만 완전한 손해 배상이 가능하다는 견해를 제시하였다. 왜냐하면 손해가 발생한 지역의 국내법을 적용할 경우 피해자를 위한 적절한 배상이 충분하지 않다는 것이다. 분쟁 해결과 관련하여, 이들 국가는 구속력 있는 중재재판소의 설립에 반대 입장을 표명하였다. 이러한 반대 의견은 구속력 있는 결정은 국가 주권 원칙의 위반과 동일하다는 이유에 근거하고 있다.

1971년 제10차 법률소위원회에서는 제9차 회기에 채택된 책임 협약안을 중심으로 논의되었고, 벨기에, 브라질, 헝가리, 아르헨티나, 인도 등은 분쟁 해결과 배상 조치에 관하여 각각 안을 제출하였다. 결국, COPUOS와 유엔 총회 제1위원회의 논의를 거쳐 서문과 총 28개조로 구성된 책임 협약이 1971년 11월 채택되었다.

3.1.4. 1975년 등록 협약[29]

우주물체 등록 문제에 관한 법적 검토는 1972년 제11차 법률소위원회에서 본격적인 논의가 시작되었다. 법률소위원회는 1968년과 1972년에 프랑스와 캐나다가 개별적으로 제출한 우주에 발사된 물체의 등록에 관한 협약안을 검토하기 위하여 워킹그룹을 설립하였다. 두 개의 협약안은 하나의 협약안으로 서로 병합되었으며 서문과 총 9개 조로 구성되었다. 협약안은 '발사국(launching State)', '등록국(State of registry)' 및 '우주물체(space object)' 개념을 포함하였다.

논의 과정에서 특히 벨기에, 이집트, 인도 및 멕시코는 협약안에 우주물체의 국제 등록을 위한 의무적 시스템 마련을 주장하였지만 호주와 영국은 약간 유보적인 입장을 보였다. 유보적인 입장은 우주물체 등록이 경제적으로 또는 기술적으로 국가에 부담이 되어서는 안 된다는 이유에 기초하고 있다. 불가리아, 헝가리, 폴란드 그리고 소련은 1961년 12월 채택된 유엔총회 결의[30]에 따라 자발적인 우주물체 등록을 선호하였다. 미국은 비록 워킹그룹의 작업에 참석하지는 않았지

---

29) Convention on Registration of Objects Launched into Outer Space로서 1974.11.12. 유엔총회 결의문 제3235호로 채택, 1975.1.14. 서명에 개방, 1976.9.15. 발효, 2012년 1월 현재 55개 당사국.

30) UN GA 1721(XVI)A International cooperation in the peaceful uses or outer space.

만, 적절한 국제 협정을 통한 자발적 등록 시스템의 의무적 시스템으로의 전환에 대하여 긍정적인 입장을 보였다.

1973년 제12차 법률소위원회에서는 미국이 협약안을 제출하였다. 워킹그룹은 프랑스, 캐나다, 그리고 미국이 제출한 협약안과 특정 내용에 대한 일부 국가의 의견을 토대로 서문과 총 10개조로 구성된 협약문을 작성하였다. 협약문은 다음 두 가지 내용을 포함하였다. 첫째, 등록국은 UN 사무총장에게 우주물체를 통지하여야 한다. 둘째, 우주 감시와 추적 시설을 소유한 당사국들은 피해를 야기한 물체를 확인함에 있어서 다른 당사국을 지원하여야 한다.[31]

우주물체의 등록 및 표시를 의무적으로 할 것인지에 관한 문제는 1972년부터 법률소위원회의 주요 쟁점이었다. 1974년 제13차 법률소위원회에서 아르헨티나, 브라질, 인도, 멕시코, 나이지리아 그리고 수단이 공동으로 우주물체의 표시에 관한 워킹페이퍼를 제출하였다. 캐나다도 별도의 워킹페이퍼를 제출하였다. 논의 끝에 워킹그룹은 합의안을 채택하였다. 즉, 지구궤도 또는 그 이원에 발사된 우주물체는 적절한 기탁자 또는 등록 번호 또는 그 양자로 표시되었을 경우 등록국은 우주물체에 관한 정보를 제출할 때에 그러한 사실을 유엔 사무총장에게 통보하여야 한다.

워킹그룹에서 마지막까지 해결되지 않은 문제가 하나 있었다. 법률소위원회가 논의 중인 달 협정에 관한 내용을 우주물체 등록 협약의 서문에 기술할 것인지에 관한 여부가 그것이다. 워킹그룹은 이 문제에 관한 결정을 COPUOS에 위임하였다. 결국 COPUOS는 우주물체 등록 협약의 서문에서 달 협정에 관한 내용을 삭제하기로 결정하였다. 이와 관련하여, 소련은 자국이 삭제에 동의한 이유는 달 협정의 체결은 법률소위원회의 가장 중요한 업무이며 달 협정이 가능한 한 빠른 시일에 체결될 것이라는 이해에 근거한다고 덧붙였다.

1974년 11월 유엔총회는 서문과 총 12개 조로 구성되는 우주물체 등록협약을 채택하였다.[32]

3.1.5. 1979년 달 협정[33]

1969년 7월 미국인 Neil Armstrong이 아폴로 11호를 타고 최초로 달에 착륙하자, 달 및 기타

---

31) Y.U.N. 1973. pp.48-49.

32) 북한은 '광명성 1호'와 '은하 2호' 인공위성 발사 모두 궤도 진입에 성공하였다면서 거짓 발표를 하였음. 5개의 우주관련 조약 중 우리나라는 1979년 달 조약에만 참여하지 않고 있지만 북한은 그 어느 조약에도 참여하지 않고 있다가 2009.3.5 외기권조약에 가입한 후 2009.3.10 본 등록협약에 가입하였음. 가입 배경은 북한이 핵무기 개발 의혹 가운데 장거리 로켓발사실험을 수차례 하면서 국제비난을 피하는 정당성 부여를 위해 위성 발사라는 명분을 사용할 필요가 있었기 때문이겠음. 북한이 1998년 대포동 1호(북한은 '광명성 1호' 위성 발사라고 주장)로켓 발사에 이어 2009.4.5 대포동 2호(북한은 '은하 2호'인공위성 발사라고 주장) 로켓 발사를 앞두고 인공위성의 궤도 진입 성공을 전제로 유엔에 등록한다는 국제적 의무를 이행한다는 위장 책으로 등록협약에 가입한 것으로 보임. 대포동 1, 2호 발사 모두 인공위성의 궤도 진입 결과는 없어 인공위성 발사라 할 경우 실패이지만 장거리 로켓 발사 시험이라는 측면에서는 소기의 성과를 거두었다고 보아야 함.

33) Agreement Governing the Activities of States on the Moon and Other Celestial Bodies로서 1979.12.5 유엔총회 결의문 34/68로 컨센서스에 의하여 채택, 1979.12.18 서명에 개방, 1984.7.11 발효, 2012년 7월 현재 당사국은 오스트레일리아, 오스트리아, 벨기에, 칠레, 카자흐스탄, 레바논, 멕시코, 모로코, 네덜란드, 파키스탄, 페루, 필리핀, 우루과이 등 13개국임.

천체에 있어서 인간의 활동에 대한 규제 필요성이 제기되었다. 아르헨티나가 1970년 제9차 법률소위원회에 '달과 기타 천체의 자연자원 이용에 있어서 활동을 규제하는 원칙에 관한 협정안'을 제출하면서, 달에 관한 법적 문제가 처음으로 공식화되었다. 그러나 달에 관한 문제는 1971년에 채택 예정인 손해배상 책임에 관한 협약안 논의를 위하여 제9차 그리고 제10차 법률소위원회에서는 검토되지 않았다.[34]

1972년 제11차 법률소위원회에서는 달 문제를 검토하기 위한 워킹그룹이 설립되었다. 워킹그룹은 1970년에 제출된 아르헨티나의 안을 비롯하여, 소련이 제출한 달에 관한 국제조약안 및 호주, 벨기에, 불가리아, 이집트, 프랑스, 인도, 이탈리아, 스웨덴, 영국 그리고 미국이 제출한 워킹페이퍼를 검토하였다. 워킹그룹은 상기 조약안 및 다수의 워킹페이퍼를 토대로 서문과 총 21개 조로 구성되는 달 조약안을 작성하였다. 제11차 회기에서의 논의는 조약의 적용범위와 달의 천연자원에 관한 법적 제도 그리고 정보제공의 시기 세 가지에 집중되었다.

적용범위는 조약의 적용 대상을 오직 달에만 국한시킬 것인지 아니면 지구 이외의 모든 천체로 확대할 것인지에 관한 것으로 미국과 영국은 후자를 선호하였다. 그러나 미국이나 영국과는 달리, 불가리아, 체코슬로바키아, 프랑스, 헝가리, 일본, 폴란드, 소련 등은 조약 적용을 모든 천체에 확대하는 것은 시기상조라는 의견이었다.

법적 제도는 달의 법적 지위에 관한 문제이다. 아르헨티나, 캐나다, 이집트, 인도, 이란, 레바논, 영국 그리고 미국은 달의 자연자원을 모든 인류의 공동유산(common heritage of all mankind)으로 규정할 것을 제안하였다. 그러나 오스트리아, 불가리아, 체코슬로바키아, 헝가리, 일본, 폴란드, 소련은 달의 자연자원 이용을 규제하는 것뿐만 아니라 '인류의 공동유산'이라는 아직 정의되지 않은 개념을 적용하는 것은 시기상조라는 입장이었다.

마지막으로, 달 탐사에 관한 정보의 제공 시기이다. 오스트리아와 미국은 달 탐사 계획을 사전에 관련 국가에게 통보할 것을 주장한 반면, 불가리아와 소련은 달 탐사가 종료한 후 관련 정보를 제공할 것을 제안하였다. 한편, 캐나다는 정보 제공 시기에 관하여 국가에게 재량권을 부여할 것을 제안하였다.[35]

제11차 법률소위원회에서 해결되지 않은 세 가지 쟁점, 즉 조약의 적용범위, 달의 자연자원에 관한 법적 제도 그리고 정보제공 문제는 1973년 제12차 법률소위원회에서도 국가 간 합의가 이루어지지 않았다. 이와 관련하여 아르헨티나 등 일부 국가들은 달의 평화적 이용을 위한 국제체제의 설립을 주장하였다.[36]

---

34) Yearbook of the United Nations(Y.U.N.), 1970, p.35.

35) Y.U.N., 1972, pp.40-42.

나이지리아는 1974년 제13차 법률소위원회에서 해양에 관한 국제 체제에서 논의 중이었던 것과 유사하게, 달 자원의 개발을 위한 국제기구의 설립을 제안하였다. 그러나 독일은 달 자원의 개발을 위한 법 제도의 수립에 관한 문제는 후에 특별 협정의 체결을 통해 합의해야 하는 사항으로 현재는 달의 법적 지위에 관한 논의가 우선시되어야 한다고 주장하였다.

법률소위원회는 1975년 제14차 회기에서 우선적으로 달 자원의 법적 제도에 대해 논의하였다. 루마니아와 일본은 달 자원의 개발이 현실적으로 가능할 때까지 또는 경제적으로 중요해질 때까지 법적 제도의 수립을 연기할 것을 제안하였다. 이와는 달리, 이집트는 국제 제도의 수립을 위한 국제회의의 개최를 주장하고 개최 기한을 미리 정할 것을 제안하였다.

법률소위원회는 1976년과 1977년에 달 문제를 계속 논의하였으나 주요 쟁점에 대한 각국의 기존 입장을 확인하는 수준에 머물렀다. 답보 상태의 논의를 진척시키기 위하여 1978년 제17차 법률소위원회에서 워킹그룹 의장국인 오스트리아는 공식 또는 비공식 협의를 통해 국가 간 의견을 조정하였고 그 결과 임시 협정안에 기초하여 서문과 총 21개조로 구성된 달 협정이 1979년 12월 채택되었다.

달 협정의 논의 과정에서 세 가지 주요 쟁점 중 하나였던 적용 범위와 관련하여 달 협정은 지구가 아닌 태양계 내의 다른 천체에도 적용되는 것으로 합의되었다. 그리고 동 협정은 달과 달의 천연 자원을 인류의 공동유산(common heritage of mankind)으로 규정하였으며, 달의 천연 자원 개발 시 그러한 개발을 규제하기 위한 국제 제도의 수립을 의무화 하였다.

3.2. UN 이외의 우주 관련 조약

3.2.1. 국제전기통신연합(ITU)의 헌장과 협약

국제전기통신연합(International Telecommunication Union: ITU)이 라디오 주파수와 지구정지궤도의 사용을 규제하는 접근방법은 국제우주법의 기본원칙을 반영하는 것이다. 따라서 국제전기통신연합(ITU)의 주요 목적의 하나는 통신의 개선과 합리적 이용을 위한 국제 협력을 유지·확대하는 것이다. 라디오 주파수의 효율적 이용을 위하여 ITU는 국가 활동의 조화를 도모하고 국가 간 업무를 조정하며 회원국 사이의 협동을 강화하는 것을 모색한다. 특히 지구정지궤도의 사용과 관련하여 제 국가가 모든 회원국의 평등한 기회를 보장하기 위하여 효율적이고 경제적인 사용을 할 의무가 규정되어 있다. 1973년 ITU협약[37]은 제33조에서 지구정지궤도가 한정된 자원임

---

36) Y.U.N., 1973, pp. 47-48.
37) ITU 총회는 5~10년마다 개최되면서 설립헌장인 ITU협약을 개정하여 왔음. 1973년 ITU협약은 ITU 총회가 1973년 Malaga-Torremolinos에서 개최되

을 인정하였다. 1982년 ITU총회(Plenipotentiary Conference)는 상기 제33조를 진지하게 토의한 결과 다음과 같이 개정하였다.[38]

> 우주 라디오 용역을 위한 주파수대를 사용함에 있어서 회원국은 라디오 주파수와 지구정지위성 궤도가 한정된 자연자원이며 동 자원이 전파규칙[39]에 따라 효과적이고 경제적으로 사용됨으로써 국가와 국가들의 그룹이 동 자원[라디오 주파수와 지구정지 위성궤도]에 대하여 형평의 기회를 갖도록 하는 것을 염두에 두어야 한다. 이에 있어서 회원국은 개도국의 특별한 필요와 특정국가의 지리적 상황을 감안하여야 한다.

상기 인용한 구절 중 두 번째 문장은 1982년 나이로비 개최 ITU 총회 시 추가된 것으로서 ITU가 한정된 자원을 단순히 관리한다는 이전 철학을 변경하였다는 중요한 의미를 갖는다.[40] 동 규정은 일반적으로 기술되어 있지만 라디오 주파수와 지구정지궤도 자리를 모든 국가에게 배분하는 구체규정을 할 때 보다 형평의 배분을 하도록 하는 조항이다.

상기 조항은 1992년 지구정지궤도가 아닌 궤도를 이용하는 우주통신, 즉 GMPCS(Global Mobile Personal Communications by Satellite)를 사상 처음 도입하면서 이를 위한 주파수 할당을 한 것도 감안하여 현 ITU헌장 제44조 2항의 다음 내용으로 대체되었다.[41]

> 라디오 용역을 위한 주파수대를 사용함에 있어서 회원국은 라디오 주파수와 지구정지궤도를 포함한 관련 궤도(associated orbits)가 한정된 자연자원이며 동 자원이 전파규칙에 따라 합리적이고, 효과적이며, 경제적으로 사용됨으로써 국가와 국가들의 그룹이 개도국과 특정 국가들의 지리적 상황의 특별한 필요를 고려하면서 동 궤도와 주파수에 대하여 형평한 접근을 할 수 있어야 한다.

통신위성을 통한 주파수 이용과 ITU와의 관계에 관하여서는 제7장에서 상술한다.

3.2.2. 사법통일국제연구소(UNIDROIT) 우주자산의정서

항공기와 철도 차량 등은 개발과 제조에 막대한 비용이 소요되기 때문에 종종 금융기관을 통해 부족한 자금을 조달할 수 밖에 없다. 이 경우 금융기관은 향후 자금 회수를 위한 안정성을

었을 때 개정된 ITU협약을 말함. 이후 ITU총회는 1982년 케냐의 나이로비에서 개최되었고 1989년 5월 프랑스 니스에서 개최되어 개도국에 대한 지원 강화체제를 도입한 후 1992년 제네바 총회에서 기존 조직과 기능을 대폭 개편한 후 4년 주기로 총회를 개체하고 있음.

38) 동 개정내용은 84.1.1 발효함.

39) ITU는 라디오 주파수 배분과 사용에 관한 회원국가의 합의 내용을 방대한 전파규칙(Radio Regulations)으로 제정함. 동 전파규칙도 수시 개정되어 오고 있음.

40) 라디오 주파수 용역과 지구정지위성궤도의 규율에 대한 ITU규정의 변천역사에 관하여는 Jakhu, F.R, The Evolution of the ITU's Regulatory Regime Governing Space Radiocommunication Service and the Geostationary Satellite Orbit, in, Jasentuliyana, N. & Lee, R.L, (eds), Manual on Space Law, Vol.1, (New York, 1979), pp.381-407 참조.

41) 1998년 미국 Minneapolis 개최 ITU전권회의에서 과거 규정을 개정하여 채택된 내용.

확보하기 위하여 항공기 및 철도 차량을 통한 담보거래나 그 운영으로 얻게 될 미래의 수익성을 고려해 자금을 지원하는 프로젝트 파이낸싱(Project Financing)을 사용한다. 그러나 항공기와 철도 차량 등과 같은 장비는 특정 국가의 관할권을 벗어나는 국제적인 이동성을 가지며 국가마다 담보에 관한 법제도가 상이하기 때문에 국제적으로 통일된 법규의 마련이 필요하였다.

이를 위해 사법통일국제연구소(International Institute for the Unification of Private Law: UNIDROIT)[42]는 2001년 케이프타운에서 이동장비 국제담보권 협약(Convention on International Interests in Mobile Equipment 2001)을 채택하였다. 그리고 이동장비 중, 항공기와 철도 차량에 대한 담보권 문제를 다루는 국제담보권 협약 부속 항공기 의정서[43]와 철도 차량 의정서[44]를 2001년과 2007년에 각각 채택하였다.

한편, 인공위성, 우주발사체 등과 같은 우주자산은 그 이동성이 국가의 영토를 벗어나 우주에까지 이르고 제조 및 발사에 필요한 기술과 비용 문제가 발생하기 때문에 우주자산의 개발은 항공기 및 철도 차량과는 달리 상대적으로 일부 국가 또는 극소수의 다국적 기업에 의해 이루어지고 있다. 결국 UNIDROIT는 우주산업을 촉진하기 위하여 우주자산에 고유한 담보권 문제를 규제하는 우주자산 의정서의 작성 작업에 착수하였다.

UNIDROIT는 2003년 12월 우주자산 의정서 정부전문가위원회를 설립하고 동 위원회에 의하여 초안위원회가 구성되었다. 초안위원회가 작성한 초안을 중심으로 정부전문가위원회가 2003년 12월과 2004년 10월에 두 차례 개최되었다. 2009년 12월 정부전문가위원회 제3차 회의에서는 초안과 초안위원회 공동의장인 Sir Roy Goode와 Mr. J.M. Deschamps가 작성한 수정안을 검토하였으며, 정부전문가위원회는 2010년 5월과 2011년 2월 두 차례 더 개최되었다. 8년 여에 걸쳐 정부전문가위원회가 총 5차례 개최되고 비공식 워킹그룹이 수차례 개최되었음에도 불구하고, 우주자산의 개념, 채무 불이행 시 구제조치, 담보 설정과 실행의 한계 등 일부 쟁점 사항에 대하여 합의가 이루어지지 못하였다. 결국 UNIDROIT는 2012년 2월 베를린에서 외교회의를 개최하여 미해결 사항을 합의한 후 우주자산 의정서[45]를 공식 채택하고 서명에 개방하였다.

우주자산 의정서는 제1장(제1조~제16조)에서 적용범위와 일반 규정을, 제2장(제17조~제27조)

---

42) 사법통일국제연구소에 관한 개괄적인 내용은 제3장에서의 UNIDROIT 기술 참조.

43) Protocol to the Convention on International Interests in Mobile Equipment on Matters specific to Aircraft Equipment로서 2001.11.16 채택, 2006.3.1 발효. 2012년 8월 현재 45개 당사국.

44) Luxembourg Protocol to the Convention on International Interests in Mobile Equipment on Matters specific to Railway Rolling Stock 2007.2.23 채택, 2012년 8월 현재 미발효.

45) Protocol to the Convention on International Interests in Mobile Equipment on Matters Specific to Space Assets로서 2012.3.9 베를린에서 채택.

에서 채무 불이행시 구제조치를, 제3장(제28조~제32조)에서 국제담보에 관한 등록 규정을, 제4
장(제33조)에서 관할권을, 제5장(제34조~제35조)에서 다른 협약과의 관계를 그리고 제6장(제36
조~제48조)에서 최종 조항을 다루고 있다.

3.3. 관습국제법

국제법상 전쟁에 호소할 수 있는 권리가 주권국가에게 인정되던 제1차 세계대전 이전에 어느
한 국가가 타국의 영토 상공에 위치한 궤도에 인공위성을 쏘아 올렸다면, 이러한 행위는 선전포
고로서 전쟁 행위라는 논란이 제기되었을지도 모른다. 전쟁행위까지는 아니더라도 모든 인공위
성의 발사는 사전에 관련 국가 및 국제적인 동의를 얻어야 한다는 주장이 제기되었을 수도 있다.

그러나 1957년 Sputnik 1호가 발사된 이래로 그 어느 국가도 전쟁행위, 사전 동의 등을 이유로
인공위성 발사에 대하여 항의하지 않았다. 그리고 지구 궤도에서 인공위성이 자유롭게 비행할
수 있다는 것 자체가 국가 간에 일반적으로 인정되었다. 1959년 6월 유엔 우주의 평화적 이용
잠정위원회의 보고서는 우주활동에 관한 법적 문제점을 다음과 같이 기술하였다.

> 국제지구물리관측년(International Geophysical Year)인 1957년과 1958년에 걸쳐, 그리고 이후에도 계
> 속해서 세계 각국은 우주선이 우주로 발사될 때 어느 국가의 영토 위를 비행하여 올라가느냐에
> 관계없이 우주선의 발사와 비행이 허용된다는 전제하에 일을 진행하였다. 잠정위원회는, 잠정위
> 원회에 부탁된 검토 내용이 전적으로 우주의 평화적 이용이라는 점을 염두에 두면서, 이상의 관
> 행에서 우주는 원칙적으로 평등이라는 조건하에 기존 또는 미래의 국제법이나 합의에 따라서 우
> 주의 탐사와 이용이 모두에게 자유로이 개방되어 있다는 일반적인 규칙이 수립되었거나 인정되
> 었을 것으로 믿는 바이다.[46)]

우주는 매우 광대하여 다수의 국가가 공동으로 사용함에 있어서 문제가 없기 때문에 일찍부터
모두에게 우주를 자유롭고 평등하게 개방하자는 의견이 일반적이었다. 우주활동에 관한 성문화
된 규범이 성립하기 전에는, 국가는 자국 상공의 우주에서 비행하거나 선회하는 타국의 우주발사
체 및 인공위성 등에 대하여 항의할 수 있었으나 실제로 항의한 국가는 없었다. 따라서 이러한
묵인을 동의로 간주하는 데에는 커다란 무리가 없었다. 아울러 우주를 탐사하거나 이용할 능력이
없는 국가들도 우주물체의 영공비행에 대하여 특별히 항의를 하지 않았으며, 오히려 우주활동을
수행하는 주요 국가들과 협력을 유지하면서 이에 관한 관행의 수립에 참여해 오고 있다.

---

46) UN Doc A/AC. 98/2 (1959), p.4.

인공위성의 발사 시 불가피하게 타국의 영공을 통과하여야 하는 경우에 법적 근거를 해양법의 무해통항(innocent passage)[47]에서 찾기도 한다. 즉, 모든 국가의 선박은 연안국의 평화, 공공질서 또는 안전을 해치지 아니하고 계속적이고 신속하게 통항하는 한 타국의 영해에서 무해통항권(right of innocent passage)을 향유한다.[48] 물론 외국 항공기의 상공 비행은 무행통항에 해당되지 않는다.

따라서 위에서 설명한 바와 같은 우주에 대한 모든 국가의 사유로운 접근은 국제관습으로 이미 형성되었다는 의견을 대다수의 학자들이 지지해 오고 있으며, 우주활동에 관한 유엔총회의 결의가 국제 관습법을 증명하는 것이라고 설명한다.[49]

3.4. 유엔총회 결의

1967년 외기권 조약의 기본적인 내용은 1963년 12월에 채택된 외기권의 이용과 탐사에 관한 국가 활동을 규제하는 법 원칙 선언[50]에 바탕을 두고 있다. 동 선언은 1961년 12월에 채택된 우주의 평화적 이용에 관한 국제협력 결의[51]가 우주에로의 자유로운 접근과 우주의 국내 소유 금지 원칙을 선언한 이후 우주활동 전반에 관한 국제법 원칙을 가장 상세하게 규정한 국제문서이다. 1963년 법 원칙 선언은 모든 인류를 위한 우주의 탐사와 이용, 우주 탐사의 자유, 우주의 국

---

47) 유엔 해양법 협약 제17조.
48) 유엔 해양법 협약 제19조(무해통항의 의미).
　1. 통항은 연안국의 평화, 공공질서 또는 안전을 해치지 아니하는 한 무해하다. 이러한 통항은 이 협약과 그 밖의 국제법 규칙에 따라 이루어진다.
　2. 외국 선박이 영해에서 다음의 어느 활동에 종사하는 경우, 외국 선박의 통항은 연안국의 평화, 공공질서 또는 안전을 해치는 것으로 본다.
　　(a) 연안국의 주권, 영토보전 또는 정치적 독립에 반하거나 또는 국제연합헌장에 구현된 국제법의 원칙에 위반되는 그 밖의 방식에 의한 무력의 위협이나 무력의 행사
　　(b) 무기를 사용하는 훈련이나 연습
　　(c) 연안국의 국방이나 안전에 해가 되는 정보 수집을 목적으로 하는 행위
　　(d) 연안국의 국방이나 안전에 해로운 영향을 미칠 것을 목적으로 하는 선정행위
　　(e) 항공기의 선상 발진・착륙 또는 탑재
　　(f) 군사기기의 선상 발진・착륙 또는 탑재
　　(g) 연안국의 관세・재정・출입국 관리 또는 위생에 관한 법령에 위반되는 물품이나 통화를 싣고 내리는 행위 또는 사람의 승선이나 하선
　　(h) 이 협약에 위배되는 고의적이고도 중대한 오염행위
　　(i) 어로활동
　　(j) 조사활동이나 측량활동의 수행
　　(k) 연안국의 통신체계 또는 그 밖의 설비・시설물에 대한 방해를 목적으로 하는 행위
　　(l) 통항과 직접 관련이 없는 그 밖의 활동
49) 그러나 Cooper와 같은 일부 학자는 다음과 같이 국제우주법 분야에서 관습국제법의 존재를 부인함.
　"법적 지위가 불명확한 지리적 영역에서 국제법 원칙을 만족스러운 방법으로 적용한다는 것은 매우 어렵다. 오늘날 우주의 법적 지위는 Grotius가 *Mare Liberum*에서 해양의 자유 원칙을 수락하여야 할 세계의 필요성에 대하여 주의를 끌었던 시기 이전 수세기동안 공해의 법적 지위가 그러하였던 것처럼 모호하고 불확실하다." Cooper, The Rule of Law in Outer Space(1961), 47 Am. Bar Ass'n J. p.23.
50) UN GA Resolution 37/92.
51) UN GA Resolution 41/65.

내 소유 금지, 국제법 적용, 국내 우주활동에 대한 국가의 국제책임, 국제협력, 우주인 구조 등을 선언하고 있다.

1979년 달 협정을 마지막으로 약 20여 년에 걸쳐 우주의 탐사와 이용에 관한 5개의 조약을 체결한 국제적인 노력을 높이 평가하면서도 1979년 달 협정에 대한 국가의 관심 부족으로 새로운 조약 체결에 대하여 대다수의 국가가 회의적이었다. 그럼에도 불구하고 직접위성방송, 지구 원격탐사, 핵 동력원 사용 등을 규제하기 위한 국제적인 문서의 필요성에 대한 인식은 국가 간에 점차 확대되었다. 결국 유엔총회 결의를 통한 원칙의 채택으로 방법을 선회하였다.

우주의 탐사 및 이용과 관련하여, 우리의 실생활에서 가장 쉽게 접하고 그 이익을 누리고 있는 것이 통신위성 및 방송위성을 이용한 위성방송이다. 지상파에 의한 방송은 안테나가 설치되어 있는 근린 지역에 한정되지만, 위성방송은 지상에서 송신된 전파를 적도 상공 약 36,000km에 위치한 정지궤도위성이 중계기를 통해 그 전파를 지구에 재송신 하는 것으로 광범위한 수신이 가능하다. 이러한 직접 위성방송을 규제하기 위하여 1982년 12월 유엔 총회에서 '국제 직접 위성 방송을 위한 국가의 인공위성 이용을 규제하는 원칙(Principles Governing the Use by States of Artificial Earth Satellites for International Direct Television Broadcasting)[52]이 채택되었다.

직접 위성방송 원칙에 따라, 직접 위성방송에 관련된 모든 활동은 유엔 헌장, 1967년 외기권조약, ITU 국제통신협약(International Telecommunication Convention) 등 원칙적으로 국제법의 규제에 따라야 한다. 이 원칙은 직접 위성방송 분야에서의 국제 협력을 촉진하기 위하여 개발도상국의 이익 고려, 유엔 사무총장에게 관련 정보의 통지 등을 권고한다. 특히, 직접 위성방송의 서비스 제공과 관련되는 허가, 저작권 및 관련 권리를 보호하기 위하여 이해관계가 있는 국가 간에 협의를 강조하고 있다.

직접 위성방송 원칙이 채택되고 4년 후인 1986년 12월 '우주에서 지구 원격탐사에 관한 원칙(Principles Relating to Remote Sensing of the Earth from Outer Space)[53]이 유엔 총회에서 채택되었다. 직접 위성방송 원칙과 마찬가지로, 원격탐사 활동도 유엔 헌장, 1967년 외기권조약 그리고 ITU의 관련 문서 등 국제법의 규제 대상이다.

원격탐사 원칙은 원격탐사의 목적을 지구의 자연환경 보호와 자연재해로부터 인류의 보호에 두고 있다. 이를 위해 원격탐사에 참여하는 국가는 지구 자연환경에 해로운 현상을 예방하거나 자연재해에 영향을 받을 우려가 있는 관련 국가에게 정보를 제공하여야 한다.

핵 동력원은 방사선 동위원소 동력시스템과 핵반응 시스템을 포함하며 현재 달과 화성 등의

---

52) UN GA Resolution 37/92.

53) UN GA Resolution 41/65로서 후술함.

우주탐사를 위한 유일한 에너지원이다. 따라서 핵 동력원을 이용한 우주물체의 사고피해를 최소화하기 위하여 규제 필요성이 대두되었고 1992년 12월 외기권에서의 핵 동력원 사용에 관한 원칙(Principles relevant to the Use of Nuclear Power Sources in Outer Space)[54]이 채택되었다. 이 원칙은 일반적인 유엔총회 결의에 비하여 매우 상세한 규정을 두고 있다.

핵 동력원 사용은 UN 헌장과 1967년 외기권조약을 포함하는 국제법의 규제 대상이라는 점을 명확히 하고 있다. 우선, 사고 시 방사능 노출을 제한하기 위하여 국제적으로 승인된 방사능 보호 가이드라인을 고려하여 핵 동력원 시스템을 디자인하거나 제조하여야 한다. 발사국은 완전하고 포괄적인 안전평가를 실시하여야 하며 안전평가 결과는 대략의 발사 시기와 함께 발사 전에 공개되어야 한다. 발사국은 핵 동력원을 이용하는 우주물체의 고장으로 방사능 물질이 지구로 진입할 위험이 있는 경우 이에 관한 정보를 관련 국가와 UN 사무총장에게 통보하여야 한다. 아울러 발사국은 아니지만 우주감시와 추적시설을 갖춘 국가는, 관련 국가가 예방 조치를 취할 수 있도록, 필요한 정보를 UN 사무총장과 관련 국가에게 통보하여야 한다. 발사국은 정부기관뿐만 아니라 민간기업의 핵 동력원 이용에 대하여 허가와 지속적인 감시를 하여야 하며 사고 발생 시 손해배상 책임도 동시에 부담한다. 그리고 발사국이 둘 이상인 경우 발사국은 공동으로 그리고 개별적으로 책임을 진다.

마지막으로 유엔 총회는 1996년 12월 '개발도상국의 수요를 특별히 고려하여, 모든 국가의 이익을 위하여 우주의 탐사와 이용에서의 국제협력 선언(Declaration on International Cooperation in the Exploration and Use of Outer Space for the Benefit and in the Interest of All States, Taking into Particular Account the Needs of Developing)'[55]을 채택하였다.

우주의 탐사와 이용에서의 국제협력은 우주과학, 우주기술, 우주의 활용 등의 분야에서 관련 국가의 역량을 발전시키는 것이다. 상호 수용 가능한 수준에서 국가 간에 전문가 및 기술을 교류하는 것이 여기에 해당된다. 그리고 이러한 국제협력에서 개발도상국의 수요를 특별히 고려하는 것은 기술적 및 재정적 지원을 의미한다.

3.5. 국제 행동규범

UN 5개 조약, UNIDROIT 우주자산의정서 등의 체결 과정에서 보는 바와 같이 조약문 작성에서 체결 그리고 발효까지 상당한 시일이 소요된다. 아울러 종종 조약의 체결을 위해 부득이하게

---

54) UN GA Resolution 47/68.

55) UN GA Resolution 51/122.

국가 간 양보 및 타협으로 발효가 되었다 하더라도 실효성 없는 조약으로 남을 수도 있다.

따라서 엄격한 의무를 부과하기보다는 미래에 달성하고자 하는 목적을 담고, 당사자의 행동에 상당한 융통성을 부여함으로써 국가의 참여를 유도할 수 있는 국제 문서가 필요하다.[56] 법과 정치의 중간적 성격으로 국가주권의 포기를 원하지 않는 분야에서 국가의 유연한 참여가 가능한 국제 문서로서 행동규범(Code of Conduct)이 있다.

3.5.1. 탄도미사일 비확산 헤이그 행동규범

대량파괴무기의 확산을 억제하기 위하여 1984년 미사일기술통제체제(Missile Technology Control Regime: MTCR)가 수립되었다.[57] MTCR은 핵무기뿐만 아니라 대량파괴무기의 미사일 시스템이 제3세계 국가에로 확산되는 것을 규제하기 위한 수단으로 공급자에 의한 수출을 통제하는 것이다.[58] 그러나 MTCR이 미사일 기술을 확보하려는 수요자에 대한 규제는 상대적으로 미흡하여, 이러한 흠결을 보완하기 위하여 2002년 탄도미사일 비확산 헤이그 행동규범(The Hague Code of Conduct against Ballistic Missile Proliferation: HCoC)이 채택되었다.

HCoC은 탄도미사일 비확산을 위해 크게 두 가지 방법을 제시한다. 첫째, 대량파괴무기의 운반이 가능한 탄도미사일의 개발과 실험 그리고 배치를 자제하도록 하고 있으며, 각국이 이미 보유한 탄도미사일을 서서히 감축하도록 하고 있다. 둘째, 우주발사체가 탄도미사일 프로그램을 은닉하기 위한 목적으로 사용되는 것을 금지 및 예방하기 위하여 우주발사체 프로그램을 지원하는 경우 엄격한 감시를 해야 한다.

HCoC은 상기 두 가지 방법을 이행하기 위한 투명성과 신뢰 구축 조치로서 서명국에게 탄도미사일과 우주발사체 프로그램에 관한 연례 신고서 제출과 탄도미사일과 우주발사체 발사 시 사전 통보를 하도록 규정하고 있다. 연례 신고서의 내용은 우주발사체 관련 국가 정책, 지상 발사 시설, 전년도에 발사된 우주발사체의 번호 및 포괄적인 제원 등을 포함한다. 아울러 투명성과 신뢰 구축을 위한 자발적인 조치로 HCoC은 우주발사체 발사 시 해외 옵서버의 참관 확대를 권고한다.

현재 134개국이 HCoC에 서명하였으나, 중국, 인도, 북한 등은 서명하지 않았다.

---

56) 전게 주 정인섭 참조.

57) MTCR의 성립과 발전에 관한 상세한 내용은 이용호, "미사일기술통제체제(MTCR)에 관한 연구", 국제법학회논총, 제45권 제2호(통권 제88호), pp.245-57 참조.

58) MTCR은 'MTCR 지침'과 '장비 및 기술에 관한 부속서'에 따라 운영됨. MTCR은 유인항공기를 제외하는 대량파괴무기 운반이 가능한 모든 운반시스템. 일정 범위 이상의 탑재능력(500kg 이상)과 사정거리(300km 이상)를 초과하는 미사일 관련 장비 및 기술이 정부의 관할 또는 통제를 벗어나 어떤 목적지로 향하는 것을 통제하기 위한 것임. 따라서 대량파괴무기의 운반시스템과 무관한 우주 프로그램 및 관련 국제 협력을 금지하는 것은 아님.

3.5.2. 우주활동 국제행동규범안

우주 관련 UN 5개 조약의 체결 당시, 규정의 필요성이 인식되었음에도 불구하고 국가 간 이견으로 규정하지 못한 사항, 조약 체결 당시 예상하지 못하였던 우주기술의 발전, 우주의 상업적 활용, 우주의 군사화, 우주 환경 문제 등의 법적 공백을 메우기 위하여 중국, 러시아 등은 기존의 UN 5개 조약을 망라하는 단일 우주조약의 채택을 주장해오고 있다. 그러나 미국 등은 기존의 UN 조약의 규정들이 국가가 우주활동을 수행함에 있어서 커다란 문제점을 발생시키지 않았다는 이유로 중국과 러시아의 주장에 반대하고 있다. 이에 대해 프랑스, 독일 등의 유럽 국가들은 새로운 단일 우주조약의 체결은 약 반세기 동안 우주활동을 규제해 온 기존의 국제법 기초를 흔들 수 있다는 우려로 단일 우주 조약의 체결에 반대하면서도, 법적 공백을 메울 국제 문서가 필요하고 시급하다는 의견을 보여 왔다.

오늘날 약 60개 국가가 인공위성을 운용하고 있으며 현재 활동 중인 인공위성의 수는 약 1,100여 기에 이른다. 그러나 인공위성의 궤도 진입 시 발생하는 발사체의 일부분, 기능을 종료한 인공위성의 궤도 잔류, 궤도상 충돌로 인해 발생하는 파편 등 우주폐기물(space debris)이 안전하고 안정적인 지속가능한 우주활동에 대한 위협으로 등장하였다.[59]

결국 EU는 우주폐기물을 규제하기 위한 국제 문서의 작성에 착수하였다. 2008년 EU 이사회는 우주활동 행동규범 초안(draft Code of Conduct for Outer Space Activities)을 작성한 후, 2년 후인 2010년 수정안(revised draft Code of Conduct for Outer Space Activities)을 채택하였다. 이사회는 2012년 말 최종 채택을 목적으로 2012년 상반기에 다자간 전문가회의를 개최하였으나, 행동규범 문안의 작성 방법 및 내용 등을 둘러싸고 국가 간에 이견이 현저하였다. 무엇보다 행동규범의 문안 작성 과정에 다수의 국가의 참여가 배제된 채, 유럽의 극소수 국가에 의해 작성되었다는 사실에 기초하여 상당수의 국가가 행동규범의 채택에 소극적이었다. EU도 이러한 비판을 고려하여, 상기 다자간 전문가회의를 유엔 군축연구소(UN Institute for Disarmament Research)와 공동으로 개최하였으며, 명칭을 종전의 '우주활동 행동규범' 대신 '우주활동 국제행동규범(International Code of Conduct for Outer Space Activities)'으로 변경하였다.

EU는 여러 국가들의 의견을 수렴하여 2013년에 우주활동 국제행동규범을 최종 채택한다는 계획이다.

국제행동규범 수정안은 보편화를 위해 서명국뿐만 아니라 서명국의 관할권 하에 있는 비정부기관, 즉 민간기업도 적용 대상으로 포함시키고 있으며, 정부 간 국제기구도 서명을 할 경우 서

---

59) 2009년 2월 미국의 상업통신위성 Iridium 33과 러시아의 통신위성 Cosmos 2251이 시베리아 타이미르 반도 약 8000km 상공에서 충돌하였음. 현재 지구 궤도 상 1~10cm의 우주 폐기물은 약 45만 개이고 10cm 이상은 약 21,000개인 것으로 파악되고 있음.

명국과 동일하게 적용된다. 그리고 국제행동규범 수정안은 우주활동을 규제하는 기존의 규범에 대한 보충적인 수단이기 때문에 서명국은 기존의 규범을 준수하여야 한다.

국제행동규범 수정안은 우주활동의 안전과 지속가능성을 강화하기 위하여 주로 두 가지 측면 즉, 우주 운용조치와 우주폐기물의 통제에 필요한 조치를 이행하도록 서명국에게 권고한다.

우주 운용조치와 관련하여, 서명국은 우주에서의 사고 가능성, 우주물체 간 충돌 또는 타국의 우주활동에 영향을 미칠 수 있는 모든 유형의 해로운 간섭을 최소화하는 방향으로 자국의 정책과 절차를 수립하여야 한다. 특히, 서명국은 우주물체에 직접적으로 또는 간접적으로 피해를 야기할 수 있는 모든 행위를 자제하여야 한다. 단, 그러한 행위 자체가 우주 폐기물의 발생을 저감시키거나 UN 헌장에 따라 개별적 또는 집단적 자위권의 행사로 정당화 되는 경우에는 예외이다.

우주폐기물의 통제 및 경감조치로서, 서명국은 궤도에 있는 모든 우주물체를 의도적으로 파괴하거나 오랫동안 궤도에 잔존하는 우주폐기물을 발생시킬 수 있는 모든 활동을 자제하여야 한다. 기존의 규범에 대한 보충적인 역할을 하는 국제행동규범 수정안은 UN 우주폐기물 경감 가이드라인의 준수를 권고한다. 따라서 서명국은 UN 우주폐기물 경감 가이드라인[60]의 이행에 필요한 국내 정책과 절차 및 조치를 채택하고 시행하여야 한다.

---

60) 2007년 UN 총회 결의 62/217로 승인된 UN COPUOS가 성안한 Space Debris Mitigation Guidelines.

국제우주법의 형성과 국제기구

국제우주법의 형성과 국제기구

　국제 규범의 창설은 언제나 주권 국가의 특권이다. 그러나 국제 규범은 주권 국가의 개별적인 행위로 형성되는 것은 아니며 국가 간 상호 협력과 조정을 통해서만 가능하다. 이러한 협력과 조정을 위한 포럼의 장을 바로 국제기구가 제공한다. Henkin이 지적한 바와 같이, "국제기구는 모든 국가를 결속시키고 모든 국가의 공동 이익을 강조함으로써 법의 제정을 증진 및 용이하게 하며, 그리고 촉진시키고 개선한다. 그런데 이러한 작업은 법전화할 수 있는 문제를 확인하고 문제에 대하여 가능한 한 법적 해결을 추구함으로써 수행된다."[1]

　통상적으로 국제기구는 정부 간 국제기구(intergovernmental organization)를 일컫는다. 즉, 국제기구는 조약에 의하여 설립되고 헌장과 내부 기관이 있으며 회원국의 법인격과는 별개의 법인격을 보유하는 국가들의 모임을 말한다.[2] 그러나 이러한 개념은 지나치게 이론적이고 제한적이어서 오늘날의 국제 현실을 반영하기에는 한계가 있다. 따라서 ILC는 국제기구의 국제책임 초안[3]에서 국제기구를 다음과 같이 정의한다.

> "국제기구는 조약 또는 국제법에 의하여 규제되는 다른 문서에 의하여 설립되고 고유한 국제 법인격을 보유한 모든 기구를 일컫는다. 국제기구는 회원 중에 국가가 아닌 기관을 포함할 수 있다."

　상기와 같은 ILC의 국제기구 개념은 정부 간 국제기구와 비정부 간 국제기구(non intergovernmental organization)를 구분한다.[4] 오늘날의 국제 관계에서는 비정부 간 국제기구도 국제 규범의 형성에 매우 적극적으로 참여한다. 이러한 참여는 주로 다자조약 체결 시 비정부 간 국제기구가 사전에 자신의 의견을 정부에 관철시키고, 정부가 다자조약 체결과정에서 해당 비정부 간 국제기구의 의견을 개진하는 것이다.

---

1) Henkin, International Organization and the Rule of Law (1969), 23 Int'l Org. 656, 657.
2) Annuaire ILC 1956-ii, p.106.
3) 2003년부터 ILC가 다루고 있는 내용. http://untreaty.un.org/ilc/guide/9_11.htm 참조.
4) 비정부 간 국제기구도 경우에 따라서는 정부 간 국제기구에 고유한 특권을 부여받을 수 있는바, 국제적십자사가 대표적인 사례.

그리고 비정부 간 국제기구는 유엔을 비롯한 정부 간 국제기구에서 옵서버 지위를 취득하여 다자조약 체결 및 기타 국제 규범 형성을 위한 논의 과정에 직접 참여하기도 한다. 옵서버 지위는 정부 간 국제기구가 비회원국 또는 비정부 간 국제기구에게 부여하는 특권이다. 옵서버 지위를 취득한 비정부 간 국제기구는 제한된 범위 내에서 정부 간 국제기구의 논의 과정에 참여하여 의견을 개진한다. 그러나 옵서버에게 투표권이 부여되지는 않는다.

1. 정부 간 국제기구

1.1. 유엔 COPUOS

1.1.1. 역사적 배경

1957년 10월 4일 Sputnik 1호 발사 후, 국제사회는 우주를 평화적 목적으로 이용하기 위한 협력의 필요성을 점차 인식하게 되었다. 동시에 국제 협력 프로그램을 촉진하고 프로그램의 수행으로 인해 발생할 수 있는 법적 문제점을 검토하기 위해서는 유엔의 범주 내에서 적절한 국제기구의 설립이 제안되었다. 결국 유엔은 1958년 12월 총회 결의 제1348호[5]를 채택하고, '우주의 평화적 이용 잠정 위원회(*ad hoc* Committee on the Peaceful Uses of Outer Space)'를 설립하였다.

그러나 잠정 위원회의 구성을 위한 지역적 배분과 관련하여 소련과 미국의 입장이 대립되었다. 소련은 회원국 수를 공산 진영 4개국, 서방 진영 4개국 그리고 중립 진영 3개국으로 구성되는 11개국을 제안하였으나, 미국은 공산 진영 3개국, 서방 진영 12개국 그리고 중립 진영 3개국을 주장하였다. 결국 미국의 주장이 받아들여져 잠정 위원회는 18개국[6]으로 구성되었다.

잠정 위원회의 임무는 다음 네 가지 사항에 대한 보고서를 1959년 제14차 유엔총회에 제출하는 것이었다.

> 첫째, 우주의 평화적 이용과 관련하여 유엔, 유엔 전문기구 그리고 다른 국제기구의 활동,
> 둘째, 국가의 경제적 또는 과학적 발전과 상관없이 모든 국가의 이익을 위하여 유엔에서 수행될 수 있는 국제협력 분야,
> 셋째, 유엔 범주 내에서 국제 협력을 촉진하기 위한 조직의 정비
> 넷째, 우주 탐사 프로그램의 수행 시 발생할 수 있는 법적 문제의 성격

---

5) 결의문 내용은 본서 부록 참조.

6) 아르헨티나, 호주, 벨기에, 브라질, 캐나다, 체코슬로바키아, 프랑스, 인도, 이란, 이탈리아, 일본, 멕시코, 폴란드, 스웨덴, 소련, 통일 아랍 공화국, 영국, 미국.

잠정 위원회의 보고서에 기초하여 유엔총회는 잠정 위원회를 상설화하여 24개국[7]으로 구성되는 '우주의 평화적 이용 위원회(Committee on the Peaceful Uses of Outer Space)'를 설립하였다. 그리고 24개국의 활동 기간은 1960년과 1961년 2년이었다. 그러나 1962년 3월 COPUOS가 처음으로 회합할 때까지 2년간 단 한 차례도 회합하지 못하여 사실상 그 기능을 하지 못하였다. 이러한 교착상태는 의사결정 방식에 기인하였다. 서방 진영 12개국, 공산 진영 7개국 그리고 중립 진영 5개국으로 구성되어 있는 COPUOS의 의사결정 방법으로서 소련은 엄격한 만장일치를 주장하였으나 미국은 다수결을 지지 하였다. 이러한 이유로 소련, 인도, 폴란드, 체코슬로바키아 그리고 통일 아랍 공화국은 잠정 위원회 회의에도 참여하지 않았다.

결국, 미국과 소련이 비공식 합의를 통해 유엔총회 절차 규칙 제162조가 허용하는 범위 내에서 COPUOS의 의사 결정 방식을 투표 없이 컨센서스로 결정함으로써 첫 회합이 가능하게 되었다.

1961년 12월 차드, 몽고, 모로코, 시에라리온의 가입 이후[8] COPUOS의 회원국 수는 조금씩 늘어났으며 1980년 중공의 가입으로 53개국으로 확대되었다.[9] 현재 COPUOS의 회원국은 71개국이며 여러 정부 간 및 비정부 간 국제기구가 옵서버 자격으로 참여하고 있다.

유엔은 COPUOS 관련 업무를 지원하기 위하여 1962년 UN 정치안보국(Department of Political and Security Council Affairs) 내에 우주 담당 부서를 설립하였다. 이 부서는 1968년 우주과(Outer Space Affairs Division)로 변경되었으며, 1992년 현재의 외기권사무소(Office for Outer Space Affairs)로 최종 변경되었다.

1.1.2. 의사결정 방식

과거 국제사회는 의사결정 방식으로 주권 존중의 정신에 기초하여 통상적으로 만장일치를 사용하였다. 국제 연맹 규약 제5조는 '본 규약에서 달리 규정하지 않는 한 총회 또는 이사회 회의에서의 결정은 참석한 모든 회원국의 동의를 필요로 한다'고 규정하였다.

한편 국제연맹과는 달리 유엔은 만장일치보다 완화된 의사결정 방식을 채택하였다. 회원국이 각각 1개의 투표권을 갖는 총회는 두 가지 의사결정 방식, 즉 3분의 2의 다수결 또는 과반수를 통해 결정을 내린다. 3분의 2의 다수결에 의한 총회의 결정 사항으로는 국제평화와 안전의 유지에 관한 권고, 안전보장이사회의 비상임이사국 선출, 경제사회이사회의 이사국 선출, 신탁통치이사회의 이사국 선출, 신회원국의 유엔 가입 승인, 회원국의 권리 및 특권의 정지, 회원국의 제

---

7) 알바니아, 아르헨티나, 호주, 오스트리아, 벨기에, 브라질, 불가리아, 캐나다, 체코슬로바키아, 프랑스, 헝가리, 인도, 이란, 이탈리아, 일본, 레바논, 멕시코, 폴란드, 루마니아, 스웨덴, 소련, 통일 아랍 공화국, 영국, 미국.

8) UNGA Res 1721 (XVI).

9) UNGA Res 35/16, 3 Nov. 1980.

명, 신탁통치제도의 운영 그리고 예산에 관한 문제가 있다. 그 이외의 문제에 대한 총회의 결정은 과반수로 한다.[10]

그러나 안전보장이사회의 의사결정 방식은 총회와는 다르다. 안전보장이사회의 이사국은 5개 상임이사국(중국, 프랑스, 러시아, 영국, 미국)과 10개 비상임이사국으로 구성되며, 각 이사국은 1개의 투표권을 갖는다. 안전보장이사회의 결정은 절차 사항과 그 이외의 사항에 따라 표결방식에 차이가 있다. 회의 개최, 보조기관의 설치, 의장 선출 방식을 포함하는 자체 의사 규칙 등 절차 사항은 9개 이사국의 찬성으로 결정한다.

그러나 절차 사항 이외의 사항에 관하여서는 5개 상임이사국의 동의 투표를 포함하는 9개 이사국의 찬성으로 결정한다.[11] 따라서 안전보장이사회가 상임이사국의 거부권을 인정함으로써 사실상 상임이사국의 의사에 관한 한 만장일치의 의사결정 형태를 유지하고 있는 셈이다.

의회주의적 요소가 강한 다수결과 외교적 측면이 중요시되는 만장일치의 두 가지 의사결정 방식 간에 균형의 유지를 가능하게 하는 것이 컨센서스(consensus)이다.

컨센서스는 투표를 하지 않는 의사결정 방식으로 문서 등을 채택하는 경우 회원국의 일반적인 침묵이 해당 문서의 채택에 이의 제기가 없다는 것을 증명하는 것이며 곧 문서의 채택으로 이어진다. 컨센서스에 의해 채택된 문서 및 결정 등은 투표에 의한 것과 동일한 법적 효과를 갖는다.

컨센서스와 만장일치의 차이는 심리적인 요소에 있다. 만장일치로 결정을 해야 하는 경우 만장일치가 이루어지지 않으면 일반적으로 논의가 중단되는 것과는 달리, 투표를 하지 않는 대신 지속적으로 교섭이 진행되면 결국에는 컨센서스가 성립되는 경향이 있다. 그리고 컨센서스는 대다수가 동의하는 경우에는 극소수의 반대에도 불구하고 회의 의장이 주도하여 성립시키는 방법이기도 하다.[12]

컨센서스는 국제노동기구(International Labor Organization), 국제통화기금(International Monetary Fund) 및 세계은행(World Bank)에서 사용되다가 현재는 유엔을 비롯한 유엔 전문기구로 확대되어 UN COPUOS도 의사결정 방식으로 컨센서스를 채택하였다.

---

10) 유엔헌장 제18조.

11) 유엔헌장 제27조.

12) 비동맹국 회의 시 남·북한 문제 토의에 있어서 1~2개국의 집요한 반대가 있더라도 다수가 찬성 또는 중립적인 태도를 취할 경우 회의 의장의 직권으로 컨센서스 성립을 선언하는 것이 그 예임.

1.2. 국제전기통신연합(ITU)

세계에 걸친 통신이 기술적으로 가능하게 되자 곧이어 동 통신을 조정하고 규제하는 국제기구가 창설되었다. ITU(International Telecommunication Union)는 원래 전신(telegraph)을 확대 적용하기 위하여 1865년에 설립된 것이다. 연후 ITU 설립조약이 수차 개정되었으며 1989년 프랑스 Nice에서 개최된 전권회의(Plenipotentiary Conference)에서는 지금까지 단일 협약으로 존재하여 오던 설립조약을 헌장(Constitution)과 협약(Convention)으로 구분하였다.

ITU는 라디오 주파수 대역(spectrum) 사용의 규제를 위한 기관이다. 라디오 대역의 조직적인 활용은 위성통신에서 중요한 문제인데 ITU는 위성의 주파수는 물론 지구정지궤도의 사용을 규제하는 권한을 가지고 있다. ITU가 제정하는 규범은 191개 회원국 대표의 토의 결과 나오는 것이며 동 규범은 또한 ITU헌장에 다라 이행되어야 하는 것으로서 중요한 법적 규범을 이룬다. 회원국이 비준하는 규범이 국제 우주법의 일부를 구성함은 물론이다.

1.3. 사법통일국제연구소(UNIDROIT)

UNIDROIT(International Institute for the Unification of Private Law)는 국가 간 사법(private law) 특히 상법의 조화, 현대화 및 조정을 위해 1940년에 설립된 정부 간 국제기구이다. UNIDROIT는 원래 1926년 국제연맹의 부속기관으로 설립되었으나 국제연맹 해체 후, 별도의 다자협정에 근거하여 UN과는 독립된 법인격을 보유하고 있다.

사법의 국제적인 통일을 위한 UNIDROIT의 성문화 작업은 협약(Conventions), 모델법(Model Laws), 원칙(Principles) 그리고 지침(Guides)으로 이루어진다.

UNIDROIT는 1964년 헤이그에서 채택한 국제물품 매매에 대한 통일법에 관한 협약[13]을 필두로 2012년 베를린에서 채택한 우주자산 의정서까지 총 13개의 협약 및 의정서를 채택하였다. 그리고 UNIDROIT는 특정 규제 사항에 대하여 국가가 자국 국내법의 일부분으로 입법을 하도록 권고하는 입법 기준, 즉 모델법을 제시한다. 이와 관련하여 UNIDROIT는 현재까지 세 가지 모델법을 채택하였다. 2002년 프랜차이즈 공개 모델법(Model Franchise Disclosure Law), 2008년 UNIDROIT 리스 모델법(UNIDROIT Model Law on Leasing) 그리고 2011년 UNESCO-UNIDROIT의 발견되지 않은 문화재의 국가 소유에 대한 모델 입법 규정(UNESCO-UNIDROIT Model legislative

---

13) Convention relating to a Uniform Law on the International Sale of Goods.

provisions on State ownership of undiscovered cultural objects)이 그것이다. 1994년 국제 상사 계약 원칙 그리고 2004년에는 미국법 연구소(American Law Institute)와 공동으로 국제 민사소송 원칙 (ALI/UNIDROIT Principles of Transnational Civil Procedure)을 채택하였다.

2. 비정부 간 국제기구

2.1. 국제우주연맹(International Astronautical Federation: IAF)

IAF는 우주 분야에서 국제협력의 촉진과 지식을 공유하기 위하여 10개국(아르헨티나, 오스트리아, 프랑스, 독일, 이탈리아, 스페인, 스웨덴, 스위스, 영국, 미국)의 우주 관련 기관에 의해 1952년 9월 설립되었다. IAF는 프랑스 파리에 사무국을 두고 있으며, 각국의 국가 우주기관, 민간 우주기업, 관련 학회 등 58개국 총 205개 기관이 회원으로 참여하고 있다.

우주 관련 지식 공유라는 설립 목적을 달성하기 위하여 IAF는 1950년부터 매년 국제우주대회(International Astronautical Congress)[14]를 개최하고 있다. IAC는 우주 관련 기술, 법, 정책 등에 관한 논문 발표 세션, 기조연설 세션과 전시회로 구성된다. 특히 IAC는 미국 NASA, 러시아 RSA, 일본 JAXA, 프랑스 CNES, 독일 DLR 등 각국의 우주청이 양자회의를 개최하여 국제 우주협력을 논의하는 장으로 활용된다.

IAF는 2004년부터 IAC 계기에 UN COPUOS와 공동으로 워크숍을 개최해 오고 있다.

2.2. 국제우주법협회(International Institute of Space Law: IISL)

IISL은 IAF 내에 부속되어 있던 상설 우주법위원회(Permanent Committee on Space Law)가 1960년 IAF로부터 독립되어 설립된 기관이다. 그 후, IISL은 2007년 네덜란드 법에 기초하여 공식적으로 비정부 간 국제기구가 되었다.

우주법 또는 우주활동에 관련된 기관 또는 개인으로 구성되는 IISL은 다양한 방법으로 우주활동에 관한 국제법과 국내법의 입법 과정에 참여한다.

특히, IISL은 학자, 외교관, 정책 입안자 등으로 구성된 각국의 대표단이 참석하는 COPUOS 법

---

14) 제60차 국제우주대회는 우리나라 대전에서 개최되었으며, 개막식 축사에서 이명박 대통령은 기후변화나 자연재해 같은 범지구적 문제를 해결하기 위한 노력의 일환으로 우리나라도 국제 달 탐사 프로그램(International Lunar Network)에 참여를 검토 중이라고 연설하였음.

률소위원회에서 매년 유럽우주법센터(ECSL)과 공동으로 우주법의 주요 이슈에 관한 심포지엄을 개최함으로써 국제우주법뿐만 아니라 국내 우주법의 형성에도 많은 기여를 하고 있다.[15] IISL은 UN COPUOS의 옵서버의 지위를 취득하여 매년 COPUOS 법률소위원회에 IISL의 활동내역을 보고한다.

IISL은 미래 세대의 우주법 전문가 양성을 위해 1992년부터 Manfred Lachs[16] 우주법 모의재판 대회(Manfred Lachs Space Law Moot Court Competition)를 매년 개최해 오고 있다. 미주 지역, 유럽 지역, 아시아·태평양 지역의 예선을 거친 후,[17] 각 지역의 우승자가 참여하는 모의재판 대회 결승전은 매년 IAC 기간에 IISL 우주법 콜로키엄과 함께 개최된다. 결승전의 심사는 관례적으로 ICJ 현직 재판관 3인으로 구성된다.

2.3. 국제법협회(International Law Association: ILA)

ILA는 국제공법과 국제사법의 연구, 명확화 및 발전 그리고 국제법에 대한 국제적인 이해와 준수의 촉진을 위해 1873년 브뤼셀에서 설립되었다. 비정부 간 국제기구인 ILA는 많은 UN 전문기구에 국제법 전반에 대한 자문 역할을 한다. ILA는 전 세계 약 3,500여 명의 전문가로 구성되어 있으며, ILA 회원은 민간 실무, 학계, 정부 및 사법부 등에 종사하는 법 전문가뿐만 아니라 산업체, 금융계, 해운업계 등에서 종사하는 법 비전문가로 구성되어 있다.

ILA는 격년제의 콘퍼런스를 개최한다. 1873년 브뤼셀에서 제1차 콘퍼런스를 개최한 이후 2010년까지 총 74차례의 콘퍼런스가 개최되었으며, ILA는 콘퍼런스에서 국제법 주요 쟁점에 대한 결의를 채택해 오고 있다.[18] 이러한 결의는 해당 내용에 대한 전 세계 국제법 전문가들의 통일된 견해의 표현으로 법의 규칙 결정 보조수단으로서 국제법의 법원 형성에 중요한 역할을 한다.

특히, COPUOS 법률소위원회는 2011년 제50차 회기에서 상설중재재판소(Permanent Court of

---

15) UN COPUOS 법률소위원회에서 IISL이 ECSL과 공동으로 개최한 심포지엄의 주제는 다음과 같음.
  · 2006년: 재난관리의 법적 측면과 우주법의 기여
  · 2007년: 우주법에서의 역량 구축
  · 2008년: 기후변화에 대한 우주활용의 법적 적용
  · 2009년: 달협정 채택 30주년 – 회상과 전망
  · 2010년: 우주 국내 입법 – 우주활동 성장에 대한 법적 체계 구축
  · 2011년: 영공과 우주의 경제획정에 관한 고찰
  · 2012년: 우주물체의 소유권 이전 – 책임·손해배상책임·등록 이슈
16) Manfred Lachs는 폴란드 출신의 외교관이자 법학자임. Manfred Lachs는 1952년부터 사망한 1993년까지 폴란드 바르샤바대학교에서 국제법을 강의하면서 특기할만한 학문적 업적을 남겼음. 동인은 1967년부터 1993년까지 ICJ 재판관으로 재직하면서 1973년부터 1976년까지 ICJ 소장을 역임하였음.
17) 2009년 제60차 IAC가 우리나라 대전에서 개최되는 것을 계기로 한국항공대학교 학생들이 호주 시드니에서 개최된 아시아·태평양 지역 예선에 처음 출전하였으나 결승전 진출에는 실패하였음.
18) 제62차 ILA 컨퍼런스는 1986년 서울에서 개최되었으며, ILA는 '국제 수로 자원에 대한 규칙안'이라는 제목의 결의를 채택하였음.

Arbitration: PCA)의 우주에서의 민간 활동에 관한 분쟁해결 자문그룹 작업과 관련하여, ILA에 ILA 의 활동을 2012년 제51차 회기에서 소개할 것을 요청하였다. 이에 대해 ILA는 2011년 제51차 회 기에서 '우주활동에 관한 분쟁 중재를 위한 PCA 선택 규칙(Permanent Court of Arbitration Optional Rules for Arbitration of Disputes Relating to Outer Space Activities)'을 제출하였다.

PCA 선택 규칙은 2010 UN 국제무역법 위원회(United Nations Commission on International Trade Law: UNICITRAL)의 중재규칙에 근거하여 작성되었다. PCA 선택 규칙은, 분쟁 당사자에게 1명, 3명 또는 5명으로 구성되는 중재재판소를 선택할 수 있는 자유를 부여하고 있으며, 중재인 특별 리스트와 과학기술 전문가 리스트를 작성하도록 규정하고 있다.

2.4. 유럽우주법센터(European Centre for Space Law: ECSL)

유럽은 다른 지역에 비하여 상대적으로 우주법에 관한 연구가 활발한 편이긴 하지만, 연구가 개별적으로 그리고 산발적으로 진행되는 경향이 있었다. 따라서 지속적이고 종합적인 연구를 위 해 1989년 ESA의 주도로 ECSL이 설립되었다. ECSL의 활동에 관한 재정은 대부분 ESA의 지원에 의존하고 있다.

ECSL의 회원 자격은 설립 특성상 매우 제한적이다. 즉, ESA의 회원국 국민 또는 ESA와 협력 협정을 체결한 국가의 국민에게만 ECSL의 회원 자격이 주어진다. 그리고 ECSL은 유럽 12개국[19] 에 국가별 연락관 제도를 두고 있다. 국가별 연락관은 우주활동에 관한 자국의 국내법에 관련하 여 정보를 제공하거나 교환함으로써 유럽 국가들 간 국내법의 조정 및 통일에 기여하고 있다.

ECSL은 IISL과 마찬가지로 UN COPUOS의 옵서버의 지위를 취득하여 매년 COPUOS 법률소위 원회에 자신의 활동내역을 발표한다.

ECSL의 활동은 크게 네 가지로 이루어진다. ECSL은 매년 UN COPUOS 법률소위원회 회기 중 에 IISL과 공동으로 심포지엄을 개최한다. 그리고 Manfred Lachs 우주법 모의재판 대회의 유럽지 역 예선을 총괄하며, 매년 여름 대학원생 및 실무자를 대상으로 법과 정책에 관한 교육 프로그 램을 실시하고 있다. 또한 ECSL은 2005년부터 전문가 포럼을 개최해 오고 있다.[20] 학자뿐만 아 니라 변호사, 민간 기업 및 각국의 우주청 등 국가 우주기관을 포함하는 정부의 우주 관련 규제

---

19) 오스트리아, 벨기에, 체코, 핀란드, 프랑스, 독일, 이탈리아, 룩셈부르크, 네덜란드, 포르투갈, 스페인, 영국.
20) ECSL의 전문가 포럼 주제는 다음과 같음:
2005년: 위성 분야에서 새로운 발전, 2006년: 우주여행-법과 정책 관점, 2007년: 최근 유럽 우주산업의 발전-법적 관점, 2008년: 유럽의 국내 우주 입법-유럽 우주협력 발전의 측면에서 허가 이슈, 2010년: 갈릴레오(Galileo)-현재의 법적 문제, 2011년: 유인우주비행의 안전 문제-법과 정책 관점, 2012년: 위성활동 보험-법적 측면.

업무 종사자가 모두 참여하는 이 포럼은 현안 이외에도 향후 발생할 수 있는 우주 법적 문제를 모두 검토함으로써 국제 우주법의 형성을 이끌어가고 있다.

2.5. 국제우주연구위원회(Committee on Space Research: COSPAR)

소련이 1957년 첫 인공위성을 발사하여 우주시대가 도래한 후 국제과학연맹이사회(ICSU. 현재는 명칭을 변경하여 국제과학이사회)는 1958년 런던 개최 회의 시 COSPAR를 설치하였다. 1960년 프랑스 니스에서 첫 우주과학 심포지엄을 개최한 COSPAR의 설립 목적은 연구 결과, 정보, 의견의 자유로운 교환을 중점으로 국제적 수준의 우주과학 연구를 촉진시키는 것과, 우주의 과학연구와 관련한 문제들을 토의하기 위한 장으로서 모든 과학자들에게 개방된 포럼을 제공하는 것이다.

COSPAR는 모든 정치적 고려를 배제하고 오로지 과학적 관점에서만 문제를 접근하였기 때문에 냉전 시 우주에 있어서 동서 진영의 가교 역할도 하였으나, 소련 붕괴 후에는 우주를 수단으로 이용하는 모든 종류의 과학연구기관으로서의 업무에 집중하고 있다.

프랑스 파리에 사무국이 있는 COSPAR는 2년마다 과학총회를 개최하는데 우주연구에 종사하는 우주 과학자들이 집결하는 최상의 모임으로 작용하면서 수준 높은 발표와 핵심 채널로 자리잡은 지 오래 되었다. COSPAR는 지역 차원의 모임도 개최하면서 구체적인 연구 주제에 대한 과학적 의견 교환의 장도 마련하는데, 이러한 전문지식이 인정되어 우주연구 사안들과 과학 분야 이슈의 평가에 관련된 유엔과 기타 정부 간 국제기구에 대한 자문 역할을 수행해왔다.

조직적 측면에서 볼 때 이사회(Council)가 최고기관으로서 활동하는데 이사회는 COSPAR의 회장, 국가 과학 기관 회원의 대표, 국제과학연맹이사회의 대표, 산하 여러 과학위원회들의 의장, 재정위원회 의장 등으로 구성된다. 이사회는 COSPAR 과학총회에서 소집되며, 총회가 개최되는 사이 기간에는 사무국(Bureau)이 일상 업무를 담당한다.

2.6. 국제천문연맹(International Astronomical Union: IAU)

IAU는 1919년 천문학에서의 국제협력을 진흥하기 위한 목적으로 설립된 천문학자 단체이다. 프랑스 파리에 사무국을 두고 있는 IAU는 개인 회원과 국가 회원으로 구성되어 있다. 2012년 6월 현재 개인 회원은 90개국 9,902명으로 모두 박사급 이상의 전문인들이며 4개의 부서(Divisions,

Commissions, Working Groups, Program Groups)에 소속되어 분장된 업무와 연구에 전념한다. 개인 회원이 속한 90개국 중 70개국은 기관 단위로도 가입하여 국가 회원을 구성하고 있다.

과학 및 교육활동은 12개의 과학 Divisions에서 담당하고, 41개의 특별 Commissions는 78개의 Working and Program Groups와 함께 천문학의 모든 분야를 다룬다.

IAU는 매년 9번의 국제 심포지엄을 개최하며 3년 마다 총회를 개최하면서 6개의 심포지엄 개최를 병행하는데, 심포지엄에서 발표된 내용은 모두 문서로 발간한다.

IAU는 Galileo가 처음으로 천문 망원경을 사용한지 400년이 되는 2009년을 기념하여 국제 천문의 해(International Year of Astronomy)로 명명하였고, 우주과학에 대한 젊은 층의 흥미를 고취시킬 것을 그 해의 목적으로 하여 "The Universe, Yours to Discover"라는 테마로 전 세계에 걸친 행사를 거행하였다. 또한 2009년은 독일 수학자 겸 천문학자인 Johannes Kepler가 Astronomia Nova라는 천문학 저서를 출간한 지 400년이 되는 해 이기도 한데, 동 저서에서 Kepler는 오늘날 우리에게 자신보다 유명하여진 Copernicus의 태양계 관련 이론을 바로잡았다고 한다.[21]

한편 IAU는 노르웨이 과학·문학 아카데미(Norwegian Academy of Science and Letters), 노르웨이 교육연구부, 그리고 Kavli Foundation[22]이 공동 후원하여 천체물리학(astrophysics), 나노 과학(nanoscience), 또는 뉴로 과학(neuroscience)에서 업적을 이룬 과학자에게 수여하는 상인 Kavli Prize[23]를 2010년 부터 공동 선발하기로 합의하였다.

IAU는 또한 젊은 천문학 과학자 양성을 위하여 2009년부터 노르웨이 과학·문학 아카데미의 후원을 받아 매년 국제 천문학교 장학생 1명을 선발하여 지원하고 있다.

---

21) 2009.8.15자 Economist지 63쪽.

22) 2000년 Fred Kavli가 설립한 재단으로서 미국 캘리포니아 Oxnard에 소재.

23) 상금이 100만 불인 동 상은 2008년 처음으로 시상 되었는바, quasars의 성격을 규명한 미국과 영국인 과학자 각 1인이 공동 수상하였음.

우주의 법적 지위

우주의 법적 지위

1. 우주, 달 및 기타 천체의 법적 지위

1.1. 우주의 법적지위

1957년 Sputnik 1이 발사되기 전까지 우주는 법적 공백 상태였다. 1950년대 초 다수의 국제법 학자들이[1] 우주는 국제공역(*res extra commercium*)[2] 또는 모든 인류의 공유물(*res communis omnium*)[3]이며 자유 평등의 원칙에 따라 이용되어야 한다고 주장하였으나[4], 국가 관행은 어떠한 관습법 규칙을 도출할 만큼 일관성 있는 것은 아니었다. 국가 관행은 대부분 고공비행, 대기에서의 풍선(ballon) 및 과학 실험용 로켓에 한정하여 국제법 학자들의 이론을 따르는 정도였다.

유엔 COPUOS 법률소위원회에서 논의된 우주에 관한 법적 문제와 총회 결의의 채택 및 조약 체결 과정을 보면 국가들이 우주의 법적 지위를 규정하려는 시도를 의도적으로 회피한 듯하다.[5]

---

1) Jenks, International Law and Activities in Space (1959), 5 Int '1 & Comp. L. Q. 99, 103 ; Jenks, C · W., The Common Law of Mankind, (London, 1958), p. 389.
   Jenks는 우주가 국가에 의한 전용 및 주권 행사가 불가능한 이유를 다음과 같은 두 가지 사실에 근거하였음.
   첫째, "영토 주권을 대기 밖의 우주에 투영하는 것은 기본적인 천문학적 사실에 부합하지 않는다. 지구가 태양 주위를 자전하고 태양과 기타 천체가 은하에서 움직인다는 사실 모두가 지구 표면의 특정한 주권과 대기를 벗어나는 우주와의 관계를 잠시라도 인정할 수 없게 한다. 지구 표면의 특정 지역에 근거한 주권을 우주에 투영하는 것은 불규칙적인 모양을 한 원추가 쉬지 않고 형태를 바꾸는 일련의 작용을 말하는 것이다. 천체는 항상 이러한 원추들만으로 이루어져 있으며 바깥으로 이동한다. 이러한 상황에서 우주에서의 주권 개념은 무의미하고 위험한 추상이다."
   둘째, "우주에서 움직이는 미사일, 우주 기지 및 우주선이, 하부 영토의 주권국가와의 관계에 있어서, 빠른 속도로 위치를 바꾸기 때문에 주권국가가 자국 영공 또는 영해에서 행사하는 통제와 같은 영토적 측면이 우주에 있는 물체와 지구에서 통제하는 국가와의 관계에서는 성립 할 수 없다."
   Schacter, Who owns the Universe? in Space Law-A Symposium, Special Committee on Space and Astronautics, US Senate, 85th Cong., 2nd Sess., 1959, pp.8- 17. Schacter는 "우주와 천체는 어느 나라도 지배할 수 없고 이에 대한 법질서는 과학 연구와 과학 조사를 증진하기 위한 목적에서 자유롭고 평등한 이용의 원칙에 형성 될 수 있다"고 언급하였음.

2) 'res extra communis' 개념에 대하여서는 다음을 참조: Oppenheim, L, International Law ; a Treatise, (London, 1955), p. 589 이하 ; Lay, S. H. and Taubenfeld, H. T., The Law Relating to Activities of Man in Space, (Chicago, 1970), p. 52 이하 : the Statements of the Argentine and Italian Representatives UN Doc A/ AC. 98/ SR. 4 (1959) pp. 5, 34.

3) Schachter, A Preview of Space Law Problem in Space Law-A Symposium, p. 345.

4) 상동, p. 347: "현재 적어도 우주에서의 평화적 과학연구는 타국의 동의 없이 어떠한 국가도 수행할 수 있는 것이라는 묵시적 이해가 되어있음. 또한 Meyer, Legal Problem of Flight into Outer Space, in, Legal Problems of Space Exploration, pp.8-19 참조.

5) Chaumont, C. Le droit de 1'espace, (2nd ed.), (Paris, 1979), 34 이하 ; Cheng, Le Traité de 1967 sur l'Espace (1968), 95 J. du dr. int'l 564 ; Matte, Aerospace Law, (Toronto, 1969), 13 ; McDougal, Lasswell and Vlasic, Law and Public Order in Space, (New Haven, 1963), 193 : Lay and Taubenfeld, The Law Relating to Activities of Man in Space, (Chicago, 1970), 53 이하 ; Zhukov, Weltraumrecht, (Berlin, 1968), 266 참조.

그 대신 국가와 국제기구의 우주활동 그 자체를 규제하는 방향으로 선회하였다. 조약이 당사자 간 행위(*actus inter se*)에 해당하므로 조약 당사국들이 당사국 간에만 효력이 있는 우주의 법적지위를 규정하여 스스로 구속받고 싶어 하지 않았을 것이다. 뿐만 아니라 외기권조약 제정자의 상당수는 우주에 적용할 법은 '활동'에 관련된 것이지 대물(*in rem*) 관계를 규정하는 것은 아니라는 판단을 한 것으로 보인다.

1967년 외기권조약의 상당수 규정이 국가와 국제기구의 우주활동을 규제하는 방식을 취하고 있지만 이러한 규정과 다른 일부 규정이 우주의 법적지위를 기술함에 있어서 기본적인 근거를 구성한다는 것은 부인할 수 없다.[6]

우주의 법적지위는 우주의 비전용(non appropriation of outer space) 원칙으로 특징지어진다. 우주의 비전용은 1963년 법 원칙 선언에서 다음과 같이 선언되었다.

"우주와 천체(celestial bodies)는 주권의 주장에 의하여, 이용 또는 점유에 의하여 또는 기타 모든 수단에 의하여 국가 전용의 대상이 되지 아니한다."

우주의 비전용 원칙은 1967년 외기권조약 제2조에서 '천체' 대신 '달과 여타 천체를 포함하는(including the Moon and other celestial bodies)'이라는 문구가 삽입되어 재확인되었다. 비전용 원칙은 1979년 달협정 제11조 2항에서도 규정되었다. 그리고 우주의 비전용 원칙이 외기권조약의 당사국 여부에 상관없이 모든 국가를 구속한다는 것에 큰 이견이 없다.[7]

우주의 비전용은 "모든 국가는 그 영역상의 공간(airspace)에서 완전하고 배타적인 주권을 보유한다"는 1944년 민간항공기구에 관한 시카고 협약 제1조가 규정하는 주권원칙과 대조된다.

전용이란 일반적으로 법 주체에 의한 배타적인 사용을 위하여 재산을 영구히 점유하는 것으로 이해된다. 따라서 전용은 영구적으로 배타적인 통제 또는 사용을 하겠다는 법 주체의 의도가 수반된다.[8]

---

6) I. Brownlie는 Principles of Public International Law, (3rd ed.), (Oxford, 1979), 267에서 1963년의 선언이 "일반적으로 수락된 원칙들"을 구성하는 증거라 하였음. 상동 저서에서 Brownlie는 1967년의 외기권조약이 비 당사국의 적용원칙으로서 가장 좋은 증거인 1963년의 결의문을 대체하는 것이라고 언급함.

7) Csabafi, I.A., The Concept of State Jurisdiction in International Space Law, (The Hague, 1971), p. 47 ; Gotlieb, the Impact of Technology on the Development of Contemporary International Law (1981), 170 Rec. des Cours(Hague Academy of International Law) 115, 232 ; UN Doc A/AC. 105/219 (1978), p. 25.

8) Christol, C. Q., The Legal Regime for the Exploitation of Outer Space Resources : the Spectrum Resource and Orbital Position Resource, Centre for Research of Air and Space Law, McGill University, S. S. H. R. C. C. No. 1, (Montreal, 1981), pp. 8, 32.

1963년 법 원칙 선언과 1967년 외기권조약 제2조가 우주자원에 대한 언급 없이 비전용만을 규정하기 때문에 비전용의 적용 대상과 관련하여 의견이 두 가지로 대별된다. 첫 번째 의견은 1967년 외기권조약에서 명시적으로 금지되는 우주영역의 전용과 외기권조약에 관련 규정이 없는 우주자원의 전용에 대한 구분이 있어야 한다는 것이다.[9] 이 견해는 공해자유의 원칙에 따라 공해에 대한 국가의 주권 주장은 무효이지만[10] 어족 자원의 전용은 어느 정도 가능하다는 것에서 근거한다.

두 번째 의견은 우주자원의 전용은 불가능하므로 우주영역과 우주자원을 구분할 필요가 없다는 것이다. 이 의견은 1967년 외기권조약 제2조가 영역(areas) 또는 자원(resources)을 명시하지 않고 '달과 여타 천체를 포함하는 우주'만을 언급하고 있다는 사실에 기초한다.[11] 아울러 우주의 자연자원에 대한 금지가 없다는 것 자체가 국제우주법의 적용 가능한 규칙을 완전히 무시한 채 우주의 자연자원을 전용할 수 있다는 것을 의미하는 것은 아니라는 입장이다.[12]

우주를 탐사하거나 이용하는 선진국들은 공해자유의 원칙에 따라 허용되는 해양 자원과 유사하게 우주의 자연자원을 자유롭게 사용할 수 있다는 입장이다.[13] 그러나 선진국 간에도 희소자원에 대해서는 어느 정도의 통제가 필요하다는 인식이 확산되고 있다. 뿐만 아니라 국제법상 인류 공동이익 원칙이 형성되면서 우주자원을 자유로이 전용할 수 있는 권리에 대한 의문이 제기되고 있다.

우주의 비전용과 관련하여 적도 국가들이 지구정지궤도(geostationary orbit)[14]에 대한 권리를 주

---

9) Goedhuis, Some Legal Problems Arising from the Utilization of Outer Space (1970),54 Int'l Law Ass'n Proceedings (The Hague) 422, 427.

10) 유엔 해양법 협약 제87조(공해의 자유)
　　1. 공해는 연안국이나 내륙국이거나 관계없이 모든 국가에 개방된다. 공해의 자유는 이 협약과 그 밖의 국제법 규칙이 정하는 조건에 따라 행사된다. 연안국과 내륙국이 향유하는 공해의 자유는 특히 다음의 자유를 포함한다.
　　　(a) 항행의 자유
　　　(b) 상공 비행의 자유
　　　(c) 제6부에 따른 해저전선과 관선부설의 자유
　　　(d) 제6부에 따라 국제법상 허용되는 인공 섬과 그 밖의 시설 건설의 자유
　　　(e) 제2절에 정하여진 조건에 따른 어로의 자유
　　　(f) 제6부와 제13부에 따른 과학조사의 자유
　　2. 모든 국가는 이러한 자유를 행사함에 있어서 공해 자유의 행사에 관한 다른 국가의 이익 및 심해저 활동과 관련된 이 협약상의 다른 국가의 권리를 적절히 고려한다.
　　유엔 해양법 협약 제89조(공해에 대한 주권 주장의 무효)
　　어떠한 국가라도 유효하게 공해의 어느 부분을 자국의 주권 아래 둘 수 없다.

11) Gorove, (1970), 54 Int'1 Law Ass'n Proceedings, (The Hague) 409.

12) Jakhu, R. S., The Legal Regime of the Geostationary orbit, D. C. L. Thesis, Institute of Air and Space Law, McGill University, (Montreal, 1983), p. 171.

13) (1974), 56 Int'l Law Ass'n Proceedings, (New Delhi), 472.

14) 지구정지궤도는 적도상공 약 36,000km 지점에 있는 인공위성 궤도이며, 궤도 속도와 지구 자전속도가 일치하여 방송·통신의 발달에 따라 그 수요가

장하였다. 브라질, 콜롬비아, 콩고, 에콰도르, 인도네시아, 케냐, 우간다, 자이르 등 적도에 위치한 8개국은 1976년 12월 채택한 Bogota 선언[15]을 통해 지구정지궤도 중 자국 영역의 상공에 있는 부분에 대하여 주권 또는 우선적 권리를 요구하고 지구정지궤도에 인공위성을 발사하는 경우 해당 국가의 동의가 필요하다고 주장하였다.

이러한 주장은 기본적으로 지구정지궤도와 지구정지궤도의 하부에 위치한 국가와의 특별한 물리적 관계에 근거하고 있다. 뿐만 아니라 주요 선진국이 지속적인 인공위성 발사를 통해 한정된 지구정지궤도를 다소 영구적으로 선점할 경우 후에 다른 국가의 지구정지궤도에로의 접근이 어렵게 되므로 이는 1976년 외기권조약 제2조에 규정된 '점유(occupation)'에 해당한다는 것이다.[16]

그러나 주요 선진국을 비롯하여 대다수의 국가는 몇 가지 사항에 근거하여 적도 국가들의 이러한 주장을 반박하였다. 우선, 지구정지궤도가 명백히 우주의 불가분한 일체를 구성하기 때문에 적도 국가들의 주권 주장은 오히려 1976년 외기권조약 제2조에 반한다는 것과, 그리고 해당 궤도에서 인공위성의 비행이 일정 기간에 제한되기 때문에 제2조가 말하는 '점유' 전용에 해당하지 않는다는 것이다. 지구정지궤도에 인공위성을 보유한 국가들은 지구정지궤도에 대한 자국의 배타적인 사용을 실제로 주장한 적이 없다고 반론을 제시하였다. 결국 Bogota 선언은 국제적인 지지를 받지 못하였고 지금은 사장된 선언으로 남아있다.

그럼에도 불구하고 한정된 자연자원으로써 지구정지궤도에 인공위성의 위치를 계획하고 운영하기 위한 국제 제도의 필요성이 국가 간에 조금씩 인식되어 갔다. 그 결과 ITU는 1985년과 1988년 2 차례에 걸쳐 세계전파주관청회의(WARC-ORB)[17]회의를 개최하여 특정 주파수 대역을 사용하는 궤도위치를 적어도 하나씩 각국에 배분하는데 합의하였다.[18][19]

증대하여 각 국간에 자리 확보경쟁이 일어나고 있음.

15) Bogota 선언의 정식 명칭은 'Declaration of the First Meeting of Equatorial Countries'임.

16) UN Doc A/AC. 105/ PV. 198 (1979), p. 31.

17) World Administrative Radio Conference of the Use of the Geostationary-Satellite Orbit and the Planning of the Space Services Utilizing it.

18) 두 번째의 WARC-ORB회기 (88. 8. 29-10. 6 제네바 개최)에서 4/6 GHZ와 12/14 GHZ의 주파수 대역별로 각국의 인공위성이 사용할 구체적인 라디오 주파수와 지구정지궤도상의 위치를 정하였음.

19) Adams, Outer Space Treaty: an Interpretation in Light of the Non-Sovereignty Provisions (1968), 9 Harv. Int'l Law J. 140, 143; Chaumont, p.253; Darwin, Outer Space Treaty (1967), 42 Br. Yrbk of Int'l Law 278 (Darwin은 COPUOS에서 외기권조약의 성안 시 영국대표였음); Galloway, Interpreting the Treaty on Outer Space (1967), 10th Colloq. on the Law of Outer Sp. 143- 4; Lachs, p. 155; Matte, Space Policy and Programmes Today and Tomorrow: The Vanishing Duopole, (Toronto, 1980), 239; Vlasic, The Relevance of International Law to Emerging Trends in the Law of Outer Space in, Falk, R. A., (ed.), The Future of the International Legal Order, Wealth and Resources, Vol. 2, (Princeton, 1979), 276 : Zhukov. p. 391 이하 참조.

1.2. 달과 여타 천체에 고유한 법적 지위

천체가 우주에서 끊임없이 이동하고 있다는 과학적 근거에 따라 천체가 전용 또는 국가주권의 대상이 아니며 천체를 우주와 구분할 필요가 없다는 것에 국가 간 이견이 없었다. 그러나 미래에 무인 우주선이 달에 착륙하여 효과적인 지배를 함에 따라 달에 대한 국가의 영토 주장이 제기될 수도 있다는 우려가 표시되자 달과 여타 천체에 고유한 국제 협정의 체결이 제안되었다.[20] 1967년 외기권조약의 채택을 위한 교섭 과정에서 이러한 의견이 반영되어 외기권 조약의 규제 대상이 우주뿐만 아니라 달과 여타 천체까지 확대되었다.

1967년 외기권조약의 일부 조항에서는 '달과 여타 천체'라는 용어 대신에 '천체(celestial bodies)'만 언급되어 있다.[21] 이는 해당 조항의 적용대상으로부터 달을 명시적으로 제외하는 것이라는 견해도 있지만,[22] 조약 제정 시 문구 통일을 제대로 하지 못하였기 때문인 것으로 보는 것이 일반적인 견해이다.[23] 체계적이고 목적주의적 해석관점에서 볼 때 사실 '천체'라는 용어는 달을 포함한, 예를 들어 우주인간 상호 원조를 규정하는 1967년 외기권조약 제5조에서 달을 제외한 기타 천체에서만 상호 원조하도록 한다는 것은 합리적인 해석이 될 수 없다.

1967년 외기권조약은 달과 천체에 고유한 별도의 규정을 두고 있다. 제4조 1항이 우주에서의 군사적 활동을 부분적으로 금지하는 것과는 달리 제4조 2항은 아래와 같이 달과 천체에서는 모든 군사 활동을 금지하고 있다.

> "달과 여타 천체는 조약의 모든 당사국에 의하여 오직 평화적 목적으로 이용되어야 한다. 천체에서 군사적인 기지, 시설 및 요새의 설치, 모든 형태의 무기 실험 그리고 군사 훈련의 실시는 금지되어야 한다. 과학 연구 또는 기타 모든 평화적 목적을 위한 군인의 이용은 금지되지 않는다. 달과 여타 천체의 평화적 탐사에 필요한 모든 장비 또는 시설의 이용도 금지되지 않는다."

그리고 달과 천체의 비군사적 이용을 보장하기 위하여 1967년 외기권조약 제12조는 다른 국가의 대표에게 기지, 시설, 장비 및 우주선을 개방하도록 규정하고 있다. 그러나 남극 지역 내의 모든 시설에 대한 감시원(observer)의 자유로운 접근을 허용하는 1959년 남극조약과는 달리,[24]

---

20) 1966년 미국 대통령 존슨의 언급 54 U. S. Dep't of State Bull. 900 및 같은 해 소련 외상 그로미코의 유엔 사무총장 앞 서한 (UN Doc A/ '6341).

21) 1967년 외기권 조약 제4조 1항, 제5조 1항, 제8조.

22) Matte교수가 여사한 의견을 가지고 있음. Matte 저서 p.299 참조.

23) Schweitzer, Die Entmilitarisierung des Weltraums durch den Weltraumvertrag von 1967, in, Beitraege zum Luft-und Weltraumrecht, Festschrift für A. Meyer, (Cologne, 1975), 361 이하 및 여기에서 인용된 여러 학자들의 견해.

24) 1959년 남극조약(Antarctic Treaty) 제7조

1967년 외기권조약 제12조는 아래와 같이 상호주의 원칙과 사전 통고로 인해 그 효력이 상당히 희석되었다.

> "달과 여타 천체상의 모든 기지, 시설, 장비 그리고 우주선은 상호주의에 기초하여 조약의 다른 당사국 대표에게 개방되어야 한다. 적절한 협의를 위하여 그리고 안전을 보장하고 방문 시설의 정상적인 운영에 방해를 방지하기 위하여 최대한의 예방조치가 취해질 수 있도록 그러한 대표는 계획된 방문에 대하여 합리적인 사전 통보를 하여야 한다."

1979년 달협정은 제1조에서 규제 대상으로 달 주변 궤도뿐만 아니라 달에 이르는 비행궤도를 포함한다. 그러나 자연적인 방법으로 지구 표면에 도달하는 외계 물질(extraterrestrial materials)은 규제 대상에 포함되지 않는다. 1979년 달협정은 1967년 외기권조약에 보충적이다. 달의 평화적 목적으로의 이용을 규정하는 달협정 제3조 1항은 외기권조약 제4조 2항에, 달의 비전용 원칙을 규정하는 달협정 제11조 2항은 외기권조약 제2조에, 그리고 달에 대량파괴무기의 배치를 금지하는 달협정 제3조 3항은 외기권조약 제4조 1항에 따른 것이다. 그리고 달에서의 모든 군사적 활동을 금지하는 달협정 제3조 4항은 외기권조약 제4조 2항을 반복하고 있다.

이와 같이 1979년 달협정은 외기권조약의 일부 규정을 반영하면서 동시에 달과 여타 천체에 고유한 그리고 보다 상세한 규정을 두고 있다. 달협정 제3조 2항은 아래와 같이 달에서의 군사적 이용을 매우 포괄적으로 금지하고 있다.

> "달에서 어떠한 위협, 무력의 사용, 여타의 모든 적대적 행위 또는 적대적 행위의 위협은 금지된다. 그리고 그러한 모든 행위를 범하거나 지구, 달, 우주선, 우주선에 탑승한 사람 또는 사람이 만든 우주물체와 관련하여 그러한 모든 위협에 관여하기 위하여 달을 이용하는 것은 금지된다.

1979년 달협정의 논의 과정에서 주요한 쟁점 중의 하나가 제11조[25])였다. 달과 달의 자연자원

"2. 이 조 1항의 규정에 따라 지명된 각 감시원은 남극의 어느 지역 또는 모든 지역에 언제든지 접근할 완전한 자유를 갖는다.

3. 남극 지역 내의 모든 기지, 시설 및 장비와 남극지역에서 화물 또는 사람의 양륙 또는 적재 지점의 모든 선박과 항공기를 포함하여 남극 지역의 모든 지역은 이 조 1항에 따라 지명된 모든 감시원에 의한 조사를 위하여 언제든지 개방된다."

25) 1979년 달협정 제11조

1. 달과 달의 자연자원은 인류의 공동유산으로서 이 협정의 규정, 특히 동 조 제5항에 표현된바 대로이다.

2. 달은 모든 주권의 주장, 이용 또는 점령에 의하여 또는 기타 어느 수단에 의하여 국가전용의 대상이 되지 않는다.

3. 달의 표면, 달의 지하, 달의 어느 부분 또는 달에 위치한 자연자원은 어느 국가, 정부 간 또는 비정부간 국제기구, 국가 기관, 비 국가 기관, 또는 모든 자연인의 재산이 되어서는 안 된다. 달의 표면 또는 지하에 사람, 우주선, 장비, 시설, 기지 및 설비의 배치는, 달의 표면 또는 지하와 연결된 구조물을 포함하여, 달의 표면 또는 지하에 또는 달의 어느 지역에 대하여 소유권을 창설하지 않는다. 앞의 규정은 이 조 제5항에 언급된 국제 제도를 침해하지 않는다.

4. 당사국은 평등에 근거하여 그리고 국제법과 이 협정의 규정에 따라 모든 종류의 차별 없이 달의 탐사와 이용에 대한 권리를 갖는다.

5. 이 협정의 당사국은 달의 자연자원 개발이 가능할 때에 달의 자연자원 개발을 규제하기 위하여 적절한 절차를 포함하는 국제제도를 수립할 의무를 진다. 이 규정은 이 협정 제18조에 따라 이행되어야 한다.

을 인류의 공동유산으로 규정한 제11조는 우주 관련 유엔 조약에서 우주의 자연자원을 개발할 수 있는 가능성을 예정한 유일한 조항이다. 그러나 제11조는 다음과 같이 선진국을 비롯하여 대다수의 국가가 달협정의 가입을 기피하는 이유이기도 하다.[26] 제11조는 달의 자연자원 개발을 허용하면서도 자연자원에 대한 국가의 전용을 금지하고 있다. 이는 유엔 해양법이 규정하는 심해저와 심해저 자원의 법적 지위와 유사하다.[27] 더 나아가 달의 자연자원에서 발생하는 모든 이익을 1979년 달협정의 모든 당사국과 공평하게 배분하도록 하고 있다. 뿐만 아니라 달과 달의 천연자원 개발을 규제하기 위한 국제제도를 수립하도록 규정하고 있다. 1979년 달협정 제11조가 규정하는 국제제도는 1982년 유엔 해양법 협약이 심해저 지역과 심해저 지역의 광물자원을 인류의 공동 유산으로 규정하고 심해저 활동을 주관하고 통제하기 위해 심해저기구를 설립한 것과[28] 유사하다.

1.3. '인류의 공동 유산'

'인류의 공동 유산(common heritage of mankind)'이라는 용어는 1967년 유엔총회에서 몰타 대사인 Arvid Pardo가 심해저를 인류의 공동 유산으로 하자고 제안하면서 처음 사용되었다.[29] 그 후 1970년 12월 유엔 총회가 채택한 국가관할권 한계 밖의 해저, 해상 그리고 그 하층토를 규제하는

---

6. 이 조의 제5항에 언급된 국제제도의 수립을 촉진하기 위하여, 당사국은 달에서 발견할 수 있는 모든 자연자원에 대하여, 최대한 실현가능한 범위 내에서, 유엔 사무총장, 대중 그리고 국제 과학 커뮤니티에 알려주어야 한다.
7. 수립될 국제제도의 주요 목적은 다음을 포함하여야 한다.
   (a) 달의 자연자원의 질서 있고 안전한 개발;
   (b) 동 자원의 합리적 관리;
   (c) 동 자원의 이용에 있어서 기회의 확대;
   (d) 동 자원으로부터 발생하는 이득을 모든 당사국에 공평하게 분배하되, 달의 탐사 직접적으로 또는 간접적으로 기여한 국가들의 노력은 물론 개도국의 이익과 필요에 대한 특별한 고려가 있어야 한다.
8. 달의 자연자원에 대한 모든 활동은 이 조의 제7항 그리고 이 협정 제6조 2항의 규정에서 명기된 목적에 부합하는 방법으로 수행되어야 한다.

26) 2012년 현재 1979년 달 협정 당사국은 13개국(오스트리아, 레바논, 호주, 벨기에, 칠레, 카자흐스탄, 모로코, 멕시코, 파키스탄, 네덜란드, 페루, 필리핀, 우루과이)에 불과함.

27) 유엔 해양법 협약 제137조(심해저와 그 자원의 법적지위)
   1. 어떠한 국가도 심해저나 그 자원의 어떠한 부분에 대하여 주권이나 주권적 권리를 주장하거나 행사할 수 없으며, 어떠한 국가, 자연인, 법인도 이를 자신의 것으로 독점할 수 없다. 이와 같은 주권, 주권적 권리의 주장, 행사 또는 독점은 인정되지 아니한다.
   2. 심해저 자원에 대한 모든 권리는 인류 전체에게 부여된 것이며, 해저기구는 인류 전체를 위하여 활동한다. 이러한 자원은 양도의 대상이 될 수 없다. 다만, 심해저로부터 채취된 광물은 이 부와 해저기구의 규칙, 규정 및 절차에 의하여서만 양도할 수 있다.
   3. 국가, 자연인 또는 법인은 이 부에 의하지 아니하고는 심해저로부터 채취된 광물에 대하여 권리를 주장, 취득 또는 행사할 수 없다. 이 부에 의하지 아니한 권리의 주장, 취득 및 행사는 인정되지 아니한다.

28) 유엔 해양법 협약 제157조(해저기구의 성격과 기본 원칙)
   1. 해저기구는 당사국이 특히 심해저 자원을 관리할 목적으로 이 부에 따라 이를 통하여 심해저 활동을 주관하고 통제하는 기구이다.
   2. 해저기구의 권한과 임무는 이 협약에 의하여 명시적으로 부여된다. 해저기구는 심해저 활동에 관한 그 권한의 행사와 임무의 수행에 내재하고 필요하며 이 협약에 부합하는 부수적 권한을 가진다.
   3. 해저기구는 모든 회원국의 주권평등원칙에 기초를 둔다.
   4. 해저기구의 모든 회원국은 회원자격으로부터 발생하는 권리와 이익을 모든 회원국에게 보장하기 위하여 이 부에 따라 스스로 진 의무를 성실히 이행한다.

29) UN Doc A/ 6695 (1967), at 2.

원칙 선언[30]에서 '국가관할권 한계 밖의 해저, 해상(seabed) 그리고 그 하충토와 그 지역의 자원'을 '인류의 공동 유산'으로 선언하면서 인류의 공동 유산 개념은 처음으로 유엔의 공식 문서에 등장하였다.[31] 그 뒤를 이어 제11조 1항에서 '달과 그 자연자원은 인류의 공동 유산이다'고 규정한 1979년 달협정이 인류의 공동 유산 개념을 법적으로 확인한 첫 국제 문서가 되었다. 그리고 유엔 해양법 협약 제136조가 '심해저와 그 자원은 인류의 공동 유산이다'고 규정하면 인류의 공동 유산 개념을 재확인 하였다.

1979년 달협정과 관련하여 인류의 공동 유산은 1970년 제9차 COPUOS 법률소위원회에 아르헨티나가 제출한 달과 여타 천체의 자연자원의 이용에 관한 활동을 규율하는 원칙에 관한 협정안에서 제안되었다. 협정안에서 아르헨티나는 달의 자연자원 이용을 시작하였으나 1967년 외기권 조약은 이러한 활동을 규제할 수 있는 구체적인 규정이 없다는 것을 근거로 이를 보완하는 새로운 규정의 필요성을 강조하였다.[32]

그러나 소련은 '유산'이라는 용어는 민법에 근거하는 상속 및 소유권 개념과 관련된다는 이유로 아르헨티나의 제안에 반대하였다. 즉, 달은 지구상의 모든 국가가 이용할 수 있는 대상이지만 모든 국가에 의한 공동 소유는 불가능하기 때문에 '유산'이라는 용어는 적합하지 않다는 것이다.[33] 이에 대하여 아르헨티나는 두 가지 종류의 법적 영역을 설명하면서 이러한 해석을 수락하는 것이 조약의 성안뿐만 아니라 국제 표준의 적용을 용이하게 할 수 있다고 설명하였다.[34] 두 가지 종류의 법적 영역이란 '현저한 영역(*dominiumo eminens*)'과 '수혜 소유권(*dominio util*)'이다. 전자는 그 자체로서 인류의 공동 유산에 적용 될 수 없으며, 후자는 특정한 물건으로부터 파생되는 이용, 즉 이익의 취득 및 혜택을 지칭한다.[35] 따라서 공동 유산을 후자에 근거하여 해석할 경우 개도국의 필요를 고려하면서 동시에 국가의 동등성을 달성할 수 있다는 것이다. 결국 아르헨티나의 제안에 기초하여 1979년 달협정 제11조 1항이 채택되었다.

인류의 공동 유산이 갖는 법적 효과에 대해서는 논란이 있다.[36] 아래에서 지적되는 바와 같이,

---

30) UN GA Resolution 2749(XXV).

31) 인류의 공동 유산이라는 개념은 사실 자연자원의 급격한 고갈에 대한 세계적인 인식에서 비롯되었음. 뿐만 아니라 모든 국가가 동일한 과학적 그리고 기술적 능력을 보유하고 있지 않으므로 그러한 능력이 부족한 국가가 세계 자원의 합리적인 분배를 요구하게 됨. 즉 남과 북으로 나뉘는 세계 경제 질서가 새로운 법적 개념의 진전을 가져오는 것임. Dolman, A.J., Resources, Regimes, World Order, (New York, 1981) 255.

32) UN Doc A/ AC. 105/ 101 (1970).

33) UN Doc A/ AC. 105/ 115 Annex I (1973), at 24-25.

34) 상동. 29-30.

35) 상동.

인류의 공동 유산 개념은 정치 및 도덕과 관련된 개념에 불과한 것으로서 어떠한 법적 내용도 없다는 것이다.

> "그 동기가 얼마나 좋으냐에 관계없이 법적으로 구속력 있는 문서에 '인류의 공동 유산'이라는 파악하기 어렵고 정의하기 힘든 개념을 언급하는 것은 당초부터 이 개념이 불확실한 법률적 의미를 가지고 있으며 정치학, 철학 또는 도덕의 범주에 속하는 것이지 법의 범주에 속하지 않는다는 것을 인식하지 않는 한 불행한 일이다."[37]

그러나 인류의 공동 유산 개념은 본질적인 내용을 내포하고 있으며, 향후 실제로 인식할 수 있는 법 원칙을 구성할 수 있다고 아래와 같이 지적한다.

> "일부 법률가들은 '모든 인류의 영역' 그리고 '모든 인류의 공동유산'이라는 표현에 대하여 정치적·행정적 의미를 찾고자 한다. 그러나 확실히 광범위한 의미를 갖는 이 표현은 달협정 및 우주법 원칙의 문맥과 관련하여 국가 간 관계에 관한 새로운 법 개념의 필연적 결과라고 족히 간주할 수 있다. 달협정의 표현이 모호하지 않고 낭만적이지도 않으며, 그 결과는 아주 분명하여 달에 도착하는 첫 번째 국가가 자국 국기를 휘날린다 하여도 달협정이 금지하기 때문에 달을 소유할 수 없으며 지구의 위성 어느 구역도 소유할 수 없다는 것을 우리는 알고 있다."[38]

인류의 공동 유산 개념을 철학적 문제에 국한할 수는 없다. 이 개념은 그 자체가 초월적이며 법적 사고를 가진 각국의 대표가 유엔에서 합의한 개념이다.[39] 그리고 모호하거나 일반적인 의미만을 갖는 용어도 시간이 경과함에 따라 법적 개념 또는 원칙으로 발전하게 된다.[40]

1967년 외기권조약과 1979년 달협정의 목적을 고려하면 인류의 공동 유산은 네 가지 요소로 구성된다고 할 수 있다. 첫째, 공동 유산은 전용의 대상이 될 수 없다. 둘째, 모든 국가가 공동 유산의 관리에 참여하여야 한다. 셋째, 자원의 개발로부터 얻어진 이득을 실제로 분배하여야 한다. 넷째, 공동 유산이 오직 평화적 목적으로 이용되어야 한다.[41]

---

36) 이와 관련하여 Jasentuliyana,N., 'The UN Space treaties and the common heritage principle'(1986), 2 Space Policy 296, 301 참조.

37) Gorove, The Concept of "Common Heritage of Mankind" : A Political, Moral or Legal Innovation? (1972), 9 San Diego Law Rev. 390, 402.

38) Cocca, Mankind as a New Legal Subject: A New Juridical Dimension Recognized by the United Nations (1970), 13th Colloq. on the Law of Outer Sp. 211, 212.

39) 전게 Cocca, p. 174.

40) 전게 Gorove, p. 402.

41) Goedhuis, Some Recent Trends in the Interpretation and the Implementation of the Rules of International Space Law (1981), 19 Columbia J. of Transnat'l Law 218. Goedhuis는 네 가지 요소를 몰타의 A. Pardo 대사가 1967년 8월 17일 제출한 구상서(Declaration and Treaty Concerning the Reservation Exclusively for Peaceful Purposes of the Seabed and of the Ocean Floor, Underlying the Seas beyond the Limits of Present National Jurisdiction, and the Use of Their Resources in the Interest of Mankind(UN Doc A/ AC. 105/ C. 2/ SR. 75 (1967)))에서 인용하였음.

2. Air Space와 Outer Space의 경계

항공법에서 처음 제기된 문제 중의 하나는 개인재산으로서의 토지에 대한 소유권이 어느 상공에까지 미치는지를 정하는 일이었다.[42] 앞서 설명한 바 있듯이 이 문제에 있어서 라틴 격언 *cujus est solum, ejus debet esse usque ad coelum*[43]이 많이 적용된 편이었다.

사법에서 토지 소유자의 권리는 '1919년의 공중 항해의 규율에 관한 협약'(통칭 파리협약)에서 공법으로 전환되었는데, 동 파리협약은 국가영토 위의 공중(air space)에 대한 국가 주권의 개념을 인정하였다. 1944년의 '국제민간항공 협약'(통칭 시카고협약)은 파리협약의 제1조를 그대로 복사하여 "완전하고(complete)" "배타적인(exclusive)" 주권의 원칙을 확인함으로써 해양법에서 인정된 무해항행권 적용을 공중에서는 배제하였다.

2.1. 대기의 일반적 특성

2.1.1. 화학적 구성

대기 중 하부 층의 화학적 구성은 매우 동질적이지만 고도가 높아질수록 달라진다. 마찬가지로 대기의 물리·화학적 성격도 지구의 위도와 경도에 따라서 상당히 다를 뿐 아니라 어떤 경우에는 하루마다 또는 해마다 달라진다.

원래의 대기는 지구 형성 초기 화산시기에 분출된 가스로 이루어졌다고 알려져 있다. 대기는 따라서 질소, 수증기, 유황수소, 탄산가스 및 소량의 암모니아와 메탄으로 이루어져 있었을 것이다. 당시에는 산소분자가 별로 없었으나 약 35억 년 전에 광합성 식물(photosynthetic plants)이 나오면서 산소가 많아지게 되었다. 광합성, 즉 탄소 동화작용은 식물이 햇볕을 받아 물과 탄소를 에너지인 설탕으로 만드는 과정인바, 이 과정에서 산소가 부산물로서 생성된다. 동물은 이 과정과는 반대로 산소와 설탕을 혼합하여 에너지를 만들면서 부산물로서 탄소를 방출한다.

지구의 장구한 역사가 진행되는 동안 대기 중 탄소는 급격히 줄어들고 산소는 증가하였다. 생물권에서 이러한 산소와 탄소의 순환은 매우 중요한바, 이는 이 두 요소가 액체 또는 대기 중의 증기로 존재하는 물과 함께 대기 중 가장 활발한 요소를 이루기 때문이다. 대기 중의 나머지 요소

---

42) Matte, Treatise on Air-Aeronautical Law, (Montreal, 1981), 58.

43) Whose is the soil, his it ought to be up to the heavens로 번역되는 라틴어로서 국가 소유 토지 (예: 도로) 상공의 소유권이 국가에 귀속되듯 개인 재산인 토지의 상공에 대한 소유권도 개인 소유주에 속하여야 한다는 로마법의 원칙임. 그런데 국가의 구성원인 개인의 토지는 결국 국가의 토지인 바, 동 토지의 소유권, 즉 주권이 무제한 인정된다는 원칙임. 동 로마법의 원칙에 관한 상세한 연구 논문으로 J. C. Cooper, "Roman Law and the Maxim *'Cujus est Solum'* in International Air Law", in I. A. Vlasic, (ed), Explorations in Aerospace Law, McGill Univ. Press, Montreal, 1968, pp.55–102가 있음.

들은 소위 noble gases로 구성되어 있는바, 이 요소들은 원자 구조상 화학적 반응에 상대적으로 둔한 것이 특징이다.[44] 따라서 noble gases는 태초부터 지금까지 변하지 않은 채 대기를 구성하고 있다.

구체적으로 대기는 noble gases로서 질소 78%와 아르곤 1%, 활성가스(active gases)로서 산소 20%, 탄소 0.03%, 그리고 여러 형태의 물로 구성되어 있다. 이외에 다른 종류의 가스가 극히 소량으로 존재하나 무시할 정도이다.

2.1.2. 물리적 구조

대기의 물리적 구조는 온도와 압력의 분배로 표현할 수 있다. 가스 또는 가스들의 압력은 가스량, 다시 말하면 가스 분자의 수, 동 가스의 온도 및 일정한 공간의 체적에 의하여 결정된다. 대기의 경우 체적은 모든 분자를 지상으로 끌어당기는 중력에 의하여 결정된다.

따라서 지구 대기 중의 공기압력의 분배는 분자의 수, 동 온도 및 중력의 가속화 작업이다. 그런데 중력의 가속화는 지상으로부터의 거리에 반비례하기 때문에 공기 압력은 고도를 높일수록 떨어진다. 그러나 이는 너무 단순히 설명한 것인바, 예를 들어 지구의 온도는 극지에서보다 적도에서 높으며 따라서 적도에서의 압력은 극지에서처럼 급격히 떨어지지 않는다. 따라서 적도에서의 대기는 약간 더 두껍다.[45]

여러 가스가 잘 혼합되어 있는 하부 대기층은 동질권(homosphere)이라 부르는데 적도에서는 지상 90km까지, 극지에서는 지상 70km까지의 고도가 이에 해당한다.[46] 동질권 위의 대기 압력은 매우 낮아서 이곳에 존재하는 가스들을 혼합시킬 수 있는 대기의 소용돌이도 없다. 따라서 동질권보다 더 위의 고도는 이곳에 존재하는 가스의 밀도 때문에 대기층이 상호 분리되어 있는 곳으로 이질권(heterosphere)이라 하며, 이는 동질권 위에서 부터 외기권 또는 우주(outer space)까지에 걸쳐 위치한다.

이질권의 최하부층은 질소분자로 구성되어 있으면서 지상 200km 위까지 계속된다. 다음 위층은 1,100km까지 계속되며 단 원자 산소(mono-atomic oxygen)로 구성되어 있다. 이 층에서는 산소만이 존재하는바, 그 이유는 밖에서 들어오는 강력한 방사열이 여타 분자의 생성을 파괴하기 때문이다. 그다음 층은 3,500km까지 뻗어 있는 헬륨(helium) 원자층이다. 가장 상층부는 수소분자(hydrogen atom), 양성자(proton)및 전자(electron)로 구성되어 있다. 그런데 이 최상층의 상한은 확실치 않은바, 이는 별들 사이의 공간에도 여사한 수소분자가 존재하기 때문이다.

---

44) 단, 질소만이 생물권에서 일부 순환을 하나 대기 전체로 볼 때 무시할 수 있는 양임.

45) Petterssen, S., Introduction to Meteorology, (New York, 1979), 7.

46) Stodolkiewicz, J.S., General Astrophysics, (New York, 1973), 210.

간략히 말하면 대기는 5개의 동심각(concentric shell)으로 구성되어 있는데, 가장 낮은 층은 여러 가스가 혼합된 동질권이고 여타 4개의 상층 각은 각자 하나의 요소로 구성되어 있다고 본다.

동질권은 대기 중 97%의 질량(mass)을 포함할 뿐 아니라 동질권 내에서 사실상 모든 에너지 전도과정이 발생하기 때문에 대기 중 가장 중요한 부분이 된다. 또한 우리가 보통 대기라 할 때에는 이 동질권을 의미하는 것이기도 하다.

2.1.3. 열 구조

지구 표면으로부터 열이 방사되고 태양의 방열을 대기가 흡수함에 따라 대기의 열 구조가 형성된다. 흡수된 열의 분배는 수직과 수평적으로 이루어지면서 대기의 열 구조는 물론 대기 자체의 일반적 구조를 결정한다.

지구 표피에서 열을 흡수하기 때문에 지상에서 가까운 층의 대기가 높은 온도를 갖는 것은 당연한 일이다. 그러면 지상에서 고도를 높이 하여 올라갈수록 온도가 급격히 떨어져서 우주에서는 영도에 근접할 것으로 생각할 수 있는데 이는 그렇지 않다. 그 이유는 첫째, 지표의 따뜻한 공기가 상승하면서 높은 고도에서 오는 찬 공기와 혼합하기 때문에 생각하는 만큼 온도의 변화가 급격하지 않다. 둘째, 산소, 탄소 이산화물, 수증기 등이 열을 흡수하기 때문이다. 그런데 열의 흡수가 모든 파장에서 동일하지 않다. 열 중 특히 매우 짧은 파장은 먼저 흡수되는데 이러한 현상이 대기의 열 구조를 결정하는 데 중요한 역할을 한다.

매우 짧은 파장, 즉 초단파의 대부분은 이질권(heterosphere)의 하층에서 흡수된다. 열을 흡수하면서 에너지를 방출하기 마련인데 이에 따라 대기의 온도가 상승한다. 그런데 이질권에서 공기 밀도는 희박하기 때문에 온도는 더욱 상승한다. 이 때문에 동 이질권이 열권(thermosphere)이라고도 불린다.[47] 또한 우주선(cosmic rays)과 함께 진입하는 열은 원자(atoms)로부터 전자(electrons)를 분리시키는 경향이 있기 때문에 원자를 이온화시킴으로써 이곳의 가스를 전기의 좋은 전도체로 만들어 버린다.

일정한 용적의 공기가 따뜻하면 주위의 공기가 상승하는 경향이 있지만 일정한 용적의 공기 상부도 계속 따뜻하면 동 상부공기가 상승하지 않는다. 따라서 고도가 올라감에도 불구하고 온도가 내려가지 않는 대기의 부분은 공기의 상하이동을 저해하는데 보통의 온도변화 현상과는 반대되는 여사한 상황을 "도치(inversions)"라 부른다.

도치가 일어나는 위와 같은 상층부를 mesopause라 부르는데 이는 대기 중간 또는 중간층(mesosphere)

---

47) Webb, Thermospheric Circulation (1972), 27 Progress in Astronautics and Aeronautics 53-76.

의 상층에 해당하기 때문이다. 한편 대기로 들어오는 자외선(ultra-violet)의 방사는 지상 35km대에 집중되어 있기는 하지만 매우 넓은 층에 걸쳐 있기 때문에 이 부분에서는 비교적 대기의 온도가 지상에 가까울수록 서서히 증가한다. 온도가 서서히 증가하는 층을 성층권(stratosphere)이라 하며 온도의 변화가 도치되는 성층권의 상부는 stratopause라 한다.

성층권 밑은 대류권(troposphere)으로서 지상 10 내지 15km의 고도에 위치하는 층이다. 대류권 아래에서는 온도의 변화가 급격하나 대류권에서 상대적으로 급격한 온도 변화의 도치, 즉 위쪽의 온도가 아래보다 높아지는 도치가 일어난다. 이 온도의 도치가 일어나는 tropopause는 얇은 층이긴 하지만 대기의 대부분의 움직임이 일어나는 대류권에 위치해 있기 때문에 중요하다.

간단히 말하여 열 변화에 따라 제어되는 대기의 물리적 구조는 네 개의 주요 층, 즉 대류권 (troposphere), 성층권(stratosphere), 중간층(mesosphere) 및 열층(thermosphere)으로 구성되며 각층은 열의 장벽 또는 도치로 인하여 다른 층과 분리된다.

2.1.4. 전자기 구조

지구의 자장(magnetic field)과 태양의 방사(radiation)와 태양풍(solar wind) 및 우주방사(cosmic radiation) 등이 상호작용하여 대기의 전자현상(electromagnetic phenomena)이 일어난다.

우주 방사와 초단태양파의 영향은 대기 상층부의 분자와 원자를 이온화시키는 경향이 있다. 이온화의 과정은 가스의 체적을 좋은 전도체로 만듦으로써 대기 상층부에 전류가 통하도록 한다. 대기의 층(layer) 또는 구역(zone)이 전자파를 반사하는 역할을 하기 때문에 이온 분자가 존재하는지의 여부는 매우 중요하다. 따라서 라디오 방송과 같이 송출되는 전자파(electromagnetic waves)는 이온층(ionized layer)에서 반사되어 지상으로 되돌아오는데 이러한 과정을 이용하여 라디오 방송이 수평선을 넘어 수신되는 것이다.[48]

이온층은 다시 여러 층으로 이루어져 있는데 각층이 반사하는 파장이 다르다. 이 이온층들은 날마다 태양의 방사와 기타 여러 영향을 받으면서 그 강도와 고도를 변경한다. 이온층은 단기간 변경을 하기도 하는데 그 원인은 보다 더 잘 알려져 있다. 즉, 지구의 자장은 수만 km에 걸쳐 우주에 뻗어 있다. 동 자기권(magnetosphere)의 외부경계는 태양풍에 의하여 태양으로부터 멀리 벗어나려는 경향이 있다. 전파가 이온층을 통과하는 과정에서 나오는 왜곡 현상은 동 자장 자체의 강도에 달려 있다.

여기에 덧붙여 태양의 방사가 하루 중 수시로 변하고 달의 주기적 영향에 의하여 이온층의

---

48) Budden, K. G., Lectures on Magnetoionic Throry, (New York, 1964), 54 ; David, P., and Voge, J., Propagation des Ondes, (New York, 1969), 170이하 ; Langley, G., Telecommunications Primer, 2nd ed., Pitman, (London, 1986), 64-67.

변화가 복잡하게 된다. 이러한 모든 영향의 결과 자기권은 날마다 또한 달의 영향에 반응하여 꾸준히 리듬 있게 변하고 있으며, 때로는 자장 자체와 태양 출력의 단기적 또는 장기적 변동이 엉뚱하게 나타나는 것에 영향을 받기도 한다.

결론적으로 지구 대기의 전자 구조(electromagnetic structure)는 지구의 자장, 태양의 방사에 따른 대기, 태양풍 및 우주방사의 상호 작용으로 나타난다. 따라서 전자장은 매우 복잡하고 변화가 많으며, 어떤 변화는 예측이 가능하지만 예측이 불가능한 것도 많아서 정확한 변화의 원인을 모두 파악하기 힘든 실정이다.

대기 상층에서의 고립작용과 원자와 분자에 대한 우주방사가 만들어내는 이온층은 엄격히 정의하여 대기 내에 존재한다. 한편 그 탄생이 지구 자장에 연유하는 Van Allen 방사대(radiation belts)는 일반적으로 지구 대기의 밖에 있는 것으로 여겨진다.[49]

2.1.5. 변화성

대기의 변화성에 여러 측면이 있지만 가장 중요한 것은 지구를 둘러싸고 있는 대기라는 가스층의 크기와 밀도의 변화이다. 장기에 걸친 변화는 대기의 온도와 압력의 장기적 배분과 태양출력의 변화이다. 전자는 지구표면에서의 열과 습기의 균형에서의 장기적 평균에 대하여 대기가 단순히 적응하는 것이다.[50] 예를 들어 극지는 적도보다 춥기 때문에 수직 압력의 변화가 급격하다. 다시 말하면 일정한 압력 또는 밀도가 극지에서는 적도에서보다 저 고도에 존재한다. 따라서 대기와 우주 사이의 경계는 극지에서 더 낮다. 그러나 가령 100km 고도에서의 차이는 1km 미만 정도의 매우 근소한 것이다.

태양풍과 우주방사의 흡수는 에너지의 방출을 가져오므로 상층 대기를 덥게 한다. 이 결과 온도의 도치현상이 나올 뿐 아니라 상층대기에서의 압력의 배분과 밀도가 변화한다. 따라서 대기와 우주의 경계를 일정한 기압으로 결정할 경우 동 경계는 태양풍의 힘에 따라 상하 이동이 될 수밖에 없다.

이러한 현상의 중요한 예로 1978년에 태양활동이 예외적으로 강력 하였던 기간에 상층 대기의 두께가 늘어났다. 높은 고도에서 증가된 대기의 밀도는 미국의 우주선 Skylab의 항행을 더디게 하고 동 우주선의 마모를 가속화시킨 것으로 알려졌다.[51]

이상과 같이 대기의 변화성을 고찰할 때 대기의 압력, 밀도 또는 온도와 같은 요소에 따른 우

---

49) Brandt, J.C. and Hodges, P.W., Solar System Astrophysics, (New York, 1964), 402-407.
50) 이에 관한 일반적인 기술로 Sellers, W.D., Physical Climatology, (Chicago, 1965) 참조.
51) 전게 Brant, pp.402-7.

주경계의 정의는 시간에 따라 달라질 뿐만 아니라 지구 표면의 각 지점에서 서로 다르기 때문에 우주의 경계를 정의하는 데 문제가 있음을 명백히 보여준다. 이는 국가에 따라서 우주와 대기의 경계선이 다를 수 있다는 것을 의미하는바, 일률적이 아닌 여사한 경계기준은 어느 나라도 수락하기 곤란할 것이다.

2.2. 경계 획정 기준

영공과 우주의 경계 획정과 관련하여 약 30여 개 이상의 과학적·기술적 기준이 제시되어 왔지만, 규범적 측면에서 가장 많이 거론된 기준만 간략하게 기술한다.

2.2.1. 중력의 균형

국가주권의 범위를 지구 인력이 존재하는 지점 또는 지구 인력이 다른 천체의 인력에 의하여 상쇄되는 지점까지만 인정하는 이론이다.[52] 그러나 인력의 정도는 지구와 다른 천체 간의 거리에 따라 다르기 때문에, 지구 중력의 범위를 획일적으로 정하는 것은 사실상 불가능하다. 예를 들면, 달과 지구 사이에 지구 중력이 존재하는 거리는 약 327,000km이지만, 지구와 태양 사이에 지구 중력이 존재하는 거리는 약 1,870,000km에 달한다.

2.2.2. Von Karman 선

원심력이 양력을 초과하는 높이를 영공과 우주의 경계로 하자는 이론으로서 헝가리 계 미국 물리학자인 Thodore von Kármán이 주장하여 이 경계를 'von Kármán 선'이라 부른다. 물체가 고도 약 83km에서 7km/s 속도로 비행할 때 원심력이 양력보다 우세하며, 이를 근거로 지구 해수면에서 약 100km 상공을 영공과 우주의 경계선으로 주장한다. Von Kármán 선은 국제항공연맹(Fédération aéronautique Internationale: FAI)이 지지하는 이론이기도 하다. 그러나 von Kármán 선은 냉각장치와 같은 기술발전에 따라 변동 가능성이 크다는 점에서 규제 측면에서 한계가 있다.

2.2.3. 대기권의 상층 한계

대기의 상층부를 경계선으로 한다는 것이 같은 말의 반복으로 보이지만 동 제안은 과학적 기준에 근거하는 것이다. 대기의 정점을 정의하는 데는 일반적으로 두 가지 점이 있다. 첫째는 외

---

52) Kroell, Eléments Créateurs d'un droit astronautique(1953), 16 Rev. gén. de l'air 222-223.

기권(exosphere)의 높이이다. 대기의 분자는 급히 움직이면서 계속 충돌하고 되튀어 오른다. 이러한 움직임은 해면 수준에서 시속 20,000km에 이르나 분자의 수가 많기 때문에 실제의 여행거리는 통상 1미크론(100만 분지의 1m)보다 작다. 이때 평균 여행거리를 mean free path(MFP)라고 하는데 대기의 상층으로 올라갈수록 단위 체적당 원자와 분자의 숫자는 점점 작아지지만 MFP는 점점 늘어난다. 이질권(heterosphere)의 하층에서 MFP는 km로 측정되며 이질권의 보다 윗부분에서 MFP는 매우 길어지고 중력은 매우 약해서 어떤 원자(주로 수소 원자)는 지구 중력으로부터 완전히 이탈한다. 이러한 현상이 일어나는 구역을 spray region 또는 우주[53]라 하는데 많은 기상학자들은 동 우주를 대기의 정점으로 간주한다.[54]

　　Spray region은 지상 약 1,000km부터 시작하나 계절, 위도 및 태양의 활동 등 여러 요소에 따라 변화한다.

　　두 번째의 기준은 엄격히 말하여 첫 번째와 다르지 않지만 같은 원칙을 보다 넓게 고려하는 것이다. Spray region에서 튀어나오는 분자는 일반적으로 지구의 중력 범위를 사실상 이탈하는 것이다. 이러한 분자의 여정(사실상 궤도)은 매우 길기 때문에 관념적으로 여사한 분자를 우주(outer space)의 자유분자(free atoms)와 구분하는 것은 어렵다. 단, spray region으로부터 튀어나온 분자는 지구 중력의 영향을 계속 받는다는 점에만 차이가 있다. 따라서 지구 위의 궤도에 있는 어떠한 분자도 대기의 일부로 간주될 수 있다. 결론적으로 일부 수소 분자는 지상 50,000km 거리에서 지구를 돌고 있다는 설도 있음을 감안할 때 대기를 바탕으로 경계선을 결정한다는 것은 매우 부적절하다.

2.2.4. 대기권의 층별 구조

　　대류권, 성층권, 중간권 그리고 열권으로 구분되는 대기의 층에 근거하여 영공과 우주의 경계를 획정하려는 시도이다. 특히 성층권과 전리층 사이에 있는 성층권 폭인 계면, 중간권과 열권 사이의 경계면인 중간권 계면 또는 오존층 하부의 일정 지점을 경계의 기준으로 제시한다.

　　그러나 상기 계면이나 오존층이 일정하지 않고 시간 또는 위도에 따라 항상 변화한다는 문제점이 있다. 예컨대 성층권 계면의 위치는 하루 중 그리고 연중 변화하는데, 특히 겨울에 성층권 계면의 고도가 극지에서는 45km이지만 적도에서는 55km에 이른다.[55] 그리고 성층권 계면의 하부 층은 위도에 따라 고도가 크게 차이를 보인다.

---

53) Outer Space를 우주 또는 외기권으로 번역하는데 이때의 외기권은 대기 상층부를 구성하고 있는 exosphere를 말함.
54) 예를 들어 전게 주 Brandt와 Hodges 참조.
55) 전게 주 Sellers 참조.

그리고 수킬로미터 두께에 달하는 넓은 지역을 이루는 각각의 계면이나 오존층이 명확한 점이나 선을 가지고 있는 것이 아니다. 따라서 대기의 일정부분으로부터 온도의 변곡점(inflection point)과 같이 구체적인 기준이 제시되어야 하지만, 대기의 성질이 시간에 따라 변할 뿐만 아니라 3차원적인 공간의 구분이 설령 가능하다 하더라도 이를 2차원적인 경계이상으로 이해하기 어려운 것이 현실이다.

2.2.5. 특정한 압력과 농도

대기의 층별 구조와 비슷한 방법인바, 이는 주어진 압력이나 대기의 밀도를 특정화함으로써 대기와 우주사이의 경계선으로 삼으려 하는 것이다. 그러나 동 제안은 앞 항에서와 같이 겹치는 부분이 다양성을 띄우기 때문에 문제가 있다. 가능한 해결책은 대기의 밀도가 우주의 밀도와 다른 점으로 대기의 경계를 정의하는 것이겠다. 이때의 문제는 동등한 밀도를 어떻게 정의하느냐의 문제와 우주의 밀도를 어떻게 보느냐의 문제이다. 여하한 경우에도 대기의 경계는 지상으로부터 수천 km 떨어져 나올 것이다. 또한 전술한 바와 같이 대부분의 국가가 여사한 방안을 수락하지 않을 것이다.

따라서 특정한 압력이나 밀도를 가지고 대기의 경계를 정하는 것은 신뢰할 만한 방법이 아닐 뿐만 아니라 모든 국가에 대하여 일정하지 않거나 공평하지 않다.

2.2.6. 최고 비행 고도

다수 제안이 본질적으로 같은 원칙, 즉 대기를 통과하는 항공기에 대한 대기의 영향을 바탕으로 대기의 경계를 정하자는 것을 기본으로 한다. 여사한 안 중 첫 번째 것은 한때 상당히 풍미한 것으로서 대기의 경계를 항공기가 대기를 통과할 수 있는 지상의 바로 위층으로 하자는 것이다.[56]

대기는 가스가 희박하게 되어 항공기를 부양할 수 없는 곳에서 끝난다고 보아야겠다. 여기에서의 문제는 항공기를 부양한다고 할 때의 부양(lift)의 정의이다. 문제는 부양이 항공기의 전형적 경우와 같이 공기가 차량을 전부 또는 부분적으로 지탱하여 주는 것인지 또는 부양이 우주왕복선의 경우와 같이 차량을 제어하기에 족하면 되는지 여부이다. 전자를 기준으로 할 때 최대 경계는 지상 약 50km이나 후자의 경우는 80km까지 올라간다.[57]

---

56) UN Doc A/AC. 105/C. 2/7 (1970), 40-5.

57) 우주선 비행의 기술적 기준을 경계선 정의의 바탕으로 하자는 논의에 관하여는 Pavlassk, T.J.K. and Mishra, S.R., on the Lack of Physical Bases for Defining a Boundary Between Airspace and Outer Space, Centre for Research of Air and Space Law, McGill Univ., S. S. H. R. C. C. No.20, (Montreal, 1981), 15-20 참조.

2.2.7. 인공위성의 최저 근지점

성층권 계면의 상부부터는 대기의 농도가 매우 낮지만, 대기의 상부 층에 밀집되어 있는 가스 입자들로 인해 인공위성이 궤도에 계속해서 머무르는 데는 한계가 있다. 따라서 인공위성이 추락하거나 연소되지 않고 이동할 수 있는 지점, 즉 최저 근지점(perigee)을 영공과 우주의 경계로 하자는 것이다. 1968년 국제법협회(International Law Association)는 제53차 콘퍼런스에서 영공과 우주의 경계 획정 기준으로 이 최저 근지점을 지지하였다.

그러나 최저 근지점은 우주비행 기술의 발달, 인공위성의 운용 목적과 크기, 인공위성의 수명 및 고도에 따라 달라진다. 1970년 UN의 자료에 따르면 인공위성의 최저 근지점은 140km 내지 160km보다 더 낮을 수 없다고 한다. 하지만 1976년 우주연구위원회(Committee on Space Research)의 회장인 C. de Jaeger 교수는 몇몇 인공위성은 최저 근지점이 90km에 이른다고 주장하였다.

게다가 최저 근지점을 영공과 경계의 획정 기준으로 하기에는 기준의 항구성 측면에서 한계가 있다. 지상 100km 이하의 고도에서는 인공위성이 궤도를 유지할 수 있는 시간이 급속히 줄어들기 때문이다. 예를 들어 200km 이하의 저고도의 궤도에 발사된 인공위성의 수명은 통상 90일 이하이다.[58]

2.2.8. 중간 구역

대기의 경계를 항공기가 비행할 수 있는 상한선과 인공위성 궤도의 하한선으로 하자는 의견의 중재안으로서 상한선과 하한선의 사이의 구역 중 일정한 두께의 층을 경계선으로 하자는 안이 제시되었다.[59] 이 중간 구역의 범위 내에서는 우주물체가 무해통과를 할 수 있으나 하부 지역에서는 하부 국가의 완전한 통제가 미친다.

이 기준은 우주물체의 궤도 진입 및 지구 귀환 등 통과 문제를 피하였기 때문에 법적 측면에서는 매력적일 수 있지만 과학적 측면에서는 아무런 실익이 없다. 게다가 이 기준은 하나의 경계선 대신 두 개의 경계선을 획정하여야 하기 때문에 오히려 기준을 더욱 복잡하게 만든다.

어떤 학자는 공중(air space)과 우주(outer space)의 중간지역을 mesospace로 정의하여 이를 경계선으로 채택하자는 제안을 하였다.[60] 이에 따르면 공중의 경계는 인공위성이 지구를 궤도 비행할 수 있는 최저고도로 보는 것이다. Mesospace는 약 50km 폭의 구역인바, 동 구역에서는 하부 국가의 부분적 관할권이 행사될 수 있다. 그러나 여사한 방법의 효용성과 적용성이 문제된다. 앞서

---

58) Taylor, J.W.R., Jane's All the World's Aircraft, (London, 1978), 672.

59) Cooper, Legal Problems of Upper Space, [1956] Proceedings of the American Society of Int'l Law 85, 91.

60) Mesospace라는 용어는 Jager and Reynen, Mesospace, the Regime between Air Space and Outer Space (1975), 18th Colloquium. on the Law of Outer Space에서 처음 사용되었음.

설명한 바와 같이 궤도의 최저점은 기술 변화에 따라 달라질 수 있다. 또한 하부국가의 부분적 관할의 목적은 무엇이며 동 내용을 어떻게 정의할 것인지의 문제가 나온다.[61]

2.3. 영공의 효과적 통제

가장 오래된 제안 중의 하나는 영공의 경계를 하부 국가가 자국 영토의 상공을 실질적으로 통제할 수 있는 능력의 한계를 기준으로 정하자는 것이다. 그러나 국가의 통제 능력이 과학적 기준과는 쉽게 병행할 수 있을지는 몰라도 모든 국가에게 동일한 경계선을 주는 것이 아니므로 대부분의 나라가 이 기준을 받아들이는 것은 현실적으로 불가능하다.

2.4. UN COPUOS와 경계 문제

UN에서 우주의 정의 및 경계획정은 주로 '공간적 접근(spatial approach)'과 '기능적 접근(functional approach)'의 두 가지 접근 방식에서 논의되었다. 공간적 접근은 국가 간의 합의로 특정 높이에서 영공과 우주의 경계선을 정하자는 것이다. 이와는 달리 기능적 접근은 우주활동과 우주물체의 정의에 따라 접근하는 것이다. 기능적 접근은 활동이 일어나는 물리적 장소보다는 활동의 목적에 근거하고 있다.[62] 따라서 인위적인 경계선의 획정은 불필요하며, 단지 영공활동과 우주활동을 구분한다. 따라서 활동이 두 가지 유형의 활동 중 어디에 해당하는가는 문제가 되는 활동의 목표와 목적을 검토하면 된다.

2.4.1. 논의 과정

영공과 우주의 경계에 관한 법적 문제는 1959년 잠정 COPUOS가 설립된 후 얼마 동안은 주요 이슈가 되지는 못하였다. 당시의 지식과 경험에 비추어 영공과 우주의 경계의 확정에 관한 국제적 합의가 시기상조일 뿐만 아니라 당시 COPUOS에서 논의된 주요 문제의 해결이 영공과 우주의 경계 획정에 의존하지 않았기 때문이다.[63]

영공과 우주의 경계 획정에 관한 본격적인 논의는 외기권조약을 논의하는 과정에서 프랑스와

---

61) 상세는 Haanappel, Definition of Outer Space and Outer Space Activities (1977), 20th Colloq. on the Law of Outer Sp. 53.
62) 미국은 일정한 높이에서의 영공과 우주 경계획정은 미래의 우주탐사와 이용을 방해하고 오히려 우주기술의 발전을 저해한다는 이유로 기능적 접근에 찬성하고 있음.
63) UN Doc A/4141 (1959), 25.

멕시코의 주장으로 시작되었다. 1966년 제5차 COPUOS 법률소위원회에서 프랑스는 우주의 범위가 가능한 한 빨리 구별되지 않는다면 일부 우주활동의 경우 외기권조약의 이행에 어려움이 수반될 것이라고 지적하였다. 이와 관련하여, 멕시코는 영해의 범위에서 발생하는 문제와 같은 어려움을 피하기 위해서는 우주에 대하여 영공의 한계를 정의하는 것이 필요하다는 의견을 제시하였다.[64]

1966년 프랑스의 제의에 따라 우주의 정의와 경계획정은 COPUOS의 의제로 채택되었고[65] 1967년 제6차 법률소위원회에서 처음으로 논의되었다.

법률소위원회는 우주의 정의 및 경계획정 논의를 위하여 과학기술소위원회에 다음 두 가지를 요청하였다. 첫째 우주의 정의에 도움이 될 수 있는 과학적 기준의 리스트를 작성해 줄 것과, 둘째 과학적·기술적 기준의 선정에 대한 과학기술소위원회의 의견 및 그 기준의 장단점을 기술하는 것이다.[66]

법률소위원회의 상기 두 가지 요청에 대하여, 과학기술소위원회에는 1968년 제7차 법률소위원회에서 다음과 같이 답변하였다. 우선, 우주의 명확하고 지속적인 정의를 가능하게 하는 과학적 또는 기술적 기준을 확인하는 것은 현재로서 불가능하다는 입장이었다. 그리고 우주의 정의는 그 기초가 무엇이든지 간에 우주의 연구와 탐사의 운용 측면과 중요한 연관성이 있기 때문에 과학기술소위원회가 계속해서 이 문제를 검토하는 것이 적절하다는 답변을 제출하였다.[67]

그러나 우주의 정의 및 경계획정에 관한 문제는 시간의 부족 및 다른 문제의 우선순위에 밀려 1970년 제9차 회기에서 1976년 제15차 회기까지 법률소위원회에서 논의되지 않았다.

이 과정에서 이탈리아는 1975년 제18차 COPUOS에서 지표면에서 약 90km의 놀이를 '수직국경(vertical frontier)'으로 정하자고 제안하였다.

1977년 제16차 법률소위원회에서 우주의 정의 및 경계획정에 관한 논의가 재개되고, 1978년 17차 회기에서 정지궤도가 의제에 포함되었다. 그리고 몇몇 국가에 의하여 우주물체와 우주활동(outer space activities)에 대한 정의의 필요성이 강조된 것이 특기할 만하다.

1979년부터 1982년까지 법률소위원회의 논의는 주로 우주의 정의 및 경계획정의 필요성 여부에 집중되었다. 1983년에는 우주의 정의 및 경계획정을 검토하기 위한 워킹그룹이 구성되었으며, 1984년 제23차 법률소위에서는 공간적 접근과 기능적 접근에 관한 의견 교환을 중심으로 논

---

64) UN Doc A/AC. 105/C. 2/SR. 71 (1966), 1, 20., Y.U.N., 1966, p.39.
65) 정식 의제명은 다음과 같다: "우주의 정의와 우주통신의 다양한 관계를 포함하여 우주와 천체의 이용에 관한 문제(Questions relative to (a) the definition of outer space and (b) the utilization of outer space and celestial bodies, including the various implications of space communications)".
66) UN Doc A/AC.105/37, PARA. 18.
67) UN Doc A/6804, Annex II (1967), 36.

의가 전개되었다.

특히, 소련은 1983년 제22차 법률소위원회에 워킹페이퍼를 제안하였다. 워킹페이퍼는 두 가지 내용을 제안하였다. 첫째, 우주와 영공의 경계는 해수면으로부터 110km를 초과하지 않는 높이에서 국가 간 합의에 의하여 획정되어야 하며 이는 구속력 있는 국제 문서에 의하여 확인되어야 한다. 둘째, 모든 국가의 우주물체는 궤도 진입 또는 지구 귀환을 목적으로 합의된 경계선 이하로 다른 국가 영토의 상공을 비행할 권리(innocent flight)를 갖는다.[68]

소련은 1987년 제30차 COPUOS에서 재차 워킹페이퍼를 제출하면서 1983년 자신의 의견을 재확인하였다.

1987년부터는 우주의 정의 및 경계획정 문제를 COPUOS 법률소위원회의 의제에서 제외시키자는 일부 국가의 제안이 있었지만 받아들여지지는 않았다.

2.4.2. 각국의 견해

우주의 정의와 경계획정 및 정지궤도의 특징과 이용에 관한 워킹그룹은 2009년 제49차 법률소위원회에 참석한 회원국에게 우주의 정의 및 경계획정에 관하여 다음의 세 가지 질문을 제시하였다.

- 현재 우주활동과 항공활동의 수준 및 우주와 항공의 기술발전을 고려하여, 우주의 정의 및 우주와 영공의 경계획정이 필요한가?
- 우주의 정의 및 경계획정 문제를 해결하기 위한 다른 접근방식을 고려하고 있는가?
- 우주의 하부와 영공의 상부를 정의내리기 위한 가능성을 고려하고 있는가?

상기 질문의 내용은 우주의 정의 및 경계획정에 관한 기존의 COPUOS 논의에 대한 각국의 입장을 확인하는 것에 불과하다. 그러나 두 번째 질문에서 우주의 정의 및 경계획정에 관하여 합의를 이끌어 내지 못하는 기존의 공간적 접근과 기능적 접근 방식에서 벗어나 새로운 돌파구를 찾으려는 COPUOS의 노력을 엿볼 수 있다.

2012년 제51차 법률소위원회에서 몇몇 국가는 워킹그룹의 세 가지 질문에 대하여 자국의 공식 입장을 제시하였다.

알제리는 사고 발생 시 국가의 손해배상 문제와의 연관성 그리고 국가 간 분쟁 위험을 사전에 감소시킬 수 있다는 측면에서 우주의 정의 및 경계획정의 필요성을 주장하였다. 단 그러한 정의 및 경계획정의 방식으로 COPUOS 내에서 컨센서스를 제시하였다. 또한 UN 우주 관련 조약의 통

---

68) UN Doc A/AC.105/C./L. 139.

일된 해석을 위하여 '우주활동(space activity)', '우주물체(space object)', '국가의 손해배상책임(liability of a State)'과 같은 용어도 검토할 것을 주장하였다.

태국은 우주의 정의 및 경계획정의 필요성을 어느 정도 인정하면서도 매우 신중한 입장이다. 관습국제법에 기초한 우주와 영공의 정의는 국가 관행에 가이드라인을 제시하고 법 해석에 대한 갈등을 감소시킬 수 있다는 입장이다. 그러면서도 우주의 하부와 영공의 상부를 정의하는 것은 국가의 주권과 관련되는 것으로 국제분쟁의 대상이 될 수 있어 모든 국가가 신중히 고려하여야 한다고 덧붙였다. 그리고 우주와 영공에 관한 국가 간 분쟁을 해결하기 위하여 '국제 우주항공청(international outer space and airspace agency)' 설립을 제안하였다.

프랑스는 현재로선 우주를 정의하거나 경계를 획정하는 것은 적절하지 않다는 입장이다. 프랑스는 줄곧 그 목적의 성공 여부와 상관없이 우주에 도달하는 것이 목적인 모든 물체는 우주물체라는 우주활동에 관한 기능적 접근방식(functionalist approach)을 고수해 오고 있다. 그 예로 프랑스는 제51차 법률소위원회에서, '저궤도 여행(suborbital tourism)'과 같이 항공활동과 우주활동의 경계선상에 있는 활동의 범주를 사례별로 연구할 것을 제안하였다. 이러한 연구는 우주의 경계를 엄격히 획정할 필요가 없이 각각의 활동이 그 성격상 우주활동으로 간주되어야 하는지를 결정하기 위한 국제적으로 공통된 접근방식의 수립을 가능하게 할 것이라고 한다.

노르웨이는 우주의 정의 및 경계획정의 부재가 지금까지 자국의 우주활동에 어떠한 장애도 초래하지 않았다는 이유로 우주의 정의 및 경계획정에 반대하였다.

제51차 법률소위원회에서 무엇보다 특기할 만한 사항은 우주의 정의와 경계획정 및 정지궤도의 특징과 이용에 관한 워킹그룹 의장이 프랑스가 제안한 '저궤도 여행'에 관한 사례별 연구를 법률소위원회에서 본격적으로 논의할 것을 제안한 것이다. 특히 네덜란드는 '저궤도 여행'을 법률소위원회의 정규의제로 논의할 것을 제안하였으나 대다수의 국가가 신중한 입장을 나타냈다. 대다수의 국가는 '저궤도 여행'을 정규의제로 채택하기보다는, '저궤도 여행'에 관한 각국의 관행을 수집하여 그 정보를 모아 책으로 편찬하는 것이 오히려 유익하다는 의견을 제시하였다.

우주법의 기본 원칙

우주법의 기본 원칙

1. 우주의 탐사와 이용 자유의 원칙

1.1. 자유의 원칙의 성립

1957년 7월부터 1959년 12월까지 진행된 IGY 기간 중 로켓 공학을 이용한 대기 현상을 조사하기 위하여 미국은 1955년 7월 그리고 소련은 1955년 4월 인공위성의 발사를 각각 독립적으로 발표하였다. 그리고 인공위성을 이용하는 과학연구에 관한 자유는[1] 조약에 명시적으로 규정되지는 않았지만 IGY 계획 단계에서부터 모든 참가국이 묵시적으로 인정한 것으로 보인다.[2] 실제로 IGY가 시작 된지 3개월 후 Sputnik가 발사되었을 때 어느 국가도 Sputnik의 상공 비행에 대하여 항의하거나 영토 주권을 거론하지 않았다.[3] 1959년 유엔 우주의 평화적 이용 잠정위원회에서도 IGY 기간 중 수행된 인공위성의 발사 계획은 인공위성이 비행 중 지구 영토상의 어느 지점 위를 통과하느냐에 상관없이 인공위성의 발사와 비행이 허용된다는 전제하에 진행되었다는 견해가 제시되었다.[4] 결국 우주는 원칙적으로 평등이라는 조건 하에 기존의 또는 장래의 국제법에 따라 모두가 자유롭게 탐사하고 이용 할 수 있다는 규칙이 일반적으로 수립되었다는 것에 잠정위원

---

1) 과학적 동기가 풍미할 당시에도 인공위성이 군사적 목적으로 사용될 수 있다는 가능성이 간과되지는 않았음. 그럼에도 불구하고 군사적 목적으로 사용이 가능한 인공위성의 발사에 대한 합법성 여부가 활발히 제기되지 않은 이유는 당시 냉전 상태에서의 힘의 균형을 믿었기 때문임. 뿐만 아니라 미국과 소련은 우주 실험과 우주 연구에 법률적 제한을 받지 않는 것이 정치적으로 유익하다고 판단한 듯함. 이는 스스로 법적 제한을 부과할 경우 자국이 기술과 무기 개발에 뒤질 것으로 인식하였기 때문임. 그리고 제3세계는 당시 의미 있는 반대를 제시 할 만큼 잘 조직되어 있지도 않았음. 게다가 유고, 브라질, 이란, 이집트, 멕시코, 필리핀 등 제3세계의 주요 국가들도 동 IGY에 참여하고 있었음.

2) 1958년 당시 미 국무성 법률고문이었던 Becker는 IGY는 "사적 지위를 가진 과학 기관 간에 이루어진 것이지만, IGY 기간 중 과학적 목적으로 고안된 인공위성의 궤도 진입이 허용된다는 합의가 은연중에 있었다. 따라서 IGY가 끝나면 이 분야에 대한 권리는 향후 [인공위성 등] 물체에 대한 합의 내용에 좌우될 것이다"라고 지적하였음.(Special Committee on Space and Astronautics, US Senate, 85th Cong., 2nd Sess., 1958, p. 315)

3) Sputnik 발사에 대한 국제사회의 묵시적 용인은 1956년 미국 공군의 Moby Dick 작전에 대하여 여러 나라가 수차례 강력하게 항의한 것과는 대조를 이룸. 미국에 의하면 Moby Dick 작전은 기상 연구를 위한 목적으로 관련 기자재를 실은 플라스틱 기구(balloons)을 지상 2만 5천 미터 내지 3만 미터 상공에 띄우는 것이다. 이 기구는 북반구의 서쪽에서 동쪽 즉, 노르웨이로부터 태평양을 횡단하는 것으로, 미국은 처음에 약 4,000개의 기구를 띄웠음. 그러나 Moby Dick 작전은 소련, 알바니아, 불가리아, 중공, 체코, 동독, 헝가리, 몽고, 폴란드, 루마니아의 항의로 중단되었음. 미국은 자국이 이러한 활동을 할 수 있는 권리를 보유한다고 주장하면서, Moby Dick 작전의 중단은 국가들과의 점잖고 우호적인 관계를 고려한 곳에서 비롯되었다고 설명하였음. (Cheng, International Law and High Altitude Flights: Balloons, Rockets and Man-Made Satellites, in, Legal Problems of Space Exploration, A Symposium, Committee on Aeronautical and Space Sciences, US Senate, 87th Cong., lst Sess., 1961, p. 147참조).

4) UN General Assembly, ad hoc Committee on the Peaceful Uses of Outer Space, Report, Doc. A/4141 (1959), pp.63-4.

회도 의견을 같이하였다.[5]

우주의 자유로운 탐사와 이용은 1961년 우주의 평화적 이용에 있어서 국제협력에 관한 유엔 총회 결의[6]에서 확인된 후 1963년 채택된 외기권의 이용과 탐사에 관한 국가 활동을 규제하는 법 원칙 선언에서 아래와 같이 재확인되었다.

> "우주와 천체는 형평에 기초하여 그리고 국제법에 따라 모든 국가에 의한 탐사와 이용이 자유 롭다."

그러나 1963년 법 원칙 선언은 자유로운 탐사와 이용을 우주와 천체에 국한하였다. 따라서 1967년 외기권 조약의 논의 과정에서 달에 대한 이러한 자유 원칙의 적용 필요성이 미국[7]과 소련[8]에 의해 제기되었다. 그리고 1966년 제5차 법률소위원회에 소련과 미국이 각각 조약 안을 제 출하였고, 논의 끝에 1967년 외기권조약 제1조 2항이 다음과 같이 채택되었다.

> "달과 천체를 포함하는 우주는 모든 유형의 차별 없이, 형평에 기초하여 그리고 국제법에 따라 모든 국가에 의한 탐사와 이용이 자유로워야 하며 천체의 모든 지역에 대한 접근이 자유로워야 한다."

1.2. 우주에서의 군사 활동의 제한

우주를 평화적으로 탐사 또는 이용하려는 노력은 군축의 범주 내에서 처음 논의되었다. Sputnik 1의 발사로 우주가 군사 활동의 장이 될 수 있다는 우려가 국제사회에 확산되자, 당시 포괄적인 군축계획을 수립하고 있던 유엔 군축위원회(UN Disarmament Commission: UNDC)[9]는 우

---

5) 상동.

6) UN GA Resolution 1721 A.

7) 이와 관련하여 미국의 Lyndon Baines Johnson 대통령은 1966년 5월 다음과 같이 언급하였음.
   "우리는 천체의 탐사를 위한 규칙과 절차를 규정하는 조약을 필요로 한다고 본다. 이 조약의 필수적인 요소로 다음을 들 수 있다. 달과 여타 천체는 모든 국가가 탐사하고 이용 하는데 자유롭다. 어느 나라도 주권의 주장을 제기하도록 허용되어서는 안 된다. 과학적 조사의 자유가 있어야 하고 모든 나라는 천체에 관련한 과학적 활동에 있어서 협력하여야한다.", 54 US Dept of state Bull. 900.

8) 당시 소련의 외무장관이었던 Andrei Gromyko는 COPUOS 법률 소위원회에서 다음의 원칙들이 논의 될 것을 요청하는 서한을 1966년 5월 유엔 사무 총장에게 보냈음.
   "달과 여타천체는 어떠한 종류의 차별도 없이 모든 국가가 탐사하고 이용하는데 자유롭게 개방되어야 한다. 모든 국가는 국제법의 근본적인 제 원칙에 따라 동등한 지위에서 달과 여타 전체에 대한 과학적 연구를 행할 자유를 향유한다. 달과 여타 천체의 탐사와 이용은 모든 인류의 선과 이익을 위하여 수행되어야하며, 여하한 종류의 영토 주장이나 전용의 대상이 될 수 없다." 아울러 Andrei Gromyko는 이 서한에서 "소련이 달과 여타 천체를 탐사하는 계획은 전적으로 과학에 공헌하기 위하여서이다. 소련 정부는 달과 여타 천체의 정복이 오로지 모든 인류의 이익을 위하여 그리고 평화와 친선을 위하여 수행 되어야 한다고 본다. 어떠한 나라도 이 분야에서의 자국의 업적을 다른 국가의 활동에 대항하는 것으로 간주할 권리가 없다"고 지적하였음. UN Doc A/6341 (1966), pp.2-3.

9) UNDC는 유엔에 의하여 1946년에 설립된 원자력위원회와 1947년에 설립된 통상군비위원회에 그 기원을 두고 있음. 이 두 위원회가 핵 군비 경쟁과

주를 논의에 포함시켰다. UNDC에서의 우주에 관한 논의는 핵무기가 우주에 확산될 경우 군축 문제를 더욱 어렵고 복잡하게 만들 수 있으며, 우주에서의 군비경쟁을 회피하는 합의를 명시적으로든지 또는 묵시적으로든지 이끌어낼 수 있다면 국가 간 상호 신뢰구축에 크게 기여할 수 있다는 판단에서 비롯되었다.

1957년 8월 캐나다, 프랑스, 영국 그리고 미국의 제안에 따라 UNDC 소위원회(Sub-Committee of the Disarmament Commission)에서 군축을 촉진할 수 있는 조치를 마련하기 위한 논의가 이루어졌으며, 그 결과 1957년 11월 유엔 총회는 결의 1148[10]을 채택하였다. 결의 1148은 군축 조치의 하나로서 물체가 오직 평화적 그리고 과학적 목적으로 우주에 발사될 수 있도록 보장하기 위한 감시 시스템의 연구를 제안하였고, 이를 위해 UNDC 산하에 기술 전문가 그룹을 설립하도록 요청하였다. 결의 1148은 우주의 평화적 탐사 및 이용에 관한 문제를 군축 조치로 간주하는 유엔의 첫 문서였다.

유엔 총회는 1961년 12월 '18개국[11] 군축위원회(Eighteen Nation Committee on Disarmament)'를 설립하였다.[12] ENCD는 1962년 3월 첫 회의를 개최한 이후 임무를 종료한 1979년 8월까지 무려 431차례의 회의를 개최하였다. ENCD에서 캐나다는 멕시코 그리고 이탈리아와 함께 우주의 평화적 사용에 관한 문제를 제기하였다. 이와 관련하여 미국과 소련은 대량파괴무기를 우주 궤도에 배치하는 것을 금지하되 포괄적인 군축과는 별개의 사항으로 이행할 것을 제안하였다.

한편, 멕시코는 1963년 6월 대량파괴무기 및 여타 무기의 우주 궤도 배치 및 우주에서의 실험을 금지하는 조약 안을 제출하였다.[13] 멕시코의 조약 안에 기초하여 ENCD는 유엔 총회에 결의 안을 제출하였으며 유엔 총회는 1963년 10월 '일반적이고 완전한 군축 문제(Question of general and complete disarmament)'라는 결의 1884[14]를 아래와 같이 채택하였다.

"총회는(...)
2. 모든 국가에게 엄숙히 호소한다:
    a. 지구 주위 궤도에 핵무기를 실은 모든 물체 또는 모든 유형의 대량파괴무기를 배치하거나, 천체에 그러한 무기를 설치하거나 또는 다른 모든 방법으로 우주에 그러한 무기를 배치하

냉전으로 그 기능을 하지 못하자 1952년 두 위원회가 UNDC로 통합된 후 1978년 유엔 총회의 보조기관이 되었음.

10) UN GA Resolution 1148(XII).

11) 캐나다, 프랑스, 영국, 이탈리아, 미국, 불가리아, 체코슬로바키아, 폴란드, 루마니아, 소련, 브라질, 버마, 에티오피아, 인도, 멕시코, 나이지리아, 스웨덴, 통일 아랍 공화국(United Arab Republic으로서 이집트와 시리아가 합병하여1958-1961년 존재하였던 국가).

12) UN GA Resolution 1722(XVI).

13) UN Doc DC/208, Annex I, ENDC/98 (1963).

14) UN GA Resolution 1884(XVIII).

는 것을 자제한다.

b. 상기 활동의 수행을 야기하거나, 장려하거나 또는 어떠한 방법으로든지 참여하는 것을 자
제한다."

총회 결의 1884 채택 후, 우주의 평화적 이용에 관한 논의는 ENCD에서 유엔 COPUOS로 이동
하였다. 우주에서의 군사적 이용에 관한 법적 문제에 대하여 1967년 외기권조약 제4조 1항은 다
음과 같이 규정하고 있다.

"조약 당사국은 핵무기를 실은 모든 물체 또는 다른 유형의 모든 대량파괴무기(weapons of mass
destruction)를 지구 주변 궤도에 두지 않으며, 천체에 그러한 무기를 설치하지 않으며 또는 다른
모든 방법으로 우주에 그러한 무기를 배치하지 않을 것을 약속한다."

그러나 상기 제4조 1항이 생물 무기, 화학 무기, 핵무기 및 방사능 무기와 같은 대량파괴 무기
만을 금지하고 있기 때문에 대량파괴 무기를 제외하는 재래식 무기는 우주에서 사용이 가능하
다는 해석이 제기된다. 이에 대하여 우주에서의 재래식 무기의 사용을 금지하는 명문의 규정이
없다 하더라도 1967년 외기권조약 제1조 1항을 적용할 수 있다는 견해가 있다. 즉 우주의 탐사와
이용은 모든 국가의 이익을 위하여 수행되어야 하고 모든 인류의 영역이 되어야 하기 때문에 대
량파괴 무기 여부를 불문하고 무기의 사용은 제1조 1항에 규정된 인류의 공동이익에 반한다는
것이다. 그러나 대부분의 국제법 학자들은 제4조 1항을 제한적으로 해석한다. 즉, 제4조 1항의
범위가 대량파괴 무기에 한정되어 있기 때문에 우주에서 재래식 무기의 사용을 암시적으로 허
용하는 것이라는 입장이다.[15]

우주의 부분적 비무장화로 외기권조약을 해석할 경우 바람직한 법(*de lege ferenda*)이 무엇이냐에
대한 문제가 제기된다.[16] 더군다나 우주에서 군사 활동이 점증하는 상황에서 바람직한 법은 우
주의 이용을 비군사적 활동에만 제한해야 한다는 목소리가 높아졌다. 이러한 견해는 외기권조약
의 서문에서 조약 당사국이 평화적 목적을 위한 우주의 탐사와 이용의 진전을 모든 인류의 공동
이익의 관점에서 보는 것과 부합한다. 따라서 외기권조약은 근본적으로 우주의 완전한 비무장화
를 위한 것으로 보는 것이 타당하다.

---

15) Katzenback, The Law of Outer Space, in, Levy, L, (ed), space : Its Impact on Man and Society, (New York, 1965), 77 이하; Christol, The International Law of Outer Space (1966), 55 Naval War College Publ. 15031, 43; Meyer, Die Auslegung des Begriffs "friendlich" im Lichte des Weltraumvertrages (1969), 28 Zeitschrift fur Luft & Weltraumrecht 28; UN Doc A/ CONF. 34/ IX. 3 (1968), p. 12; UN Doc A/ AC. 105/ C. 2/ SR. 20(1966), p.4.

16) Matte, N.M., Aerospace Law, (Toronto, 1969), pp.298– 301; Verplaetse, Autour de l'article IV du Traité de Droit Cosmique du 27 Janvier 1967 (1968), 31 rev. gén. de l'air 45 ; Gorove, Some thoughts on Article 4 of the Outer Space Treaty (1970), 13th Colloq. on the Law of Outer Sp. 79; Courteix, Le traité de 1967 et son application en matiére d'utilisation militaire de l'espace (1971), 36 Politique étrangère 252.

2. 우주활동의 국제책임

외기권조약 제6조는 달과 기타 천체를 포함하는 우주에서의 국내 활동이 정부기관(governmental agencies)에 의해 수행되었는지 또는 비정부기관(non-governmental entities)에 의해 수행되었는지를 불문하고, 조약 당사국에게 그러한 국내 활동에 대한 국제책임을 부가하고 있다.

2.1. 우주활동의 통제

2.1.1. 국내 우주활동의 주체

외기권조약 제6조는 비정부기관, 즉 민간 기업의 우주활동에 대해서도 국가의 국제책임을 인정한다. 국제법상 국가의 국제책임 제도의 예외를 구성하는 외기권조약 제6조가 성립된 배경을 이해하기 위해서는 1963년 UN 결의 '우주의 탐사와 이용에서 국가의 활동을 규제하는 법원칙 선언'제5항에 대한 이해가 선결된다. 외기권조약 제6조는 법원칙 선언 제5항을 그대로 따르고 있다.

법원칙 선언 제5항의 작성 과정에서 논의의 중심은 민간 기업이 우주활동을 수행할 수 있는지를 결정하는 것이었다. 1962년 3월 소련, 통일아랍공화국, 영국 그리고 미국이 우주의 탐사와 이용에 관련된 일반 원칙에 관한 안을 COPUOS 법률소위원회에 각각 제출하였다. 그리고 같은 해 6월 소련이 '우주의 탐사와 이용에서 국가의 활동을 규제하는 기본원칙 선언안'을 제출하였는바, 기본원칙 선언안의 제7항은 다음과 같다:

> "우주의 탐사와 이용에 관한 활동은 오로지 국가에 의해서만 수행되어야 하며 국가는 자신이 우주에 발사한 물체에 대하여 주권을 보유하여야 한다."[17]

이에 대하여, 1962년 UN 총회 제1위원회에서 미국의 한 대표가 미국 정부는 자국 민간 기업의 정책을 통제하고 민간 기업의 국내 법규의 준수를 감시할 책임을 부담한다고 주장함으로써, 소련에 대한 반대 입장을 간접적으로 표명하였다.

우주활동의 주체를 둘러싼 미국과 소련의 계속되는 대립에 캐나다, 인도, 일본, 영국 등이 절충안을 제시하였으며, 특히 캐나다는 민간 기업의 우주활동을 허용하기 위한 전제 요건으로 국

---

17) UN Doc A/AC. 105/ C.2/ L.1; Y.U.N., 1962, p.39. "Activities pertaining to the exploration and use of outer space should be carried out exclusively by States; States should retain their sovereign rights to object they launched into outer space."

가의 허가를 제시하였다.[18] 그러나 법률소위원회에서 합의에 이르지는 못하였으나 절충안이 제시되는 과정에서 국가가 국내 우주활동에 책임을 진다는 인식이 국가들 사이에 점차 확산되어 갔다.

1962년 6월 미국 NASA와 소련의 과학아카데미 간에 체결된 우주기술 협력에 관한 MOU로 인해 미국과 소련 간에 화해 분위기가 조성되었고, 우주 분야 국제협력의 필요성을 인식한 소련이 처음으로 종전의 입장에서 선회하여 새로운 안을 제시하였다. 즉, 소련은 민간 기업의 우주활동이 국가의 통제하에 있고 국가가 국제책임을 진다면 민간 기업에 의한 우주활동의 가능성을 선언에서 배제하지 않을 수 있다고 언급하였다.

마침내 우주활동 주체에 관한 미국과 소련 간의 합의안[19]이 제출되었고, 이 합의안은 어떠한 수정도 거치지 않고 제5차 COPUOS에서 만장일치로 채택되었다.

2.1.2. 국내 우주활동의 허가와 지속적인 감독

1963년 '우주의 탐사와 이용에서 국가의 활동을 규제하는 법원칙 선언' 제5항의 성립과정에서 보았듯이, 외기권조약 제6조에 규정된 비정부기관의 우주활동에 대한 국가의 허가(authorization)와 지속적인 감독(continuous supervision) 의무는 국가기관에 의한 우주활동만을 허용하자는 소련의 주장에 대하여 민간 기업의 우주활동을 가능하게 하기 위한 요건으로 제안된 것이었다. 그렇다면 국가의 '허가'와 '지속적인 감독'은 무엇을 의미하는가? 이는 일반적으로 우주활동에 필요한 국내 입법을 하라는 것으로 해석된다.

그럼에도 불구하고 우주활동을 하는 국가 중 상당수의 국가에서 국내 입법이 부재한 가장 큰 이유는 국가에 의한 우주활동과 민간에 의한 우주활동의 구분이 불명확하며 국내 입법의 필요성을 전혀 인식하지 못하고 있는 실정에서 기인한다. 국내 입법은 국가의 외기권조약 당사국으로서의 의무 이행뿐만 아니라, 자국의 관할권 내에서 이루어지는 우주활동의 지속성과 예측가능성 그리고 민간 분야에 대한 규제 시스템의 제공을 위해서도 반드시 필요하다.

결국 법률소위원회는 2009년 '우주의 평화적 탐사와 이용에 관련된 국내입법에 대한 정보의 일반적 교류'라는 의제를 검토할 워킹그룹을 설립하였다. 워킹그룹은 약 3년간의 논의 끝에 2012년 제51차 법률소위원회에서 보고서를 최종 채택하였다.

---

18) UN Doc A/ AC. 105/ C.2/SR.21, p.6.

19) "States bear international responsibility for national activities in outer space, whether carried on by governmental agencies or by non-governmental entities, and for assuring that national activities are carried on in conformity with principles set forth in this declaration. Activities of non-governmental entities in outer space shall require authorization and continuing supervision by State concerned."

보고서는 우주의 평화적 탐사와 이용에 관한 국내 입법 시 고려해야 할 사항으로 다음과 같이 7가지를 제시하였다.[20]

① 적용 범위
- 국내 규제의 대상이 되는 우주활동의 범위는 우주물체의 발사, 발사 및 재진입 시설 운용, 우주물체의 운용과 추적, 우주선의 설계와 제조, 우주 과학과 기술의 활용 등을 포함할 수 있다.
- 자국의 영토에서 수행되는 우주활동 및 그 이외의 지역에서 자국민에 의해 수행되는 우주활동에 대한 국내 관할권을 결정하여야 한다.

② 허가
- 우주활동은 권한 있는 국가기관에 의한 허가를 요구한다. 그리고 허가 요건은 UN 우주 관련 조약과 관련 국제 문서상 국가의 국제의무 및 약속과 일치하여야 하며, 국가의 안보 및 외교 정책을 고려할 수 있다.

③ 안전
- 허가의 요건은 인적 피해, 물적 피해 또는 환경 손해에 대한 중대한 위험 발생을 예방하기 위한 조치를 포함하여야 한다.
- 안전 및 기술적 기준으로 COPUOS 우주폐기물 경감 가이드라인과 같은 우주폐기물 경감 조치를 요구할 수 있다.

④ 비정부 기관 활동에 대한 지속적인 감독
- 현장 심사 또는 일반적인 보고 체계 등 허가받은 우주활동의 지속적인 감독과 모니터링을 위한 절차를 마련하여야 한다.

⑤ 등록
- UN 사무총장에게 관련 정보를 제출할 수 있도록, 권한 있는 국가 기관은 우주물체 국내 등록부를 갖추어야 한다.

⑥ 손해배상과 보험
- 국가가 국제 손해배상 책임을 부담하는 경우 국가는 사업자에 대한 구상권 청구 방안을 고려할 수 있다.
- 손해배상 의무를 이행하기 위한 방안으로 보험을 허가 요건으로 규정할 수 있다.

⑦ 궤도상 우주물체의 소유권 이전 및 통제
- 궤도상 우주물체의 소유권 이전 및 통제 등 우주물체의 운용에 대한 변경이 있는 경우, 관련 정보를 제출할 수 있는 국내 규제를 마련할 수 있다.

2.2. 우주활동의 손해배상 책임

2011년 종료된 미국의 우주왕복선 프로그램은[21] 1986년 Challenger호의 공중 폭발로 승무원 7명 전원이 사망하자 한동안 우주왕복선 프로그램이 중단되었다. 1996년에는 중국의 우주발사체 Long March-3B는 발사 직후 22초 만에 인근 마을에 추락하여 약 200여 명이 사망하였다. 이와 같이 우주활동은 그 자체로 항상 위험을 내포하고 있다.

---

20) UN Doc. A/AC.105/C.2/2012/CRP.9/Rev.1.
21) 24페이지 참조.

문제는 우주 사고가 자국민 뿐만 아니라 타국 국민의 신체 또는 재산에 피해를 야기할 수가 있다는 것이다. 이러한 우주 사고에서 야기되는 손해배상에 관한 책임 소재에 대하여 1967년 외기권조약 제7조가 다음과 같이 규정하고 있다.

> "달과 기타 천체를 포함하여 우주에 물체를 발사하거나 발사하게 한 조약의 각 당사국 그리고 자국의 영토 또는 시설에서 물체가 발사된 조약의 각 당사국은 달과 기타 천체를 포함하여 지상, 공중 또는 우주에서 그러한 물체 또는 그러한 물체의 구성 부분에 의하여 조약의 타방 당사국 또는 타방 당사국의 자연인 또는 법인이 입은 피해에 대하여 국제적으로 책임을 진다."

2.2.1. 책임의 유형

1967년 외기권조약 제7조가 규정하는 바와 같이 발사국은 자국의 우주물체에 의하여 외국의 국민 또는 법인에 야기된 손해에 대하여 국제적으로 책임을 진다. 1972년 책임 협약은 사고가 어디에서 발생하였느냐에 따라 발사국의 국제 책임을 두 가지 유형으로 분류한다.

첫째, 1972년 책임 협약 제2조는 다음과 같이 절대적 책임을 규정한다.

> "발사국은 자국의 우주물체에 의하여 지구 표면에서 또는 비행중인 항공기에 야기된 손해에 대하여 절대적으로 배상할 책임을 진다."

절대적 책임은 피해와 우주물체 간에 인과관계만 증명이 되면 인정된다. 절대적 책임은 발사국의 과실을 증명하기 어려운 피해자를 보호하기 위한 제도이다.[22] 그러나 손해가 지구 표면 또는 비행 중인 항공기에 발생한 경우라 하더라도 절대적 책임이 인정되지 않는 경우가 있다. 발사국이 국제법에 따라 우주활동을 수행하였음에도 불구하고 손해가 청구국의 과실 또는 부작위로 인해 발생한 경우에는 1972년 책임 협약 제6조가 발사국의 절대적 책임을 면제하고 있다.

둘째, 1972년 책임 협약 제3조는 다음과 같이 과실 책임을 규정한다.

> "지구 표면 이외의 지역에서 다른 발사국의 우주물체에 의하여 어느 발사국의 우주물체 또는 그러한 우주물체에 탑승한 사람 또는 재산에 손해가 야기된 경우, 다른 발사국은 손해가 자신의 과실 또는 자신이 책임지는 사람의 과실에 기인하는 경우에만 책임을 진다."

---

22) Matte, N,M Aerospace Law, From Scientific Exploration to Commercial Utilization, (Toronto, 1977), p. 159. Matte 교수는 절대적 책임의 인정 이유를 다음과 같이 설명함. "잠재적 피해자의 입장은 매우 불리하다. 잠재적 피해자는 우주활동에 이용되는 기술을 알지 못하며, 우주활동을 제어할 수 있는 입장도 아니며 피해를 예견할 수도 없다. 따라서 자신을 어떻게 어느 정도 보호하여야 하는지 알지 못한다. 이러한 불평등 관계는 손해의 부담을 강력한 위치에 있는 당사자, 즉 발사국에 부과하는 법적 제도로 교정하는 것이 공평하다."

책임 협약 제3조의 과실 책임은 일반적으로 발사국이 서로 다른 우주물체가 우주에서 서로 충돌하는 경우에 해당된다. 따라서 우주물체를 운용하는 사업자가 서로 다르더라도 발사국이 동일한 경우에는 발사국의 국내법이 적용된다.

1967년 외기권 조약 제7조가 규정하는 바와 같이, 발사국의 국제 책임은 손해를 입은 대상이 외국 정부 및 외국 국민인 경우에 한정된다. 그러나 외국인이 발사를 포함하여 타방 당사국의 우주물체의 운용에 직접적으로 참여하는 경우까지 제7조를 적용하는 것은 무리이다. 왜냐하면, 이 경우 외국인은 우주물체의 발사 및 운용에서 야기될 수 있는 위험을 이미 숙지하고 있기 때문이다. 우주물체의 발사를 참관하기 위하여 발사국에 의해 초대받은 외국인도 마찬가지이다. 이러한 정황을 감안하여 1972년 책임 협약 제7조는 상기 두 가지의 경우에는 동 협약의 적용을 배제하고 있다.

2.2.2. 손해의 범위

우주사고 발생 시 절대적 책임이건 과실 책임이건 발사국의 국제적 책임은 손해의 발생을 전제로 하며 손해의 정도에 따라 발사국이 부담하는 책임의 정도가 달라진다. 1972년 책임 협약 제1조는 손해를 다음과 같이 정의한다.

> "생명의 손실, 인적 상해 또는 기타 건강의 손상 또는 국가나 개인, 자연인 및 법인의 재산 또는 정부 간 국제기구의 재산에 대한 손해 또는 손실"

제1조는 신체적 손해와 물질적 손해와 같이 직접적으로 발생한 손해를 가리킨다. 그러나 손해는 신체적 손해뿐만 아니라 정신적 손해를 초래할 수도 있으며, 환경오염과 같이 사고 발생 후 수년 후 또는 수십 년이 지난 후에도 발생할 수 있다. 또한, 당장에 사고가 발생하지 않았다 하더라도, 향후 경제적 손해를 입게 될 수도 있다. 그러나 1972년 책임 협약에는 사고 발생 시 예견하지 못하였던 간접적인 손해에 대한 규정이 없기 때문에, 간접적인 손해를 인정할 것인지에 대한 논란이 있다.

명문의 규정 없이 가설적인 인과관계에만 근거한 손해는 1972년 책임 협약의 적용 대상이 될 수 없다는 의견이 있다.[23] 이와는 달리 1972년 책임 협약이 정의하는 손해의 개념은 매우 일반

---

23) Rothblatt, International Liability of the United States for Space Shuttle Operations (1979), 13 Int'1 Lawyer 471, 477; Hosenball, Space Law, Liability and Insurable Risks (1977), 12 The Forum 141, 151.

적이기 때문에 기술 발전에 따라 손해의 양태가 달라질 수 있다는 것을 책임 협약이 미리 예견하고 있다는 의견도 있다.[24]

또한 1972년 책임 협약이 둘 이상의 우주물체 간 물리적 충돌에서 발생하는 손해만을 그 적용 대상으로 하는지 또는 다른 우주물체를 물리적으로 이동시키거나 다른 우주물체의 전파를 방해하는 것도 손해의 범주에 포함시키는지에 관한 논란도 있다. 책임 협약상 손해의 범위를 최대한 넓게 해석한다면 후자도 손해에 해당할 수 있다.[25] 그러나 이러한 해석은 직접적인 손해만을 규정하는 책임 협약의 목적과 상반된다는 주장도 제기된다.[26]

이와 같이 배상받을 수 있는 손해의 범위에 대하여 의견이 매우 다양하다. 결국 이 문제는 우주사고 발생 시 구체적인 배상 청구 심의 결과 결정되어야 할 사항이다.[27]

2.2.3. 우주물체

1972년 책임 협약에 의한 국가의 배상 책임은 우주물체에 의하여 발생한 손해에 국한된다. 책임 협약 제1조가 우주물체(space object)를 "우주물체의 구성부분, 우주물체의 발사체 그리고 발사체의 구성부분"으로 분류하지만, 이 규정이 우주물체의 정의로 인정되지는 않고 있다.

1972년 책임 협약의 채택 과정에서 다수의 국가가 우주물체를 정의하기 위해 시도하였지만 합의를 이루지는 못하였다. 우주물체의 개념은 기능적인 측면에서 영공과 우주의 경계획정 문제와 연관되기 때문에 우주의 정의가 우선시되어야 한다는 의견이 우세하였다.

현재까지도 국제법상 일반적으로 인정되는 우주물체의 개념은 없으며, 기술의 발달로 책임 협약의 채택 당시 예상하지 못하였던 물체가 등장하여 이 개념에 관한 혼란을 더욱 야기하는 상황이다.

최근에 우주물체를 매우 상세하게 정의한 국제 문서가 있다. 2012년 채택된 UNIDROIT 우주자산의정서가 그것이다. 우주자산의정서 제1조는 우주자산(space asset)을 '우주에서 또는 우주에 발사가 예정된 인간이 만든 확인가능한 모든 자산'으로 정의하고 있다.

문제는 우주자산 개념을 우주물체 개념과 동일시 할 수 있는가이다. 이에 대한 답변은 우주자산 의정서 준비 작업에서 찾을 수 있다. '우주자산'은 UN 우주 관련 조약의 용어와 동일한 용어의 반복을 피하기 위해 사용되었다.[28] 다시 말하면, 모든 인류를 위한 우주의 평화적 이용이라는

---

24) Wiewiorowska, Some Problems of State Responsibility in Outer space Law (1979), 7 J. of Sp. Law 23, 33.

25) 상동 pp. 34-5.

26) Patermann, Applicable Law in Cases of Tort Damages Caused by Direct Broadcast Satellites (1975), 3 J of Law 47, 52.

27) Martin, Legal Ramifications of the Uncontrolled Return of Space Objects to Earth (1980), 45 J. of Air law & Comm. 457, 465.

28) C.E.G./Pr. spatial/2/Rapport, UNIDROIT 2004, p.2.

공적 성격의 틀 안에서 규정된 '우주물체'라는 용어를 우주의 상업적 활동을 촉진하기 위한 수단으로서 사적인 계약 성격을 갖는 인공위성 등에 사용하는 것을 기피하는 경향이 있었다.

우주자산의정서 제1조 2항(K)는 '우주자산'을 다음과 같이 세 가지로 세분화하고 있다.

① 아래의 ② 또는 ③에 해당하는 우주자산을 포함하든지 또는 포함하지 않든지, 인공위성, 우주정거장, 우주 모듈, 우주 캡슐, 우주선 또는 재사용 발사체와 같은 우주비행체

② 탑재체(통신, 항법, 관측, 과학 등)(…)

③ 우주비행체 또는 설치된, 포함된 또는 부착된 부대용품, 부품과 장비 그리고 모든 데이터, 매뉴얼 그리고 관련 기록과 함께 (…) 중계장치와 같은 탑재체의 일부분

2.3. 국제기구의 책임

국가는 자국의 독립적인 우주활동 이외에도 우주활동이 막대한 재정적 부담과 높은 기술 수준을 요구하기 때문에 1960년대 초반부터 다수의 국가가 참여하는 국제기구의 설립을 통해 재정적, 기술적 부담을 경감하면서 결과를 고르게 공유하는 일종의 국제협력을 수행해 오고 있다. 1964년 설립된 유럽우주연구기구(ESRO)와 유럽발사체기구(ELDO)가 1975년에 통합된 유럽우주청(ESA)이 대표적이다. ESA이외에도 1983년에 설립된 유럽기상위성개발기구(European Organization for the Exploitation of Meteorological Satellites: EUMESAT)와 1977년 설립된 유럽통신위성기구(European Telecommunication Satellite Organization: EUTELSAT)[29] 등이 있다.

1967년 외기권조약은 국제기구에 의한 우주활동을 고려하여 제6조 전문에서 규정하는 국내 우주활동에 대한 국가의 국제책임을 동조 후문에서 국제기구에 적용하고 있다.

"활동이 국제기구에 의하여 달과 여타 천체를 포함하여 우주에서 수행될 때, 이 조약에 대한 준수 책임은 국제기구와 그러한 국제기구에 참여하는 이 조약의 당사국에 의해 부담되어야 한다."

외기권조약 제6조 후문의 '국제기구'가 비정부 간 국제기구를 포함하는지에 대하여 의문이 제기될 수 있다. 국제법의 주체와 관련하여 일반적으로 인정된 원칙, 외기권조약 제6조 후문의 문맥 및 제13조를 고려할 '국제기구'는 정부 간 국제기구만을 가리키는 것으로 해석하는 것이 타당하다. 유엔에서의 옵서버 지위 등 국제사회에서의 비정부 간 국제기구의 적극적인 활동을 감안하

---

29) 정부간 국제기구인 EUTELSAT은 그 운용과 활동이 2001년 7월 민간기업인 EUTELSAT S.A.에 이전된 후 민영화되었음.

여 비정부 간 국제기구도 국제법 주체로 인정하기 위한 ILC의 노력에도 불구하고 아직은 국제법상 일반적으로 인정되지는 않는다. 아울러, 외기권조약 제6조 후문은 '그러한 국제기구에 참여하는 이 조약의 당사국'으로, 그리고 제13조는 '정부 간 국제기구(international intergovernmental organizations)'를 명시하고 있다.

정부 간 국제기구가 조약의 권리를 행사하고 의무를 이행하기 위해서는 국가가 조약의 당사국이 되기 위하여 조약을 서명하거나 비준하는 것과 같은 법적 행위가 필요하다. 1968년 구조협정 제6조, 1972년 책임 협약 제22조, 1975년 등록 협약 제7조 그리고 1979년 달 협정 제16조에 따라, 국제기구가 이들 협정 및 협약에서 규정하는 '권리와 의무의 수락 선언(declares its acceptance of the rights and obligations provided for)'[30]을 하는 것이 그러한 법적 행위에 해당한다.[31] 단, 국제기구의 회원국 다수가 1967년 외기권조약과 해당 협정 및 협약의 당사국이어야 한다.

정부 간 국제기구 자신의 책임과 동 국제기구 회원국의 책임을 동시에 규정하는 외기권조약 제6조는 정부 간 국제기구의 회원국 모두가 외기권조약의 당사국인 경우와 회원국 중 일부만이 외기권조약의 당사국인 경우로 나눌 수 있다. 후자의 경우, 조약의 당사국이 아닌 국제기구 회원국은 국제기구 자신이 부담하는, 예를 들면 손해배상과 같은 국제책임을 간접적으로 부담하는, 결과가 된다. 결국 손해배상과 같은 국제기구 회원국의 책임 문제는 해당 국제기구의 설립 헌장 또는 내부 규정을 통해서 결정될 수 있다. 외기권조약 제13조 후문도 이러한 취지의 규정이다.

> "달과 여타 천체를 포함하여 우주의 탐사와 이용에 있어서 정부 간 국제기구에 의해서 수행된 활동과 관련하여 발생하는 모든 실제적 문제는, 적절한 국제기구와 함께 또는 이 조약의 당사국인 정부 간 국제기구의 하나 또는 그 이상의 회원국과 함께, 조약 당사국에 의하여 해결되어야 한다."

2.4. 국제협력 원칙

2.4.1. 협력의 근거

국제연합의 헌장은 제1조에서 그 목적을 다음과 같이 설명한다.

---

30) ESA와 EUMETSAT은 1968년 구조협정, 1972년 책임 협약 그리고 1975년 등록 협약에 대한 수락 선언을 하였으며 EUTELSAT은 1972년 책임 협약만을 수락 선언하였음.

31) 일반적인 조약과는 달리, 1980년 5월 20일 채택된 남극 해양생물자원 보존에 관한 협약(Convention of the Conservation of Antarctic Marine Living Resources)은 제29조에서 국제기구의 가입을 허용하고 있음.
"1. 이 협약은 이 협약이 적용되는 해양생물자원에 관한 조사 또는 어획 활동에 관심이 있는 국가에 의한 가입을 위하여 개방된다.
2. 이 협약은 그 기구의 1개국 이상의 회원국이 위원회[남극 해양생물자원 보전위원회]의 회원국이며 그 기구 회원국이 이 협약이 규율하고 있는 사항에 대한 권한의 전부 또는 일부를 그 기구에 위임하고 있는 주권국가로 구성된 지역경제통합기구의 가입을 위하여 개방된다. 그러한 지역경제통합기구의 가입은 위원회의 회원국 간의 협의의 대상이 된다."

3. 경제적·사회적·문화적 또는 인도적 성격의 국제 문제를 해결하고 또한 인종·성별·언어 또는 종교에 따른 차별 없이 모든 사람의 인권 및 기본적 자유에 대한 존중을 촉진하고 장려함에 있어 국제적 협력을 달성한다.

상기 유엔 헌장 제1조 3항이 규정하는 바와 같이, 국제협력은 국제법 원칙의 하나를 구성한다.[32] 그 결과 국제협력 의무는 "유엔 헌장에 따른 국가 간 우호관계 및 협력에 관한 국제법의 원칙 선언(Declaration on Principles of International Law concerning Friendly Relations and Cooperation among States in accordance with the Charter of the United Nations)"[33]이 선포한 7가지 기본원칙[34]에 포함되었다. 이 선언은 국제 경제의 안정과 발전 그리고 국가의 일반적인 번영을 촉진하기 위하여 주권 평등과 국내문제 불간섭 원칙에 기초하여 국가들로 하여금 경제·사회·문화·기술 그리고 무역 분야에서 국제 관계를 수립하도록 하고 있다. 그리고 전 세계의 경제 성장을 촉진하기 위하여 특히, 개발도상국을 고려하여 과학 기술 분야에서[35] 국가 간 국제 협력을 권고한다.[36]

우주의 탐사와 이용에 있어서 국제협력의 중요성은 우주의 평화적 이용 잠정 위원회를 설립하기 위하여 유엔 총회가 1958년 채택한 결의 1348에서 인정되었고, 그 후 1963년 법 원칙 선언

---

32) Vereshchetin, The Principle of Cooperation in Int'1 Space Law and Its Implementation in the Soviet Union, in, Space Activities and Implications : Where From and where To at the Threshold of the 80 's, (Montreal, 1981), 209.

33) UN GA Resolution 2625호(XXV).

34) 유엔 헌장에 따른 국가 간 우호관계 및 협력에 관한 국제법의 원칙 선언의 7가지 기본원칙은 다음과 같음:
  (a) 무력에 의한 위협 또는 무력행사의 금지
    "The principle that States shall refrain in their international relations from the threat or use of force against the territorial integrity or political independence of any State, or in any other manner inconsistent with the purposes of the United Nations";
  (b) 국제 분쟁의 평화적 해결
    "The principle that States shall settle their international disputes by peaceful means in such a manner that international peace and security and justice are not endangered";
  (c) 국내 관할 사항에 대한 불간섭
    "The duty not to intervene in matters within the domestic jurisdiction of any State in accordance with the Charter";
  (d) 국제협력 의무
    "The duty of States to co-operate with one another in accordance with the Charter";
  (e) 국민의 평등권과 자결
    "The principle of equal rights and self-determination of peoples";
  (f) 주권 평등
    "The principle of sovereign equality of States";
  (g) 국제 의무의 성실한 이행
    "The principles that States shall fulfil in good faith the obligations assumed by them in accordance with the Charter".

35) 과학기술 분야에서 국제협력이 강조된 대표적인 조약으로 1959년 12월 1일 채택된 남극조약(The Antarctic Treaty)이 있음. 남극조약 서문의 일부: "(...)남극지역이 오로지 평화적 목적을 위하여서만 항구적으로 이용되고, 또한 국제적 불화의 무대나 대상이 되지 않는 것이 모든 인류의 이익이 됨을 인식하고, 남극지역에서의 과학적 조사에 관한 국제협력이 과학적 지식에 대한 실질적인 공헌을 가져옴을 인정하며, 국제지구물리관측년 동안 적용되었던 남극지역에서의 과학적 조사의 자유의 기초위에서 그러한 협력을 계속하고 또한 발전시키기 위한 확고한 토대를 확립하는 것이 과학상의 이익 및 모든 인류의 진보에 합치함을 확신하며, 또한 남극지역을 평화적 목적으로만 이용하고 남극지역에서의 계속적인 국제조화를 확보하는 조약이 국제연합헌장에 구현된 목적과 원칙을 조장하는 것임을 확신하여.(...)".

36) 선진국과 개발도상국 간의 경제적 격차를 해소하기 위해서는 기존의 세계 경제 메커니즘에 대한 근본적인 변혁이 필요하다는 것으로 1973년 말 석유수출국기구(OPEC)를 중심으로 개발도상국이 새로운 경제 질서(New International Economic Order)를 요구하였음. 이러한 요구에 따라, 유엔은 1974년 "신 국제경제 질서의 수립에 대한 행동 선언과 프로그램(Declaration and Programme of Action on the Establishment of a New International Economic Order, UN GA Resolution 3201(S-IV))"을 채택하였음.

이 국제협력의 촉진을 아래와 같이 천명하였다.

"4. 우주의 탐사와 이용에서 국가의 활동은 국제 평화와 안보의 유지를 위하여 그리고 국제협력
과 이해의 촉진을 위하여 유엔 헌장을 포함하여 국제법에 따라 수행되어야 한다."

1967년 외기권조약 제3조가 상기 법 원칙 선언을 자구 수정 없이 이어 받았고, 외기권조약 제1
조 3항이 아래와 같이 각각 국가에게 국제협력 의무를 부과하였다.

"달과 여타 천체를 포함하여 우주에서 과학적 조사는 자유로워야 하며, 국가들은 그러한 조사에
서 국제협력을 촉진하고 장려하여야 한다."

1967년 외기권조약 제3조와 제1조 3항이 규정하는 국제협력을 "달과 여타 천체를 포함하여
우주의 탐사와 이용이 경제적 그리고 과학적 발전의 정도에 관계없이 모든 국가의 이익을 위하
여 수행되어야 한다 (...)"는 제1조 1항과 함께 해석할 수밖에 없다. 제1조 1항이 선진국에게 국제
사회의 '수탁자(trustees)'로서 행동할 의무를 내포하고 있다거나,[37] '경제적 그리고 과학적 발전
의 정도에 관계없이'라는 표현 그 자체가 개발도상국이 우주의 탐사와 이용에서 비롯되는 이익
을 우대받는다는 원칙을 수립한 것이라는 의견이 있다[38]. 개발도상국을 고려하는 이러한 우주의
탐사와 이용은 외기권조약 제1조 1항이 달과 여타 천체를 포함하여 우주를 '모든 인류의 영역
(province of all mankind)'으로 규정하는 것과 일맥상통한다.[39] 이러한 특별한 고려는 1996년 12월
유엔 총회에서 채택된 '개발도상국의 수요를 특별히 고려하여, 모든 국가의 이익을 위하여 우주
의 탐사와 이용에서의 국제협력 선언'[40]에서 표명되었다.

2.4.2. 국제우주정거장(ISS)

우주의 탐사 및 이용을 위한 국제협력에서 가장 규모가 크고 동시에 성공적인 사례가 국제우
주정거장(International Space Station: ISS) 건설이다. 물론 ISS 건설은 소련의 우주정거장 Mir에 대한

---

37) Gotlieb, The Impact of Technology on the Development of Contemporary Int'l Law (1981) 170 Rec. des cours (Hague Academy of Int'l Law) 233.

38) Smith, The Moon Treaty and Private Enterprise, Astronautics and Aeronautics, Feb. 1980, p. 298.

39) 로마클럽(The Club of Rome)은 다양한 국제 정치 문제를 논의하기 위하여 전·현직 정부 수반, 유엔 및 각국 정부의 고위 관료, 외교관, 과학자, 경제학자 및 산업체의 임원 등으로 구성된 1968년에 설립된 비정부간 기구임. 로마클럽은 1976년 출간한 '국제 질서의 개편(Reshaping the International Oder)'이라는 보고서에서 개발도상국을 위한 경제 질서의 개혁에 다음과 같이 우주활동의 지속적인 발전을 포함시켰음:
"우주는 (...) '인류의 공동유산'을 구성하는 지리적 물체의 명백한 본 보기로 간주되어야 한다. 그리고 중요한 문제는 힘 있고 부유한 국가뿐만 아니라 모든 국가가 우주의 탐사와 개발로부터 이득을 얻도록 보장하는 것이다. (...) 우주의 평화적 이용과 공동 이득을 보장하는 우주의 효과적인 경영은 갈수록 필요하고 중요한 문제가 되고 있다."

40) 제2장 우주법의 내용에서 유엔총회 결의 참조.

Ronald Reagan 대통령의 이념적 그리고 기술적 응수에서 시작되었다. 미국은 1980년대 초 Mir에 대항하여 Freedom이라는 우주정거장 건설을 계획하였다.[41] 그러나 1986년 1월 Challenger호의 폭발 사고로 Freedom의 안전성 등에 관한 기술적 요소뿐만 아니라 건설에 소요되는 비용의 상승을 포함하는 유효성 등에 대한 재평가가 이루어지면서 본래의 계획이 조금씩 수정되어 갔다. 결국 미국은 캐나다, 일본 그리고 유럽우주청(ESA)과 공동으로 우주정거장을 건설하기 위하여 1988년 9월 29일 정부간 협정[42]을 체결하였다. 그러나 정부간 협정 당사국 내의 정치적 논란, 예산 및 기술적 한계 등으로 우주정거장 건설은 답보상태에 놓이게 되었다.

뜻밖에도 1991년 12월 26일 소련의 해체가 이러한 제자리걸음에 대한 돌파구가 되었다. 냉전의 종식으로 외부의 경제적 지원이 절박했던 러시아와 당시 우주정거장 건설에 대한 기술이 부족했던 미국의 이해관계가 서로 맞아 떨어진 것이다. 결국 1993년 미국 Al Gore 부통령과 러시아 Chermomyrdin 총리는 ISS 건설에 합의하였고, 1998년 1월 29일 미국, 캐나다, 일본, ESA, 벨기에, 덴마크, 프랑스, 독일, 이탈리아, 네덜란드, 노르웨이, 스페인, 스웨덴, 스위스, 영국 그리고 러시아 간에 ISS 건설을 위한 정부간 협정[43]이 체결되었다.

2020년까지 운용될 예정인 ISS는 350km에서 410km의 고도에서 하루에 15.7회 지구 궤도를 선회하며, 무게는 약 450톤에 달한다. ISS는 크게 러시아 섹션과 미국 섹션으로 구분되어 있으며, 일본은 Kibo 그리고 ESA는 Columbus라는 실험 모듈을 각각 보유하고 있다.

2011년 건설이 완료된 ISS는 같은 해 미국의 우주왕복선운행종료로 다른 우주선을 이용하며 화물조달을 받고 있는데 이에는 러시아가 1978년부터 개발하여 사용하는 Progress, 유럽이 2008년 4월 첫 운행을 시작한 ATV(Automated Transfer Vehicle), 일본이 2009년 9월 첫 운행을 한 HTV(H-Ⅱ Transfer Vehicle), 그리고 미국의 민간회사 SpaceX가 2012년 5월 첫 운행에 성공한 Dragon이 있다.[44]

미국은 2011년 우주왕복선 종료후 ISS행 소유즈 캡슐에 한 좌석당 6천만불을 지불하면서 미국 우주인 훈련과 ISS행을 계속하면서 장래우주인 수송을 위하여서는 민간업체 이용산업인

---

41) Ronald Reagan 미국 대통령은 1984년 Freedom 계획을 발표하면서 다음과 같이 언급하였음:
   "We can follow our dreams to distant stars, living and working in space for peaceful economic and scientific gain."

42) Agreement Among the Government of the United States of America, Governments of Member States of the Europeans Space Agency, the Government of Japan, and the Government of Canada on Cooperation in the Detailed Design, Development, Operation, and Utilization of the Permanently Manned Civil Space Station.

43) Agreement among the Government of Canada, Governments of Member States of the Europeans Space Agency, the Government of Japan, the Government of Russian Federation, and the Government of the United States of America Concerning Cooperation on the Civil International Space Station.

44) AWST 2012.5.28자 35쪽.

CCDev(Commercial Crew Development)와 CCiCap(Cimmercia Crew Integrated Capability)를 통하여 2017년까지 미국우주인을 ISS로 수송한다는 계획이다.[45] 한편 미국의 우주왕복선을 30년간 운영한 비용은 연 30-50억불, 하나의 우주왕복선 비행에 4억불이 소요되었으며, 총 135회를 비행하면서 852명의 우주인을 운송하고 350만 파운드의 화물을 운송하는 한편 Hubble망원경 등 179개의 적재화물(Payloads)을 우주에 배치하였다.[46]

---

45) 상동 2012.4.16자 41쪽.
46) 상동 2011.7.18자 70-71쪽.

주요 국가의 우주활동

주요 국가의 우주활동[1]

1. 주요 국가의 우주활동

1.1. 미국

1957년 소련의 Sputnik 1 발사에 자극을 받은 미국은 대응책의 일환으로 1958년 국가항공우주청(National Aeronautics and Space Administration: NASA)을 신설하여 1969년 7월 20일 Neil Armstrong과 Buzz Aldrin을 달에 착륙시킨 쾌거를 이루어냈다. 1958년 Dwight David Eisenhower 대통령이 발표한 '우주에서 미국의 정책(U.S. Policy on Outer Space)'을 시작으로 Jimmy Carter 대통령이 1978년, Donald Reagan 대통령이 1982년과 1988년, George H.W. Bush 대통령이 1989년 그리고 Bill Clinton 대통령이 1996년 '국가우주정책(National space Policy)'을 발표하였다. 이 국가우주정책은 George W. Bush 대통령과 Barak Obama 대통령에 의해 2006년과 2010년 '신국가우주정책(New National Space Policy)'으로 발전되었다. 미국의 신국가우주정책의 목표는 미국의 국익을 위한 우주의 자유로운 이용, 우주의 평화적 이용에 있어서 미국의 이익을 고려한 국제협력의 확대 및 자국의 우주산업의 촉진에 있다.

미국은 2010년 신국가우주정책을 통해 George W. Bush 대통령의 차세대 유인우주사업인 Constellation을 중단하는 대신에 우주탐사를 위한 신기술 개발, 화성 등의 무인 탐사, ISS의 수명 연장, 유무인 상용 발사체 개발을 위한 산업체 지원을 확대하기로 하는 한편 2011년에 임무가 종료되는 기존의 모든 우주왕복선을 대체할 수 있는 새로운 우주선과 발사체의 개발을 계획하였다.[2]

---

1) 주요 우주국가의 로켓 개발 내용은 제1장 1.1. "로켓 및 우주 운송 체제" 참고.

2) 민간부문의 우주산업 진흥목적으로 X Prize Foundation이 X Prize를 제정, 정부 자금을 이용하지 않은 채 자체 개발한 우주선을 이용하여 2주내에 지상 100km 우주에 유인 우주비행을 2번하는 자에게 상금 천만 불을 준다고 공고하였는바, 이에 전 세계의 26개 팀이 참여하였음. 그 중 Paul Allen(Microsoft 창업자)과 Burt Rutan의 Scaled Composites 사 합작 Mojave Ventures가 Space Ship One을 제작하여 2004년 민간자본에 위한 첫 우주비행에 성공한 후 상금을 획득하였음.

Constellation 계획은 우주인 수송용 발사체 Ares I, 화물수송용 발사체 Ares V, Ares I이 수송할 유인 우주선 Orion, 그리고 Ares V가 운송할 Altair와 EDS(Earth Departure Stage)의 제작 후 이를 통해 Orion에 탑승하여 지구 저 궤도에 진입한 우주인이 Altair와 EDS와 랑데부한 후, EDS가 Orion(4명의 우주인이 탑승 가능)과 Altair를 달 궤도에 진입시킨다는 계획이다. 그리고 Altair는 우주인이 탑승한 Orion을 달에 착륙시킨 후 Orion은 우주기지로서 달에 남기고 우주인만을 태우고 지구로 귀환하다는 계획이다.[3] 새로운 미국의 우주 계획은 정부기 화물과 우주인 수송에서 손을 떼고 민간업체를 지원하면서 상업화로 방향을 돌린 것인데 민간 우주 수송이 활성화 될 때인 2015년까지 사용 가능한 발사체가 없다는 문제점을 갖는다. 그래서 미국은 이 경우 2015년까지 러시아의 소유즈 발사체를 이용한다는 계획을 세웠다.

미국의 신국가정책의 주요 목표[4] 중 하나가 화성 등의 무인우주탐사이다. NASA는 1997년 화성 탐사용 Mars Pathfinder를 화성에 착륙시킨 후 2004년에는 Spirit와 Opportunity를 화성의 대칭 지면에 각각 착륙시켜 토양을 채취 그리고 분석하였다. NASA는 1990년 관측 망원경 위성인 Hubble Space Telescope를 우주에 발사하였으며 상공 569km에서 지구와 태양계를 포함한 천체를 관측 중에 있다.[5] 뿐만 아니라 NASA는 2004년 토성 궤도에 탐사위성 Cassini를 발사하였다. 2012년 현재 미국은 궤도에 진입한 위성체 1,099개를 보유하고 있다.

미국 정부의 우주 사업 예산은 타의 추종을 불허하여 전 세계 정부의 우주사업 예산의 75%를 차지하고 미국정부와 민간이 보유하고 운용하는 위성은 전 세계 활동(active)위성의 40%가 된다고 집계되기도 한다.[6]

1.2. 러시아

러시아는 1991년 소련이 해체되기 전에는 군사 목적으로 다수의 연구개발 그룹을 설치 및 운용하면서 과학자들 간의 경쟁을 유도하였으나 부작용을 감안하여 1974년에 단일 연구개발그룹

---

3) Barak Obama 미국 대통령은 미국의 유인 우주비행 프로그램이 기술적 그리고 재정적으로 확고하고 안정된 기반에 바탕을 두고 있는가의 여부와 미래의 지속적인 유인우주비행의 가능성을 검토하기 위해 Lockheed Martin사의 전직 사장인 Norman Augustine을 패널 의장으로 임명하여 '미국 유인 우주비행 계획 위원회(U.S. Human Spaceflight Plans Committee, 일명 Augustine 위원회)'를 설립하였음. Augustine 위원회는 2009년 말 국제협력, 단기 우주왕복선 계획, ISS 수명 연장, 화성 탐사, 대형 발사체, 우주인의 지구저궤도 접근, 유인 우주비행 프로그램 등에 관한 보고서를 작성하였음.

4) 2010년 신국가우주정책은 경쟁력 있는 국내 산업체 지원, 국제협력 확대, 우주 안전성 강화, 핵심기능 안전성 증대, 유무인 탐사 추진, 지구·태양관측 기능 개선 등의 6개의 목표를 제시함

5) Hubble 망원경의 일부 기여에 의해 우주(universe)가 137억년 되었다는 것이 최근 밝혀졌음.

6) M Zenko, Policy Innoation Memdrandum No.10, Council on Foreign Relations, Nov, 2011.

을 설립하였다. 그리고 소련 해체 후 러시아 연방우주청(Russian Federal Space Agency: RAK)와 우크라이나 국가우주청(National Space Agency of Ukraine: NSAU)으로 분리되면서, RKA가 러시아 우주계획을 담당해 오고 있다[7].

러시아는 19세기부터 발간된 우주연구서를 바탕으로 1929년 다단계 로켓 개념을 발전시켰으며 1933년 액체 연료 추진을 이용한 Gird-9 로켓을 발사하였다. 소련은 제2차 세계대전 후 독일의 V-2 로켓 설계도와 독일 과학자들을 통해[8] 로켓 발사능력을 향상시키고 5개년 계획의 우주계획을 추진하였다. 소련은 1957년 세계 최초로 대륙 간 탄도 미사일(Inter-continental Ballistic Missile)과 Sputnik 1호를 성공적으로 발사하였다. 소련은 한때 미국의 우주왕복선과 SDI[9]에 대항하여 우주왕복선 Buran과 발사체 Energia를 개발하여 화성 유인 탐사를 계획하였다. 그러나 1988년 미국과 소련 간에 전략무기감축회담(Strategic Arms Limitation Talks)의 개최와 함께 얼마 지나지 않아 냉전이 종식되었고 Energia 개발에 막대한 비용이 소요되어 화성 유인탐사 계획은 중단되었다.

러시아의 주요한 우주활동 중의 하나는 유인 우주 비행이다. 러시아 우주인인 Gennady Padalk는 우주에서 총 500일 간 체류한 우주에서 가장 오랫동안 체류한 우주인이다. 뿐만 아니라 우주관광 사업을 통해 각각 약 2천만 불의 비용을 받고 민간인 7명을 ISS에 보내기도 하였다.

2006년에서 2015년까지 우주활동에 편성된 예산은 약 110억 달러에 불과하지만,[10] 발사체 개발, 달과 화성 등의 천체 탐사, ISS, 위성항법체제 GLONASS의 구축 등 성과가 적지 않다[11].

RKA가 개발한 발사체 중 가장 많이 알려진 Soyuz는 지구 저 궤도에 약 7.5톤의 탑재체를 발사할 수 있는 능력을 보유하고 있다. 그리고 발사체 Proton는 지구 저 궤도에 약 20톤의 탑재체 발사가 가능하며 소형 발사체로는 Cosmos-3M 등이 있다. 최근에는 Angara라는 새로운 발사체를 개발하였으며 Soyuz를 개량한 Soyuz-2.1a와 Soyuz 2.1b의 시험 발사에도 성공하였다. Soyuz2.1a와 Soyuz 2.1b는 Soyuz보다 1톤이 증가한 8.5톤의 탑재체 발사가 가능하다. 러시아는 이러한 발사체 개발과 운용 실적으로 2005년도 전체 상업용 인공위성 발사의 50%를 차지하였다.

7) RKA는 소련 붕괴 후 1992년 2월 Yeltsin 러시아 대통령령으로 설치되었음.
8) 미국도 2차 대전 시 Operation Paperclip 작전으로 독일 과학자들과 V-2 로켓을 비밀리 미국으로 이동하여 활용하였음. 달에 인간이 착륙한 Apollo Program 책임자 Von Brown은 이때 미국에 온 독일 과학자였음.
9) 제1장 우주활동의 시작 전게 주 9) 참조.
10) 미국 NASA의 2010년 예산계획은 180억불이고 RKA의 2006년 예산은 9억불에 불과하였음.
11) 2006년 말까지 전 세계가 5,736개의 인공위성을 발사하였는데 이중 88%를 CIS국가와 미국이 차지하였음. 러시아의 발사 활동을 거의 반영하는 CIS의 실적은 3,228, 미국은 1,815개임.

러시아는 비 군사적 우주 탐사와 이용을 담당하는 RKA와는 별도로 군사우주군(VKS)을 두고 있다. VKS는 러시아의 Plesetsk 우주 발사장을 책임지고 있으며, 카자흐스탄 소재 Baikonur 우주 발사장은 RKA와 VKS가 공동으로 관리한다. 또한 러시아는 세계 최대의 위성 보유국으로 2012년 현재 1,437기의 인공위성을 보유하고 있다.

1.3. 유럽

유럽은 1964년 설립된 유럽발사체개발기구(ELDO)와 유럽우주연구기구(ESRO)가 1975년 통합된 유럽우주청(ESA)을 통해 유럽의 개별 국가와는 별도로 유럽 차원의 우주의 탐사 및 이용에 관한 활동을 해 오고 있다.[12]

ESA는 1973년 ESRO와 미국 NASA 간의 합의에 따라 공동으로 Spacelab을 건설하였다. Spacelab은 1983년부터 1998년 사이 미국의 우주왕복선 비행 시 25회 이용되었으며 동시에 유럽 우주인이 우주왕복선에 탑승하였다. ESA는 ISS에 자체 실험 모듈인 Columbus를 건설하였고, 유럽 우주인이 ISS에 상주하고 있으며, 2009년 10월에는 유럽 우주인이 ISS 상주 선장이 되었다.

ESA의 대표적인 우주 탐사 활동으로 미국의 토성 탐사 프로그램인 Cassini-Huygens 미션의 참여가 있다. 이를 위해 ESA에 의하여 개발된 탐사선 Huygens가 2005년 토성의 최대 위성인 Titan에 착륙하였다. 그리고 2003년 화성 탐사용 궤도 비행선인 Mars Express를 발사하였으며 Mars Express에 탑재된 Beagle 2가 화성에 착륙함으로써 유럽도 본격적인 우주의 탐사에 뛰어들었다.

ESA는 발사체인 Ariane 개발을 위해 1980년 프랑스에 의해 설립된 회사인 Arianespace의 Ariane 5 개발에 참여하였다. Ariane 5는 1984년부터 상업용 발사체로 사용되었으며, 개량된 Ariane 4는 1988년부터 2003년 사이 성공적으로 발사되면서 ESA는 1990년대 상업 우주 발사의 리더로 부상하였다. 2009년도 ESA의 예산은 약 36억 유로에 달했다.

1.4. 중국

중국은 자체 발사체인 Long March 시리즈를 개발하여 러시아, 미국, 유럽 중심의 상업용 위성 발사 시장에 진입하였다. 중국의 이러한 진입은 위성 발사 비용의 하락에 기여하였다.

---

12) ESA 및 유럽의 우주 탐사 역사 및 정책은 제1장 우주활동의 시작, 3.4 유럽의 우주 정책 참조.

중국은 2003년 선저우 5호 유인 우주선을 발사한데 이어 2007년에는 무인 달 탐사위성인 창어 1호를 발사하였다. 중국은 2022년 유인 달착륙선 발사를 계획하고 있으며, 2008년 현재 64기의 인공위성을 보유하고 있다.

중국은 그동안 우주에서의 무기 배치 금지를 주장하고 위성 공격 무기(anti-satellite weapons)계획이 없다고 주장하여 왔으나, 1999년 발사되어 임무를 종료한 자국의 기상위성을 2007년 1월 미사일을 발사하여 격추하였다. 중국의 미사일에 의한 인공위성 격추는 우주에서의 군비 경쟁에 대한 국제사회의 여론과 논의를 가져온 계기가 되었다.

1.5. 일본

일본은 우주를 국가 성장의 핵심 요소로 판단하여 국가 전략으로서 우주정책을 수립하였다. 이에 따라 일본의 우주정책은 세계 최대 규모의 우주 산업 창출, 우주외교를 통한 협력 국가의 확대 및 국내 우주 산업체의 해외 진출 그리고 최첨단 과학 및 기술력 강화에 초점을 두고 있다.

일본은 자국의 우주산업 활성화를 위해 첨단 소형위성[13]의 개발과 이 소형위성을 독자적으로 발사하기 위한 소형 고체로켓 개발을 추진하고 있다. 현재 자국과 국제적인 재해 감시와 환경 보전을 위한 육지 관측위성인 ALOS-2, 물순환변동 관측위성인 GCOM-W, 전지구 강수관측계획 고주파 강수레이더인 GPM/DPR 등을 통해 지구관측 위성망을 구축하고 있다. 그리고 일본은 높은 산지와 빌딩 등 지리적 특징으로 인해 통신의 장애가 커 이를 보완하기 위해 준천정위성 (Quasi Zenith Satellite)을 구축하고 있다. 준천정위성은 정지궤도에서 약간 경사진 궤도의 위성으로 정지궤도보다 높은 영각으로 통신이 가능하기 때문에 빌딩 등에 의한 가림영향이나 강우에 의한 감쇄가 적다.

2. 한국의 우주활동

2.1. 법제도

우리나라에서 제정된 우주활동에 관련된 첫 법적 근거는 1987년 12월에 제정된 항공우주산업

---

13) Advanced Satellite with New System Architecture for Observation.

개발촉진법[14]이다. 그러나 당시 우리나라는 우주기술의 연구 및 개발의 초기 단계였기 때문에 우주의 산업화는 시기 상조였다. 따라서 항공우주산업의 육성을 주요 목적으로 하는 항공우주산업개발촉진법은 우주 분야에서는 사실상 유명무실한 법이었다. 결국 우주 분야에 대한 조직적이고 통일된 국가 차원의 계획의 필요성이 요구되었고, 1996년 4월 국가과학기술위원회에서 우주개발 중장기 기본계획을 수립하였다.

2000년대 들어 다목적실용위성 2호와 우주발사체인 나로호 개발 등이 계획되면서 우리나라가 당사국으로 있는 우주 관련 유엔 조약의 규정을 이행하기 위하여 국내 법 체계의 마련이 요구되었다. 결국 우주개발[15]을 체계적으로 진흥하고 우주물체를 효율적으로 이용 및 관리하고 우주의 과학적 탐사를 촉진하기 위하여 2005년 5월 우주개발진흥법[16]이 제정되었다. 우주개발진흥법에 따라 5년마다 우주개발진흥 기본계획을 수립하여야 하며 기본계획을 심의하기 위하여 국가우주위원회가 설립되었다.

그리고 우주사고 발생 시의 피해자를 보호하기 위한 손해배상의 범위와 책임의 한계 등을 명확히 하기 위하여 2007년 12월 우주손해 배상법[17]이 제정되었다. 우주손해 배상법은 제5조에서 우주물체 발사자가 부담하는 손해배상 책임의 한도액을 2천억 원으로 제한하고 있으며, 초과 손해액은 정부가 지원하도록 규정한다. 그리고 우주 손해에 대해서는 제조물 책임법[18]이 적용되지 않는다.

2.2. 우주개발 현황[19]

우주개발진흥법에 따라 수립된 제1차 우주개발진흥 기본계획(2007년-2011년)을 위해 약 1조 2,416억 원이 투자되었다. 이는 1997년부터 2001년까지 그리고 2002년부터 2006년까지의 기간 동안 각각 투자된 3,871억 원과 9,376억 원에 비하면 상당히 크게 증가하였다. 2011년 12월 수립

---

14) 법률 제9589호. 2009.4.1 시행.
15) 우주개발진흥법 제2조는 '우주개발'이란 용어를 다음과 같이 정의한다.
  "1. "우주개발"이란 다음 각 항목의 어느 하나에 해당하는 것을 말한다.
    가. 우주물체의 설계·제작·발사·운용 등에 관한 연구 활동 및 기술개발 활동
    나. 우주공간의 이용·탐사 및 이를 촉진하기 위한 활동"
16) 법률 제8852호. 2008.2.29 시행.
17) 법률 제8714호. 2007.12.21 시행.
18) 법률 제6109호. 2002.1.12제정. 2002.7.1 시행.
19) 2012~2016 제2차 우주개발진흥 기본계획의 내용. 2011. 12. 교육과학기술부, 기획재정부, 외교통상부, 국방부, 행정안전부, 지식경제부, 국토해양부 공동 참여.

된 제2차 우주개발진흥 기본계획(2012년-2016년) 기간에는 약 2조 1,331억 원의 예산이 소요될 예정이며, 이 중 위성 개발에 1조 638억 원, 우주발사체 개발 및 우주센터 운영에 9,743억 그리고 우주기초 연구 등에 950억 원이 각각 투자될 계획이다.

우주개발에 필요한 전문 인력도 제1차 우주개발진흥 기본계획이 시작된 전년도인 2006년에 1,479명이었으나 2010년 2,140명으로 5년 사이 40% 증가하였다. 특히 산업체에 종사하는 인력이 약 2배 증가하였다.[20]

우리나라의 우주산업은 아직은 매우 초기 단계이다. 우주기기 제작, 위성통신방송 등을 포함하는 국내 우주산업의 매출액은 2010년 약 7,960억 원으로 세계 우주산업 시장의 0.4%에 불과하다. 우주개발에 참여하는 산업체의 수는 꾸준히 증가하고 있으나 60% 이상은 매출이 10억 원 미만의 소규모 기업이다.

2.2.1. 위성체 개발

우리나라의 위성체 개발은 과학실험위성에서 출발하였다. 한국과학기술원(KAIST)과 영국의 Surrey 대학이 공동으로 개발하여 1992년 8월 프랑스령 가이아나에서 발사된 우리별 1호가 우리나라의 첫 인공위성이다. KAIST에서 제작된 우리별 2호는 1993년 9월 가이아나 우주센터에서 그리고 우리별 3호는 1999년 5월 인도 사티시 다완 우주센터에서 각각 발사되었다. 더 나아가 KAIST가 보다 정밀한 지구 관측용 다목적 소형위성의 선행 기술 실험과 인력 양성을 위해 개발한 과학기술위성 1호(STSAT 1)가 2003년 9월 러시아에서 발사되었다. 과학기술위성 2호가 우리나라 우주발사체인 나로호에 탑재되어 2009년 8월 발사되었으나 발사체의 페어링 분리 실패로 궤도 진입에 실패하였다. 다음해인 2010년 6월 나로호에 의하여 재차 발사되었으나 나로호가 이륙 후 약 137초 만에 공중 폭발하여 과학기술위성 2호 발사가 실패하였다.

우리나라 통신회사인 KT의 위성 사업으로, 1995년 8월 미국의 케이프커내버럴 공군기지에서 발사된 무궁화위성 1호(KOREASAT 1)가 우리나라의 첫 통신방송위성이다. 그러나 발사 후 무궁화위성 1호가 제때 분리되지 않아 예정 수명인 10년이 4.5년으로 단축되었다. 이로 인해 후속 위

---

20) 우주개발 전문 인력의 수(2012~2016 제2차 우주개발진흥 기본계획, 2011. 12)

	2006년	2007년	2008년	2009년	2010년
산업체	488	727	1,126	1,017	994
연구기관	730	717	747	687	782
대학	261	367	362	377	364
합계	1,479	1,811	2,235	2,081	2,140

성의 개발이 앞당겨져 무궁화위성 2호[21]가 1996년 1월 미국의 케이프커내버럴 공군기지에서, 그리고 무궁화위성 3호가 1999년 5월 프랑스령 기아나 우주센터에서 각각 발사되었다. 그리고 무궁화위성 2호의 수명 종료에 따른 서비스를 대체할 목적으로 무궁화위성 5호가 미국의 Sea Launch사에 의하여 2006년 8월 남태평양 공해상에서 발사되었다. 15년 수명의 15년으로 민군 복합 위성인 무궁화위성 5호는 일본, 대만, 중국, 필리핀 지역까지 서비스 제공이 가능하며, 중계기 24기는 민간용으로 중계기 12기는 군용으로 사용된다. 그리고 무궁화위성 3호를 대체하기 위하여 2010년 12월 무궁화위성 6호가 프랑스령 가이아나 우주센터에서 발사되었다.

한반도 주변의 지구관측 등을 위한 다목적실용위성 시리즈인 아리랑은 1994년부터 개발이 시작되었다. 미국 TRW사와 공동으로 개발한 아리랑 1호는 1999년 12월 미국의 반덴버그 공군기지에서 발사되었다. 아리랑 1호 개발을 통해 축적된 기술을 바탕으로 2006년 7월 러시아의 플레세츠크 우주기지에서 아리랑 2호가 발사되었다. 이스라엘의 ELOP사와 공동으로 개발한 아리랑 2호의 고해상도 광학카메라 렌즈의 해상도는 흑백 1m급[22]으로, 이는 1990년대 중반 미국 정찰위성의 해상도였다. 가장 최근인 2012년 5월 일본 다네가시마 우주센터에서 발사된 아리랑 3호는 해상도가 70cm에 이른다. 아리랑 3호는 일본의 미쯔비시 중공업이 개발한 H-IIA 발사체에 의해 발사되었으며, 이는 일본이 자국의 발사체로 외국 인공위성을 발사한 첫 사례였다.

2010년 6월 프랑스령 가이아나 우주센터에서 발사된 통신해양기상위성인 천리안은 해양 관측, 지상 관측 그리고 통신 서비스 세 가지 임무를 동시에 수행할 수 있는 정지궤도 복합위성이다. 천리안이 발사되기 전에 우리나라는 일본이나 미국의 기상위성의 영상을 사용하였으나 이제는 독자적인 기상 영상의 습득이 가능하게 되었다.

2.2.2. 우주발사체 개발

우주발사체의 개발은 1993년 3월과 9월 두 차례의 과학로켓 1호(KSR 1, 고도 38.7km, 비행거리 87.5km) 발사를 계기로 본격화 되었다. 그리고 1997년과 1998년 두 차례의 과학로켓 2호(고도 137km, 비행거리 123km)의 발사로 우리나라는 고체추진 로켓 기술을 확보하였다. 더 나아가 2002년 11월 우리나라 최초의 액체추진 로켓인 과학로켓 3호(고도 43km, 비행거리 80km)를 발사하였다.

---

21) 최근 Koreasat-2를 Asia Broadcast Satellite에 판매하여 명칭이 ABS-1A로 바뀌고 궤도 위치도 ABS-1이 소재한 동경 75도의 지구정지궤도로 이전하였음.

22) 1m급 해상도의 인공위성을 보유한 국가는 미국, 러시아, 프랑스, 독일, 이스라엘, 일본 그리고 우리나라 등 총 7개국. 아리랑 2호에 의해 촬영된 우리나라 이외 지역의 자료는 프랑스의 SPOT Image사를 통해 해외에 판매되고 있음.

우리나라는 인공위성의 독자적인 발사를 위해 러시아와의 협력으로 우주발사체 개발에 착수하여 2009년 8월 우리나라의 최초 우주발사체인 나로호(Korea Space Launch Vehicle 1)를 고흥 나로우주센터에서 발사하였다. 과학기술위성 2호를 탑재한 나로호는 발사에는 성공하였으나 페어링이 예상 고도인 306km에서가 아닌 342km에서 분리되어 과학기술위성 2호의 궤도 진입에는 실패하였다. 2010년 8월 나로호를 재차 발사하였으나 이륙 후 공중에서 폭발하였다.

그러나 두 차례의 나로호 발사를 통해 우주센터 건설, 우주발사체의 체계 기술, 발사대의 지상 시스템 제작 및 구축에 필요한 기술을 습득하였다는 평가를 받고 있다.

2.3. 국제 협력

우주의 탐사와 이용에서 우리나라의 주요한 국제협력은 한국 우주인의 ISS 체류와 나로호 개발 협력을 들 수 있다. 그리고 이 두 가지 모두 러시아와의 협력이다.

2008년 4월 8일 우리나라의 첫 우주인이자 세계 475번째 우주인인 이소연 박사가 탑승한 러시아 우주선 Soyuz TMA-12가 카자흐스칸 바이코누르[23] 우주기지에서 발사되었다. Soyuz TMA-12의 탑승을 비롯하여 한국 우주인의 우주 비행과 ISS 체류를 위한 모든 과정은 러시아와의 협력으로 진행되었다. 양국 간 협력의 주요 내용은 한국 우주인 후보 2명의 러시아 가가린 우주센터에서의 훈련, 한국 우주인이 ISS에서 수행할 우주 실험 장비의 탑재 및 결과물 회수, ISS의 러시아 모듈인 Zvezda에서의 체류 등이며, 이를 위해 러시아에 2,000만 달러의 비용이 지불되었다. 이 비용은 러시아의 협력에 대한 대가이기 보다는 사실상 우주선 탑승과 ISS 체류에 소요되는 비용의 지불이다.[24]

나로호는 2단으로 구성되며, 고체 추진체인 2단은 우리나라의 기술로, 액체 추진체인 1단은 러시아와의 협력으로 개발되었다. 러시아와의 발사체 협력은 기술협력 이외에도 우주 분야에서 투명성과 신뢰 구축이라는 국제 법 제도에 대한 준수도 함께 요구하였다. 이를 위해 러시아와의 실질적인 협력에 앞서 우리나라는 2001년 3월 미사일 기술의 확산을 방지하기 위한 국제 제도인 미사일 기술 통제 체제(Missile Technology Control Regime)[25]에 가입하였다. 평화적 목적의 우주 탐

---

23) 러시아 가가린 우주센터에서의 훈련은 Soyuz 우주선 시스템 이론과 실습(우주선 구조 이해, 계기판 작동 훈련, 열 제어 시스템 기능 이해, 도킹시스템 이해, 통신장비 작동 훈련, 생명 유지 장치 및 우주복 사용 훈련, 비상 착륙 시 통신 및 생존 세트 사용 훈련, 러시아 모듈 관련 훈련 등), 러시아어 교육, 체력 훈련, 의생리가 훈련, 수상 생존 훈련, 무중력 적응 훈련, 그룹 훈련, 지상 생존 훈련, 사진 및 비디오 촬영 훈련 등으로 구성되어있음.

24) *한국 우주인 배출 사업 백서*, 한국항공우주연구원, 2009, 교육과학기술부 · 한국항공우주연구원.

25) 2장 우주법의 내용, 3.5 국제 행동규범 참조.

사를 위한 우주발사체가 탄도 미사일의 개발 및 실험을 은닉하기 위한 수단으로 이용될 수 있기 때문이다.

MTCR 가입 후 나로호 협력을 위한 기본적이고 체계적인 법적 체계 마련을 위하여 우주기술 협력협정과 우주기술 보호협정을 각각 체결하였다.

통신위성과 국제전기통신연합(ITU)

1. 국가의 관할

2. 국가책임

3. ITU와 통신위성

통신위성과 국제전기통신연합(ITU)

위성을 통한 통신은 국경을 초월한다. 송신과 수신의 장소가 같은 영토 내에 위치한 경우의 국내통신도 인공위성을 통하여 통신이 이루어졌으며 동 위성이 국경을 벗어난 우주라는 공간에 위치한다는 점에서 단순한 국내문제로만 취급될 수 없다.

우주활동의 헌장이라 할 수 있는 1967년 외기권조약 제3조는

> 본 조약의 당사국은 달과 여타 천체를 포함한 우주의 탐사와 이용에 있어서의 활동을 국제연합 헌장을 포함한 국제법에 따라 국제평화와 안전의 유지를 위하여 그리고 국제적 협조와 이해를 증진하기 위하여 수행하여야 한다.

라고 규정하였다. 마찬가지로 동 조약의 제1조 2항은 국제법에 따른 우주활동의 원칙을 언급하고 있다. 여사한 언급은 일찍이 유엔총회가 우주의 탐사와 이용에 관하여 채택한 결의문[1])에도 반영되어 있다.

통신용 인공위성의 사용은 특정한 위성을 발사하고, 궤도에 진입시키고, 궤도에 유지하면서 사용하는 것을 포함한 '우주의 이용'을 의미할 뿐 아니라 통제, 원격측정 및 여타 통신에 사용되는 무선 주파수와 기타 위성 전송 체제를 방해하지 않는 일개 또는 그 이상의 주파수 사용을 의미한다. 따라서 통신목적의 위성사용은 국제법 범주에서 발전하여야 함이 분명하다. 이는 앞서 말한 바와 같이 같은 영토 내에서 이루어지는 전송의 경우, 민간업체가 동 전송업무를 담당하는 경우에도 국제법이 적용된다는 것을 뜻한다.

위성통신을 규율하는 법적체제를 명확히 하기 위하여서는 먼저 위성통신도 통신활동의 한 형태라는 사실에 초점을 맞추어야겠다. 지난 세기 중반 이래로 위성을 사용하지 않는 기존 통신은 일반 국제법의 테두리 내에서 운행되어 왔지만 다른 한편에서는 특정한 규칙과 원칙의 필요성을 제기하였다. 이러한 과정에서 통신위성에 관한 특별한 규정이 형성되어 왔다. 통신위성에 관

---

1) UNGA Res. 1972 (ⅩⅥ) A, (1961), Paras 1(a) and (b); UNGA Res. 1802 (ⅩⅦ), (Dec.14, 1962); Preamble UNGA Declaration of Legal Principles Governing the Activities of States in the Exploration and Use of Outer Space, 1962 (ⅩⅧ), (1963).

한 기존의 일반 국제법에 의한 규정과 특별한 규정을 고찰하기 위하여서는 통신 분야에서 국가의 관할권과 책임을 파악할 필요가 있다.

1. 국가의 관할

통신은 기본적으로 정보의 전송에 관한 것이고 정보의 전송은 정치문제와 국가안보에 관한 것이기 때문에 각국 정부가 통신활동을 통제하여 온 것은 당연한 일이다. 전보와 전화가 본격적으로 사용된 지 얼마 안 되어 프랑스, 독일 및 미국은 전화와 전보사업체의 설립과 운영을 정부 통제하에 두는 법률을 제정하였다. 여사한 산업이 여타 국가, 특히 유럽국가에서 시작될 때 정부의 감독을 받는 독점적인 공공사업체 형태를 띠었는데 이러한 사정은 지금도 마찬가지다.

국제법상 국내 통신제도의 정부 규제와 통제는 국내문제, 즉 각국의 국내영역(domaine réservé)으로 간주된다. 따라서 전통적인 주권원칙과 영토관할원칙에 따라 국제법은 각국의 국내 통신이 해당국의 통제관할 사항임을 인정할 수밖에 없다. 이는 고정적인 설치를 요하는 전보, 전화, 텔렉스, 케이블 텔레비전, 데이터 전송과 라디오 및 텔레비전과 같은 방송에 의한 전송을 포함한다.

의사전달의 필요성은 갈수록 국경을 초월하여 갔으며 그 결과 여러 국내 통신체제가 상호 복합적인 연관을 갖기 시작하였다. 1849년에 시작한 국제전보체제[2]의 수립 이후 여타 형태의 통신체제와 사업이 급격한 발전을 하면서 국제적 성격을 갖지 않을 수 없었다. 그런데 고정설치통신(fixed installation services)이 모든 국가의 주권에 관한 사항인 반면 방송통신은 소위 '방송의 자유 원칙(principle of freedom of broadcasting)'의 일반적 규율을 받는다. 따라서 전통적으로 국경을 통과하는 방송통신은 관련 국가 간의 사전 협의를 필요로 하지 않는다.[3]

1.1. 고정통신

고정통신(fixed services)이라고도 하는 고정설치 통신은 국경을 넘는 전송을 할 경우 동 통신용 회선이 설치되는 모든 국가의 협조와 승인을 얻어야만 설치·운영할 수 있다. 더구나 여사한 통신을 운영하기 위하여서는 상업적·법적·기술적 측면 등이 모두 조정되어야 하는데 유럽 국가

---

2) 양국 간 전보체제의 국제적 연결을 규정한 세계 첫 번째의 국제 협정은 1849. 10. 3 서명된 프러시아와 오지리 사이의 것임. Martens, G., Recueil général des traités, (Göttingen, 1856), vol. XIV (1843-1852), 591-5 참조.

3) 그러나 Cable TV통신은 고정 설치 통신에 들어가기 때문에 해당국가의 사전 합의를 요함.

들은 이러한 면을 조속히 간파한 후 1865년 국제전신협약(International Telegraph Convention)을 체결하였는바, 동 협약에 추후 국제전신연합(International Telegraph Union)이 설치되었으며 이는 다시 국제전기통신연합(International Telecommunication Union)으로 개칭되었다.[4] 국제전신협약은 전보통신의 작업통일을 규정하였는데 1903년에는 전화통신을 포함시켰고 1906년에는 방송통신을 포함하는 내용으로 협약을 확대 개정하였다.

주권의 부분적 양보를 통하여 국제협력과 질서의 틀인 국제법이 발전하였지만 주권은 결코 무시할 수 없는 절대 명제이다. 국제전신협약도 전문(preamble)에서 "자국의 통신을 규제하는 각국의 주권을 충분히 인정하면서…"라는 표현을 사용하듯이 주권원칙을 기본으로 하고 있다. 1998년 미네아폴리스 전권회의에서 개정된 ITU헌장(Constitution)은 다음과 같이 언급하고 있다.

> 제34조: 전기통신의 중지
> 1. 회원국은 국가의 안전을 저해하거나 법령, 공공질서 또는 선량한 풍속에 반한다고 보이는 모든 사적인 전보의 전송을 자국법에 따라 중지시킬 권리를 보유한다. 다만, 국가의 안전을 해한다고 인정되는 경우를 제외하고는 그 전보의 전부 또는 일부의 정지를 발신국에 즉시 통보한다.
> 2. 회원국은 또한 국가의 안전을 저해하거나 그의 법령, 공공질서 또는 선량한 풍속에 반한다고 보이는 모든 사적인 전기통신[5]을 자국법에 따라 중단시킬 권리를 보유한다.
>
> 제35조: 업무의 정지
> 각 회원국은 통신 발신, 수신, 중계통신의 전반적 또는 특정 관계와 (또는) 특정 종류의 국제전기통신업무를 중지할 수 있는 권리를 보유한다. 다만, 동 조치는 사무총장을 통하여 다른 회원국에 즉시 통보되어야 한다.

국가가 자국 내 통신체제를 통제하는 권리를 인정받는 까닭에 고정설치를 사용하는 월경 전송은 관련국의 사전 합의를 요한다는 것은 앞서 설명한 바와 같다. 주권원칙의 부분적 표현인 '공공이익(public interest)'의 조항은 국제전신협약이 언급하는 바의 원격 전송에 관한 일반적인 합의의 추가요건으로 작용한다.[6] 그러나 효율성과 협력의 필요로 인해 국가주권이 완화되고 형평과 경제적 목표에 바탕을 둔 기능적 접근방법에 중점을 두면서 모든 이익의 공동개발을 위한 국가 간 상호 의존 관계가 더욱 긴밀해지고 있다.

---

4) ITU역사와 변천에 관하여는 Jakhu, R, S,, "the Evolution of the ITU 's Regulatory Regime Governing Space Radiocommunication Service and the Geostationary Satellite Orbit", VIII Annals Air and Sp. Law (1983) 381-407과 유현용. 국제전기통신연합(ITU)의 전파관리제도에 관한 고찰, 전북대학교 법학연구 통권제32집(2011년 5월), 375-404쪽 참조. 최근 ITU의 개편 내용에 관하여는 김은주, 개정된 ITU의 기본법 집행 및 효과분석 (통신개발연구원 1994년 간행) 참고.

5) 한국 외무부 발간 조약집(다자조약 제3권)은 Telecommunication을 '전기통신'이라고 번역하였는데 이는 모든 종류의 의사 전달 형태를 일컫는 통신(Communications)과 구별하는 이점이 있음. 그러나 Telecommunication Satellite를 통신위성으로 보통 번역하는 바에서와 같이 Telecommunication을 단지 통신으로만 번역하여 사용하는 바가 많으므로 본 서에서도 통상 통신으로 언급하고자 함.

6) 예: 1989년 ITU헌장 제19조.

1.2. 방송통신

라디오와 텔레비전 등 방송통신을 규율하는 법적 체제는 상이한 성격을 가지고 있다. 방송통신은 고정설치를 통하여 수신될 필요가 없이 공중과 우주를 자유로이 날아가는 전자파장의 수단을 통하여 라디오와 텔레비전이 있는 곳이면 쉽게 수신이 된다. 따라서 기술적인 면에서 월경방송을 위하여서는 송신국과 수신국 사이에 주파수를 제외한 특별한 협력을 필요로 하지 않는다.

제1차 세계대전 이후 소련은 대규모 선전목적으로 라디오를 처음 사용하였다. 소련은 단파방송으로 국내는 물론 인접국의 청취자를 겨냥하였는데 독일과 이탈리아 등 사회주의 국가도 이를 모방하였다. 1937년부터는 민주주의 국가도 국경을 넘는 라디오 방송 선전활동을 시작하였는데 제2차 세계대전 종료 시에는 55개국이 40개 국어로 정치선전 라디오방송을 하였다고 한다.

여사한 선전방송의 수신국은 전파의 국경침범에 항의하지 않는 편이었다. 제2차 세계대전을 전후로 각국은 기껏해야 한때 외국의 선전방송의 청취를 금지하는 조치를 취하는 정도였다. 그렇지 않으면 외국 선전방송에 대하여 전파방해를 함으로써 자국 내 청취가 곤란하게 하였다. 그러나 전파 침투를 야기하는 방송전파의 송신국에 대하여 항의하는 일은 거의 없었는데 이는 전파침투를 받는 피해국도 인접국에 대하여 전파침투를 하는 송신능력을 가지고 있었기 때문에 상호주의로 서로 묵인할 수밖에 없었다. 이러한 관행이 계속된 결과 방송의 자유원칙이라는 관습국제법이 형성되었다. 동 원칙은 각국이 여타 당사국의 사전 동의나 합의가 없이도 무선으로 국경을 넘는 정보를 방송할 권리가 있다는 것을 말한다. 바꾸어 말하면 수신국은 자국 영토 내에만 한정되는 대항조치를 취할 수 있을 뿐이다. 이는 1930년대에 TV방송이 시작되었을 때도 마찬가지로 적용되었다. 그러나 TV의 경우는 TV전파의 기술적 특성상 원거리 방송은 중계소를 통하여야 하기 때문에 지상송신의 경우 외국의 깊숙한 지역까지의 방송침투가 불가능하였다.

방송자유의 원칙에는 몇 가지 예외가 있다. 국가안보와 질서를 위협하는 무장 봉기, 혁명, 전쟁, 또는 기타 선전이 이에 해당한다. 1930년대에 특정국의 라디오 선전이 성행할 때 이를 우려한 많은 나라는 1936.9.23 제네바에서 '평화를 위한 방송사용에 관한 국제 협약'[7](International Convention Concerning the Use of Broadcasting in the Cause of Peace)을 채택하여 여사한 방송을 금하였다. 연후 국가관행은 금지된 범주에 들어가는 방송의 월경(trans-border)에 대하여서만 공식항의를 하였다. 이러한 국가관행과 상기 협약에 가입한 다수국을 감안할 때 방송원칙의 자유는 협약이 금지하는 범주의 프로그램에는 적용되지 않는다고 결론지어도 무방하겠다. 단, 서방과 사회

---

7) 186 League of Nations Treaty Series 303 (1938).

주의 국가사이에는 금지된 범주가 모든 선전을 포함하는 것인지 또는 상기 협약에서 구체적으로 적시한 부분에만 국한하는 것인지에 대하여 이견을 보이고 있다. 그런데 현실적으로 모든 선전을 금지하는 국가관행이 통일적이지 않는 점을 감안할 때 1936년의 협약이 합리적으로 정의한 범주의 프로그램만이 금지된 선전의 범주에 들어간다고 보는 것이 무난하겠다. 방송의 자유에 관한 두 번째 예외는 해적방송이다. 통상 공해상 선박에서 허가 없이 방송 활동을 하는 해적방송국은 방송 수신국이 모두 불법으로 간주한다. 방송 수신국은 여사한 해적방송을 국내법에 범죄로 규정하여 대응하기도 한다. 구주평의회(Council of Europe)가 1965년에 채택한 '국가 영토 밖 방송국에서 송신되는 방송의 금지를 위한 협정'[8](Agreement for the Prevention of Broadcasts Transmitted from Stations outside National Territories)은 체약국의 관할 내에서 이루어지는 해적방송을 지지하는 모든 행위를 처벌 대상으로 선언하였다. 이상과 같이 해적 방송에 관한 매우 일관된 국가관행을 볼 때 해적방송은 보다 일반적인 방송자유 원칙에서 예외를 이룬다는 결론에 이른다.

세 번째 예외는 방송활동의 기술적인 측면에 관련된 것이다. 즉, 방송국(broadcasting stations) 사이에 주파수 대역을 공동으로 사용하고 혼신을 방지할 필요를 말한다. 각국(세계의 거의 모든 국가)은 주파수를 조정하고 유해한 혼신을 방지 하는 업무를 ITU에 일임하였다. 이에 따라 ITU는 국가와 국가 사이에 상호 전파 혼신이 발생하지 않도록 각국이 사용할 수 있는 주파수 대역을 조정하여 규제하는 바, 각국이 전파혼신을 피하여 방송하기 위하여서는 ITU의 규정을 따라야 한다. 방송자유의 원칙은 월경방송이 ITU의 규정에 따르는 것을 전제로 하는 것이기 때문에 ITU규정에 따르지 않는 월경방송은 방송자유의 원칙에서 벗어나는 범주의 방송이 된다. 따라서 이는 방송자유의 원칙이 무제한으로 적용되지 않는 또 하나의 예외를 이룬다.

이상은 일반적인 원격통신활동에 관한 사항이다. 인공위성을 사용하는 원격 통신도 이러한 활동의 일부에 불과하다. 단, 인공위성을 사용하는 통신은 일반 통신과 같이 지상시설도 필요하지만 우주에 떠있는 인공위성을 추가로 필요로 한다는 점에서는 다르다.

일반적인 고정시설통신에 관한 법률적 사항이 인공위성을 통한 고정통신에도 적용될 수 있지만 방송자유의 원칙은 인공위성이 송신하는 모든 특별통신에는 적용되지 않는다는 점에 유의하여야겠다. 특히 직접위성방송(DBS)통신은 논란이 많다. DBS통신 형태를 규율하기 위한 COPUOS의 작업에서 생성된 법적 원칙은 방송자유원칙이 적용될 수 없다는 편이다. DBS와 같은 특별통신에 관한 구체사항은 다음 장에서 설명한다.

---

8) 4 ILM 115 (1965).

1.3. 무선주파수와 위성의 용도

ITU는 주파수를 1순위(primary)와 2순위(secondary), 지역별, 용도(service)별로 구분하여 할당, 배분, 배정한다. 용도별로 볼 때 무선항행(radionavigation), 고정(fixed), 이동(mobile), 해상 이동(maritime mobile), 표준 주파수 및 시보 신호(standard frequency and time signal), 해상무선항행(maritime radionavigation), 방송(broadcasting), 항공무선항행(aeronautical radionavigation), 무선표정(radiolocation), 항공이동(aeronautical mobile), 육상이동(land mobile), 아마추어(amateur), 아마추어 위성(amateur satellite), 전파 천문(radio astronomy), 기상 원조(meteorological aids), 기상위성(meteorological-satellite), 우주 운용: 위성식별(space operation: satellite identification), 우주 연구(space research), 위성 간(inter-satellite), 무선측위위성(radiodetermination-satellite), 무선항행위성(radionavigation-satellite), 지구탐사위성(Earth exploration-satellite), 고정위성(fixed-satellite), 이동위성(mobile-satellite), 방송위성(broadcasting-satellite) 등의 25개 용도로 배분하고 있다.

고정통신위성용도(Fixed Satellite Service: FSS), 방송위성용도(Broadcasting Satellite Service: BSS), 이동위성용도(Mobile Satellite Service: MSS) 등으로 구분하는 것은 위성을 중심으로 표현하는 특정 용도를 표현한다. 가령 FSS는 지구에 설치된 고정 시설을 지구국(earth station)으로 하는 동 지구국과 위성과의 통신 용도를 말하는 것이고 BSS는 방송용도로서 요즈음 활용되는 직접방송위성(Direct Broadcasting Satellite)을 포함한 방송용 통신용도 위성을 말하는 것이다. MSS는 위성을 통하여 이동하는 수신 단말기로 통신을 가능하게 하는 서비스를 말하는 것인데 이의 대표적인 경우는 미국의 Iridium사가 도입하였으나 대규모 적자를 본 후 도산하여 활성화되지 않고 있는 위성을 통한 이동통신 서비스이다. 이는 위성을 통한 이동통신 단말기를 이용하여 세계 어디에서라도 통화한다는 편리한 사업이었으나 고가의 이동통신 요금 때문에 이용하는 고객이 소수에 불과하여 투자된 자금을 회수하기에는 역부족이었기 때문이다. 한편 이동하는 선박을 대상으로 MSS를 제공하기 위하여 탄생한 Inmarsat은 성공한 사례로서 선박의 항행과 수색 구조 작업에도 기여하는 바가 크다.

그런데 주파수 용도에 따라 필요한 점유대역폭이 다르다. 라디오 방송의 경우 대역폭이 필요하지 않으나 영상 등 송부자료가 대량인 TV 방송의 경우 점유대역폭이 클 수밖에 없다. 2012년 말을 기준으로 한국에서의 방송이 아날로그에서 디지털로 전환되는 것을 비교하여 보면 우리나라가 미국과 같이 NTSC식 방송방식을 사용하는 데 있어 아날로그 TV의 경우 6MHz가 대역폭(이 중 영상이 4.5, 음성이 1.5MHz 차지)이고 디지털 TV의 경우 2MHz를 필요로 하니 디지털로 전환할 경우 아날로그 TV 방식보다 3배의 TV 채널을 이용할 수 있게 된다. 그런데 디지털 중에서도

HDTV는 20MHz나 되는 주파수 대역을 필요로 한다.

이렇게 많은 점유대역을 차지하는 관계상 여러 나라는 자국이 배정받은 주파수 대역 중 고정통신 용도를 방송통신 용도로 전환하여 사용하고 있는 실정이다.

원격탐사는 별도의 할당된 주파수를 이용하여 지구 주위를 도는 인공위성으로 하여금 지구 주위와 지상 및 지하의 상황을 파악하도록 하면서 기상관측, 재난 복구, 첩보, 지하자원 탐사, 지형 파악과 변화 관찰, 공사 설계 측량 등을 하는 데 이용되는 유용한 기술이다.

2. 국가책임

국가는 자국 내 통신제도를 규제하는 관할권을 국제적인 차원에서 타국의 권리와 상치되는 방향으로 행사할 수 없다. 이는 다시 말하여 한 국가가 특정 장소와 주파수를 포함하여 방송국을 인가하였는데 인가된 주파수가 외국 방송국에 혼신을 야기하거나 ITU규정상 위배되는 것이라면 동 국가는 국제책임을 져야 한다는 것을 말한다. 일반적으로 통신을 하는 국가는 적용 가능한 국제법을 따라야 할 의무가 있으며 동 국제법 규칙에 위반되는 행위에 대하여서는 책임을 져야 한다. 특히 ITU회원국은 국제통신에 관한 조약과 동 조약에 따라 채택된 규정에 따라야 한다.

1998년 개정 ITU헌장의 제36조는 헌장 당사국이 국제 통신업무의 이용자에 대한 책임, 특히 손해배상의 청구에 대하여 아무런 책임을 지지 않는다고 규정하였다. 동 규정은 사인으로서의 당사자에 대한 사법상의 책임을 주로 말하는 것이지만 일국이 타국의 통신 회선의 단순한 사용자로서 입는 손상에도 적용된다고 본다. 이 경우 후자의 국가는 통신회선의 사용자가 입은 손해에 대하여 책임을 질 필요가 없겠다.

방송통신에 있어서 ITU조약상 국가의 책임은 유해한 혼신(harmful interference)을 피할 의무를 포함한다. ITU에 주파수를 신청하는 동의허가절차와 방송국의 설치와 운영에 관한 국내규정이 ITU가 정한 규칙과 규정을 따라야 함은 물론이다. 위성방송통신에 관련하여 ITU헌장 제44조 2항은 특별한 주목을 요한다. 동 조항은 무선주파수와 지구정지궤도가 유한한 자원이기 때문에 합리적이고 효율적이며 경제적으로 이용되어야 함을 강조하면서 제 국가 간의 형평사용을 기하여야 한다고 규정하였다. 동 조항의 언급이 유연한 표현으로 되어 있기 때문에 국가책임을 제기하는 동 조항 규정의 위반상태가 명확하지 않긴 하지만 각국은 위성통신제도를 수립함에 있어서 제44조의 원칙을 염두에 두어야 한다.

또한 각국은 자국 방송국이 '방송의 자유' 원칙을 일반적으로 용납되는 한도 내에서 운영하며 특히 금지된 선전을 하지 못하도록 하여야 한다. 금지된 선전의 경우 국가의 책임은 국가가 소유하고 통제하는 방송에 한하는 것인지 또는 사설 방송국의 방송에 대하여도 책임을 져야 하는지의 문제가 제기된다.

서방국은 국가가 소유하거나 통제하는 방송국의 방송에 대하여서만 국가책임이 있다는 입장인 반면 사회주의 국가는 사설방송에 대하여서도 국가책임이 있다는 주장이다. 이의 중간입장인 기능적인 접근방법으로 국가와 특정 방송국 간에 연결고리가 있으면 모든 경우에 국가책임이 있다는 주장이 있다. 즉, 방송국 또는 특정 프로그램이 특정한 월경방송을 위한 목적으로 공적 재정지원을 받거나 또는 추진되었다면 연결고리가 있다고 보는 것이다.

일반적인 접근 방법으로서 상기 중간입장이 설득력을 가지고 있다. 사실 국가 책임은 월경선전에 국가가 실제로 관여하였느냐의 여부를 가지고 판단하여야지 방송국의 법적지위나 소유상황을 가지고 도출하여서는 곤란하다. 그러나 1936년 협약이 선전금지를 규정하였던 것처럼 '금지된 선전'을 엄격한 의미로 해석할 경우 동 협약 당사국은 자국의 사립방송국이 월경선전 방송을 하는 것도 금지하도록 국내법을 정비할 의무가 있다. 그렇지 않을 경우 1936년의 협약당사국은 국가책임을 져야 한다.

따라서 국가는 통신활동, 특히 방송활동의 공적, 사적 주체 및 사람에 대하여서도 책임을 져야 한다. 이는 일반적인 통신에만 적용되는 것이 아니고 인공위성을 통한 통신에도 적용이 되는 바이다. 1967년 외기권조약에서 국제법에 따른 국가책임을 언급한 것은 그러한 점을 확인하는 것이다.[9]

1967년 외기권조약에서 언급된 바와 같은 국제법의 규칙상 국제법에 상치된 행위 또는 위반에 의하여 피해를 입은 국가는 국가책임논리에 따라 특정한 권리를 갖는다. 그러나 일반 국제법상의 동 권리는 타국의 불법행위에 대하여 무조건 대응행위를 하도록 하는 것을 말하는 것이 아니다. 동 대응행위는 정당방위(self defence)의 경우이거나 또는 관련 국제기구가 허가한 제재의 방법으로만 사용될 수 있다.[10]

불법행위국가는 원상복구를 하여야 하고 원상복구가 불가할 경우 손해배상을 하여야 한다. 통신위성분야에서의 배상책임에 관한 구체적인 규율은 1972년 책임 협약이 정하는 바이다. 그런데

---

9) 외기권조약의 제6조는 "본 조약의 당사국은 달과 여타 천체를 포함한 우주에 있어서 그 활동을 정부기관이 행한 경우나 비정부 주체가 행한 경우를 막론하고 국가활동에 관하여 그리고 본 조약에서 규정한 조항에 따라서 국가활동을 수행할 것을 보증함에 관하여 국제적 책임을 져야 한다. …"라고 규정함으로써 비정부 주체의 행위에 대하여서도 국가 책임을 지도록 명시하였음.

10) 일반 국제법상 타국의 불법행위에 대한 대응행위가 정당방어 행위가 되기 위하여서는 여러 가지 조건이 따름. 상세는 Aréchaga, E.J., "International Law in the Past Third of a Century" (1978), 159 Recueil des cours 1, 94. 또한 일반적인 국가책임에 관한 저서로는 Ian Brownlie의 State Responsibility (Part I, Clarendon Press, Oxford, 1983)가 있고 위성방송에 관한 국가책임에 관한 저서로는 Marika Natasha Taishoff의 State Responsibility and the Direct Broadcast Satellite(Frances Printer, London・New York, 1987)가 있음.

통신위성의 부문에서 책임 협약이 정하는 바와 같은 물질적 피해가 발생하는 것은 드문 일이겠다. 따라서 동 협약의 적용은 발사와 궤도순환 시 통신위성이 야기하는 물리적 피해나 동 통신위성이 지상에서 야기하는 손해에 국한되어 적용될 가능성이 많다. 책임 협약상 규정한 피해의 경우가 이 통신활동과는 직접적인 연결이 없이 일어나는 것이겠지만 전체적인 우주활동의 범주에서 일어나는 것임에는 틀림이 없다.

3. ITU와 통신위성

3.1. ITU 목적과 조직

1998년 미국 Minneapolis 개최 ITU 총회에서 채택된 ITU 헌장 제1조는 1항에서 ITU 목적을 8개로 기술하면서 모든 종류의 전기 통신의 합리적인 이용, 국제 협력, 개도국에 대한 기술 지원, 효율의 증진과 기술개발 등을 언급하였고 2항에서 여러 이행 방안을 적시하였는데 그 중 중요한 첫 2개는 다음과 같다.

a) 다른 나라의 무선국 간에 유해 혼신을 피하기 위하여, 무선 주파수 스펙트럼 대역의 용도를 분배하고 무선 주파수의 구역 배분 및 무선 주파수를 할당하며 우주 용도에 있어 정지궤도위성의 관련 궤도 위치 또는 기타 궤도 위성의 관련 특성에 대한 등록을 수행한다.

b) 다른 나라의 무선국 간에 유해혼신을 제거하고 무선통신업무를 위한 무선주파수 대역과 정지궤도위성 및 다른 위성궤도의 사용을 개선하기 위해 노력한다.

ITU 헌장의 부속서는 '용어 정의'에서 telecommunication(전기통신)을 다음과 같이 정의하였다.

신호, 표지, 기록, 영상 및 음성이나 여하한 성격의 정보를 유선, 무선, 광학 또는 기타 전기자장의 수단을 통하여 전송하고 발송하며 수령하는 모든 것[11]

ITU의 회원자격은 모든 나라에게 개방되어 있다. 2012년 현재 193개국으로 구성된 ITU는 통신에 관한 유엔전문기구로서 정부 간 국제기구이다.

---

11) ITU 헌장(미네아폴리스, 1998) 부속서.

세계 경제발전에 있어서 그 기능과 역할이 중요한 유·무선통신 업무는 질적 발전과 양적 팽창에 따라 과거 ITU 조직과 체제로는 감당하기 어려웠고, 인터넷의 발달로 통신에 있어서도 부국과 빈국의 양극화 현상이 우려되었는바, 이를 시정하기 위하여 ITU에 대한 대폭적인 수술이 감행되었다. 1989년 니스 전권회의, 즉 ITU 제13차 전권회의(총회) 시 구성한 고위 위원회(HLC)가 연구 보고한 내용을 기초로 1992년 제네바에서 추가 전권회의를 개최하여 ITU를 개편하였다. 동 개편 결과 ITU는 통신 표준화(ITU-T), 무선통신(ITU-R), 그리고 개도국의 통신사업 지원을 위한 통신개발(ITU-D)이라는 3분야로 업무를 정비하였다. 1994년 일본 교토에서 개최된 전권회의에서는 회원국들의 수요를 반영한 ITU 전략을 최초로 채택한 것에 이어 세계통신정책포럼(World Telecommunication Policy Forum: WTPF)이라는 임시회의를 창설하여 통신환경의 변화에 따라 발생하는 새로운 정책 이슈에 대한 의견교환의 장으로 활용하고 있다.

ITU의 조직을 보건대, 매 4년 개최되는 전권회의가 최고 의사 결정기관이며 이사회(Council)와 전파관리위원회(Radio Regulations Board)이 핵심기관으로서 기능한다. 48개국으로 구성된 이사회는 전권회의 개최 전후에 통신정책에 관련한 일상적 업무처리와 예산 및 행정 업무를 담당하고 전파관리위원회는 전권회의에서 선출되는 12명의 위원이 연 4회 회합을 가지며 무선 규제와 관련한 업무를 담당하는 중추적 역할을 한다. 수년 간격으로 개최되는 세계 또는 지역 단위무선회의는 전파관리위원회의 자문을 받아 개최되며 주파수 배정과 지구정지궤도 위치 배정에 관한 업무를 담당한다. 그리고 사무국은 상기 3분야(통신 표준화, 무선 통신, 통신 개발)를 각기 담당하는 국(bureau)으로 나뉘어 해당 업무를 상시 지원한다.

이상은 대략 ITU 조직을 설명한 것인바, 보다 상세한 내용을 그림으로 표시하면 다음과 같다.

과거에 개최되었던 전권회의는 통신기술과 기타 상황변화에 부응하는 내용으로 협약을 개정하여 왔다. 그러나 전권회의가 개최될 때마다 협약을 개정하는 것은 협약의 계속성을 저해한다는 단점이 있었다. 이러한 문제를 해결하기 위하여 거의 영구적으로 보존할 본질적인 성격의 부분과 수시 개정될 부분으로 국제통신협약을 이분화하자는 의견이 나왔다. 이와 관련하여 1982년 나이로비 전권회의 개최 전권회의에서 기존 협약 중 전자를 헌장으로, 후자를 협약으로 분리시키면서 새로운 2개의 조약 문서로 채택하자는 안이 구체화되었다.[12] 기본이 되는 문서는 물론 헌장(Constitution)이다. 따라서 헌장과 협약(Convention) 또는 행정규정(Administrative Regulations로서 Radio Regulations와 International Telecommunications Regulations로 구성)이 상호 상치할 경우 헌장, 협약 순으로 우선한다.[13]

---

12) 1982년 나이로비 전권회의 채택 결의문 제62호 참조.
13) 미네아폴리스 전권회의에서 채택된 ITU 헌장 제4조.

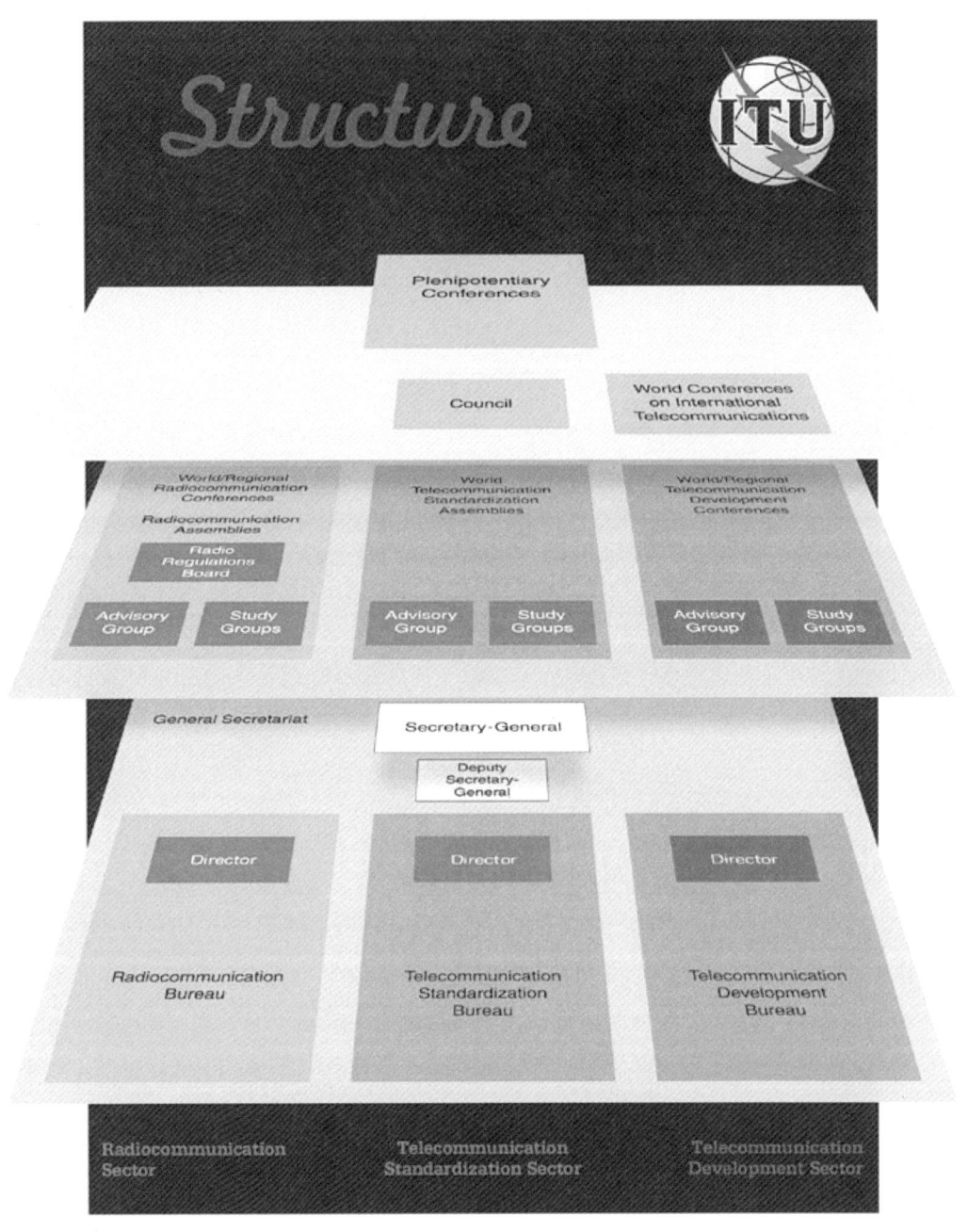

1982년 나이로비 협약 제정 시까지는 행정규정을 협약의 단순한 보충(supplement)으로 또는 부속(annex)으로 간주하면서 명확한 지위를 부여하지 않았기 때문에 국가마다 행정규정을 해석하는 바가 달랐다. 가령 캐나다를 비롯한 대다수 국가가 행정규정을 구속력이 있는 것으로 본 반면에 일본은 나이로비 협약의 제42조 (3)항이 행정규정의 수정에 대한 각국의 승인(approval)을

ITU 사무총장에게 통보하는 것으로 규정하고 있다는 점을 내세워서 구속력이 없는 것으로 보았다. 1989년 니스에서 마련한 헌장은 제40조 (1)항에서 행정규정을 구속력이 있는 국제문서(binding international instruments)로 규정함으로써 행정규정의 지위를 명확히 하였다.

행정규정은 무선 주파수 대역, 지구정지궤도와 주파수 배정 및 등록, 여러 제도간의 조정 및 기타 관련 기술 문제를 기술한 문서로서 분량이 방대하다. 1988년 호주 Melbourne에서 개최된 세계전신전화주관청회의(World Administrative Telegraph and Telephone Conference: WATTC)에서는 당시 전보와 전화를 각기 규정한 행정규정을 국제통신규정으로 일원화하였다. 따라서 행정규정에는 전파규칙(Radio Regulations)과 국제통신규정의 2종류만 존재한다. RR(전파규칙)은 세계무선주관청회의(WARC)나 지역무선주관청회의(RARC)에서 채택 또는 개정되었지만 이들 회의는 1992년 제네바 전권회의를 계기로 ITU 개편 시 WRC(World Radiocommunication Conference)로 대체되었다.

앞서 설명한 전파관리위원회(RRB)은 과거 5명으로 구성되었던 국제주파수 등록청(IFRB)을 대신하면서 권한이 증대하였다. RRB 위원은 자국 또는 자기 지역을 대표할 뿐만 아니라 국제 공공신탁의 보호자 역할을 한다. 이는 정해진 절차에 따라 각국이 공식적인 국제승인을 받기 위하여 각기 배분한 주파수의 날짜, 목적 및 기술적 사항을 RRB에 등록하면 RRB의 위원은 각국의 여사한 등록 내용을 최선의 관리자로서 순서에 따라 처리하여야 하는 것을 말한다. RRB는 동일한 조건에서 각국이 지구정지궤도위성을 배치하는 지구정지궤도위치에 관한 등록을 받는다. 여사한 등록업무를 함에 있어서 RRB는 유해한 혼신이 일어날 수 있는 주파수 대역에서 관련 회원국이 사용할 수 있는 최대 라디오 채널 수는 몇 개이며 지구정지궤도의 경제적이고 효율적이며 형평한 사용은 어떠한지에 관한 권고를 한다. RRB는 또한 ITU의 세계무선회의나 기타 권한 있는 기관의 요청에 따라 추가업무를 수행하기도 하며 전파 방해 등 회원국 간 분쟁 문제를 담당한다.

무선대역은 전통적인 지상 무선통신의 국제적 규제의 핵심이 되는 내용이다. 그러나 인공위성 통신에 있어서는 무선대역뿐만 아니라 위성의 궤도 위치도 동일하게 중요하다. 따라서 다음에서는 이 두 가지 요소를 규율하는 국제규제제도의 내용을 살펴보되 ITU의 업무를 포괄적으로 파악하기 위하여 우주통신시대 이전의 ITU 역할과 통신의 기본적인 사항들을 살펴본다.

통신을 가능하게 하는 주파수는 전파의 길고 짧음(radio wave length)에 따라 초 당 공간에서 이동하는 횟수가 다른데 바로 동 횟수를 말한다. 전자파의 존재를 실험적으로 증명한 독일의 과학자 헤르츠(H.R.Hertz)의 이름을 따서 Hz라는 단위를 사용하여 주파수를 계산하는데 1초당 1,000개의 파동이 지나가는 경우의 주파수는 1,000Hz(=1KHz)다. 즉, 파동이 1초 동안 1번 진동하면 이를 1Hz(헤르츠)라 하고, 1천 번 진동하면 1KHz(킬로헤르츠), 1백만 번 진동하면 1MHz(메가헤르츠), 10억 번 진동하면 이를 1GHz(기가헤르츠)라고 한다. 전파의 파장은 주파수에 반비례한다. 즉, 파장이 길다(장파)는 것은 주파수가 낮다는 의미이고 파장이 짧다(단파)는 것은 주파수가 높다는 의미이다. 전파의 종류는 주파수에 의해 구분되는데 주파수가 높은 것은 직진성이 좋고 반사가 잘되는 성질을 지닌다. 주파수가 낮은 것은 멀리 전달될 수 있고, 전달되는 과정에서 장애물에 부딪히면 회절하는 성질이 있다. 이처럼 전파는 주파수의 높고 낮음에 따라 성질이 크게 변화하므로, 서로 비슷비슷한 성질을 가지는 주파수 범위를 묶어 주파수대로 정하고 각각 다음과 같은 명칭을 붙여 사용하곤 한다.

- 초장파(VLF; Very Low Frequency): 3~30KHz - 해상통신
- 장파(LF; Low Frequency): 30~300KHz - 무선전화국
- 중파(MF; Medium Frequency): 300~3000KHz - 국제단파통신
- 단파(High Frequency): 3~30MHz - 아마추어 무선통신
- 초단파(Microwave 또는 VHF; Very High Frequency): 30~300MHz - FM, TV, 무선호출
- 극초단파(UHF; Ultra High Frequency): 300MHz~3000MHz - 이동전화, PCS, Iridium
- 초극초단파=센티미터파(SHF; Super High Frequency): 3~30GHz - 인공위성
- 밀리미터파(EHF; Extreme High Frequency):30~300GHz - 우주통신
- 서브밀리파=데시밀리미터파: 300GHz~3000GHz - 전파천문학

인공위성을 운용하고 우주통신을 하기 위한 무선 대역은 3~300GHz인데 동 대역을 구분하여 다음과 같은 글자로 특정 대역을 표현하기도 한다.

L-band	1~2GHz
S-band	2~4GHz
C-band	4~8GHz
X-band	8~12GHz
Ku-band	12~18GHz
K-band	18~27 GHz
Ka-band	27~40 GHz
V-band	40~75 GHz
W-band	75~110 GHz

3.2. 우주 시대 이전의 ITU 역할

국제전신연합(International Telegraph Union)은 근대 통신 수단인 전보를 국제적으로 규제하기 위하여 1865년 창설되었다. 또한 1868년 비엔나에서 개최된 제2차 국제전신연합회의에서 회원

국에게 통계 및 기술정보를 제공하기 위한 목적으로 상설 사무실을 설치하였다. 1875년 회의에서는 국제전보협약을 다시 성안하고 회원국의 전문가들이 모이는 주관청회의(Administrative Conferences)를 주기적으로 개최하여 전보 효율표를 수정하고 규율내용을 시대에 맞도록 개정하는 작업을 하도록 결정하였다. 이때 마련된 국제전보협약은 변경 없이 1932년까지 존속하였다.

1876년 Alexander Graham Bell이 전화를 발명한 것은 두말할 필요도 없이 상업적으로 성공하였으며 일대 혁명이었다. 1885년 베를린에서 개최된 주관청회의에서 국제전보연합은 전화의 존재를 공식 인정하면서 전신 규정에 전화에 관한 다섯 개 문단을 삽입하였다. 그 뒤 1903년에 열린 런던회의에서는 국제 전보에 관한 규정에 15개의 전화 관련 조문을 추가하였다.

제3의 통신 수단, 즉 무선 등을 국제적으로 규제하기 위하여 1906년의 베를린 무선회의는 처음으로 국제무선전신협약(International Radio-Telegraph Convention)과 전파규칙(Radio Regulations)을 채택하였다. 그런데 동 문서는 1903년 베를린 무선회의의 최종문서(Final Protocol)를 주로 본뜬 내용이었다. 전신협약과 유사하게 무선 전신 협약도 무선통신의 규제를 위한 기본 규칙과 무선 전신연합의 조직에 관한 규정을 포함하였다. 전파규칙은 협약의 부속 문서로서 무선통신의 향상에 필요한 규칙을 취급하였다.[14] 어떤 경우에도 무선 전신 협약과 전파규칙에 저촉되지 않는 한 국제전신규정의 내용은 무선통신에도 적용될 수 있었다.[15]

특히 방송용 무선통신 사용은 제1차 대전 이후 급격히 증가하였다. 각국 정부는 방송국의 설립을 권장하면서 주파수 혼신을 고려하지 않은 채 방송국이 사용하는 주파수와 출력사용을 무조건적으로 허용하였다. 이 결과 유럽에서 일어난 상황은 혼란 그 자체였다. 따라서 1925년 국제무선전신연합[16] (Union internationale de radiotéléphonie)이 창설되었고, 유럽의 방송국은 동 기구를 통하여 자발적으로 주파수 재분배 작업을 하였다. 그런데 해상 통신용으로 사용되는 주파수가 혼신을 가져오고 항공통신용으로 사용되는 주파수의 소요도 증가하여 상황은 다시 악화될 소지가 많았다.

근대통신에 관한 첫 번째 회의로 여겨지는 무선전신연합의 1927년 워싱턴 회의는 새로운 국제무선전신협약과 동 협약에 부속된 일반규정(General Regulations)을 채택하였다. 무선 사용의 증가가 유해한 혼신을 야기하는 것을 감안하여 동 협약은 국내방송으로부터의 혼신도 규율하는 것으로 적용범위를 확대하였다. 동 협약[17]의 제1조는 "일국의 경계 밖에서 여타 통신의 혼신을

14) 동 규정 불구 1912년 Titanic호의 침몰 시 인접 항행 선박에 대한 긴급조난 신호는 전달이 되지 않는 문제가 발생하였음. 이것은 무선 주파수의 국제적 배정이 필요함을 보여주는 큰 사건이었음. M. Lachs, The Law of Outer Space, An Experience in Contemporary Law-Making, Martinus Nijhoff, Leiden Publishers, 2010, p.90.

15) The Berlin Radiotelegraph Convention, Nov. 3, 1906, in,(1906), American JI of International Law 330.

16) 동 기구는 1929년 Union international de radiodiffusion으로 명칭을 변경함.

가져올 수 있는 동국의 국내 또는 국가 무선통신은 혼신의 관점에서 국제통신으로 간주한다"라고 규정하였다.

상기 워싱턴 회의에서는 처음으로 주파수 할당표를 작성하였고 주파수는 국가 단위보다는 무선통신 사업별로 할당한다는 원칙을 채택하였다. 주파수 할당에 관한 여사한 원칙은 추후 이 분야에서 국제 규율의 바탕을 이루는 것이다. 따라서 주파수 대역이 통신 용도별로, 즉 아마추어, 항공 이동, 해상 이동, 방송, 원거리 통신 등으로 분류되었다. 그러나 당시 회의에서 많은 정부가 주파수의 사용과 선택의 자유를 권리로 주장하였기 때문에 할당표를 강제 규범화하는 데는 실패하였다. 동 협약의 제5조 (1)항은 다음과 같은 입장을 취하는 데 만족하였다.

> 각 체약국의 주관청은 타국의 어떠한 통신과도 혼신을 야기하지 않는다는 전제하에 자국 내 방송국에 대하여서도 어느 주파수나 파장의 형태를 배정할 수 있다.

주파수 할당표(Frequency Allocation Table)를 작성함에 따라 제기되는 문제는 한 방송국이 주파수를 변경함으로써 유해한 혼신을 야기하는 경우 당사국의 각기 권리가 어떻게 되는 것인가이다. 이에 대한 해결책으로 먼저 사용한 자의 우선권(right of priority)을 주자는 안이 나왔으나 채택되지 않았다. 동 문제는 관련 당사국 간의 협상에 의하여 해결하기로 하고 협상으로 해결하지 못할 경우에는 중재에 회부하는 것으로 규정하였다.

네 번째 국제무선전신회의와 제13차 국제전보회의가 1932년 마드리드에서 동시에 개최되었으며 여기에서 무선, 전보 및 전화통신에 관한 일반규정을 포함하는 단일협약[18]이 탄생하였다. 마드리드 협약은 국제전기통신연합(ITU)을 창설하면서 전기통신(telecommunication)이라는 새로운 용어에 대한 정의를 포함하였다.[19] 그리고 워싱턴 회의에서와 같이 마드리드 회의에서도 주파수 목록에 기재된 주파수 배정에 대한 우선권을 인정하지 않았다.[20]

ITU는 1938년 창설된 후 첫 무선주관청회의(Administrative Radio Conference)를 카이로에서 개최하였다. 동 회의에서는 마드리드 협약에 부속된 모든 무선통신 규정을 개정하였다. 동 회의에서는 또한 무선통신, 특히 고정 및 이동통신, 그리고 방송 및 TV 사용을 위한 통신의 수요가 증가함에 따라 주파수 할당표상 여유 있는 주파수가 고갈되고 있다는 점을 크게 우려하였다. 이 때

---

17) 84 LNTS 97(1927).

18) International Telecommunication Convention, General Radio Regulations, Additional Regulations, Additional Protocol (European), Telegraph Regulations and Telephone Regulations, signed at Madrid on Dec. 19, 1932, 151 LNTS 5 (1934).

19) 마드리드 협약 제1조 (1)항에 표현된 전기통신의 정의: Any telegraphic of telephonic communication of signs, signals, writing, facsimiles and sounds of any kind, by wire, wireless, or other systems or processes of electric signaling or visual (semaphore) signaling.

20) Leive, D.M., International Telecommunications and International Law: The Regulation of the Radio Spectrum, (Leyden, 1970), 50.

문에 주파수 할당표에 대한 수정 작업을 행하였는데, 그 중 가장 중요한 것은 6,500부터 23,380kc/s까지의 주파수 대역을 대륙 간 항로 사용용으로 할당[21]하였다는 것이다. 동 할당은 장래 상황을 예상한 첫 할당으로서 기존의 주파수 사용을 추후 인준하였던 방식과는 매우 대조되는 것이었다.

제2차 세계 대전 중에 통신은 눈부시게 발전하였다. 무선은 군대통신으로 필수 불가결한 것이었으며 선전방송을 위하여서도 그 사용이 증가하였다. 따라서 새로운 방송국으로서 사용 가능한 주파수를 얻는다는 것이 무척 어렵게 되었다. 이때의 상황이 상당히 심각한 것이긴 하였지만 그렇다고 혼돈을 가져오는 것은 아니었는데 그 이유는 '우선권(priority right)' 또는 '기존 사용권(right of previous use)'라는 비공식적인 개념이 통용되어 주파수 사용에서의 질서를 유지시켜 주었기 때문이다. 관행으로 된 우선권을 인정하지 않는 데에 대한 벌칙이나 제재가 있는 것은 아니었으나 실제적인 필요 때문에 회원국들 상호 간에 우선권이 존중되었다.[22] 그런데 신생 개도국의 입장에서 보건대 우선권을 인정하면 선진국이 많은 주파수를 선점하게 될 터인즉 우선권을 구속력 있는 규범으로 정하는 데 찬성할 리 없었다.

2차 대전 후 세계의 제1대국으로 부상한 미국은 세계의 통신구조를 정비하고 ITU의 업무를 활성화하기 위한 목적으로 1947년 Atlantic City에서 전권회의, 무선주관청회의 및 고주파 방송회의를 개최하였다. 동 회의 결과 채택한 1947년의 Atlantic City 협약은 "자국의 통신을 규율하는 각국의 주권을 충분히 인정"하는 동시에 ITU의 목표가 통신의 효율을 보장하는 것임을 명백히 하였다. 동 협약의 제3조에 규정된 ITU의 목표와 목적은 통신문제에 있어서 국제협력을 도모하는 ITU의 독특한 입장을 나타내는 것이다.

Atlantic City 회의에서는 전쟁 중 개발되고 확장된 새로운 무선통신, 특히 항행, 고주파수 및 FM 방송, 원거리 무선 항행, 레이더 및 TV용 주파수를 할당하였다. 이때 주파수 등록청(IFRB)이 ITU의 상설기관으로 설치되었다. 또한 동 회의에서는 '우선권'이라는 강한 표현 대신 '국제인정(international recognition)'이라는 표현을 썼지만 주파수 등록 장부(master frequency list)에 등록된 사전 주파수 배정을 최종적으로 인정하는 형태를 취하였다.

비록 IFRB가 집행의 권한을 가지고 있지는 않지만 각국의 주관청(정부)이 스스로의 필요 때문

---

21) 라디오 규정(RR) 1.16-1.18은 주파수를 분배하는데 있어서 어떠한 분배이냐에 따라서 분배의 용어를 3개로 나누어 표현하고 있음.
　　Allocation: 주파수 대역의 분배로서 주파수 할당 표에 기재된 용도별 분배임. 즉, 지상용, 우주통신용, 무선 천문 통신용 등의 분배로서 국가의 경계와는 무관한 세계 전체로 볼 때의 용도 지정을 말함.
　　Allotment: 무선 주파수 또는 무선 주파수 채널을 배분하는 것으로서 국가별로 용도를 지정하여 배분 하는 것(가령 한국에서 FM 라디오 방송은 88MHz부터 108MHz를 사용할 수 있다는 등).
　　Assignment: 각국이 용도별로 배분받은 무선 주파수 또는 무선 주파수 채널을 일정한 조건하에서 무선 방송국이 어떠한 무선 주파수 또는 무선주파수 채널을 사용할 수 있다고 한 나라 내에서 분배하여 주는 것을 말함(가령 한국 방송통신위원회가 KBS TV용 주파수 및 채널은 어떠한 것을 사용하라고 허가하여 주는 것 등).
22) 상세는 Codding, G. A., The International Telecommunication Union, (Leyden, 1952), pp.191-192 참조.

에 정해진 규칙을 따르지 않을 수 없다. 만약 타 주관청이 사전에 등록한 주파수를 인정하지 않을 경우 자국이 사전에 등록한 주파수도 인정받지 못하고 혼신을 받을 것이기 때문이다. Atlantic City 회의가 사전 등록된 주파수 배정에 대하여 공식적이고 국제적인 인정을 하는 데 동의하였지만 ITU 회원국은 주파수 배정에 관한 자국의 권한을 포기하지 않았다. 따라서 IFRB는 어떤 나라가 자국이 최선으로 생각하는 주파수를 사용하는 것을 금지할 권리는 가지고 있지 않다.

권한 있는 회의에서 여러 용도를 주파수를 일단 할당(allocate)하거나 또는 국가별로 배분(allot)한 다음에는 각국의 주관청이 자국의 무선통신용으로 주파수를 배정(assign)한다. 여사한 배정은 IFRB에 보고되어야 하고 IFRB는 기술적 검사를 한 연후에 일국이 배정한 주파수가 주파수 할당, 협약 또는 규정에 위반하거나 또는 이미 등재된 주파수에 유해한 혼신을 가져올 것 같은 경우 동 주파수를 등재하지 않는다. 이 경우 IFRB는 관련 당사국에 통보하여 동 주파수 사용이 유해한 혼신을 줄 터인즉 사용하지 말도록 요청한다. IFRB는 또한 등재한지 2년 동안 사용되지 않은 주파수를 취소할 권한을 가지고 있다. IFRB가 상시 주파수 사용을 감시함에 따라 무선 주파수 대역은 끊임없이 수정이 되고 있으며 등한시되기 쉬운 주파수도 효율적으로 활용되고 있다. 1952년 Buenos Aires에서 개최된 전권회의에서는 Atlantic City 협약을 큰 변경 없이 수정하였다.

3.3. 우주 시대와 ITU 역할의 확대

오늘날 위성 통신은 새로운 통신 수단이라기보다는 기존 수단, 즉 무선 주파수를 활용하는 새로운 방법 또는 기술이다. 통신위성이 혼신 없는 무선연결을 요함은 물론이다. 따라서 우주활동이 시작된 이래 ITU가 실험용이고 운용용이고 간에 위성통신을 포함한 모든 우주활동을 위한 무선주파수 할당에 책임을 져야 한다는 데 모두 공감하였다.[23] 유엔은 일찍이 ITU를 모든 형태의 통신을 관장하는 유엔의 전문기구로 인정하였다.

우주탐사가 시작된 지 처음 몇 년 동안은 여사한 우주활동을 위한 특별한 주파수 할당이 없었다. 따라서 소련과 미국이 발사한 우주선이 지상 무선국에 유해한 혼신을 가져오는 일도 있었다.[24] 질서 있는 무선 주파수 할당이 있지 않는 한 여사한 혼신이 증가하리라 한 예상은 명확한 일이었다. ITU는 이를 간과할 수 없었으며 1958년에 CCIR[25]이 우주탐사용으로 사용할 무선 주

23) Garmier, J., l'UIT et télécommunications par satellites, (Brussels, 1975), 35; Valladao, H., "South American Contributions to solution of the Juridical Problems of Telecommunications and Direct Broadcasting", in McWhinney, E., (ed.), the International Law of Communications, (Leyden, 1971), 138,142; Haley, A. G., "Space Age Presents Immediate Legal Problems"(1958), 2nd Colloq. on the Law of Outer Sp. 16.

24) Haley, A. G., Space Law and Government, (N. Y., 1963), 168-171.

25) 국제무선협의위원회로서 1992년 제네바 추가 전권회의에서 ITU가 개편되기 전까지 존재하였던 상설기관임. 당시 ITU 조직은 전권회의, 행정회의, 행정이사회와 4개 상설기관으로서의 CCIR, IFRB, CCITT(국제전보전신협의위원회), 사무국이 있었음. 1989년 니스 ITU 전권회의에서 ITU 헌장 개정을

파수를 보호하자는 결의문을 채택하였다.[26]

1959년 제네바에서 ITU 전권회의와 WARC가 동시에 개최되었다. 이때 ITU 협약과 RR을 개정하여 처음으로 우주활동에 적용할 국제 합의를 도출하였다. 1959년의 RR에서는 '우주통신용(space service)'으로 특정 주파수 대역을 할당하였다.[27] 우주 '연구'만을 위하여 할당된 동 주파수 대역은 다른 용도와 함께 사용하도록 지정된 것이지만 ITU 문서에 처음으로 우주용도의 주파수가 할당되었다는 데 그 의의가 있다. 그러나 연구용이 아닌 모든 여타 무선통신은 인공위성이 이용하는 것이더라도 할당대상이 아니었기 때문에 혼신의 위험이 있었다. 또한 RR은 기존의 우주통신용 무선 주파수만 합법화 시킨 것으로서 추후 우주통신 용도를 위한 규정을 마련한 것은 아니었다. 1959년의 RR 제9조는 무선 주파수 대역의 효율을 높이기 위한 관점에서 주파수 배정의 통보와 등록절차에 중대한 변화를 가하였다. 그러나 우선권의 원칙에는 변함이 없었고 우주용도를 위한 주파수 할당은 아직도 부족한 상황이었다. 이러한 점을 배경으로 하여 1959년 무선회의에서는 1963년에 특별무선주관청회의(Extraordinary Administrative Radio Conference)를 개최하여 "여러 종류의 우주 무선통신에 필수적인 주파수 대역의 할당을 결정"[28]할 것에 합의하였다.

1963년 특별무선주관청회의(EARC)가 예정대로 개최되어 RR을 개정하였다. 동 회의에서는 장래 우주통신의 필요를 충족시키기 위하여 우주활동용 주파수를 할당하고 우주통신에 대한 관할권을 확장하였다. 그러나 EARC에서 1959년 제네바 RR에 대하여 대폭적인 수정을 가한 것은 아니었다.

EARC 결과 우주연구뿐만 아니라 우주의 실제 사용을 위하여서도 무선 주파수가 할당되었다. 또한 처음으로 위성을 통한 통신에 대하여 주파수 대역이 할당되었다. 1963년 회의의 주요 성과는 지상과 우주 용도로 공히 사용되는 주파수를 통보하고 등록하는 규정이었다. 동 규정은 일정한 거리(전문적 용어로는 defined coordinated distance) 내에서 지상과 우주용 통신의 주파수를 멋대로 쓰게 할 경우 유해한 혼신이 올 위험이 있었기 때문에 필요한 것이었다. 이 점을 제외하고는 우주통신에 관한 원칙과 절차에 변함이 없었으며 배정된 우주통신용 주파수의 법적지위에 관한 새로운 원칙을 설정한 것도 아니었다. 다시 말하면 지상 통신용 주파수에 대한 국제적 보호와 같은 방법으로 우주통신용 배정에 대한 국제적인 보호를 한 것이다.

1963년 EARC에서는 기술 선진국이 우주통신용 무선 주파수 할당을 모두 차지할 것이라는 우려가 팽배하였다. 여사한 우려는 후술하는 지구정지궤도에 대하여서도 동일한 것이었다. 유엔총

통하여 통신개발국이 신설되었음.

26) Haley, "Space Age Presents Immediate Legal Problems"(1958), 2nd Colloq. on the Law of Outer Sp., 17-20.

27) The 1959 (Geneva) Radio Regulations Chap. 1, Pars. 70-71.

28) 1959 (Geneva) Radio Regulations, Res. No. 36.

회 결의문 제1721호(XVI)의 내용을 감안하고 개도국의 우려를 불식하기 위하여서 EARC는 모든 회원국이 "우주통신용으로 할당된 주파수 대역을 공평하고 합리적으로 사용할 이익과 권리를 갖는다"라는 내용의 권고문[29]을 채택하였다. 동 권고문의 표현을 그대로 기술하면 다음과 같다.

> 우주통신용 주파수 대역의 사용과 개발은 모든 국가의 상호 이익을 위한 주파수의 할당의 사용과 공유를 허용하는 정의와 형평의 원칙에 따른 국제 합의에 의하여야 한다.

상기 권고는 후발국에게 자국의 우주 참여를 위하여 필요한 무선 주파수 할당을 제공받을 수 있는 가능성을 제공한 것이다. 이 가능성은 궤도 자리에 관련하여서도 적용되는 것으로서 우주통신의 운영에 있어서 중대한 변화를 초래하였다.

1963년 EARC는 우주 무선통신으로 할당된 무선 주파수 대역의 국제적 사용 규제를 위하여 추가 합의를 도출하기 위한 또 하나의 회의를 개최하도록 하는 권고문[30]을 채택하였다.

1963년 EARC 이후 여러 개의 국내 또는 국제 통신위성체제가 수립되는 등 우주활동용의 무선 사용이 매우 증가하였다. 이 결과 1963년 EARC에서 규정한 우주통신용 RR이 더 이상 적절하지 못하게 되었다. 이를 해결하는 방안으로 1971년 제네바에서 WARC-ST(World Administrative Radio Conference for Space Telecommunications)를 개최하여 기존의 규칙을 개정하였다. 동 제네바 회의에서는 ITU의 관할을 우주통신에까지도 확대하였다. 우주통신용 주파수 대역을 확대하여 기존 소요만이 아니고 장래의 소요도 충족시키려는 결정을 하였다. 또한 고정통신을 위한 할당이 수정 및 증가되고 처음으로 방송위성과 지구탐사 통신위성용으로 구분하여 주파수가 할당되었다.

모든 용도에 대한 주파수 소요가 증가함에 따라 가용한 주파수 대역이 곧 소진되기 시작하였다. 이에 대한 해결 방안으로 주파수 활용을 극대화시키는 방안이 강구되었다. 가령 여러 용도로 할당된 동일한 주파수가 긴급 조난 및 수색 구조용으로 사용될 때에 다른 용도는 여사한 안전에 관한 통신이 우선적으로 이루어질 수 있도록 통신사용을 잠시 양보하는 것이 그 예이다. 또한 IFRB는 주파수가 배정되었지만 사용되지 않고 있을 경우, 동 주파수 배정을 취소할 수 있으며 경우에 따라서는 조사할 수도 있다.

1971년 회의에서도 1963년 EARC에서와 같이 개도국은 기술적으로 앞선 나라가 무선 주파수 사용을 선점할 것이라는 강한 우려를 표명하였다. 그 결과 개도국을 안심시키는 내용의 결의

---

29) Recommendation No. 10A (Relating to the Utilization and Sharing of Frequency Bands Allocated to Space Radio-communication), Final Acts of the Extraordinary Administrative Radio Conference to Allocate Frequency Bands for Space Radio-communication Purposes, ITU, (Geneva), 1963, at 219.

30) 상동 문서 중 Recommendation No. 9A.

문[31](Spa 2-1)이 채택되었는데 동 결의문 중 본문은 다음과 같다.

> 1) 우주 무선통신용 주파수를 ITU에 등록하고 사용하는 것은 개별 국가 또는 그룹의 국가에서 영원한 우선을 부여하는 것이 아니며 여타 국가가 우주 체제를 수립하는 데 장애를 주어서도 아니 된다.
> 2) 따라서 ITU에 우주 무선통신에 관한 주파수 등록을 한 국가 또는 그룹의 국가는 여타 국가 또는 그룹의 국가가 새로운 우주체제를 사용하고자 할 경우 동 사용이 가능할 수 있도록 모든 실제적인 조치를 취하여야 한다.

1971년 회의는 또한 차기 WARC에서 무선 우주통신의 조정에 관한 RR의 제9조 A를 검토하고 우주통신용 주파수 사용의 증가와 통신위성이 위치하는 지구정지궤도의 자리가 줄어드는[32] 사실을 다루도록 권고하였다.

이상의 결의와 권고는 구속력이 있는 것은 아니지만 일반적으로 존중되었으며 그 결과 1973년의 ITU 협약[33]의 제33조로 다음과 같이 포함되었다.

> 2. 회원국은 우주 무선통신을 위한 주파수 대(band)를 사용하는 때에는 무선 주파수 및 정지위성 궤도가 유한한 자연자원이므로 그들 국가 및 국가군이 무선통신규칙의 규정에 의거하여 그 필요 및 사용 가능한 기술력 수단에 따라 그들을 공평하게 사용할 수 있도록 효율적으로 또는 경제적으로 사용되지 아니하면 안 된다는 것에 유의하여야 한다.

1973년의 ITU 협약이 사전 등록된 주파수 배정에 대하여 국제적인 인정을 부여하는 것이긴 하지만 동 협약에 새로이 포함된 제33조의 의미는 과소평가할 수 없는 것이다. 동 조항은 첫째, 우주통신용 주파수 대역에 대한 공평한 사용 원칙, 둘째, 1967년 외기권 조약에 포함된 인류의 공동유산 원칙을 인정하는 것이다.

제33조가 내포하는 원칙은 1977년 제네바에서 개최된 WARC-BS(World Administrative Conference for the Planning of the Broadcasting Satellite Service)에서 구체화되었다. 1977년 WARC-BS는 본격적으로 활용한 경험이 없는 방송위성용 주파수와 지구정지궤도의 위치를 나라별로 배분하는 작업을 시작한 것이다.[34] 동 작업은 1985년과 1988년 두 차례에 걸쳐 제네바에서 개최된 WARC-ORB(World

---

31) Final Acts of the World Administrative Radio Conference for Space Telecommunications, ITU, (Geneva), 1971, at 331.

32) Recommendation No. Spa 2-1, "Relating to the Examination by World Administrative Radio Conferences of the Situation with Regard to Occupation of the Frequency Spectrum in Space Radio-communications", 1971 Final Acts, 331-2.

33) International Telecommunication Convention, Malaga-Torremolinos, 1973.

34) 1977년 WARC-BS에서는 제1지역(유럽.아프리카)과 3지역(아시아) 국가용 방송위성용 정지위성궤도와 하향 회선(down link) 주파수가 할당되었고, 제2지역(미주) 국가용 궤도와 상향(up link) 및 하향회선 주파수는 1983년 제네바에서 개최된 RARC(Regional Administrative Radio Conference)에서 결정되었음. 1985년 WARC-ORB 제1차 회기에서는 1983년 RARC의 결정을 수용하고 제1지역과 3지역 국가용 상향 회선 대역을 결정한 데 이어 1988년 WARC-ORB의 제2차 회기에서는 동 상향 회선 주파수 대역을 각국에 배분했음.

Administrative Radio Conference on the Use of the Geostationary -satellite Orbit and the Planning of Space Services Utilizing It) 회의에서 완료된 셈이다.

ITU는 1960년대와 1970년대에 대거 독립한 제3세계의 국가들이 다수를 차지하는 가운데 후진국들의 이해를 반영하는 내용으로 제33조를 수정하여 개도국과 특정국의 지리적 상황[35]을 특별 감안하면서 지구정지궤도와 주파수 대역을 사용토록 하였다.

ITU는 우주활동의 증가와 더불어 지구정지궤도자리와 이에 관련한 주파수 대역 업무로 영역이 확장된 데 이어 지구정지궤도가 아닌 저궤도 등 관련궤도(associated orbits)로 업무영역이 확대되었다. 이는 1998년 미국 Minneapolis에서 개최된 ITU 전권회의에서 ITU헌장을 개정하여 제44조 2항에서 지구정지궤도를 포함한 관련궤도를 분배한다고 규정하였기 때문이다.

위와 같이 변화된 내용의 ITU 기본문서의 시대적 변화를 보여주는 ITU 협약 또는 헌장 규정내용은 다음과 같다.

ITU Convention, MALAGA - TORREMOLINOS, 1973
ARTICLE 33
Rational Use of the Radio Frequency Spectrum and of the Geostationary Satellite Orbit
1. Members shall endeavour to limit the number of frequencies and the spectrum space used to the minimum essential to provide in a satisfactory manner the necessary services. To that end they shall endeavour to apply the latest technical advances as soon as possible.
2. In using frequency bands for space radio services Members shall bear in mind that radio frequencies and the geostationary satellite orbit are limited natural resources, that they must be used efficiently and economically so that countries or groups of countries may have equitable access to both in conformity with the provisions of the Radio Regulations according to their needs and the technical facilities at their disposal.(필자 밑줄)

ITU Convention, Nairobi, 1982
ARTICLE 33
Rational Use of the Radio Frequency Spectrum and of the Geostationary Satellite Orbit
1. Members shall endeavour to limit the number of frequencies and the spectrum space used to the minimum essential to provide in a satisfactory manner the necessary services. To that end they shall endeavour to apply the latest technical advances as soon as possible.

---

35) 1976년 적도 소재 국가 7개국(콜롬비아, 콩고, 에콰도르, 인도네시아, 케냐, 자이레와 옵서버로서 브라질)이 콜롬비아 수도 보고타에 모여 적도 상공 지구정지궤도에 대한 주권을 주장한 선언을 한 상황을 감안한다는 내용이지만 같은 적도 소재 다른 국가도 주권 주장에 동조하지 않는 가운데 국제사회가 수용할 수 없는 개념임. 동 선언에 참가한 국가 중 브라질, 에콰도르, 우간다(추후 참여)는 1976년 당시 발효 중이던 1967년 외기권 조약을 비준하였고, 인도네시아와 자이레가 동 조약을 서명한 것은 선언에 참가한 국가들 다수도 선언 내용의 진정성에 비중을 두지 않고 있다는 이야기가 됨. 동 건 관련 Lyall & Larsen, Space Law, A Treatise, Ashgate(UK), 2009, pp.253-256 참조.

2. In using frequency bands for space radio services Members shall
bear in mind that radio frequencies and the geostationary satellite orbit are
limited natural resources and that they must be used efficiently and
economically, in conformity with the provisions of the Radio Regulations,
so that countries or groups of countries may have equitable access to both,
<u>taking into account the special needs of the developing countries and the
geographical situation of particular countries.</u> (필자 밑줄)

ITU Constitution, Minneapolis, 1998
ARTICLE 44
**Use of the Radio-Frequency Spectrum and of the Geostationary-Satellite and
Other Satellite Orbits**
1. Members shall endeavour to limit the number of frequencies and
the spectrum used to the minimum essential to provide in a satisfactory
manner the necessary services. To that end, they shall endeavour to apply
the latest technical advances as soon as possible.
2. In using frequency bands for radio services, Member States shall
bear in mind that radio frequencies and <u>any associated orbits, including
the geostationary-satellite orbit,</u> are limited natural resources and that
they must be used <u>rationally,</u> efficiently and economically, in conformity
with the provisions of the Radio Regulations, so that countries or groups
of countries may have equitable access to those orbits and frequencies,
taking into account the special needs of the developing countries and the
geographical situation of particular countries.(필자 밑줄)

3.4. 우주통신과 방송 관련 ITU 규율 내용

ITU의 문서 중 가장 우위에 있는 것은 헌장(Constitution)이고 그다음에 협약(Convention), 행정규정(Administrative Regulations: AR)인 무선규칙(Radio Regulations: RR)과 국제통신규정[36](International Telecommunications Regulations: ITR), 결정(Decisions), 결의(Resolutions), 그리고 권고(Recommendations) 순서이다. 전권회의나 WRC가 개최될 때 ITU 사무국과 회원국들 간의 그간 연구와 협의결과를 의제로 상정하여 통상 RR을 개정하지만 동 RR에 반영시키기에는 기술적 또는 국가 간의 의견 합치에 달하지 못한 단계에 있는 내용은 결의나 권고로 채택한 후 내용이 성숙하여 확고한 지위를 부여하여야 할 경우 차기 회의 시 RR로 반영시키는 절차를 취한다. 1982년 나이로비 전권회의에서 채택된 ITU 협약 시까지 AR을 협약의 단순한 보충 또는 부속으로 간주하면서 국가에 따라 이에 부여하는 법적 지위를 달리하기도 하였으나 1989년 니스 전권회의에서 헌장을 채택하

---

36) 원래 전보와 전화를 별도로 규정하였으나 호주 멜버른 개최 세계전보전신주관청 회의에서 양자를 하나로 일원화하였음.

면서 AR을 구속력 있는 국제문서로 정의하였다.

오늘날 통신이 무한한 부가 가치를 창출하고 첨단 산업의 중추를 담당하는 관계상 통신의 이용에 관련하여 국제적으로 표준을 정하며 주파수 대역 및 지구정지궤도의 자리 배분 등을 담당하는 ITU의 업무가 매우 중시되고 있다. ITU가 모든 주파수 대역과 지구정지궤도를 각국에 배분하는 것은 아니나 주파수의 상호 혼신을 방지하는 차원에서 모든 주파수 사용에 있어서 ITU 회원국들의 협의의 장을 마련하고 회원국들이 합의한 내용을 원활이 이행하도록 하는 사무국 역할을 하며 회원국들 간의 분쟁 발생 시 주파수 선 등록과 조정 절차를 중시하면서 해결하고자 노력한다.

그런데 앞서 본 ITU 헌장과 협약의 내용대로 지구정지궤도와 주파수 대역은 유한한 자연자원이기 때문에 우주 산업에 뒤진 다수 개도국들이 향후 사용하고자 할 경우 이미 다른 나라들이 사용한 결과 남아 있는 자원이 없을 수 있다는 우려가 제기되었다. 따라서 국제사회는 나라마다 통신과 방송을 위하여 적어도 하나씩의 지구정지궤도 위성의 자리와 이에 필요한 주파수를 미리 배분받는 것이 필요하다고 인식하여 1977년부터 이에 관한 회의를 시작하여 1988년 마무리하였는바, 그 내용을 다음과 같이 살펴본다.

각국이 WARC에서 결정한 주파수 분배계획에 따르면 자국의 방송위성용으로 주파수를 사용할 경우에는 이를 IFRB에 사전 통고하여야 한다. IFRB는 통고 내용이 여러 WARC에서 결정하여 RR에 반영시킨 방송위성 주파수 분배계획에 따른 것인지 여부를 검사한 후 등재원부(Master International Frequency Register)에 기재한다. IFRB가 통고를 접수한 날짜와 통고를 한 주관청의 이름 등을 등재원부에 기재함은 물론이다.

그런데 당시까지 등록 일자가 중시된 것은 first come, first served에 근거하여 사실상 우선권을 부여하기 위한 것이었기 때문인데 1977년 회의에서 결정한 계획(plan)은 이러한 기존 원칙에 큰 변화를 가하였다. 이는 1977년 WARC-BS가 무선 주파수 대역의 공평한 사용원칙을 적용하였기 때문이다. 1977년 회의에서 채택된 최종의정서(Final Acts)도 다음과 같이 언급하고 있다.

> …무선 주파수 대역과 정지위성궤도의 최대 가능한 사용의 중요성과 동 주파수 대역이 할당되는 용도의 질서 있는 발전의 필요성을 유념하고; 대소를 막론하고 또한 동 회의에 참가하지 않은 국가들도 포함한 모든 국가의 평등권을 감안하여…

방송위성계획은 지역별로 주파수 대역의 일부를 할당한 후 각국이 방송위성통신용으로만 사용할 주파수와 채널수를 다음 표와 같이 배분하였다.

	하향회선(down link)	상향회선(up link or feeder link)
제 1지역	11.7~12.5GHz	17.3~18.1, 14.5~14.8GHz
제 2지역	12.2~12.7GHz	17.3~17.8GHz
제 3지역	11.7~12.2GHz	17.3~18.1, 14.5~14.8GHz

여기에서 한국이 배분받은 채널(6개)과 주파수는 다음과 같은바, 한국이 배분받은 방송위성궤도는 동경 110도상의 지구정지궤도에 있었다.

(단위: MHz)

채널 번호 / 구분	2	4	6	8	10	12
하향회선	11,746.06	11,785.02	11,823.38	11,861.74	11,900.10	11,938.46
상향회선	17,346.06	17,385.02	17,423.38	17,461.74	17,500.10	17,538.46

위와 같은 방송위성계획은 위성운영(Operation) 시점부터 15년간 또는 2002.6.2 중 늦은 시점까지 유효하나 차기 세계통신회의(World Radio Conference: WRC[37])에서 개정되지 않는 한 만료 3년 전 연장 신청에 의하여 15년간 더 유효하다.[38]

여타 주파수 대역을 사용하는 것은 WARC가 용도(service)별로 지정은 하였지만 각국에 배분하는 것은 아니고 first come, first served 원칙을 기본으로, 희망하는 국가가 자유로이 사용하는 것에 변함이 없다.

1977년 WARC-BS에서 각국에 배분한 위성통신 방송계획은 중요한 선례를 남기는 것으로서 추후 WARC 업무에 큰 영향을 주었다. 1979년 제네바에서 개최된 WARC는 남북 대결의 양상을 보였는데, 이때의 ITU 회원국 수는 RR을 전반적으로 개정하였던 1959년의 WARC 당시에 비하여 70%가 증가한 것이었다. 그런데 그사이 가입한 ITU 회원국은 새로이 독립한 개도국으로서 이들 국가는 '신 국제경제질서(new international economic order)'와 '신 국제정보질서(new international information order)'를 주장하면서 무선 주파수 대와 정지궤도 같은 유한한 자연 자원에 대하여 국제적인 분배를 하여야 한다는 입장을 취하였다.

1979년 WARC에서는 ITU 역사상 처음으로 사용 목적에 따라 3,000KHz와 27,5000KHz 사이의 고주파(HF) 대역을 A, B, C의 3개 카테고리로 분류한 후 A를 B나 C보다 보호하는 조치를 취하였다.[39] 같은 맥락에서 RR의 N12조를 대폭 개정하여 고주파 대역의 통보와 등록절차를 새로운 형

---

37) 1992년 제네바 ITU전권회의에서 ITU 조직과 기능을 개편하면서 WARC는 WRC(World Radio Conference)로 명칭이 변경.
38) RR, Appendix 30, Art. 14.

태로 설정 하였는바, 그 결과 고정통신용(fixed services) 고주파 대역의 사용에 관한 한 first come, first served 규칙이 수정되었으며 이로써 개도국은 보다 많은 기회를 갖게 되었다.

이상과 같이 주파수 통보와 등록에 관하여 약간의 수정이 있었지만 우주통신용 주파수의 법적 지위가 변경된 것은 아니었다.[40] 1979년 WARC에서 우주용도의 무선 주파수를 공평하게 사용하자는 방안이 심층 토의되었으나 구체적인 결정이 있지는 않았다. 그러나 이 회의에서 몇 개의 결의문, 특히 1971년 WARC 때 채택한 결의문인 Spa 2-1을 반복한 결의문 AY와 "정지위성궤도와 우주용도의 주파수 대역을 모든 나라가 실제적으로 공평하게 사용하게 할 수 있도록 하기 위한" WARC를 두 회기(sessions)에 걸쳐 개최하도록 하는 결의문 BP(결의문 3으로 변경됨)를 채택하였다.

그 결과 전술한 바대로 WARC ORB-85와 WARC ORB-88이 개최되어 1977년에 시작된 위성방송계획[41]을 완료하고 고정위성통신[42](Fixed Satellite Service: FSS)용 상향과 하향회선용으로 각기 800MHz를 지정한 후 이를 각 국에 배분하고 지구정지궤도를 정하였는바, FSS용 주파수 대역은 다음과 같다.

	6/4GHz 대역(300MHz)	13/11GHz 대역(500MHz)
상향회선	6.725~7.025GHz	12.75~13.25GHz
하향회선	4.50~4.80GHz	10.70~10.95GHz 11.20~11.45GHz

동 배분계획은 1990.7.1.부터 2010.6.30.까지 20년간 유효하다. 동 계획에 따라 한국이 배분받은 지구정지궤도의 위치는 동경 116.2도 ±10도이다. 단, FSS 사용을 위하여 각 주관청 또는 국제기구가 필요한 조정 및 통보절차를 이미 시작한 경우 이를 기존 체제(existing system)라고 정의한 후 기존 체제를 20년간 보호하였다.[43] 상기 배분의 유효기간은 2010.6.30. 만료되었지만 추후 WRC에서의 개정이 없는 한 계속 유효하다.

위와 같은 ITU에서의 위성 통신 및 궤도 업무 내용의 발전을 간략 정리하여보면 다음과 같다.

---

39) The 1979 Final Acts, Art. N12, Nos. 4283A, 4298A.

40) The Final Acts, Nos. 3953A, 4100, 4179A, 4179B, 4118A, 4118B, 4118C, 4118D, 4599, 4616 참조.

41) RR의 Appendix 30A(orb-88)로 규정됨(The final Acts of the WARC ORB-88 참조). 각 국에 27MHz 채널을 배분하였음.

42) 고정위성통신은 위성을 사용하여 통상 지구국(earth station) 간 무선통신을 하는 형태를 갖추지만 특정한 경우 위성 간 통신도 포함하며 여타 우주무선통신용 feeder link도 포함할 수 있음. 여기에서 feeder link는 지구국과 우주국(space station, 즉 통신위성) 사이에 고정 위성통신이 아닌 우주무선통신용 정보를 전달하는 무선 연결(radio link)를 말함(이상 Final Acts of the WARC ORB-88, Article 1의 정의).

43) The Final Acts of the WARC ORB-88, Appendix 30B, Article(N).

1959년 WARC: 우주통신 연구용 라디오 주파수 할당

1963년 EARC: 우주통신용 주파수 할당. 지상 통신과 같이 통보, 등록 규정

1971년 WARC: ITU의 관할권을 우주통신으로 확장. 미래 수요도 대비한 주파수 대역 할당. 지구
 정지궤도 사용 인공위성을 위한 특별 주파수 할당. 2개의 결의(Spa 2-1과 Spa 2-2) 채택
 Spa 2-1: 주파수 등록이 영구적인 우선권을 부여하는 것이 아님
 Spa 2-2: 무선 주관청 회의 통한 직접방송위성(DBS) 계획 수립과 운영

1973년 ITU 전권회의:
 - ITU 협약 개정 제33조 2항 신설
 - 신설된 내용은 주파수와 지구정지궤도는 한정된 자연자원으로서 이를 효율적이고 경제적
 으로 사용하며 여러 국가들의 형평 접근을 보장하여야 한다는 것

1977년 WARC-BS(Broadcasting Satellite Service):
 - 제1과 3지역 국가의 방송위성계획(방송위성 GSO와 하향회선 채널 배분) 승인
 - 방송위성계획은 위성운영 (operation) 시점부터 15년간 또는 2000.6.2 중 늦은 시점까지 유효
 하나 만료 3년 전 신청에 의해 15년간 연장[44]

1979년 WARC:
 - 위성방송 통신계획 수립. 당시 UNESCO 등 국제기구에서 선진국의 정보 독점 비난 분위기
 감안, 각국에 위성방송 용 주파수와 GSO 배분
 - 기존 first come, first served에 대한 예외
 - 결의 BP(추후 No. 3으로 변경) 채택: 모든 국가에게 우주통신을 위한 GSO와 주파수 보장을
 위한 WARC-ORB 두 차례 회기(session) 개최

1983년 R(regional)ARC 2: 제2지역 미주 국가의 방송위성 GSO와 상향회선(up link) 및 하향회선
 (down link) 주파수 배분

1985년 WARC ORB 1st Session:
 - 1983 RARC 결정 승인
 - 제1,3 지역의 방송위성계획 상 상향회선 대역 할당
 - FSS 주파수 대역 할당과 GSO 배분 논의

1988년 WARC ORB 2nd Session:
 - 제1,3 지역의 방송위성계획 상향회선 대역을 각국에 배분
 - 각국의 FSS용 GSO와 사용 주파수를 배분
 - FSS 배분은 2010.6.30.까지 20년간 유효하나 추후 WRC의 개정이 없는 한 계속 유효

위와 같은 내용의 골격은 변하지 않은 채 일부 사항이 통신 기술과 시대적 수요에 부응하여
방송위성계획은 WRC-2000에서 개정[45]되고 고정통신위성계획은 WRC-2007에서 개정[46]되었는
바, 후술한다.

방송위성계획에 이어 고정통신위성계획을 수립하여 각국의 주파수와 정지궤도 위치를 배분
한 것은 획기적인 조치였다. 이는 1963년 EARC에서 시작된 개도국의 주장 및 우려를 반영하여
모든 나라가 기술 수준의 선·후진을 불문하고 한정된 우주통신 자연자원을 공평히 나누어 갖

---

44) RR. Appendix 30. 4.1.24.

45) RR. Appendix 30 & 30A.

46) RR. Appendix 30, 30A, 30B에 주로 반영됨.

는 신경제질서를 성공적으로 실천하였다는 의미를 갖는다. 또한 WARC ORB는 한정된 우주통신 자원을 세계 각국이 어떻게 사용할 수 있는지에 대한 방향을 제시한 것이기도 하였다.

그러나 근본적으로 선·후진국 간의 불평등이 해결되는 것은 아니다. 세계 각국이 고정통신용 정지궤도위치와 주파수를 배분받았지만 개도국 중 얼마나 많은 국가가 동 배분을 활용할 수 있을지 의문이다.[47] 또한 Jakhu 교수가 지적한 바대로 1988년의 WARC ORB가 개도국의 성공으로 보일지 모르나 내용을 분석할 경우 개도국이 원하였던 만큼의 결과를 가져온 것은 아니었다. Jakhu 교수는 기 이유를 다음과 같이 제시 하였다.[48]

첫째, 1988년에 채택된 계획은 17개 우주용도 통신 부분 중 하나에 불과하고 우주용도로 할당된 전체 주파수 대역 중 1%에 해당하는 부분임

둘째, 배분계획상 정지궤도에서 각 주관청의 통신위성자리가 10도 내에서 이동할 수 있기 때문에 먼저 위성을 쏘아 올리는 주관청이 뒤늦게 쏘아 올리는 주관청보다 우선적으로 유리한 위치를 확보할 수 있으며 이는 한정된 범위 내에서 first come, first served가 적용되는 것임

셋째, 각국에 대한 배분(national allotment)과 기존 체제(existing system)와의 관계가 불명확하기 때문에 우주통신에 뒤늦게 참여하여 자국 배분을 이용하려는 국가는 기존체제의 방해를 받을 수 있음

넷째, 각국에 배분되지 않은 주파수 대역과 정지궤도 위치는 이를 사용하고자 하는 주관청이 1988년 WARC ORB에서 개정된 RR의 제11조에 따라 여타 이해 당사국과 쌍방 또는 다자간 협의 조정을 통하여 해결하도록 하였는데, 다자간 협의(Multilateral Planning Meeting: MPM[49])에 의하여 배분되지 않은 우주통신자원을 사용하는 것은 first come, first served 원칙의 적용을 받는 것으로서 후발 개도국에 불리할 수밖에 없음

다섯째, SPACE WARC(1985년과 1988년 두 회기에 걸쳐 개최된 WRC ORB-85와 WARC ORB-88)가 각국에 정확한 정지궤도 위치와 주파수를 배분하지 않았다는 사실은 많은 개도국이 현실적으로 sub-regional system만을 활용하는 현상을 가져올 것이며, 그 결과 여타국, 즉 선진국의 배분(allotment)과 배정(assignment) 활동을 방치하는 것을 말하는 것임

Jakhu는 연이어 개도국이 1988 WARC에서 충분한 성과를 거두지 못한 원인으로 첫째, ITU 회의에 효과적으로 참여할 수 있는 기술적, 경제적 자원이 없고, 둘째, 제3세계 중 활발한 우주정책을 추진하는 중국, 인도, 멕시코, 브라질 등의 이해관계가 여타 제3국가와 합치하지 않았기 때문에 개도국의 의견이 통합되지 않았고 리더가 없음을 내세웠다.

---

47) Oxford대학의 Charles Okolie는 개도국 중 90%가 배분받은 고정통신계획을 활용하지 않을 것이라고 전망함(17 J. of Sp. Law, 1989, 53). 이러한 점을 감안하여 1988년 WARC ORB는 여러 국가가 공동으로 우주통신체제를 수립할 수 있도록 하는 sub-regional system을 인정하였음(RR의 Appendix B, Art. L, Section II). 이러한 전망은 주효하여 약 160개국이 FSS를 배분받았지만 2012년 현재 8개국만이 이를 활용하여 위성사용을 하고 있음. 대신 경비절약과 효용성 증대를 위하여 20개이상의 지역 위성망(regional system)이 등록되었음. Y Henri V Nozdrin, Economic methods of improving efficient use of the orbit/spectrum resources by satellite system, Space Policy, vol.28, Issue 3(Aug, 2012), pp. 185-191. 참조.

48) McGill 대학(캐나다 몬트리올) 교수 Jakhu가 89.4.7 미국 시카고에서 개최된 Annual Meeting of the American Society of International Law에서 언급한 내용(동년 발간 저널 AJIL p.49).

49) MPM 적용을 받는 주파수의 MPM 사용을 위한 협의 절차는 WARC ORB-88에서 채택한 결의문 COM6/3을 참조.

이상에서 언급한 개도국의 문제에도 불구하고 SPACE WARC는 개도국에게 이익이 되는 결과를 가져왔다고 평가할 만하다. 왜냐하면 현실적으로 통신위성을 발사하고 소유할 능력이 없는 대다수 개도국으로서는 적어도 방송위성과 고정통신위성에 있어서 각기 하나씩 정지궤도 위치와 주파수를 확보한 셈이 되기 때문이다.

한정된 우주통신자원은 공평하게뿐만 아니라 효율적이고 경제적으로 사용되어야 하는 것이 근본원칙[50]인즉, 많은 수의 개도국이 우주통신에 직접 참여할 때까지 상당한 우주통신자원의 사용을 동결하는 것은 효율적이고 경제적인 사용에 반하는 것이다. 또한 개도국은 필요에 따라 장래에 개최될 세계통신회의(WRC)에서 SPACE WARC의 결정사항을 개정할 수 있는 수적 우위를 유지하고 있다는 점도 염두에 둘 때, 필자는 SPACE WARC의 결과가 개도국의 실패라고만 규정하는 데 동의하지 않는다. 이는 연후 개최된 WRC에서의 개도국에 대한 계속적인 배려와 개도국의 발언권을 감안할 때도 그러하다.

3.5. 우주용 통신 규율 내용의 개선

ITU는 위성전파자원을 크게 계획된 자원(Planned Resources)과 비계획된 자원(Non-Planned Resources)으로 분류하고 있다. 계획된 자원은 국가별로 특정궤도와 특정 주파수 대역을 위성 통신 및 위성 방송용으로 분배하여 놓은 것으로 ITU 무선규칙(RR)에 명시되어 있다. 이 ITU 무선규칙은 세계통신회의(World Radiocommunication Conference: WRC. 과거에는 세계무선주관청회의를 뜻하는 WARC로 표기)를 통하여 제정되고 개정된다. 계획된 자원이 아닌 이외의 것은 모두 비계획된 자원이라 하며 first come, first served 원칙에 따라 위성전파자원을 이용하고자 하는 국가에서 ITU의 국제등록 절차에 따라 ITU에 등록하여 사용한다.

계획된 자원의 사용은 이미 국제적으로 위성망[51]간의 상호 혼신에 대한 영향을 분석하여 ITU에서 배분한 것이므로 다른 나라 통신 주관청과의 조정과정이 없이 사용 개시일 등을 ITU에 통고한 후 사용하면 된다. 그러나 비 계획된 자원은 사전 공표, 조정공표, 통고 및 등재의 절차를 통하여 위성망 국제등록이 이루어진다.[52] 그런데 한정된 위성전파자원을 최대한 확보하고자 하

---

50) 1982 Nairobi ITU 협약 및 1989 Nice ITU 헌장 제33조 2항. 1998년 Minneapolis ITU 헌장 제44조 2항.

51) 위성과 위성망은 다른바. 위성은 하나의 단위 위성을 지칭하는 데 비하여 위성망은 특정용도의 기능을 수행하기 위하여 하나의 위성 또는 복수의 위성으로 구성되기도 함. 또 하나의 위성이 여러 개의 위성망을 구성하기도 함.

52) 2000~2004년 5년간 신규위성망의 공표현황을 보면 연평균 1,800여 개이며 계획된 자원이 330개, 비계획된 자원이 약 1,500개임. 이는 각국이 위성 전파자원 확보를 위해 신청 경쟁을 하고 있음을 나타내는 것임. 2005.5.31. 현재 정지궤도 위성의 경우 한국을 비롯한 62개국에서 위성망의 국제등록을 추진 중에 있거나 국제등록을 완료하였고. 조정 자료의 경우 총 2,389개 위성망이 국제등록을 추진 중에 있는데 이중 미국이 가장 많은 611 위성망을 차지하면서 25.6%의 점유율을 기록함(양왕렬. 위성망 국제등록 현황 및 동향. 전파진흥지 2005년 6월호 p.44).

는 이기심으로 인해 여러 국가들이 문서상으로 존재하는 paper satellite[53]을 비계획된 자원으로 등록하는 경향이 있었는바, 이를 방지하여 실제로 운영할 위성시스템에 대해 위성 궤도 및 주파수 분배를 원활히 하자는 방침이 결정되어 1997.11.22. 이후에 ITU 무선통신국(BR)에 접수된 모든 위성망은 사전공표자료 접수일로부터 5년(WRC-2003 이후 7년) 이내에 위성정보를 제출하여야 한다.

또한 서류상으로만 존재하는 위성망 등록신청의 억제와 ITU의 재정수입 증대를 위하여 1998년 전권회의에서 위성망 등록 비용 회수에 관한 결의88을 채택하였다.[54]

이미 설명한 바와 같이 방송위성계획(Broadcasting Satellite Service Plan)은 1977년 제네바 개최 WARCBS에서 작성하여 1985년과 1988년 각기 제네바 개최 WARC ORB-85와 WARC ORB-88에서 완성되었다. 이에 따라 국가별로 최소 1개 궤도 위치에서 제1지역(유럽 및 아프리카)은 최소 5개, 제3지역(아시아 및 오세아니아)은 최소 3개 채널(채널 대역 폭 27MHz)을 할당하였다. 그러나 1977년에 국가별로 할당한 방송위성 채널 규모로는 경제성 있는 위성시스템을 구현하기 어렵고[55], 그 사이 발전한 위성기술을 감안할 때 채널을 추가로 할당할 필요성이 대두되어 1997년 세계통신회의(WRC-97)에서는 기존 WARC-77, WARC ORB-88에서 결정된 계획보다는 기술 수준을 약간 하향하여[56] 제1과 3지역 국가들에게 위성채널 추가 배정가능성을 검토하여 WRC-2000회의에 보고하도록 결정하였다.[57] 동 결정에 따라 3년간 5차에 걸친 IRG(Inter-conference Representative Group) 회의와 4차에 걸친 GTE(Groups of Technical Experts) 회의를 통해 각국의 위성전문가 및 주관청 대표들의 의견을 모아 방송위성 채널증대가 가능하다는 ITU-BR 보고서를 2000년 세계통신회의(WRC-2000)에 제출하였다.

WRC-2000에서 결정한 내용 중 주목되는 것은, 첫째, 2005.5.12 현재 운용 중인 방송위성망(제3지역에서는 우리나라의 무궁화 방송위성망과 일본 NHK 방송위성망 등이 해당)에 유해한 혼신을 주지 않도록 한다.[58] 둘째, 2000.5.12. 현재 운용 중이지는 않지만 방송위성계획 개정을 위한

---

53) 태평양의 조그마한 섬나라인 Tonga는 1990년 초까지 27개의 위성궤도 자리에 31개 위성망의 사전공표자료를 IFRB(Master International Frequency Register: MIFR로 대체)에 등록하였음. Diederiks-Verschoor, An Introduction to Space Law, 3rd Revised Ed., 2008, p. 63.

54) 등록비용 납부대상은 1998.11.7이후 ITU에 접수된 위성망 공표자료로 하고 아마추어 위성망과 국가별로 매년 1개 위성망은 등록내용을 면제토록 한 내용임. 또 RR은 위성망 등록비용을 납부하지 않은 위성망에 대하여 국제등록 신청내용을 삭제하는 것으로 규정하고 그 삭제 기준 발효일을 2003.8.1.로 정하였음. ITU 이사회에서는 위성망의 비용 납부에 대한 규정인 결정 482를 매년 검토함.

55) 요즈음 제작하는 통신·방송 위성은 통상 24개의 중계기를 이용하는 것으로 하여 궤도에 진입시키는바, 6개의 채널만 이용하는 위성은 그 만큼 경제성이 떨어짐.

56) 위성통신의 기술향상을 감안하여 기술수준을 하향하여도 품질에 문제가 없으면서 추가 채널을 확보할 수 있다는 판단하에 하향시킨 주요 기술 수준은, ① 위성송신 출력을 5d 감소, ② 수신 안테나의 방사패턴을 개선, ③ 간섭 보호비를 하향조정한 것이었음. 단, 무궁화 위성과 같이 이미 운용 중인 방송위성망은 1977년 및 1988년에 채택된 기술 기준 및 제원을 변경 없이 사용함.

57) Resolution 532, WRC-07.

58) 이에 불구하고 우리나라를 포함하여, 운용중인 방송위성을 가진 국가들이 보다 융통성 있는 방송위성계획 개정을 위해 간섭 보호비의 조정(동일 채널 간섭보호비를 기존 31dB에서 24dB로 하향 조정) 및 수신 지구국 방사 패턴을 바꾸는데 동의 하였는바, 이는 여사한 조정에도 불구하고 현재 운용중

국제등록절차[59]를 완료하고 행정적 이행절차[60](Administrative due diligence)를 완료한 위성망을 가능한 한 보호한다. 셋째, 방송위성계획 개정 시 완전 디지털 전송방식을 적용하도록 한다.[61] 넷째, 방송위성 업무용으로 분배된 주파수 대역을 고려하여 제1지역의 경우 국가별로 10개, 제3지역의 경우에는 국가별로 12개 채널을 할당[62]토록 한다는 것이었다.

WRC-12에서는 매번 의제로 논의되는 위성 주파수의 최대 활용 방안과 관련하여 지구정지궤도상의 신규 위성 등록 시 조정대상이 되는 위성의 대상을 지금까지의 10도(4/6GHz 대역)와 9도(11/14GHz 대역)에서 각기 8도와 7도로 이격(위성 간의 거리)을 축소하고 추가적으로 조정궤도의 이격 축소 및 간섭분석 검토를 위하여 WRC-15까지 논의를 계속하기로 결정하였다.[63] 이는 새로운 위성을 발사하고자 하는 국가가 유해 간섭 대상으로 간주되는 기존 위성의 소유국가들과 협의하는 대상이 그만큼 줄어드는 것을 의미한다.

3.6. ITU와 우리나라의 위성 사업

우리 정부는 WRC-2000 회의 이전부터 현재 무궁화 위성이 운용 중인 동경 116도에 방송위성 채널을 추가로 할당받기 위하여 부단히 노력하였으나 라오스가 동일한 동경 116도 궤도에 방송위성망 구축을 위한 국제등록절차를 개시하여 추가할당이 한때 어렵게 되었다. 이후 라오스 정부가 방송위성망 서비스 지역을 변경함으로써 우리 정부가 동경 116도 궤도 위치에 6개 채널을 추가로 할당받을 수 있었다. 현재 무궁화위성 3호기가 1999년에 발사되어 동경 116도 궤도에서 운용되고 있는바, 2006년에 발사된 무궁화위성 5호기와 함께 12개 채널을 경제적이고 효율적으로 활용하고 있는 중이다.[64] 우리나라가 발사한 위성의 현황과 ITU에 등록한 또는 등록 절차를 취하고 있는 내용은 다음과 같다.

인 무궁화 방송위성망이 아무런 제약 없이 안정적인 운용이 가능하였기 때문임.

59) Radio Regulations Appendix S30/S30A의 제4조 절차.

60) WRC-97 채택 Resolution 49.

61) WARC-77/88에 작성된 방송위성계획과 feeder link 계획은 아날로그 방식(FM 방식)을 전제로 한 것임.

62) 이에 따라 제3지역에 속한 한국은 6개 채널을 추가로 할당 받았음.

63) WRC-12 의제 9.1.2 토의 결과.

64) 특기할 사항으로 WARC-77/88 회의 시 우리나라가 할당 받은 동경 110도의 방송위성 채널 6개는 추가 방송채널 확보를 위하여 무궁화 위성이 운용 중인 동경 116도로 변경하여 통합한 바 있음.

한국 위성 보유 현황(2012년 9월 현재)

〈발사한 총 13개 중 정지궤도 7, 비정지 궤도 7, 발사예정 4〉

A. 정지궤도 위성(7개 위성)

위성명	무궁화 1호	무궁화 2호	무궁화 3호	흰별위성	무궁화 5호	천리안위성	올레 1호
위성망 명	KOREASAT-1	KOREASAT-2	KOREASAT-1 INFOSAT-C	SKDAB-2	KOREASAT-2 KOREASAT-113X KOREASAT-113E INFOSAT-B	COMS-128.2E	KOREASAT-1 INFOSAT-C
용 도	통신·방송	통신	통신·방송	위성DMB	민/공공 통신	통신/해양/ 기상관측	통신·방송
사업자	KT	KT	KT	SKT	KT	KARI	KT
발사일	'95. 8. 5.	'96. 1. 14.	'99. 9. 5.	'04. 3. 13.	'06. 8. 22.	'10. 6. 27	'10. 12. 29.
궤 도	동경 116°	동경 113°	동경 116°	동경 144°	동경 113°	동경128.2°	동경 116°
주파수대 역	11/12/14GHz	11/12/14GHz	11/12/14/20/30GHz	2.6/12/13GHz	7/8/12/14/20/30GHz	1.6/2/18/30GHz	11/12/14GHz

※ 무궁화1호, 2호, 3호: 운용 종료

B. 비정지궤도 위성(7개 위성)

위성명	우리별 1호	우리별 2호	우리별 3호	과학위성 1호	아리랑 1호	아리랑 2호	아리랑 3호
위성망명	KITSAT-1	KITSAT-2	KITSAT-3	KAISTSAT-4	KOMPSAT-1	KOMPSAT-2	KOMPSAT-3
용 도	과학기술실험 (해상도: 400m)	과학기술실험 (해상도: 200m)	과학기술실험 (해상도: 13m)	과학기술실험 (천문관측)	관측·탐사 등 (해상도: 6.6m)	한반도 관측, 과학실험 (해상도: 1m)	재해재난감시 및 대응, 국토자원 관리 (해상도 0.7m)
사업자	KAIST	KAIST	KAIST	KAIST	KARI	KARI	KARI
발사일	'92. 8. 11.	'93. 9. 26.	'99. 5. 26.	'03. 9. 27.	'99. 12. 21.	'06. 7. 28.	2012. 5. 18
주파수 대 역	145/435MHz	145/435MHz	148/401MHz 2/8GHz	148/401MHz 2/8GHz	2/8GHz	2/8GHz	2/8GHz

※ 우리별 1호, 2호, 3호, 아리랑1호: 운용 종료.

C. 발사 예정 위성(비정지궤도 위성 4개)

위성명	아리랑 5호(비정지)	나로과학위성 (비정지)	과학위성3호 (비정지)	아리랑3A(비정지)
위성망명	KOMPSAT-5	STSAT-2c	STSAT-3	KOMPSAT 3A
용 도	지구관측 및 탐사	과학기술 실험(지구대기 및 환경관측)	과학기술 실험	지구관측 및 탐사
사업자	KARI	KARI	KARI	민간
발사예정일	2012년 말 또는 2013년 초 예정	2012년 예정	2013년 예정	2015년 예정
주파수대	2/8GHz	2/8GHz	2/8GHz	2/8GHz

국제등록 완료 또는 진행 중인 위성망(2012년 3월 현재)

기관별	위성명	궤도 위치	비고
KT	INFOSAT-C	116E	올레 1호
	KOREASAT-1	116E	
	KOREASAT-2	113E	무궁화 5호
	KOREASAT-97K	97E	신규 방송 및 통신위성
	KOREASAT-113K	113E	
	KOREASAT-116K	116E	
SKT	SKDAB-2	144E	흔별 위성
항공우주 연구원	KOMPSAT-1	비정지	아리랑 1호
	KOMPSAT-2	비정지	아리랑 2호
	KOMPSAT-3	비정지	아리랑 3호
	KOMPSAT-5	비정지	아리랑 5호
	COMS-116.2E	116.2E	통해기 위성
	COMS-128.2E	128.2E	통해기 위성
한국과학기술원	KITSAT-1	비정지	우리별 1호
	KITSAT-2	비정지	우리별 2호
	KITSAT-3	비정지	우리별 3호
	KAISTSAT-4	비정지	과학기술위성1호
	STSAT-2	비정지	과학기술위성2호
	STSAT-3	비정지	과학기술위성3호
방통위	KORBSAT-113E	113E	신규 방송위성
	KORBSAT-116E	116E	
	KORBSAT-128.2E	128.2E	
	HANSAT-113E	113E	신규 방송위성 및 이동통신
	HANSAT-116E	116E	
	HANSAT-128.2E	128.2E	
공공	INFOSAT-B	113E	무궁화5호
	KOREASAT-113X	113E	
	KOREASAT-113E	113E	
	KOREASAT-103.2E	103.2E	신규 통신위성
	KOREASAT-97E	97E	
	KOREASAT-116.0E	116E	
	KOREASAT-93E	93E	

지구정지궤도 방송 위성망과 관련하여 WRC-2000의 전술한 결정에 따라 현재 운용 중이지 않으나 조정이 완료된 위성망을 우선 보호한다는 원칙이 채택되었음을 우리 위성과 관련하여 설명한다. 우리 정부가 1991년에 국제등록을 신청한 동경 113도의 방송위성망(채널 6개)은 동경 116도에 위치하고 있는 올레1호와 궤도 간격이 3도이기 때문에 소형 안테나를 이용한 방송 서비스는 기술적으로 어렵지만 통신용 또는 공동 수신용 방송위성 서비스 제공에는 문제가 없을 것

으로 보이며, 통신위성 서비스 제공을 위한 궤도자원 확보가 매우 힘든 현실을 감안할 때 동경 113도에서의 주파수 자원 확보는 그 가치가 크다.

2007년 제네바 개최 세계무선통신회의(WRC-2007)에서는 고정통신 주파수와 관련하여 여러 가지 개정을 하였는데 그 중 주목을 끄는 것은 차세대 이동통신(4G) 주파수 대역을 선정한 것이다.[65] 또 하나의 중요한 결정은 2.5~2.69GHz 대역에서 제3세대(3G) 무선통신의 표준인 IMT-2000[66]을 보호하고 향후 발사될 위성의 원활한 운용을 제공할 수 있도록 복합 방식(hybrid regime)을 채택함으로써 위성과 지상 업무 간 공유를 허용한 것이다. 즉, 혼신 방지 범위 내에서 주파수 사용 효율을 증가시켜 3G와 4G의 이동 위성 용도 서비스를 활성화시키는 것이다.

2012년 3월 현재 ITU의 등록 사이트에 등재되어 있는 우리나라 위성망은 등록 완료와 진행을 포함하여 32개이다. 우리나라 위성 현황과 주요 위성망 현황은 앞 표 2개와 같다.

3.7. ITU에 대한 위성의 주파수 등록 절차

전술한 바와 같이 전파 자원 중 계획된 자원은 이미 배분된 것이기 때문에 이를 배분받은 국가가 ITU에 통보하고 사용하면 되지만 비계획 자원의 경우 first come, first served의 형식을 취하기 때문에 ITU가 투명한 등록 절차를 통하여 공정하게 관리를 하여야 한다.

비계획 자원의 국제 등록은 사전공표(advanced publication), 조정(coordination), 통고(notification) 및 등재(recording)로 나눌 수 있다.

각기 순서에 따른 세부사항은 다음과 같다.

사전공표

사전공표는 위성망의 국제 등록 절차를 개시하는 상징적인 절차로서 위성망 또는 위성시스템의 일반적인 정보를 모든 주관청에 통지하는 것이다. 주관청은 위성망의 운용 개시 예정일의 7년 전부터 늦어도 2년 전까지 사전공표 자료를 ITU BR(전파통신국인 Radiocommunication Bureau의 약자)에 제출해야 한다. 사전공표가 되어야 하는 사항으로는 신규 위성망, 신규 위성망의 정

---

65) 우리나라가 WIBRO 주파수 대역으로 사용하고 있는 2.3-2.4 GHz을 포함한 4개 대역이 전 세계 4G 주파수 공통대역으로 선정되었음. 이에 따라 우리나라의 WIBRO 세계진출과 WIBRO 진화기술의 4G 표준채택에 긍정적으로 작용할 것으로 보임.

66) International Mobile Telecommunications-2000(IMT-2000)은 ITU의 여러 권고에 의해 정의된 제3세대(3G) 무선통신의 세계 표준을 지칭함. IMT-2000은 지상과 위성의 네트워크의 다양한 연결체제를 마련하고, 디지털 이동통신과 고정 및 이동통신과의 잠재 시너지 효과를 거양할 것으로 기대됨. WRC-2007에서는 기존의 3G, 즉 IMT-2000과 차세대 이동통신 4G를 IMT로 통일하고 2.5-2.69 GHz 대역을 IMT 추가 대역으로 지정하면서 3G 보호를 강조하는 결정을 하였음.

보에 대한 수정 사항이 있을 경우, 추가적인 주파수 대역의 사용, 위성망의 ±6° 이상 궤도 변경이 있는 경우이다.

각 주관청이 ITU BR에 제출해야 할 사전공표자료(Advanced Public Information: API)에는 RR Appendix 4에 따라 위성망 명, 관련 주관청 명, 궤도 위치, 사용 주파수, 운용 개시일 등이 있다. 사전 공표 자료를 접수한 ITU BR은 제출 정보를 확인한 후 미제출 정보가 있을 경우 제출 주관청의 해명과 미제출 정보의 제출을 요청해야 한다. 그 결과 ITU BR이 규정에 따라 완전한 정보를 접수한 후 등록 정보가 RR 규정에 일치하는지 여부를 확인하여 규정에 일치하면 3개월 이내에 IFIC(International Frequency Information Circular)의 특별란에 공표해야 하고 만약 기한을 준수할 수 없을 경우에는 이유와 함께 관계 주관청에 통보한다.

조정 절차가 필요한 위성망은 규정에 따라 ITU에 의해 사전 결정되며 조정 절차가 요구되지 않은 위성망의 사전공표는 RR 제9조의 Sub-section 1A에, Section II에 따른 조정 절차를 취하여야 하는 위성망의 사전공표는 RR 제9조의 Section 1B에 기술되어 있다. 조정 절차가 요구되지 않은 위성망의 경우 규정에 따라 사전 공표된 위성망이 어떤 다른 국가의 기존 또는 계획된 위성망에 용인 불가능한 간섭이 야기될 가능성이 있으면 해당 통신 주관청은 IFIC 공표 후 4개월 이내에 예상되는 간섭의 세부특성에 관한 정보를 공표 주관청에 통보하고 ITU BR에도 제출해야 한다. 만약 4개월 이내에 어떠한 의견도 접수되지 않으면 사전 정보가 공표된 위성망에 대하여 관계 주관청의 이의가 없는 것으로 간주된다. 조정 절차가 요구되는 위성망의 경우 신규 위성망이 규정에 따라 IFIC에 공표된 후 어느 주관청이 자신의 기존 또는 계획된 위성망, 위성시스템, 지상국(earth station)에 영향을 줄 것이라고 고려되면 그 주관청은 그러한 의견을 공표 주관청으로 통보하여 공표 주관청이 조정 절차를 개시할 때 고려할 수 있게 하고 그 의견서를 ITU BR에도 제출해야 한다. 그러나 이 사전 공표단계에서 이루어지는 이의 제기(조정 요구) 과정은 의무조항이 아닌 공지(정보교환)의 개념이므로 실질적인 이의 제기(조정 요구)는 다음 단계인 조정 공표 단계에서 시행된다.

조정 공표

조정 공표 자료는 사전 공표 자료(API)의 접수일로부터 6개월 후 24개월 이내에 ITU BR에 제출해야 하며, ITU에의 조정 공표 자료 접수일은 위성망 보호의 우선순위 결정에 중요한 자료가 된다. 이러한 조정 공표 자료는 RR Appendix 4의 규정에 따라서 위성망으로서의 상세 정보를 포함하게 된다. 조정 자료 공표 시 포함되어야 할 주요 내용으로는 신규 위성망의 상세 제원, RR규정의 위배여부[주파수 분배표상 분배 업무의 일치성, PFD(Power Flux Density)의 초과 등], 조정 대상 국가명 등이 있다.

규정에 따라 완벽한 조정 공표 자료를 접수한 ITU BR은 조정 공표 자료가 주파수 분배표 및 관련 RR규정에 적합한지 확인하고 조정을 실행할 필요가 있는 상대 주관청을 식별해야 한다. 조정의 실행에 있어서 조정이 요구되고 조정이 필요한 주파수 할당은 RR Appendix 5에 의해서 식별된다. 이러한 조치가 끝나면 ITU BR은 완전한 조정 자료와 심사 결과를 조정 공표 자료 접수 후 4개월 이내에 IFIC에 공표해야 한다.

조정 절차

조정 대상 위성망의 선정은 RR Appendix 5의 규정에 따라 위성망의 궤도 위치, 서비스 범위 및 주파수의 중첩여부로 결정한다. 조정 대상이 되는 국가 우선순위로 서비스에서 중첩되는 위성을 운용중인 국가, 인접 궤도에서 실제 위성을 운용중인 국가, 인접궤도에서 위성발사를 추진 중인 국가, 인접궤도에서 위성망 등록을 추진 중인 국가, 궤도가 인접한 기타 위성망 등이 있다.

규정에 따라 조정 요구 정보가 공표된 IFIC를 접수한 후에 그 조정 요구내용에 포함되어야 하는데 누락된 내용이 있다고 판단하는 주관청은 IFIC공표 후 4개월 이내에 조정 요구 주관청에 알려주어야 한다. 또한 조정 요구 주관청이 보기에 어떤 주관청이 RR 9.7(GSOsystem/GSOsystem), 9.7A(GSO earth station/non-GSO system), 9.7B(non-GSO system/GSO earth station)의 규정을 적용받아 조정 대상임에도 불구하고 그 주관청이 조정 요구 대상에 포함되지 않았을 경우에도 4개월 이내에 그 주관청에 조정 정보를 요구할 수 있다. 이러한 추가적인 이의 제기에는 항상 기술적인 이유를 제시해야 하며 이러한 위성망 간 이의 제기를 과거에는 ITU BR에 의무적으로 고지해야 했으나 WRC-2000회의 이후에는 선택사항으로 변경하고 BR이 의무 조정대상을 자동으로 확정함으로써 위성망 등록 절차를 더욱 편리하게 하였다.

ITU BR은 Appendix 5의 규정에 근거하여 이러한 이의 제기를 검토하고 그 결과를 쌍방의 주관청에 통보해야 하며 조정 실행 대상에 포함시키거나 포함시키지 않을 경우 IFIC에 추가 공표해야 한다. 추가 공표 역시 의무 사항은 아니다. 조정형식에 따라 9.11.에서 9.21.의 규정에 의거해 조정대상으로 선정된 국가들이 4개월 이내에 조정 대상 위성망 선정에 대한 이의 제기가 없을 경우 등록 위성망의 운용에 동의한 것으로 간주되며 향후 이 위성망에 어떠한 간섭도 줄 수 없으며 이 위성망으로 인한 간섭에 어떠한 항의도 할 수 없다.

위성망 등록을 추진 중인 조정 요구 주관청은 조정 대상으로 식별된 주관청에 Appendix 4에 열거된 정보를 첨부하여 조정 대상 주관청에 조정 요구서를 발송해야 한다. 조정 요구서를 접수한 주관청은 접수일로부터 30일 이내에 수취 확인 통보를 조정 요구 주관청에 발송해야 한다. 만약 조정 요구 주관청이 30일 이내에 수취 확인 통보를 받지 못한 경우에 재요청 전보를 조정 대상 주관청에 발송할 수 있다. 두 번째 전보의 발송일로부터 15일 이내에 수취 확인 통보를 받지 못할 경우 ITU BR에 협조를 요청할 수 있으며 ITU BR은 응답을 태만한 주관청에 즉시 수취 확인 통보를 요청해야 한다. ITU BR이 수취 확인 요청을 한 후 30일 이내에 수취 확인 통보가 발송되지 않은 경우 조정 대상 주관청은 앞으로 조정 요청된 위성망의 주파수 할당으로부터 어떠한 유해 간섭이 발생하더라도 이의를 제기 할 수 없으며 그 위성망의 주파수 할당에 어떠한 유해 간섭을 줄 수도 없다.

한편 조정 요구서를 접수한 주관청은 수취 확인 통보를 한 후 즉시 Appendix 5의 규정에 따라 간섭 영향을 평가해야 한다. 간섭 영향 평가 후 각 주관청은 IFIC 공표일로부터 4개월 이내에 조정 요구 주관청과 ITU BR에게 자신의 동의를 통보해야 한다. 동의하지 않을 경우 부 동의의 근거가 되는 자신의 할당에 관한 정보를 제공해야 한다. 또한 그 문제의 원활한 해결을 위하여 가능한 대안을 제시해야 하며 대안의 사본 1부를 ITU BR에도 제출해야 한다. 9.14의 규정에 따르는 한 어느 주관청의 조정 요구와 관련하여 ITU의 도움이 필요한 주관청은 IFIC 공표 후 4개월 이내에 공표된 위성망에 의하여 영향받을 가능성이 있는 기존의 또는 계획된 지상국을 보유하고 있다는 사실을 ITU BR에 통보하고 Appendix 5의 기준을 적용함으로써 조정할 필요성이 있는지 여부를 결정하여 줄 것을 요청할 수 있다. ITU BR 은 조정 요구 주관청에 이러한 도움 요청 사실을 통보하고 분석 결과를 제공할 수 있는 일자를 제시해야 한다. 분석이 완료되면 ITU BR은 그 결과를 쌍방의 주관청에 통보해야 한다. 조정의 필요성 여부에 관한 분석 결과가 나올 때까지 도움 요청은 도움을 요청한 주관청의 일종의 부 동의 표시로 간주된다. 모든 주관청은 조정상의 문제와 이견의 해소를 위하여 필요에 따라 우편, 통신 또는 회의 등의 모든 적절한 수단을 활용할 수 있으며 이러한 노력의 결과는 ITU BR에 전달되어야 하며 ITU BR은 그것을 적절히 IFIC에 공표해야 한다.

조정 대상 주관청은 물론 조정 요구 주관청은 그 조정에 대한 합의에 도달하기 위해 각각 자신의 위성망의 공표된 특성을 변경한 경우에는 모든 변경 사항을 ITU BR에 통보해야 한다. 조정을 위한 합의 과정 중에 각 주관청에서 용인 가능한 간섭의 레벨에 관한 의견의 불일치가 있는 경우에는 어느 일방의 주관청이 ITU BR의 도움을 요청할 수 있으며 ITU BR이 이 문제를 효과적으로 해결할 수 있도록 정보를 제공해야 한다. 부 동의 또는 의견의 불일치가 해소되지 아니하고 계속되는 경우와 관계 주관청 중 어느 일방이 ITU BR의 도움을 요청한 경우에는 ITU BR은 문제가 되는 간섭을 평가 분석하는 데에 필요한 모든 정보를 탐색해야 하며 관련주관청에 분석 결과를 통보해야 한다. 결과가 관련 주관청으로 통보된 후에도 부 동의 또는 의견의 불일치가 해결되지 않을 경우 조정 요구 주관청은 주파수 배정의 통고서 제출을 IFIC 발행일로부터 6개월 간 연기해야 한다. 6개월 경과 후에도 문제 해결이 안 되어 미해결 상태로 주파수 배정의 통고가 접수된 경우에 ITU BR은 주파수 배정 통고에 관한 규정에 따라 미해결 통보자료를 유해 간섭 기술 권고에 따라 심사하고 그 결과를 IFIC에 공표한다.

만약 어떤 주관청이 규정에 따라 조정 요구를 받고도 태만하여 4개월 이내에 조정 요구에 응답하지 않거나 관련 규정에 의해 부 동의 의사를 통보한 후에 그 부 동의의 근거가 되는 자신의 배정에 관한 정보를 제공하지 않은 경우 조정 요구 주관청은 ITU BR의 도움을 요청할 수 있다. ITU BR은 즉시 관계 주관청에게 조정요구에 대해 신속한 응답을 할 것을 통보해야 한다. 이러한 통보 후에도 30일 이내에 조정 요구에 대한 응답을 하지 않은 관계 주관청은 앞으로 조정 요청된 위성망의 주파수 배정으로부터 어떠한 유해 간섭이 발생하더라도 이의를 제기 할 수 없으며 그 위성망의 주파수 배정에 어떠한 유해 간섭을 줄 수도 없다.

통고 및 등재

통고는 조정 절차를 수행한 후에 행하는 것으로 주파수 할당의 사용이 타 주관청의 어떤 업무에 유해 간섭을 야기할 가능성이 있고, 위성망이 국제적 서비스 지역을 갖는 경우 Appendix 9의 조정 절차 대상이 되는데 국제적인 인정절차가 요망되는 경우에는 운용 예정일 3년 전부터 3개월 전까지 통고를 해야 한다. 통고를 접수한 ITU BR은 Appendix 4의 규정에 따라 통고 정보가 완벽하게 작성되었는지 확인하고 주파수 분배표 및 관련 규정의 준수 여부, 다른 주관청과 조정 절차의 준수 여부, 다른 주파수 배정으로의 유해한 간섭 여부 등의 기술적인 심사를 해야 한다. 또한 심사는 통고서의 접수 일자를 기준으로 시행되며 통고서 접수 후 ITU BR은 이를 IFIC에 2개월 이내에 공표해야 하나 각국의 경쟁적 조정자료 및 통고자료 등재로 인해 2011년 현재 약 1년 이상 공표가 지연되고 있다. 통고서에 대한 심사가 성공적으로 끝날 경우 ITU BR은 해당 주파수 배정을 국제 주파수 등록 원부에 등재한다. 등록 원부에 등재된 어떤 우주국(space station)에 배정된 주파수의 사용이 중단되는 경우에는 해당 주관청은 신속히 사용이 중단된 일자와 정상적으로 다시 사용 개시될 일자를 ITU BR로 통보해야 하며 그 사용중단 기간은 2년을 넘을 수 없다. 그 이상이 되는 경우 통고정보가 주파수 등록 원부(Master International Frequency Register:

MIFR)로부터 삭제 된다.

행정적 이행 절차

행정적 이행 절차는 실질적인 위성시스템을 체계적으로 관리하고 paper 위성을 방지하기 위해서 도입되었다. 통고 주관청은 Resolution 49조에 따라 계획된 주파수 대역을 변경하여 운용(궤도, 채널 또는 서비스 지역을 추가/확대할 경우)하고자 하는 경우 및 ITU BR이 공표한 모든 자기 위성망에 대해서 행정적 이행 절차를 적용해야 한다. 이러한 행정적 이행 절차를 위해 위성 운용 사업자는 위성시스템의 일반적인 정보, 위성 제작 정보(제작사 명, 계약 발효일, 구매 위성 수) 및 위성 발사 정보(발사 회사 명, 계약 발효일, 발사 예정일, 발사체 명, 발사 장소)를 포함하는 이행 절차서(Due Diligence Information: DDI)를 제출해야 한다. DDI 제출기한은 사전 공표 자료(API) 접수일로부터 7년 이내이다.

행정적 이행 절차서의 제출 기한 6개월 전에 ITU BR은 관계 주관청에 이행 절차서의 제출 요구를 해야 하며 기한 내에 이행 절차서를 제출하지 않은 위성망은 국제 등록 절차를 더 이상 수행할 수 없으며 국제 주파수 등록 원부에 등재될 수 없다.

위성망 운용 일자

주관청은 위성시스템을 이용하는 위성망 주파수 자원을 사용하기 위한 목적으로, 해당 사전공표 자료를 접수한 일자로부터 7년 안에 위성망 운용일자를 ITU BR에 통보하여야 한다. ITU BR은 7년 기한 내에 운용개시가 통보되지 않은 모든 위성망 공표자료에 대하여 해당 주관청에 7년이 되는 일자로부터 3개월 전에 미 운용사실을 확인한 후 주파수등록원부에서 곧바로 삭제한다.

위성망 등록 비용

1998년 ITU 전권 위원회의 시 결의 91로 채택된 등록비용에 대한 기본 원칙에 따라 위성망 등록비용 납부제도가 확립되었으며 WRC-2000 회의에서는 이 제도의 시행을 위한 개정 작업을 고려하도록 결의하였다. WRC-2007에서는 RR 9조의 주석(footnote)으로 9.38.1을 채택하여 등록비용의 지불 만기가 되는 시점에서 2개월 전 ITU BR이 미납 주관청에 납부 환기를 한 후 그래도 미납일 경우 공표된 내용은 더 이상 검토를 하지 않고 취소한다. 위성망 등록비용은 행정적 이행 절차와 마찬가지로 paper 위성의 방지를 위해 비용을 주관청이나 주관청이 지정한 사업자에게 부과하는 것이다. 위성망 등록비용은 1998년 11월 7일 이후에 ITU BR에 접수된 위성망에 부과하며 1998년

11월 7일 이전에 접수된 위성망은 비용 부과는 하지 않으나 11월 7일 이후에 변경서를 제출할 경우 누적 변경서 분량이 기본 페이지 수를 3배 초과할 시에 초과분에 대한 비용을 부담하도록 하였다. 한편 국가당 연간 1개의 위성망 및 아마추어 위성망은 비용 부과를 면제하도록 하였으며, 만약 위성망 조정이나 등록비용의 미납 시에는 RR 규정에 해당 위성망의 등록 취소 조항을 삽입하는 것으로 RR 규정을 개정하였다. 현재의 등록비용은 570에서 57,000스위스프랑까지이다.

위성망 등록 형식

위성망 등록 시 서류는 전자 서류 형태로만 제출해야 한다. ITU Space Cap 소프트웨어를 이용해서 등록해야 하고 안테나 패턴 그래픽 자료는 ITU GIMS(Graphic Interface Management System)를 이용하여 제출해야만 한다. 단, 개발도상국을 고려하여 안테나 패턴 그래픽 자료의 경우에는 paper 등록자료 제출을 허용한다. 그러나 2012.1.23.~2.17. 제네바 개최 WRC-12회의에서 개도국에 대한 paper 등록 예외를 제거하여 모든 회원국이 모든 위성 등록 관련 서류를 전자서류로만 제출토록 하였다.

이와 같은 위성망 국제 등록절차에는 몇 가지 문제점이 있다.

통고 및 등재단계에서 조정 대상 위성망과의 조정이 미완료된 위성망의 경우 잠정적인 등재를 통해 위성망 운용을 개시하게 된다. 잠정적으로 등재된 위성망의 실제운용으로 인해 보호대상(조정 미완료된) 위성망에 유해 혼신이 발생하는 경우 현행 전파규칙 규정상 즉시 유해 혼신을 제거하도록 규정하고 있으나 유해 혼신이 제거되지 않을 경우에 대해 구체적인 조치가 규정되어 있지 않다. 이에 대해 다음과 같은 두 가지 조치 방안이 제안, 논의되었다.

① 전파규칙 제15조에 따른 혼신 해결 절차를 통해 유해 혼신을 제거하는 방안
② 전파규칙 제11조(No.11.42)규정을 준용하여 잠정적으로 등재된 위성망 전송 제원을 삭제하는 방안

첫 번째 방안의 경우, 활발하게 위성망을 운용 중인 미국, 유럽 등이 지지하는 방안으로 수천억 원의 비용이 소요되는 위성망의 국제등록 삭제행위는 매우 신중하게 처리되어야 한다는 입장이며, 비교적 위성망을 거의 운용하지 않는 이란 등은 전파규칙의 선점원칙에 맞게 유해 혼신을 일으키는 위성망의 국제등록은 즉시 삭제되어야 한다는 입장이다.

우리나라, 일본, 중국 위성망의 경우, 서비스 지역이 지리적으로 인접하여 상호 유해혼신 발생 가능성이 매우 높아 혼신조정 협상이 매우 어렵게 진행되기 때문에 모든 조정대상 위성망과 조

정을 완료한 후에 운용하는 것은 매우 어려운 문제가 있어, 위성을 실제 운용하면서 계속적인 조정협의를 진행하는 관행을 취하고 있다.

이와 같은 문제에 대한 개선방안은 다음 사실도 감안하여 WRC-12에서 논의되었지만 paper satellite 처리를 간단하게 하여 ITU BR의 업무 부담을 줄이면서 다른 의미 있는 업무에 집중토록 하고 유해 간섭 발생 시 ITU BR이 더 큰 권한을 가지고 처리하는 것으로 합의된 것 이외의 진전 사항은 없었다. WRC-12는 또 지금까지 유해 간섭 발생 시 상시 근무가 아니고 연 4회 회합하면서 RRB업무를 하는 12명의 위원들이 조정하는 것은 효율과 전문성이 떨어진다는 문제점이 있다는 것을 받아들여 ITU BR이 처리하는 것으로 관련 규정을 변경하였다.

지금까지의 위성등록절차와 관련하여 주요 이슈를 다음 3개로 정리하여 본다. 첫째, 현행 RR상 사전공표와 조정공표 서류의 순차적인 ITU 접수 시 6개월의 유예기간이 있다. 이러한 6개월 유예기간의 취지는 사전공표 후 간섭영향이 예상되는 국가가 해당 위성망의 운용예정 국가에 이의를 제기하는 문서를 송부토록 하여 해당 국가가 조정자료를 제출하기 전까지 최종 궤도 및 주파수를 고려할 수 있도록 하는 데 그 장점이 있다. 더불어 이러한 조정자료 제출 시 초기 궤도에서 ±6도 이내 궤도 변경이 허용 가능하게 융통성을 주는 것도 같은 맥락의 취지라고 할 수 있을 것이다. CITEL(Inter-American Telecommunication Commission)은 사전공표단계의 자료가 이의 제기를 위한 간섭분석에 사용하기에는 정보가 너무 부족하므로 결국 6개월 기간은 해당 회원국이 조정을 진행함에 있어서 오히려 장애가 된다는 점을 근거로 6개월 유예기간 폐지의 당위성을 설명하고 WRC-07 회의에서 해당 법규를 개정할 것을 주장하였다.

6개월 삭제를 주장하는 논지의 일부는 어느 정도 타당성이 있어 보이나, 만일 6개월을 삭제하여 사전자료와 조정자료를 모두 동시에 ITU에 접수시킨다면, 나중에 야기될 수정된 조정자료 제출이나 수반된 비용 등 심도 있게 검토하여야 할 부분이 많다. 한 가지 주목해야 할 점은 조정자료(coordination information)가 ITU에 접수된 순서에 따라 위성보호의 우선권이 결정되기 때문에 6개월의 유예기간이 없어지면 어느 나라를 막론하고 그러한 우선권을 확보하기 위해서 다른 면에서 발생될 수 있는 약간의 불이익을 감수하더라도 사전자료와 조정자료를 동시에 제출할 가능성이 크다는 것이다.

우리나라는 이러한 현행 6개월의 유예기간이 최종 시스템이 사용할 궤도와 주파수에 대한 결정에 효용성이 크고 6개월 삭제 시 사전공표자료와 조정공표자료를 동시 접수 가능하기 때문에 발생할 수 있는 위성선진국들의 궤도 선점을 우려하여 WRC-07 회의에서 현행 규정의 유지를 적극 지지하였으며, 의견을 달리하는 주요 ITU 회원국들에 대한 설득 작업을 통해 WRC-07 회의에서 현행유지안이 최종적으로 채택되게 하였다.

둘째, 비정지궤도 위성시스템의 국제등록 절차는 사전공표와 통고단계 등 2단계로 구성되어, 통고자료 제출 시까지 해당 시스템의 상세한 전송 제원 입수는 해당 주관청의 협조가 없을 경우 거의 불가능하도록 되어 있다. 이로 인해 비정지궤도 위성망 간섭으로부터의 보호가 요구되는 정지궤도 위성망과의 간섭계산이 매우 어려운 실정이어서 이를 보완하고자 비 정지궤도 위성시스템의 사전공표자료 양식을 개정하였다. WRC-97 회의의 결정을 통해 비정지궤도 위성망의 등록자료는 정지궤도 위성망과 간섭분석에 필요한 기술적 정보(안테나 최대 입력전력 등)를 사전공표자료에 기재하여 ITU에 제출하도록 의무화하도록 하였기 때문에 향후 비정지 및 정지궤도 위성망 간 간섭분석이 용이할 것으로 판단된다.

셋째, 각국은 한정된 위성궤도 및 주파수 자원의 희귀성과 중요성을 인식하여 불필요하게 많은 수의 우주궤도 자원을 확보하려고 한다. 이른바 paper satellite가 양산되어 진정 궤도자원을 필요로 하는 국가가 위성 서비스를 이용하는 데에 필요한 혼신조정 절차 등으로 많은 시간, 기술과 인력이 요구된다는 것이다. 이를 해결하기 위하여 WRC-07에서 궤도신청 성실이행(due diligence) 제도를 신설하였고 궤도에 관한 권리의 유효기간을 9년에서 7년으로 단축하는 등 국제등록에 관한 전파규칙(RR)을 개정하는 한편, 1998년 말부터 위성망 등록 신청 시 이에 필요한 비용을 부담하는 규정이 신설되었다.

인공위성의 실용적 및 상업적 이용과 적용 규범

1. 원격탐사

2. 직접 방송 위성

3. 위성 항법 장치

4. 통신위성 서비스

인공위성의 실용적 및 상업적 이용과 적용 규범

2012년 현재 약 1,000개의 인공위성이 운영(operational) 중이다. 이 중 40%가량은 3만 6천 km 상공의 지구정지궤도상의 통신위성이고, 50%는 2,000km 이하 저 궤도에 머물러 있다. 저 궤도 위성을 포함하여 540여 개의 위성이 어떤 형태로든 통신·방송용으로 사용된다.[1] 나머지도 대부분 지구를 관측하는 안보·상업·과학위성으로서 궤도에서 지구를 회전하면서 군사적 또는 평화적 목적으로 우리 실생활과 연구에 필요한 정보와 서비스를 제공하고 있다.

지구정지궤도에 위치한 위성은 통신과 방송용도로 이용되고 비정지궤도의 위성은 조난 및 안전, 무선항행(RNSS), 지구탐사, 항공, 해상, 우주연구, 아마추어용 등으로 사용된다. 방송용 인공위성은 방송프로그램을 인공위성으로 보내주는 up-link와 이를 받아 인공위성에서 시청자에게 내려 보내주는 down-link로 주파수 대역이 나누어지는데 이는 일반 고정통신용도나 이동통신용도에서도 마찬가지이다. 방송인공위성에서는 up-link 대신 feeder-link라는 표현을 많이 사용한다.

주파수는 고정위성용도(FSS), 방송위성용도(BSS), 이동위성용도(MSS), 지구탐사위성용도(EESS)용 등으로 할당(allocate)되고, 구역(제1, 2, 3지역)별로 또 국가별로 분배(allot)된 후 국가 내에서 통신당국이 특정용도별로 배정(assign)한다.[2]

방송위성용으로 분배(allot)되고 할당(allocate)된 주파수대역이 반드시 방송용으로만 사용되는 것은 아니고 필요에 따라 통신용으로 사용될 수 있는데[3] 이는 양자 모두 주파수라는 동일한 자원에 의존하는 것이기 때문에 호환이 가능한 것이다.

주파수가 생명인 인공위성은 군사적으로는 도청, 적국 동향 파악, 레이저 빔을 이용한 물체파괴 등을 할 수 있으며, 비군사적 목적으로는 국제전화와 국제화상회의 등의 통신 기본은 물론이고 지하 부존자원, 기상정보, 지형변경파악 등을 위한 원격탐사용도, 국내외 위치파악과 목적지 안내를 받는 무선항행(위성항법장치)용도 등이 있는바, 이를 차례로 살펴본다.[4]

---

1) 2009.7.22일자 중앙일보 p.7.
2) 한국방송통신위원회 한국전파진흥협회가 번역한 무선규칙(Radio Regulations)은 allot을 분배, allocate를 구역분배, assign을 할당이라고 표현하였음(RR Articles, Edition 2008).
3) ITU RR, S5.492 참조.

1. 원격탐사

1.1. 기술적 배경

우주기술이 등장하기 이전인 19세기 후반부에 이미 공중에서 지구를 탐사하기 시작하였다. 처음에 카메라를 장치한 발룬에 사람이 타고 탐사하였으나 20세기에 들어서면서 여러 형태의 항공기를 이용하고 사진술도 발달하여 공중에서 지구를 조사하는 기술은 급격히 향상하였다.[5]

제1차 세계대전 중 전술적 이점을 확보하려는 군대의 조사기술이 총동원 되었을 것은 당연하다. 양차 세계대전 중 단순한 공중 촬영은 감소하고 지도 제작 및 지질파악을 위한 새로운 기술이 개발되었다.

제2차 대전은 두 가지 점에서 원격탐사에 영향을 주었는바, 첫째는 공중 촬영의 집중적인 사용이 합법적이고 계속 개발할 가치가 있다는 인식을 한 것이었으며 두 번째는 군사용으로 개발한 로켓을 고도촬영에 사용한 것이다.

원격탐사는 공중에서 하든 또는 우주에서 하든지 간에 사진을 촬영한다는 점은 같으나 우주에서의 원격탐사는 공중촬영과는 두 가지 점에서 차이가 난다. 첫째, 공중촬영은 엄격한 의미에서 사람의 눈에 느껴지는 파장의 대역보다 조금 넓지만 전자장 대역의 지역에 한정된다. 또한 공중촬영은 애널로그(analog) 형태[6], 즉 사진인화나 투명성에 의존하기 때문에 양적 분석이 한정되어 있다는 것이다. 이것은 디지털(digital) 영상보다도 사진을 분석하는 것이 더 어렵다는 것을 말한다. 반대로 우주에서의 원격탐사는 갈수록 디지털화되기 때문에 컴퓨터에 의한 처리도 훨씬 쉽다.

우주기술의 등장은 지구 조사 기술에 신기원을 가져오는 것이다. 지구의 원격탐사는 우주 설치물로부터의 관측과 측정의 수단에 의하여 지구의 자연자원, 자연형상 및 모습, 그리고 지구 환경의 성격과 조건을 특징짓는 데 사용되는 방법으로 정의되어 왔다.[7]

항공기가 원격탐사에 필수 불가결한 존재임에는 변함이 없으나 항공기가 공중에 장기 체재할

---

4) 위성용도를 군사용과 비군사용으로 엄격히 구분하기는 곤란함. 같은 위성사진이 피촬영지역 국가와 시대와 상황에 따라 군사용이 될 수도 있고 국가 협력을 위한 평화적 용도가 될 수도 있음. 또한 오늘날 인공위성은 민·관·군용을 혼합한 용도로도 사용되고 있음.

5) 원격탐사의 역사에 관하여는 Fischer, History of Remote Sensing, in, Reeves, R.G., (ed.), Manual of Remote Sensing, (Church Falls, Va., 1975), pp.27~50 참조.

6) 라디오나 TV수상기에서와 같이 기존 통신은 음성이나 영상에 해당하는 파장을 수신하는 아날로그 통신이지만 앞으로의 통신은 회로나 전원을 on 시키든지 또는 off 시키는 두 가지 형태만의 신호를 배열하여 송신함으로써 잡음을 제거하고 정확성을 기할 수 있음. 동건 관련 설명은 Langley, G., Telecommunications Primer, 2nd ed., Pitman, (London, 1986), pp. 97~101 참조.

7) UN Doc A/ AC.105/ 111 (1973), 3.

수 없으며 지구의 제한된 지역만을 커버하기 때문에 보다 넓은 지구 표면을 하나의 단위로 조감할 수 없다는 문제가 발생한다.[8]

기술적으로 말하면 원격탐사는 목표물로부터 일정한 거리에 떨어져 있는 감지기(sensor)라는 기구를 이용하여 목표물을 관측하는 것이다.[9] 이 개념은 전자장대역에서의 서로 다른 방사(radiation)를 분석해낼 수 있는 자료의 취합에 의존한다. 지구 표면의 일부분인 목표물이 반사하여 내놓는 방사상태를 원격탐사기기의 감지기로 측정하는 방법을 쓰는 원격탐사기술은 다음의 4가지 요소를 필요로 한다.

1) 방사원(radiation source)
2) 방사신호의 전달과정
3) 관측할 목표물
4) 감지기

간략히 말하여 원격탐사제도는 여러 대역에서 전자장의 방사를 측정함으로써 지구표면의 물체나 상황을 눈에 볼 수 있는 적외선과 마이크로웨이브 대역으로 확인하고 묘사하는 것이다. 그렇다고 눈에 보이지 않는 대역이 우주에서의 원격탐사에서 제외되는 것은 아니다. 사실 우주물체가 사용하는 감지기와 유사한 기술은 원래 저고도 및 고도 비행의 항공기가 사용하는 것으로 개발되었다. 우주로부터의 원격탐사의 주요 이점은 우주물체의 궤도위치에서 온다. 동 궤도의 위치가 지구정지궤도에 있는지 여부에 관계없이 우주물체에서의 감지기의 조감범위는 엄청난 것이다. 예를 들어 미국의 탐사 위성인 Landsat과 같은 극지궤도비행의 인공위성은 가로 세로 각기 200km의 지구표면을 커버할 수 있고 지구정지궤도위성은 언제라도 지구표면의 25%까지 커버할 수 있다. 이렇게 먼 거리에서 많은 범위의 면적을 조감할 수 있다는 것은 지구상의 큰 물건이나 형태의 상황을 알아 볼 수 있다는 큰 이점이 된다. 예를 들어 지역적 지질 형상을 하나의 영상에 나타낸다면 이는 여러 영상을 모자이크하여 만들어낸 복합 영상보다 훨씬 알아보기 쉽고 따라서 지질형상을 특징별로 구분하기 쉽다. 여러 가지 영상은 각 영상의 촬영 시 태양의 각도가 다르고 촬영 시의 노출이 다르기 때문에 큰 범위구역을 동시에 촬영한 하나의 영상보다 정확할 리가 없다. 또 하나의 이점은 같은 장소나 형상을 시간 경과 순서별로 반복하여 볼 수 있음으로써 일관된 변화의 모습을 알 수 있다는 것이다. 이는 눈, 식물분포, 또는 지구 대기의 순환 등과 같이 시간에 의존하는 현상을 연구하는 데 매우 유용하다. 더구나 여사한 영상이 동일한

---

8) Vlasic, Remote Sensing of the Earth by Satellites, in, Jasentuliyana, N. and Lee, R. K.,(eds), Manual on Space Law, Vol. 1, (New York, 1979), 311.

9) UN Doc A/ AC. 105/ 312 (1983), 4.

감지기를 이용하여 얻어지는 것이기 때문에 동일한 장소를 다른 시각대에 비교한다거나 거의 동일한 시각에 여러 장소를 비교할 수 있다.[10]

이용 면에서 볼 때, 원격탐사를 위한 인공위성을 건설하고 발사하는 것은 초기에 많은 경비를 소요로 하지만 여러 전파 대역에서 지구를 반복적으로 촬영할 경우 같은 지역을 공중촬영하는 것보다 저렴하다.

그러나 여기서 주의할 것은 자료자체를 취합하는 것으로 우주로 부터의 원격탐사가 이루어지는 것은 아니라는 점이다. 자료의 취합은 전자장 대역이 다른 부분의 방사 흐름을 여러 감지기로 집합한 것에 불과하다. 다음 과정은 동 자료를 가공(process)하고 분석(analyse)하는 것이며 이를 바탕으로 과학적 조사 등의 결정여부가 내려진다.

1.1.1. Landsat

첫 번째의 지구 관측위성인 TIROS-I은 미국항공우주국(NASA)이 1960.4.1. 발사한 것이다. 동 위성이 기상분야에 지대한 영향을 미쳤음은 당연하다. 본격적인 원격탐사는 미국의 Landsat체제가 등장하면서 시작되었다. 미국은 1972년에 첫 번째 지구자원기술위성(earth resources technology satellite)을 쏘아 올린 후 동 위성을 Landsat 1으로 재명명하였다. 1975년에 Landsat 2, 1978년에 Landsat 3, 1982년에 Landsat 4를 쏘아들렸고, Landsat 5가 발사되는 1984년에 미국 국회는 민간 이양을 결정하였다. 이에 따라 1985년 Hughes Aircraft와 RCA의 합작회사인 Earth Observation Satellite Company(EOSAT)에 10년간 운용위탁을 하였는데 NOAA와 EOSAT은 독점을 이용하여 우주에서 촬영한 영상(image)요금을 $650에서 6배로 인상하였다. 그러나 1986년 프랑스의 원격탐사위성 SPOT의 탄생으로 고객을 빼앗겨 이용자가 급감하면서 Landsat의 생존이 걸린 문제가 발생하였다. 이런 상황에서 1989년 NOAA는 EOSAT에 위성운용 중지를 지시하였으나 미 국회의 반발로 명맥이 유지되면서 정부보조를 받았다.[11]

1992년 Land Remote Sensing Policy에 따라 미국은 Landsat 7 제작을 결정한 후 1999년 발사에 성공하였고 그 뒤 고화질의 이미지를 과거 인상 전 요금으로 제공하면서 2년 뒤에는 NASA가 Landsat 4, 5와 함께 운용권을 회수하였다.[12]

현재 Landsat 5와 7이 가동 중에 있는바, Landsat 5는 2011년 11월부터 작동에 문제가 발생해

---

10) 원격탐사기술의 상세는 Wright, R.K., Remote Sensing from Space: A Double-Edged Sword, Centre for Research of Air and Space Law, Mcgill Univ., S.S.H.R.C.C. No. 41, (Montreal, 1982), pp.11-31 참조.

11) EOSAT으로 이양이 된 후 자체수입으로 경영이 안 되기 때문에 정부보조를 계속 받았음. 차기 위성인 Landsat 6 제작과 발사를 위한 정부 보조도 있었음.

12) Landsat 6은 1993년 발사 시 실패로 멸실 되었음. 현재 NASA는 US Geological Survey와 공동으로 지구 관측 Landsat Program을 운영하고 있음.

왔다. Landsat 7의 해상도는 15m로서 과거 Landsat에 비해 월등히 품질이 좋고 많은 양의 정보를 Landsat 5와 함께 무료로 제공하고 있다.

Landsat은 103분마다 지구를 한 바퀴 돌면서 적외선 감지기로 지구의 변하는 모습을 반복 촬영하여 지상에 송신한다. 하루에 14번 지구주위를 선회하는 Landsat은 지상 913km를 최저점으로 하여 태양이 비치는 지구면을 커버한다. 동 위성은 18일마다 지구 표면의 거의 전체부분을 커버하면서 같은 날 같은 태양의 위치에서 구름에 가리지 않은 표면을 반복적으로 촬영한다. 촬영된 자료는 지상 수신국에 송신되어 가공 처리되는데 미국의 개방 정책에 의해 캐나다, 이탈리아, 브라질, 스웨덴, 일본, 인도, 아르헨티나, 오스트레일리아, 중국, 인도네시아, 태국도 지상 수신국을 설치하여 동 자료를 수신하고 있다.[13] 미국은 원격탐사와 관련하여 일본[14] 및 캐나다[15]와 각기 쌍무협정을 체결하여 상호협력을 도모하고 있다.

Landsat에 의한 원격탐사는 지질학, 해양학, 산림학, 수로학, 작물재배, 해양공해통제, 도시계획 및 여타 환경문제 등에 광범위하게 활용되고 있다. 2012년 현재 수십 개국이 Landsat 계획에 참여하고 있으며 일부 연구기관은 위성의 촬영 자료를 분석하여 지하자원 부존 가능성 여부를 판별하는 데 이용하기도 한다. 따라서 석유와 광물 자원을 탐사하는 많은 회사와 도로건설 회사들이 Landsat 자료를 이용하는 주 고객을 이루고 있다.

Landsat 시리즈의 다음 위성으로는 2013년 2월에 발사될 LDCM(Landsat Data Continuity Mission)이 있다. 동 위성은 NASA와 USGS(U.S. Geological Survey)의 합작으로서 발사된 후 Landsat 8로 개명할 예정이다. 기존 Landsat 시리즈 위성들에 이어서 LDCM이 농업, 교육, 상업, 과학, 정부 분야들에 유용한 데이터와 영상 자료를 제공할 것으로 기대된다.

1.1.2. SPOT

Satellite Pour I'Observation de la Terre(Satellite Earth Observation System)의 두문자인 SPOT은 1978년 프랑스 우주청인 CNES가 벨기에와 스웨덴의 과학우주기술연구기관의 참여하에 설립한 후 프랑스의 SPOT Image사에게 촬영 영상을 판매하도록 하면서 농업, 환경, 지질, 엔지니어링 등 다양한 용도로 우주기술을 적용토록 하는 위성체제이다. SPOT은 또한 처음 등장한 미국의 Landsat

---

13) 2008년 10월 현재 상황으로서 Landsat 홈페이지에 수록된 내용임.

14) Memorandum of Understanding between the National Space Development Agency of Japan(NASDA) and NASA, signed on 19 Jan. 1979.

15) Exchange of Notes between the Government of Canada and the Government of the USA Constituting an Agreement concerning a Joint Program in the Field of Experimental Remote Sensing from Satellites and Aircraft signed on 14 May 1971 ; 22 : 1 US Treaty 684 (1971). 동 협정에 따라 미국과 캐나다 양국은 공동 프로젝트를 추진하는 한편 위성으로부터 수령한 자료를 국제사회에 공개하고 있음.

이 상기한 바와 같이 독점적 지위를 이용하여 영상을 터무니없는 고가로 인상 판매한 횡포를 시정하는 효과를 가져다 준 공로도 크다.

SPOT 1은 1986년 발사되어 해상도가 흑백10m, 컬러20m의 영상을 제공하면서 1990년 말까지 작동하였다. 비슷한 스펙의 SPOT 2는 1990년 발사되어 작동하다가 2009년에 궤도를 이탈하여 작동을 중지하였다. SPOT 3은 1993년 발사되어 활동하였으나 1997년 발생한 사고로 4년 만에 작동을 중지 하였다. 1998년 SPOT 4가 발사 되었는바, 과거 1,2,3,의 성능을 개선하여 같은 해상도 20m이지만 더욱 선명한 사진을 제공하였고 수명도 3년에서 5년으로 연장되었다. SPOT 5는 2002년 발사되어 해상도 2.5m, 5m, 10m의 이미지를 제공하면서 계속 가동 중이다. 현재 SPOT은 위성 2기(4,5)가 822km 상공에서 각기 다른 궤도를 돌면서 지구 표면의 95% 중 어디라도 정밀 촬영할 수 있는 기술을 보유하고 있다.

SPOT은 SPOT Image사가 영업 줄체이며 유럽의 다국적 방산업체인 EADS의 자회사인 Astrium의 투자로 2012.9.9 SPOT 6를 발사한 후 2013년에는 SPOT 7호기를 발사할 계획이다. SPOT 6는 가로 세로각기 60km를 한 구획으로 흑백 1.5m, 칼러 8m의 해상도를 694km 고도 상공을 돌면서 제공할 예정인데추후 발사될 7호기와 2012년말 사예정인 Pleiades 1B 위성과도 궤도를 같이할 계획이다.

1.1.3. GOES

Geostationary Operational Environmental Satellites(GOES) 위성망은 폭풍, 구름, 바람, 대양 조류, 안개, 눈에 관한 정보, 즉 기상관측을 하는 목적으로 미국의 NASA가 발사하고 관리와 사용은 NOAA가 한다.

첫 GOES 위성이 1975년에 발사되었을 때는 지구의 10%만 관측이 가능하였는데 이후 1994년 부터 사용하고 있는 신형 GOES I-M 시리즈 위성으로 인해 지구의 100%가 관측 가능해졌다. 1994년에 발사된 GOES-8 위성이 최초의 신형위성이었으며 GOES 9-12가 1994년부터 2001년 사이에 발사되어 지구를 100% 관측하게 되었다. 이는 동 위성이 지구정지궤도에 위치하기 때문에 몇 개의 위성만으로도 지구 전체 관측이 가능한 것이다.

차세대 위성으로 GOES-N/O/P 시리즈 위성을 제작하였고 GOES-N에 해당하는 GOES-13이 2006년에, GOES-O(GOES-14)가 2009년에, GOES-P(GOES-15)가 2010년에 발사되었다.

2012년 7월 기준 GOES-14는 궤도상에서 예비용으로 쓰이고 있으며, 활동 중인 기상 관측위성은 남미를 커버하는 GOES-12, 미국을 중심으로 동쪽을 커버하는 GOES-13, 서쪽을 커버하는 GOES-15 3기이다.

기상관측위성 GOES는 다음과 같이 인간생활의 질을 향상시키고 지구 환경을 보호하는 혜택을 주고 있다.

- 수색, 구조를 지원
- 세계적인 환경경보서비스와 기본환경서비스 강화에 기여
- 태양 흑점 영향 등 태양 동요(disturbances)의 예측능력과 실시간 경고 능력 개선
- 대기의 움직임을 이해하는 데 도움이 되는 자료 제공

차기 GOES 시리즈 위성으로는 GOES R과 GOES S가 각각 2015년, 2017년에 발사될 예정이다.

1.1.4. EUMETSAT

European Organisation for the Exploitation of Meteorological Satellites(EUMETSAT, 유럽기상위성기구)는 ESA가 산파역을 한 국제기구로서 1986년 6월 19일 설립되었다. 2012년 7월 기준 유럽의 회원국 26개국과 협력국 5개국을 보유하고 있다. 그리고 전 세계에 걸친 이용자들에게 연중무휴로 기상과 기후에 관련된 위성자료 및 이미지를 제공하는 것을 목적으로 하는 EUMETSAT는 미국의 GOES와 함께 세계에서 제일 규모가 큰 기상 및 환경 위성망을 구성한다.

EUMETSAT이 설립되기 전 1977년에 Meteosat-1이 발사된 후 1996년 발사된 Meteosat-6까지 6기의 제1세대 위성은 수명을 다하여 폐기되었다. 현재 같은 제1세대 위성이지만 Meteosat-7(1998년 발사), 제2세대 위성인 Meteosat-8(2002년 발사), 9(2005년 발사)의 3기가 지구정지궤도에서 작동 중에 있고, 극지를 커버하기 위한 Metop-A[16]가 지구 저궤도를 돌고 있다. 여기에 미국의 NASA, NOAA, 프랑스의 CNES[17]와 협력하여 발사한 Jason-2[18] 저궤도위성은 대양의 바다 표면 높이를 수센티미터까지 측정하면서 대양의 움직임이 기후변화와 기상에 작용하는 바도 감안하여 기상관측의 정확도를 높이고 있다. 따라서 총 5기의 위성으로 기상관측을 하면서 아프리카 등 개도국에 대한 기상정보도 제공한다.

1.2. 경제적·정치적 배경

원격탐사는 경제적 자원을 파악할 수 있는 방법이기 때문에 개도국이 큰 관심을 갖는 분야이다. 유엔 등 국제사회는 제3세계의 경제발전을 위하여 수십 년간 노력하여 왔지만 개도국은 만성적인 경제적 후진을 벗어나지 못하고 있다. 그 결과 일부 개도국은 자연 자원 개발을 활로로

---

16) 극지 자료 서비스는 Metop과 미국 NOAA의 극지궤도 위성을 합쳐 공동으로 제공되고 있음.

17) Centre National d'Etudes Spatiales의 두문자로서 국가우주연구센터를 뜻하는 프랑스의 우주청.

18) 2008.6.20. 발사된 해양관측위성으로서 5년 수명이 예상됨. NASA와 CNES가 제작한 관측기를 탑재하여 엘니뇨 현상 등을 포함한 해양관측을 하고 있음.

이용하는 정책을 추진하고 있는바,[19] 이를 위하여 우선 자국이 어떠한 부존자원을 얼마만큼 가지고 있는지를 파악하는 것이 필수적이다. 원격탐사는 이러한 점에서 저렴하고 신속한 정보를 제공하는 방법으로 각광을 받고 있다.

한편 개도국들은 자국의 부존자원에 관한 자료가 원격탐사 능력이 있는 선진국의 손에 들어 있다는 것에 대하여 우려하고 있다. 개도국은 동 자료가 자국의 이익에 반하여 악용될 수도 있다고 생각하기 때문이다. 예를 들어 개도국의 자원개발에 관한 계약을 교섭하는 외국회사가 동 개도국의 광물이나 석유의 부존상황을 알고 있다면 이 외국회사는 교섭 시 매우 유리한 입장에 있을 것이다. 선진국의 개인 기업은 오래전부터 원격탐사자료의 유용성을 발견하여 동 자료를 적극 활용하고 있는 터이다.[20]

인공위성에 의한 원격탐사는 단순한 시장 보고서나 여타 정보를 보충하는 것이 아니다. 인공위성의 커버 범위와 감시능력은 원격탐사를 새로운 지구정보체제로 등장시키고 있다. 동 기술은 지금까지의 정보 유통을 통제하여 왔던 국가이익과 정보이용 증가로 얻는 국가이익 사이의 균형을 급작스레 변화시켰다. 이 원격탐사의 기술은 정보에 대한 주권 개념을 탄생시킴과 동시에 정보에 대한 주권이 위협받는 상황도 야기하였다.

원격탐사 자료로부터 경제적 이익을 얻을 수 있는 기술 선진국과 동 자료의 정보를 수신하기만 하는 개도국은 서로 이해관계가 다르기 때문에 원격탐사 문제를 위요한 논쟁을 계속하고 있다. 기술선진국은 당연히 정보의 자유 유통[21]을 제창하나 개도국은 자연자원에 대한 주권[22]만이 아니라 동 자원에 관한 정보에 대하여서도 주권을 주장하기 때문이다. 넓게 본다면 동 논쟁은 산업국가와 신 국제경제 질서를 내세우는 제3세계 국가 사이의 논쟁이다.

한편 원격탐사의 전략적이고 군사적인 의미는 원격탐사를 규제하는 국가들의 토의방향에 영향을 미쳤다.[23] 원격탐사의 기술이 발전하면서 정보의 평화적 사용과 군사적 사용 사이의 구분

---

19) Chisolm, Regional Growth Theory, Location Theory, Non-renewable Natural Resources and the Mobile Factors of Production, in, Ohlin, b., Hesselborn, K., and Wijkman, P.J.,(eds), The International Allocation of Economic Activity, (New York, 1977), 103-13.

20) Wukelic, A Survey of Users of Earth Resources Remote Sensing Data, in, Environmental Research Institute of Michigan, Proceedings of the 11th Int'l Symposium on Remote Sensing of the Environment, (1977), 1067.

21) 시민적・정치적 권리에 관한 국제 규약 (1966.12.19 유엔총회 결의문 제2200호로 채택)의 제 19조는 다음과 같이 규정하고 있음.
1. 누구나 방해를 받지 않고 의견을 가질 권리가 있다.
2. 누구나 표현의 자유 권리를 갖는다 ; 동 권리는 국경, 구두, 서면이나 인쇄, 예술의 형태, 또는 자신이 선택하는 여하한 매체를 통하든지 여부에 관계하지 않고 모든 종류의 정보와 아이디어를 탐색하고, 수령하여, 전파하는 자유를 포함한다.
3. 이 조의 2항에 규정된 권리의 행사는 특별한 의무와 책임을 동반한다. 동 행사는 따라서 특정제한에 따라야 하나, 동제한은 단지 법에 규정되고 다음을 위하여 필요한 것이어야 한다.
   a) 다른 사람의 권리나 명성을 존중
   b) 국가 안보나 공공질서 또는 공중 건강이나 사기(morals)의 보호

22) 이에 관한 유엔총회 결의문으로서 1962.12.14. 채택된 제1803호(XVII)와 1966.11.25. 채택된 제2158호(XXI)가 있음.

23) UN Doc A/ AC. 105/ pv. 196(1979) 참조.

이 모호하여졌다. 이를 감안할 때 우주활동을 하지 못하는 국가가 일부 강대국만이 가지고 있는 기술을 불신하는 것을 이해할 수 있다. 그럼에도 불구하고 원격탐사로부터 얻는 이익은 무시할 수 없기 때문에 기술적으로 뒤진 국가가 자료 확산을 제한하자는 요구를 내세우면서, 동시에 원격탐사 기술의 획득을 도모하고 있다.

동 원격탐사가 수반하는 여러 문제에 대한 우려는 원격탐사를 규율하는 법률 논쟁의 기본을 이루어 왔는바, 이에 관하여 알아본다.

1.3. 원격탐사와 국제법

1.3.1. 사전 동의 대 탐사 자유

원격탐사에 관련한 법적문제를 분석하기 위하여 편의상 탐사와 탐사자료의 가공을 3개 부문, 즉 우주부문, 지상부문 및 사용자부문으로 나누어 본다.

우주부문은 원격탐사위성이 자료를 취득하고 동 자료를 지상 수신국으로 송신하는 것을 말한다. 이 부문에서 나오는 문제는 원격탐사가 탐사되는 국가의 사전 동의를 요하는지의 여부이다. 원격탐사위성이 우주에 위치하기 때문에 탐사활동은 1967년 외기권조약의 규정에 따른다. 외기권조약의 체결 이전에 소련과 미국이 군사적·과학적 목적으로 지구 관측을 하였지만 동 조약에는 우주로부터의 관측에 대한 특별한 언급이 없다.

모든 우주활동에 적용할 수 있는 근본원칙은 외기권조약 제1조에 언급된 탐사와 사용의 자유이다. 원격탐사위성이 우주탐사에 이용되는 것이 아니고 지구환경을 알아내는 것이기 때문에 우주활동이 아니라는 주장이 있을 수 있으나 그렇다고 지구지향(earth-oriented) 활동과 여타 우주활동을 구별한다는 것은 비현실적이다. 또한 지구지향활동을 한다 하더라도 문제의 인공위성이 우주를 사용하는 것은 명백한 일이다. 외기권 조약은 여사한 우주활동이 어떻게 수행될 수 있고 어떠한 조건이 부과되어야 한다는 일반적인 지침만을 규정하고 있다. 이러한 규정 중 원격탐사에 가장 밀접한 기술부분은 "모든 국가의 이득과 이익을 위하여" 우주의 탐사와 이용활동을 하여야 하며(제1조), "국제법과 유엔헌장에 따라" 우주활동을 하여야 할 의무(제3조), "협력과 상호 원조의 원칙"에 의하며 모든 체약국의 "관련 이익"을 고려하여 우주를 이용할 의무(제9조) 및 국가 우주활동의 "성격, 수행, 장소 및 결과를 최대 가능한 범위 내에서" 유엔 사무총장과 공중에게 알릴 의무(제11조)이다.

COPUOS 위원의 대부분은 지구자원 탐사 위성의 위치와 운행이 국제법에 따르는 것이라는 견해를 가지고 있다. 그러나 모든 국가가 아무런 제한 없이 이에 찬성하는 것은 아니다. 원격탐사 활동에 제한을 두자는 입장을 내세우는 국가들은 두 가지 점을 내세우고 있는바, 첫째는 유엔총회 결의문에서 수차 천명된 바 있듯이 모든 국가가 자국의 부와 자원에 대한 영구적인 주권을 갖고 동 주권을 자국 발전과 국민의 복지를 위하여 행사하여야 한다는 것이다. 이러한 입장은 다음 제안에 명백히 언급되어 있다.

> 원격탐사에 참가하는 제 국가는 모든 국가와 국민이 자신들의 부와 자연자원에 대한 완선하고 영구적인 주권의 원칙은 물론 자신들의 자연자원 및 동 자원에 관한 정보를 처분하는 불가양의 권리를 존중하여야 한다.[24]

또한 아르헨티나와 브라질과 같은 일부 국가는 이러한 영구주권이 그러한 부에 관한 정보에도 연장 적용됨을 선언하고, 무제한의 탐사를 통하여 영토 자원에 관한 자료를 획득하는 것은 하나의 주권침해라고 주장하였다.[25] 이들 국가는 탐사되는 국가의 사전 동의를 얻어서 탐사를 하여야 한다는 원칙을 주장하는 것이다. 그런데 영토주권의 원칙이라는 전통적인 개념을 위와 같이 연장하는 것은 유엔총회의 제 결의문의 영역을 초과하며 외기권조약이 천명한 자유사용의 원칙에도 배치된다.[26]

우주기술이 등장하기 오래전에 주권 국가는 가상의 적에 관한 정보를 정기적으로 수집하였다. 그러나 영토주권의 원칙에 따라 모든 국가가 자국 국경 내에서 수행되는 첩보활동이 유해하다고 생각하여 이를 금하였다.[27] 이는 모든 국가가 자국영토에 대한 접근을 제한할 자유가 있으며 자국 국경 내에서 촬영기구의 사용을 통제할 수 있다는 것을 의미한다. 각국은 여사한 제한과 통제에 위반하는 자를 국내형법에 따라 통상 가혹히 처벌한다.

제 국가가 자국 공중(airspace)에 대해 주권과 통제 권리를 갖는 정도는 국제민간항공 협약(일명 시카고 협약)에서 규정하는데, 1944년 미국 시카고에서 채택된 동 협약은 제1조에서 모든 국가가 자국 공중에 대하여 완전하고 배타적인 주권을 갖는 것을 인정하였다. 동 협약은 또한 제36조에서 협약 당사국이 자국 영토상에서 공중촬영하는 것을 금하거나 규제할 수 있도록 하였다. 이러한 규정은 동 협약이 성안되기 훨씬 이전부터 공중촬영이 국가안보에 지대한 위협이 되는 것으로 여겨졌기 때문이다.[28] 그러나 이미 상세 언급한 바와 같이 주권 주장의 대상인 공중의 상한

---

24) UN Doc A/AC. 105/171. Annex IV (1976).

25) UN Doc A/AC. 105/c. 2/SR. 220 (1974).

26) 전게 주 Vlasic. 참조.

27) Colby, The Developing International Law on Gathering and Sharing Security Intelligence (1974). 1 Yale Studies in World Public Order 49.

28) Fauchille, Le droit aérien et le régime juridique des aérostats (1901). 8 Rev. gén. de dr. int'l publ. 414. 426.

은 여전히 논쟁점으로 남아 있다.[29]

과거 서독의 항행법이 아마도 공중을 통제하는 것에 가장 엄격한 법일 것이다.[30] 서독은 또한 형법에서 국가안보를 위협하는 공중활동을 영토 밖에서도 하지 말도록 규제하고 있다.[31]

따라서 공해상과 같이 국제적 성격을 갖는 지역에서 또는 주권국가의 공중에서 행하여지는 모든 공중활동은 주권에 근거하여 규제받고 있다. 만약 타 주권국가의 공중에서 공중촬영을 금지하는 것이 합법적이라면 이러한 법을 주권주장이 없는 우주에 연장 적용하는 것을 고려할 수도 있겠다는 의견이 있다.[32]

미국을 포함한 여러 나라는 공해상공에서 주권국가를 감시하는 것은 국제법상 허용된다는 입장이다. 우주와 같이 공해는 어느 주권주장의 대상에서도 제외되는 지역이다. 따라서 어느 국가도 우주를 이용하여 지구상 어느 영토를 대상으로 자료를 획득할 권리가 있다는 이야기가 된다. 이러한 권리를 행사함에 있어서 모든 국가는 원격탐사로부터 얻은 정보를 처분할 수도 있다는 견해가 있다.[33]

과거 소련은 유엔에서 국가주권이 자연자원에 관한 정보에도 연장 적용되어야 한다는 입장을 표명하였다.[34] 소련 법률가들은 일반적으로 정보에 대한 주권문제에 초점을 맞추었지만[35] 자료취득을 위한 사전 동의에 관한 입장을 명백히 하지 않았다. 현재 러시아 입장이 여하한 경우에도 자료취득을 위한 사전 동의를 요구하는 규칙을 수용할 것이지는 의문이다.[36]

미국을 포함한 여타 국가는 현존 법적 입장, 즉 우주로부터의 탐사는 피탐사국의 사전 동의를 요하지 않으며 탐사의 합법성은 탐사대상의 위치보다는 탐사기구의 위치에 달려 있다는 입장이다.[37] 따라서 외기권조약은 "우주부문(space segment)"의 측면을 규율하는 것으로서 피탐사국의

---

29) 공중과 우주의 경계에 관한 많은 자료와 논문이 과거엔 많았는바, UN Docs A/AC. 105/C. 2/7(1970) and A/AC. 105/C. 2/SR. 279(1977); Pavlasek, T.J.F. and Mishra, S.R., on the Lack of Physical Bases for Defining a Boundary Between Air Space and Outer Space, Centre for Research of Air and Space Law, McGill Univ., S.S.H.R.C.C. No.20, (Monteral 1981) 도 이러한 종류임. 동 문제는 COPUOS에서 수십 년간 토의되면서 수십 번 경계확정에 관한 제안이 나왔으며 동 문제 연구를 위한 작업반(Working Group)도 구성되어 있음. 2009년 개최된 COPUOS의 법률소위 제 48차 회기 중에도 동 작업반장의 보고가 있었음(Annex II to the Report of the Legal Subcommittee on its 48th Session 2009, Un Doc A/AC. 105/935, 20 APR. 2009). 최근 동 건을 다룬 저서로는 Dempsey & Milde, Public International Air Law, Chapter XII, McGill Univ., Montreal, Canada, 2008이 있음.

30) German Air Navigation Act, art. 27(2), as amended 4 Nov.1968.

31) German Criminal Code, art. 100(g)(2), as amended 25 Jul. 1964, Bundesgesetzblatt(B.G.B.L) I.S 529, 1964.

32) Orlando, Collection and Dissemination of Data through Remote Sensing (1979), 1 Northrop U.L.J. of Aerosp. Energy and Env. 121, 129.

33) 상동. p.131.

34) 소련은 타국과의 합의에 따라 원격탐사를 시행하겠다고 선언하면서 사전 동의의 필요성을 전제로 하였음. 이와 관련 프랑스와 소련의 공동 토의문서는 자료취합을 위한 사전 동의를 공식 요구하지는 않지만 정보에 대한 주권과 쌍방 또는 다자 합의의 필요성에 관한 소련의 여사한 입장은 자주 표명되었음. UN Doc A/AC. 105/C. 2/L.99(1974) 참조.

35) Bordunov, Some Legal Problems of Remote Sensing of Earth from Outer Space(1977), 20th Colloq. on the Law of Outer SP. 496; Zhukov, Problems of Legal Regulation of Using Information Concerning Remote Sensing of the Earth from Space, in, Matte, N.M. and De-Saussure, H., (eds), Legal Implications of Remote Sensing from Outer Space, (Leyden, 1976), 125. 소련정부는 COPUOS에 대한 보고서에서 "이미 국제우주법에 규정된바 이외로 원격탐사자료의 취합을 규제할 특별한 법률규칙이 필요하지 않다"라고 기술하였음(UN Doc A/AC. 105/219(1978), 61).

36) 과거 소련이 피 탐사국의 허가 없이 오랫동안 군사첩보위성을 작동하고 있음은 잘 알려진 사실임.

동의 없이 원격탐사를 할 수 있다는 논리다.

극단적으로 국가에게 타국이 자국 영토상의 원격탐사활동을 하도록 금지하는 권한을 부여한다면 대부분의 원격탐사활동을 사실상 배제한다는 이야기가 된다. 그러나 엄격한 태도를 취할 경우 이를 강제할 방법도 없고 기술적으로 앞선 국가들은 이러한 규칙에는 별로 신경 쓰지 않고 자국 이익만을 위한 원격탐사활동을 유도할 것이기 때문에 보다 유연한 입장을 취하는 것이 정치적 현실에 부합한다. 또한 현실적으로 모든 국가가 묵시적으로 감내하는 군사첩보위성이 존재하고 Landsat과 SPOT의 운행에 대한 항의가 없다는 것은 위성에 의한 원격탐사가 국제법에 의한 것이라는 견해를 뒷받침하는 것이다.

1.3.2. 정보에 대한 접근

원격탐사에 관한 국가들의 주요 관심사는 탐사활동 자체의 합법성 여부가 아니고 위성이 수집한 정보의 유포를 통제하는 것이다. 사전 동의를 제창하는 측은 정보 유포를 위한 공평하고 비차별적인 제도의 창설을 지지한다.[38] 그러나 개도국들이 원래의 생경한 자료를 자유롭게 얻는다 하더라도 동 자료를 가공하고 분석할 수 있는 능력이 없기 때문에 별 이득을 보지 못한다는 문제가 있다.[39]

여러 나라는 자국의 자원에 관한 자료가 자국에 불리하게 이용되는 것과 자국의 자연자원에 관한 정보가 유포되는 것을 우려하고 있다. 원격탐사정보의 중요성에 비추어 많은 나라는 자원에 관한 정보에 대하여 국가주권원칙을 연장적용하는데 개도국의 여사한 입장에 과거 소련과 프랑스가 동조하고 있다. 이와 관련 과거 소련과 프랑스는 공동제안에서 "자국의 국가자원과 동 자원에 관한 정보를 처분할 수 있는 제 국가의 불가양한 권리"를 언급하였다.[40]

한편 미국은 영토외적(extraterrestrial) 주권을 정보에 연장적용하는 것을 반대하는 기본 입장에 따라 원격탐사정보의 자유이용을 제한하는 것을 완강히 거부한다.[41] 더구나 미국은 자료의 비차별적인 배포가 개도국에 상당한 이익이 된다는 주장을 하고 있다.[42]

상기 미국입장의 배경을 이루는 동기는 이상적이고 실용적이다. 원격탐사위성은 정치적 국경

---

37) Reijnen, Remote Sensing by Satellites and Legality, in, Matte and DeSaussure, 전게 주 Bordunov, p.23.

38) Gotlieb, The Impact of Technology on the Development of Contemporary Int'l Law(1981), 170 Rec. des cours(Hague Academy of Int' Law) 115, 268.

39) UN Doc A/AC. 105/201(1977).

40) UN Doc A/AC. 105/C. 2/L99 (1974).

41) 미국 대표는 원격탐사자료의 유포에 관한 문제에 대한 해결책은 "유엔이 성안한 원칙에 있는 것이 아니고 각기의 정부가 자국 영토내의 자원을 개발하는 데 대한 통제권의 행사에 있다. 동 자원에 관련한 정보에 대한 통제권의 행사는 … 주권의 영토외적 연장이다"라고 말함 UN Doc A/AC. 105/C. 2/SR.295 (1978). 14.

42) 상동.

에 민감하지 않다. 따라서 국경에 따라 자료를 나누고 운영하는 기술적인 문제는 재정적으로 불가한 형편이며 과학적으로는 무익한 일이다.[43]

자유라는 개념에 대한 철학적 언질은 1948년에 채택한 유엔의 세계 인권선언(Universal Declaration of Human Rights) 제19조에 반영되어 있는바, 동 조항은 국경에 관계치 않고 각자 정보와 사상을 어느 매체를 통하여서든지 탐구하고 수령하며 나누어 갖는 권리를 갖는다고 규정하고 있다.[44] 또한 많은 개도국이 생경한 자료를 이용할 수 있는 정보로 변경할 기술적 능력을 결여하기 때문에 모든 국가가 원격탐사 자료를 자유로이 이용하는 것은 개도국의 이익을 충분히 보상하는 것이라는 주장도 있다.[45]

많은 개도국이 자연자원의 수출에 의존하는 상품교역을 하고 있기 때문에 정보이용에 관한 우려를 하고 있음은 이해할 만하다. 그런데 대다수 사람들은 관습 국제법, 유엔헌장 및 기존 우주조약들이 규정한 자제(self restraint)의 규칙이 자국의 이익을 적절히 보장하는 것이 아니라고 믿고 있다. 예를 들어 외기권조약의 제1조에 언급된 "공동이익(common interest)"의 구절이 공평한 공유나 원격탐사자료의 이용으로 해석되지 않는 불완전한 또는 유약한 의무로밖에 여겨지지 않는데[46] 이러한 인식이 바뀌지 않는 한 신국제경제질서를 강조하는 개도국의 복심은 수그러들 수 없다.

1.4. UN에서의 법적 제 원칙의 발전

원격탐사위성에 대한 세계적 관심을 반영하여 유엔은 원격탐사활동의 가능한 규제를 위한 토의를 필요로 하였다.[47] 유엔은 COPUOS와 COPUOS의 두 소위원회 및 working group을 통하여 1960년도 후반 이래 법적 규범을 수립하려고 노력하였다. 그러나 10년이 훨씬 넘도록 원격탐사위성을 규율할 일련의 원칙을 수립하는 데 실패하여 오다가 1986.12.3. 제41차 유엔총회에서 Draft Principles Relating to Remote Sensing of the Earth from Space라는 원격탐사에 관한 15개 원칙을 결의문 41/65로 채택하는 데 성공하였다.[48]

---

43) Leigh, United States Policy to Collecting and Disseminating Remote Sensing Data, in, Matte and DeSaussure, 전게 주 Bordunov, p.149.

44) 시민적·정치적 권리에 관한 국제규약(International Covenant on Civil and Political Rights)에도 비슷한 규정이 있음.

45) Hopkins, Legal Implications of Remote Sensing of Earth Resources by Satellite (1977), 78 Mil. Law Rev. 57, 81-4; UN Doc A/AC. 105/C. 2/L. 103 (1975).

46) Dalfen, Gotlieb, and Katz, The Transborder Transfer of Information by Communication and Computer Systems: Issues and Approaches to Guiding Principles (1974), 68 Am. J. of Int'l Law 269.

47) 유엔에서의 토의일지는 Kay, J.P., The Legal Implications of Remote Sensing, Centre for Research of Air and Space Law, McGill Univ., S.S.H.R.C.C. No.19 (Montreal, 1981) 및 전게 주 Vlasic, p. 312 이하 참조.

48) 동 합의 원칙 성립 과정과 논평에 관하여는 Christol, C.Q., Remote Sensing and Int'l Space Law(1988), 16 Jr. of Sp. Law 21-44 참조. 결의문

상기 원칙들은 1986.4.1. COPUOS의 법률소위의 working group이 컨센서스로 채택[49]한 것을 동년 4.11. 법률소위에서 역시 컨센서스로 합의[50]한 후 동년 제41차 유엔총회에서 상기 결의문으로 만장일치 통과시킨 것인바, 그 주요내용을 간략히 소개한다.

1986년에 채택된 원칙들은 제 I 원칙에서 원격탐사활동(remote sensing activities)을 정의하고 제 II원칙과 제III원칙에서 동 활동의 기본방향을 제시한 후 탐사국과 피 탐사국의 협력관계를 강조하는 내용으로 이루어져 있다.

제XII원칙은 피탐사국의 주권과 탐사국의 주권을 조화시켰다. 동 원칙은 "기초자료(primary data)"와 "가공된 자료(processed data)"를 구분하여 언급함으로써 자료의 단계별 이용가치를 명백히 하였다. 여사한 자료는 탐사국이 생산하는 대로 피탐사국이 이용할 권리가 있다고 규정하였다. 동 제XII원칙은 피 탐사국이 정당한 실비를 지급할 경우 탐사에 관여한 국가가 작성한 "분석자료(analysed data)"를 동 탐사국으로부터 구득할 수 있도록 하면서 피 탐사국이 개도국인 경우 특별한 고려를 하도록 하였다. 분석자료는 이용 가능한 분석자료(available analysed data)라고 기술하였는데 이용 가능한 여부를 판단하는 측은 탐사국이 될 것이기 때문에 탐사국과 피탐사국이 대등한 조건에서 자료전수를 하기는 어렵겠다.

제IX원칙의 하단은 원격탐사국이 외기권조약과 등록협약에 따라 유엔 사무총장에게 홍보하도록 하였으며 특히 개도국을 포함하여 어느 국가라도 요청하면 탐사국은 탐사와 관련한 여타 관련정보를 가능한 한 최대로 제공하여야 한다.

제X원칙은 지구자연환경 보호를 위하여 탐사국으로 하여금 지구환경에 유해한 현상을 저지할 수 있는 정보를 관련당국에 공개하도록 하는 한편 제XI원칙은 자연재해로부터의 인류보호를 위하여 탐사국이 자료를 가공하고 분석하여 자연재해에 대처하는 데 유용한 자료를 확인하는 대로 동 자료를 관련 당사국에 즉각 전달하도록 하였다. 따라서 탐사국이 가공(process)하고 분석(analyse)한 모든 자료를 유포하는 것이 아니고 탐사국의 판단에 따라 선별하여 공개한다는 점에 유의하여야겠다. 이 점은 특히 자연환경보호나 자연재해만 아니고 포괄적인 탐사자료를 공개하는 제XII원칙에 관련하여서도 적용되는바, 피탐사국은 어디까지나 탐사국의 양심적인 협력에 의존할 수밖에 없다.

탐사국과 피탐사국의 협력은 긴요하다. 특히 피탐사국이 개도국일 경우 더욱 그러한바, 제XIII 원칙은 피탐사국의 요청이 있을 경우 탐사국이 피탐사국에 가능한 기회를 주고 쌍방 모두의 이

내용은 본서 부록 참조.

[49] UN Doc A/AC. 105/307, Annex I at II, (1986); 25 ILM 1331 (Sept. 1986).

[50] UN Doc A/AC. 105/C. 2/24. 450, at 6 (1986).

익증진을 위하여 상호 협의하도록 하였다.

제XIV원칙은 외기권조약 제6조에 따라서 원격탐사 위성을 운영하는 국가가 국제책임을 지도록 하였으며 동 탐사활동이 정부, 비정부기관 또는 국제기구인지 여부를 불문한다.

1986년에 채택된 이상의 제 원칙은 핵심문제로서 첫째, 주권에 반한 open skies 개념을 채택하여 누구나 지구 모든 지역에 대하여 원격탐사활동을 할수 있도록 허용한 것이다. 이는 피탐사국이 탐사국의 탐사활동 전제 조건으로서 사전동의를 하여야 한다는 논리를 수락하지 않은 것이다. 이는 또한 탐사자료를 유포하는 것도 탐사국 또는 탐사자료를 가지고 있는 자의 자유임을 의미한다. 단 제IV원칙은 피탐사국의 합법적 권리와 이익이 손상되지 않는 방향으로 탐사활동이 수행되도록 규정하고 있다.

사전동의, 즉 주권을 주장한 개도국 등의 입장은 매우 약화되어 제XIII원칙에서 단순히 피탐사국이 탐사국에 요청하여 쌍방이 협의하는 것으로 결론지어졌다. 개도국 등 피 탐사국의 입장에 있는 여러 국가는 COPUOS에서 사전협의(prior consultation), 기초자료(primary data), 가공된 자료(processed data), 분석된 자료(analysed data) 및 원격탐사활동(remote sensing activities)을 정의하였지만 "책임(liability)"이나 "자료이용(access to data)"과 같은 용어를 정의하지 않았기 때문에 적용시 혼선이 예상된다. 특히 책임문제와 관련하여 장시간의 토의를 한 후 동 책임은 모든 종류의 책임을 포괄하는 광범위한 뜻으로 기술하였으며 대다수 비탐사국이 주권 주장을 굽힌 대가로 이를 받아들임으로써 1986년의 제 원칙이 채택에 성공할 수 있었다.

상기 제 원칙은 채택 20주년이 되는 2006년 국제법협회(International Law Association)에서 현 상황에 맞는 내용으로 검토되었고 1999년 오스트리아 비엔나에서 개최된 제3차 우주의 탐사와 평화적 이용에 관한 유엔 회의(UNISPACE III)에서도 검토되면서 21세기 상황에 맞는 내용으로의 변경 필요성이 인정되었지만 미국 등 서양의 반대로 개정되지 않은 채 오늘에 이르고 있다.[51]

---

51) I. H. Ph. Diederiks-Verschoor & V. Kopal, An Introduction to Space Law, pp.80-81, Kluwer Law International, The Netherlands, 2008.

2. 직접 방송 위성

2.1. 기술적 고찰

방송위성은 지점 간(point to point), 배분(distribution) 및 직접(direct) 통신의 3가지 주요형태로 구분된다. 지점 간 통신은 지구국(earth station)으로부터 전파 신호를 수신하여 수신국(receiver station)에 재송하는 것을 말한다. 연후 수신국은 수신한 신호를 재래 라디오 기기나 TV계통을 이용하여 개인 수신자에게 중개한다. 배분 위성은 일정한 지역의 광범위한 영역을 대상으로 신호를 송신하는데 이때 송출되는 신호는 가정용 텔레비전이나 라디오의 소형 안테나가 수신할 수 있는 정도의 강도가 아니다. 그러나 위성으로부터의 송신력을 증강할 경우 위성으로부터 최종 수신자인 가정에게 직접 방송할 수 있다. 이 경우의 위성을 직접 방송 위성(direct broadcast satellite, 줄여서 DBS)이라 하는데 오늘날 DBS의 출력은 지상에서 직경 1m 이하의 안테나가 수신할 수 있는 정도로 강하다. DBS제도는 강력하고 정교한 통신위성만 이용한다면 지상에서는 간단하고 저렴한 수신 안테나만을 필요로 하는 간편한 제도이다.

만약 DBS의 출력이 강력하지 않다면 지상의 텔레비전이나 라디오의 수신 안테나나 방열기(convector)를 크게 하는 방법을 사용하면 된다. 기술이 발전하여 감에 따라 위성통신을 수신하는 접시형 모양의 지상 안테나는 갈수록 작아지고 있다. 또한 경비절약과 편의상 호텔 등 건물 단위로 안테나를 하나 설치하여 위성 전파를 수신한 다음 각 방에 수신 신호를 송신하는 방법을 이용하는데 이 경우의 안테나를 공동 안테나(community antenna) 또는 수신 지구국(community receiver earth station)이라 한다.

텔레비전 프로그램을 운반하는 라디오 신호는 직선으로 여행한다. 그런데 지구에서의 굴곡, 산맥, 산림, 해양 등과 같은 자연적인 장애요소 때문에 TV신호는 마이크로웨이브 전파로 운반되든지 또는 설치비용이 많이 드는 회선을 통하여 중계된다. 그러나 DBS의 방법을 통할 경우 중계국이 필요 없이 우주에서 지구의 어느 지점으로도 직접 신호를 주고받을 수 있으며 또한 동시 타 지점에 대한 송신이 가능하다.

인공위성을 통하여 중계되는 텔레비전 프로그램을 수신하는 방법이 점차 확대되어 가는 추세인데 이는 지상 방송으로 먼 거리와 지형장애를 극복하기 어려울 경우, 또는 경제적으로 TV채널을 증가시키기 위하여, 또는 기존 TV를 라디오 주파수 대역으로 방영하기에는 주파수 범위가 너무 한정되어 있다든지 하는 애로를 타개하기 위하여서이다.[52]

DBS의 장점은 개도국은 물론 선진국에서도 건강 및 위생문제, 농업기술전파, 가족계획 등의 교육목적으로 이용될 수 있다는 점이다. 뉴스, 스포츠, 오락 및 중요한 사건을 전달하고 문화와 사회에 관한 프로그램 전파에 진가를 발휘한 DBS는 특히 영토가 큰 대국이나 여러 섬으로 구성된 국가가 원거리 지역사회에 효율적이고 신속하며 저렴한 방법으로 방송하는 데 많이 이용된다.

2.2. 경제적 의미

DBS는 두 가지 점에서 경제적 문제를 제기한다. 첫째는 다른 용도를 위하여 할당되기도 하여야 하는 한정된 우주자원[53]을 같이 사용하여야 한다는 점이다. 두 번째 문제는 DBS 성격에서 나오는 것으로서 한 나라에서 송신한 TV용 신호가 같은 나라의 영토에서만 수신되는 것이 아니고 다른 나라의 영토에서도 수신되기 때문에 이 경우의 전파침투(spill-over)가 가져오는 국제문제이다.[54]

용역을 제공하는 방송은 통상 지역 공공기관에서 부과하는 여러 규제대상이 된다. 규제의 내용은 공중을 왜곡보도로부터 보호하고 유해한 것으로 여겨지는 상품을 사도록 유도하는 것을 방지하기 위한 것이며 다른 한편으로는 국가적, 문화적, 그리고 도덕적 목적을 달성하기 위하여 방송내용을 수정하고자 하는 것도 있다. 그러나 지역 정부의 통제가 미치지 않는 외국의 신호는 여사한 목적에 위배하는 내용이라 할지라도 자국 안에서만 처리할 수 있는 문제가 아니다.

지역 방송 산업과 정부의 방송 규제 능력에 대한 DBS의 영향은 DBS가 제공하는 프로그램의 인기에 의존하는데 동 인기는 다시 프로그램에 대한 지출수준, 방송언어의 용이성 및 시차의 영향을 받는다. 오늘날에는 같은 프로그램을 여러 언어로 동시 방송할 수도 있기 때문에 한 국가의 국내 프로그램은 여러 종류의 외국방송의 경쟁을 받는바, 특히 이웃나라와의 방송 규제가 거의 없는 북미와 유럽의 경우 여사한 현상이 두드러진다.

---

52) UN Doc A/CONF. 101/BP/2 (1982), 8.

53) 통신에 관련하여 한정된 우주자원이라 할 때 이는 이용할 수 있는 주파수 대역과 지구정지궤도가 무한정 있는 것이 아니고 제한되어 있음을 말함.

54) 이러한 문제에 관한 상세는 Vicas, The Economics of DBS, in, Analysis of the Legal Regime for the Establishment of Guiding Principles to Govern the Use of Direct Broadcasting Satellites (with special emphasis on the Canada-Sweden initiative within COPUOS), Centre for Research of Air and Space Law, (Montreal, 1980), 235 이하 참조.

2.3. 정치적 문제[55]

우주시대가 도래한 이래 위성의 직접방송은 인류에 대한 혜택으로 환호되었다. 엄청난 기술발전의 가능성을 감안하여 여러 사람은 DBS가 세계를 통일할 수 있는 방법이라고까지 생각하였다. 이는 상이한 국가의 인구가 동일한 방송을 본다면 세계적 문화를 형성하면서 소인배적인 민족주의는 감소될 것이라 생각하였으며, DBS에 의한 즉시 통신과 정보의 교환은 세상의 개인과 사회가 교양교육과 전문적인 연수, 예술 및 오락을 용이하게 접할 것이기 때문에 무지와 국부주의를 불식할 것이라 예견하였기 때문이다. 그러나 이러한 낙관적인 이유에도 불구하고 많은 사람들은 DBS가 사회를 파괴할 수 있을 것이라는 점을 두려워하였다. 이러한 염려는 강력한 문화가 약한 문화를 파괴하고 상업주의가 세상을 풍미하며, 인종차별이나 전쟁선동이 증오를 부채질하며, 전복이론을 유포하며, 혁명을 조성하고 무의식중에 세뇌를 시킬 수 있는 가능성이 있기 때문이다.

DBS의 잠재력은 이에 영향을 받는 정부들의 의사결정능력도 일부 마비시키는 관계로 긴박한 정치적 문제로까지 제기된다. 자국 영토 내에서의 정부의 능력에 결함이 있을 때 동 정부의 대외문제에 대한 영향력이 감소된다. 인공위성 특히 DBS는 국경에 아랑곳하지 않는다. 재래 TV방송과는 달리 대중은 DBS를 통하여 먼 외국으로부터 송신되는 프로그램을 시청하면서 동 영향을 받는바, 바로 이 점이 정치적 문제로 등장한다.

여사한 정치적 문제는 본질적인 것과 절차적인 것의 두 가지 범주로 나누어 볼 수 있다. 본질적인 것은 형식과 내용으로 다시 구분할 수 있는바, 형식에 있어서 각국은 방송 주파수 대역의 운영과 각자의 인공위성이 위치할 궤도자리를 할당하는 문제를 합의하고자 한다. 이는 기술적인 문제로 보일 수 있지만 주파수 대역과 궤도자리가 희소한 자원이기 때문에 동 자원을 각국에 분배하는 것이 논란의 소지를 안고 있는 정치적 문제가 된다.

하부구조적 문제, 즉 형식의 문제가 해결되었을 경우 특정한 청중이 시청할 프로그램을 누가 결정하느냐의 내용의 문제가 나온다. 외국방송은 "문화적 제국주의(cultural imperialism)"와 "외국선전(foreign propaganda)"의 우려를 수반하기 때문에 국제정치에서 민감한 문제이다. 여기에서 일국이 외국으로부터 송신되는 프로그램의 내용을 통제할 수 있느냐 여부가 문제로 제기되는바, 이는 "정보의 자유(freedom of information)"와 "사전 동의(prior consent)"라는 양 극단의 원칙이 조화되어야 하는 쉽지 않은 문제이다.

---

55) 상세기술은 상동, p.218 이하에 수록된 Arnopoulos, Political Implications of DBS, in, Analysis of the Legal Regime for the Establishment of Guiding Principles to Govern the Use of Direct Broadcasting Satellites 참조.

절차적인 문제는 본질적인 문제를 강조하는 것으로서 어느 정도까지 국가 주권이 미치느냐에 관한 것이다. 주권이란 과연 한 나라에 들어오고 또는 나가는 모든 정보에 대한 완전한 통제를 말하는 것인지에 대하여 국제사회는 아직 명확한 답을 내리지 못하고 있다.

우주국가와 비우주국가 사이의 이념적 구분에 작용하는 다른 하나의 고려요소가 있는데 이는 여러 분야에서 "가진자(haves)"와 "못 가진 자(have-nots)" 사이에 상호 우려로 표출되는 남·북 갭 (north-south gap)이다. 많은 개도국은 DBS를 통해서 들어오는 서구 사상과 문화의 홍수를 마음 편히 받아들일 수 없다. 여사한 외국으로부터의 정보 유입을 방치할 경우 대중의 기대를 증가시키고 국민을 오도하며, 문화적 전통을 방해하며, 정부차원의 권위가 도전받을 수 있기 때문이다. 따라서 DBS는 제3세계를 교란시키고자 하는 특정국가의 과점물이 될 수도 있다. 방송문화의 송출은 그 결과가 비록 의도된 바가 아니더라도 결과만을 두고 볼 때 많은 개도국의 우려를 이해할 수 있는 바이다. 이러한 이유 때문에 DBS에 관련한 국가책임의 원칙이 매우 중요하다.

2.4. 직접 방송 인공위성에 적용할 국제법

2.4.1. 국가의 방송 통제

직접 위성 방송이 가져오는 국제법상의 중요 문제 중 하나는 DBS의 경제적·정치적 의미이고 다른 하나는 국가가 자국 영토상의 방송을 통제하고 규제하는 권리와 개인이 국경에 관계없이 정보를 탐구하고 나누어 갖는 자유 사이의 충돌이다. 이 충돌은 달리 말하여 사전 동의의 원칙과 정보의 자유 유통 원칙 사이에 일어나는 것이다. 국제무대에서 DBS에 관한 대부분의 토론도 이러한 충돌을 둘러싼 것인데 상금 해결되지 않고 있다.

국가가 자기 국내문제를 통제하고 규제하는 권리는 물론 의무까지 가지고 있음은 부인할 수 없다. 다음에 설명된 바대로 어느 정보가 자국 국민에게 전달되어야 하는지에 대하여 국가는 최고의 결정권을 행사한다.

국가가 아무리 크고, 아무리 자유분방한 법을 가지고 있고 또한 그 인적 자원이 아무리 풍족하다 할지라도 어떠한 종류의 정보가 자국 영토 내로 들어오는지에 대하여 무관심한 나라는 없다. 따라서 모든 국가는 성격상 다르기는 하지만 저속, 공중도덕, 반역, 그리고 국가안보등과 같은 문제에 관한 법률을 가지고 있다. 모든 국가는 방송의 특정 측면에 관한 법을 가지고 있다. 모든 국가는 특정 외국인이 입국하지 못하도록 하는바, 이는 좋아하든 싫어하든 제 국가가 특정 인물들의 사고를 수입하기 싫어하기 때문이며 그 예가 드물지 않다.[56]

자국 영토상의 방송을 규제하고 통제하는 국가 법률은 일반적으로 방송 허가요건, 광고에 대한 규제 및 프로그램의 내용을 정하고 동 위반 시 제재사항을 포함한다. 그런데 DBS를 사용하는 외국 방송 업자는 통상 동 방송 수신국의 법률에 기속되지 아니한다.

자국 인구의 사회적, 도덕적, 종교적 및 문화적 가치를 보호, 보존하고 권장할 의무를 가지고 있는 국가는 통제가 불가능한 외국 방송이 DBS를 통하여 들어올 때 자국의 의무를 수행할 수 없는 형편에 처할 수 있다.

DBS의 사용과 관련하여 방송업자, 저작자 및 연출자의 권리에 관한 문제도 제기될 수 있다.

DBS가 가져오는 문제는 직접 방송의 사용에 따라 TV는 더 이상 국내 문제가 아니라는 사실에서 주로 야기된다. 라디오방송이 오랫동안 존재하여 왔지만 TV의 영향은 대중 매체로서 훨씬 더 다대하다. 큰 안테나로 수신하는 위성통신에 대하여는 국가가 어느 종류의 통제를 행사할 수 있다 하더라도 DBS를 통한 직접 TV방송을 개인이 수상기로 직접 수신할 경우 국가의 통제는 불가능하다. 따라서 DBS가 제기하는 법적 문제들은 방송의 여타형태의 문제와 다르고 기존 국제법에 따라 쉽게 다룰 수 없다. 그렇다고 DBS에 적용할 국제법의 원칙이나 규칙이 없다는 것은 아니다. 직접 위성방송은 우주를 사용하는 통신활동이기 때문에 원격통신법(telecommunications law)과 우주법등 국제법의 특별 분야가 적용된다.

2.4.2. 두 개의 주요 문제

이미 언급한 바와 같이 위성을 통한 직접방송은 정보의 자유와 국가주권이라는 두 가지 중요한 법적 원칙문제를 제기한다. 정보자유의 원칙은 국제법에서 세계 인권선언[57], 시민적·정치적 권리에 관한 국제 규약[58], 인권보호를 위한 유럽 협약[59] 및 미주 인권 협약[60]의 형태로 나타나 있다.

세계인권선언의 제19조는 "누구나 의사 및 표현의 자유를 갖는다. 이 권리는 간섭 없이 의사를 갖고 국경을 불문하고 어떠한 매체를 통하여서도 정보와 사고를 모색하고 수신하며 나누어 갖는 자유를 포함한다"[61]고 규정한다.

그런데 국제사회의 일부 국가는 정보자유의 원칙이 정보유통에서의 불균형을 초래한다는 이

56) Dalfen, Gotlieb, and Katz, The Transborder Transfer of Information by Communications and Computer System: Issues and Approaches to Guiding Principles (1974), 68 Am. J.of Int'l Law 227.

57) UNGA Res. 217(II), 10 Dec. 1948.

58) UNGA Res. 2200(XXI), 16 Dec. 1966, art. 19.

59) 231 UNTS 221 (1955), art. 10.

60) (1970) 9 ILM 101.

61) 인권관련조약에도 여사한 규정이 있는바, 이는 1948년 유엔 총회 결의문인 세계 인권선언 제19조를 따른 것임.

유로 동 원칙을 인정하지 않으며 국가에 따라서 문제를 보는 시각이 매우 상이하다. 정보 자유의 원칙은 다음에서 언급된 바와 같이 절대적인 것으로 간주될 필요는 없다.

> 1967년 외기권조약의 내용에는 제 국가에 의한 우주의 탐사와 이용의 자유가 있는데 이는 평등과 주권의 적용을 포함한 특정 조건에 의존한다. 방송은 정보교환의 수단이며 1948년 유엔총회에서 채택한 세계인권선언과 같은 문서는 정보의 자유와 함께 정보에 대한 권리를 당연히 포함한다. 그러나 어느 경우에도 이 자유는 전체적인 절대의 것이 아닌바, 자유원칙은 정당한 이유로 명백히 제한되고 동 제한은 관련문서에 나타나 있다.[62]

정보자유에 대한 주요한 제한은 국가주권의 원칙이다. 이 개념은 현대 국제법에 잘 확립되어 있으며 제 국가가 수시 원용하는 원칙이다. DBS와 관련한 동 개념의 적용은 본질적으로 국가방송의 형태와 내용이 국가주권의 한 측면이라는 관점에서 제기된다. 국가들은 자국의 상황과 필요에 부응하는 특별한 방송규제의 틀을 수립하고 있다. 따라서 각 정부는 적어도 자국 국민에게 제공되는 TV방송의 성격과 영향을 결정하는 권리를 중시하는데 이 권리는 국가주권에서 나오는 당연한 것으로 간주된다. 가용채널의 수, 프로그램의 다양성과 질, 시청 시간, 국가 TV제도의 법적·행정적 운영, 기타 등등의 문제는 각국이 독자적으로 정하는 사항이다.

DBS에 대한 주권개념의 또 하나 적용은 제 국가의 동등성에 관한 것이다. 제 국가의 동등성과 독립은 주권을 지지하는 전통 국제법에서 꾸준하게 거론되어 왔다. 제 국가는 대소를 막론하고 사실상(de facto)의 불평등을 수락하기를 거절하였다. 현재 DBS에 필요한 기술적·재정적 자원을 가진 국가는 매우 적다. 제 국가 간 평등의 원칙이 이론적으로는 모두에게 동등한 DBS의 사용을 말하는 것임에도 불구하고 실제로는 몇 나라만이 여사한 기술을 가지고 있다. 따라서 동등한 사용은 주요 우주대국이 기술을 전수하여 줄 용의가 있는지 여부에 달려 있다.

간단히 말하면 국제법의 다른 분야에서와 마찬가지로 주권의 개념은 절대적인 것이다 아니다. 제 국가가 자국의 사회적, 경제적 및 지리적 필요에 부응하는 방송 제도를 수립할 자유가 있지만 이는 관련 국제법에 따르는 것이어야 한다. 이러한 법적의무는 전자장 주파수가 인류의 공동유산을 구성한다는 온 세계의 인정에서 나오는 것이다.[63]

국제사회에서는 그동안 DBS가 제기하는 여러 문제점에 대한 해결책을 모색하여 왔다. 이러한 움직임은 COPUOS와 ITU라는 두 개의 주요 국제무대에서 진행되어 오고 있다. ITU에서의 토의는 기술적 성격의 것으로서 라디오 주파수와 궤도위치의 효율적, 경제적 및 공평한 사용에 주안

---

62) Busak, Perspectives de la télévision et de la radiodiffusion directe par satellites (1972), 15th Colloq. on the Law of Outer Sp. 5, 55(translation).
63) Queeney, K.M., Direct Broadcast Satellites and the United Nations, (Alphen aan den Rijn, 1978), 16-7.

을 두고 있다. 그런데 COPUOS에서의 정치적 목표를 관철하지 못한 나라는 ITU에서의 기술적 규제를 통하여 목표를 달성하고자 노력하기 때문에 ITU가 그중요성을 더해 가고 있다.

2.4.3. 직접위성방송 규율에 관한 유엔 논의

직접 위성방송에 관한 토의는 1966년과 1967년의 COPUOS 회기 중 시작되었다. 유엔총회가 67.11.3. 결의문 제2260호(XXII)를 채택하여 COPUOS로 하여금 DBS의 기술적 및 기타 내포된 문제를 연구하도록 한 것이 발단이 된 것이다. 캐나다와 스웨덴의 공동제안[64]과 COPUOS의 권고[65]에 따라 유엔총회는 결의문 제2453호(XXII)에 의거 1968년 DBS에 관한 작업반(working group)을 구성하였다.

작업결과를 COPUOS에 보고하도록 되어 있는 상기 작업반은 지역 및 기타 위성제도를 수립하고 운영하는 데 있어서 국제협력이 바람직하다는 전제하에 DBS활동의 지침을 작성하기 시작하였다.[66] 이러한 작업은 실제적인 경험도 없이 직접위성방송을 규율할 규칙과 원칙을 정하는 것이 장래 적용상 문제가 있을 수 있다는 인식하에 진행되었다.

구 소련은 1972.8.8. "직접 텔레비전 방송을 위한 지구 인공위성의 국가 사용을 규율하는 제 원칙에 관한 협약 안"[67](Draft Convention on Principles Governing the Use by States of Artificial Earth Satellites for Direct Television Broadcasting)을 유엔총회에 제출하였다. 소련 안은 외국에 대한 직접 위성방송이 수신국의 명백한 동의에 의하여서만 허용되도록 하는 엄격한 규정을 포함하는 것으로서 유엔 작업반의 종전 회의에서 제기된 제한적인 원칙들을 거의 모두 망라한 것이었다.

유엔사무총장은 소련 안을 COPUOS에 이관하였으며 COPUOS는 유엔총회의 작업반이 제4차 회기 중 직접방송의 문제를 심의하도록 하였다.[68] 작업반의 제 5차 회기에서 소련은 자국이 제출한 협약안을 선언안으로 대체하였다.[69] 동 선언안은 협약안과 동일하나 두 가지 점에서 상이하다. 첫째는 협약안 제6조에 규정한 금지되는 프로그램의 내용의 목록을 선언안에서 생략하였다는 점이다. 선언안 제4조가 구체적으로 금지되는 방송프로그램의 내용을 생략하긴 하였지만 협약안 제4조에서와 같이 군국주의, 인종적 혐오 및 문화적 전복 등을 장려하는 프로그램을 일반적인 금지 내용으로 규정하고 있기 때문에 이는 정도의 차이 문제이다.

---

64) UN Doc A/AC. 105/PV. 55(1968).

65) UN Doc A/7285 (1968).

66) UN Doc A/AC. 105/83 (1970).

67) UN Doc A/8771 (1972).

68) 1972.11.14자 유엔총회 결의문 제 2916호 (XXVII).

69) UN Doc A/AC. 105/127, Annex II (1974).

둘째는 전파침투(spillover)에 관한 문제이다. 소련 협약안 제8조 2항은 고의가 아닌 방송 대상이 되고 있다고 믿는 어느 국가도 방송 송신국과의 협의를 요청할 자격을 갖는 것으로 하였으나 선언안은 자국 영토에서 통상의 수신기로 비고의적인 전파침투가 수신되는 경우 피해국은 방송 내용에 관한 즉각 협의를 방송 송신국에 강제할 수 있다고 하였다.[70]

소련의 1972년 협약안과 1974년 선언안이 거의 동일하지만 전자가 소련의 온화한 입장을 나타내는 것이다. 이는 소련이 통상 국제합의의 설정방식인 조약의 형태를 주장하지 않는 대신 구속력이 없는 선언은 좀 더 강한 내용으로 한다는 양해를 미국, 스웨덴 및 캐나다 측으로부터 받아냈기 때문이다.

1973년 작업반의 제4차 회기 시 스웨덴·캐나다 대표의 공동안[71]도 심의되었다. 위성에 의한 "직접 TV방송의 규율 원칙안(Draft Principles Governing Direct Television Broadcasting by Satellites)"이라는 제하의 동 공동안은 협력과 참여라는 기본 원칙의 적용을 통하여 정보의 자유유통과 국가주권을 조화시키려고 하는 것이었다. 동 안은 다음의 소련 협약안과 같이 방송 송신자가 수신국의 동의를 획득할 것을 요구하는 것이었다.

> 어느 외국으로든지 위성에 의한 직접 TV방송은 동 외국의 동의하에만 이루어져야 한다.
> 이때 동의를 하는 국가는 자국의 관할과 통제하에 있는 영토를 대상으로 하는 방송활동에 참여할 권리가 있다. 이 참여는 관련 당사국간의 적절한 국제주선에 따라야 한다.[72]

스웨덴·캐나다의 공동선언안 중 사전 동의 규정이 소련 협약안의 규정과 유사하나 전자는 이해 당사국이 여하한 형태의 프로그램제작에도 동의할 수 있도록 한 반면, 소련 안은 특정 범주의 내용은 방송을 동의하지 않도록 한 점에서 차이가 난다.[73]

스웨덴·캐나다의 공동선언안은 기술적으로 불가피한 전파침투의 경우 사전동의 조항이 적용되지 않지만 다음 경우에 동의와 참여가 필요하도록 하였다.

> ① 한 외국의 영토를 커버하기 위한 위성의 신호 방사가 ITU의 라디오 규정상 기술적으로 불가피하다고 간주되는 한계를 넘었을 때
> ② 한 외국의 영토에 대한 전파침투가 기술적으로 불가피함에도 불구하고 위성방송이 전파침투가 되는 지역에 있는 동 국가의 청중을 구체적으로 겨냥할 경우[74]

---

70) 상동 소련의 선언안 제8조 2항.

71) 전게 주 UN Doc A/8771, Annex IV.

72) 전게 주 UN Doc A/8771, 소련 협약안 제5조.

73) 소련 협약안 제6조와 전게 주 UN Doc A/8771, 소련 협약안 제5조와 스웨덴·캐나다 공동안 제 8조 참조.

74) 전게 주 UN Doc A/AC. 105/PV. 196, 제6조.

만약 어느 나라라도 타국이 이상의 제 원칙을 위반한다고 결론지을 경우 동 공동안은 전자의 국가가 후자의 국가를 상대로 위반사항에 관련한 협의를 요청할 수 있도록 하였다. 협의가 상호 만족스럽지 않을 경우 피해국은 조정, 중개, 중재 또는 사법적 해결과 같은 분쟁해결을 위한 기존 절차에 따라 해결을 모색한다. 스웨덴·캐나다의 공동안은 소련협약안과 미국대표의 구두 제안 내용의 중간에 해당하는 양해안으로 볼 수도 있다. 동 공동안은 소련 안과 비슷한 사전 동의 규정을 포함하였다. 소련 안 중에 미국대표가 강력히 반대하였던 프로그램 내용에 대한 통제는 누락시켰다. 한편 두 나라가 동의하여 이루어지는 방송 송수신 결과 제3국이 전파방해를 받을 경우 동 전파방해가 기술적으로 불가피하며 동 제3국을 특별히 겨냥한 것이 아니었다면 동 제3국은 자국이 동의하지 않았음을 이유로 하여 방송의 송수신에 간섭할 수 없다. 끝으로 공동안의 검열이나 금지된 프로그램 목록을 포함하지 않았다는 사실은 국제 방송규정에 대한 미국 헌법상의 반대를 완화시키는 것이었다.

작업반의 처음 네 회기 중 미국은 직접방송에 관한 어떠한 국제 선언이나 조약은 DBS기술의 발전과 운영을 방해할 것이라고 계속 주장하였다. 그러던 미국은 소련과 스웨덴·캐나다의 제안에 대응하여 자국의 제 원칙 선언안을 작업반 제5차회기 시 제출하였다. 일반적인 용어로 작성된 '직접방송위성에 관한 미국의 제 원칙안'[75]은 불법적인 방송내용을 열거하지 않았다. 소련안과 달리 미국안은 ITU의 기술적 사항과 절차 및 유엔헌장과 외기권조약을 포함한 국제법의 범위 내에서 직접방송을 발전시킬 필요가 있다는 긍정적인 접근방식을 취하였다[76]. 미국안은 또한 직접방송이 국제평화의 유지와 병존하고 여러 문화의 상호 상이점을 감안한 방법으로 수행되어야 한다는 원칙을 포함하였다.[77] 이러한 골격 내에서 미국대표는 진전하는 기술이 "정보와 생각의 자유롭고 공개적인 교환을 권장·확대"하기 위해 적용될 것을 제안하였다.[78] 정보의 자유유통이라는 근본적인 원칙의 이행은 기술적 장애가 해결되는 한 각국이 송·수신 시설에 대한 접근을 증진함으로써 이루어 질 수 있다.[79] 기구상의 문제와 프로그램 작성상의 장벽은 국제기구와 지방 방송연합의 협력을 통하여 극복하며,[80] 모든 분쟁은 기존 절차로 해결한다.[81] 끝으로 미국대표가 제안한 제 원칙안은 유엔과 동 회원국이 실제 경험상 필요하다면 직접 국제 TV방송

---

75) UN Doc A/AC. 105/WG. 3(V)/CRP.2 (1974).

76) 상동 제1~2조.

77) 상동 제3~4조.

78) 상동 제4조.

79) 상동 제5조.

80) 상동 제6~9조.

81) 상동 제10조.

을 위한 위성의 사용문제를 검토하자는 것이다.[82]

직접방송토론의 시작부터 미국의 기본입장은 정보의 자유유통, 문제제기 시까지의 규제 지연 및 지역 협력을 통한 진보된 기술의 적용이었다. 따라서 미국이 제안한 제 원칙은 기존 입장을 공식화시키는 것에 불과하다고 볼 수 있으나 미국안도 양해사항을 포함하고 있다. 작업반의 제5차 회기까지 미국은 직접방송에 대하여 구속력이 있든 없든 여하한 제한을 하려는 시도에 반대하였으나 자국안을 제출하면서 미국은 자국안과 같은 구속력이 없는 제 원칙을 수립하는 것이 기술발전에 자극제가 된다는 입장을 수용하였다. 미국 안은 또한 처음으로 정보의 자유유통의 원칙이 상정하고 있는 쌍방유통을 보장하는 광범한 접근을 위한 규정의 필요성을 인정하였다. 이와 관련한 언급이 비록 구체화되지 않은 "실제적인 난관(practical difficulties)"을 극복하는 능력에 조건 지어지긴 하였지만 공동접근 원칙은 직접방송 논란의 해결을 향한 중요한 일보가 되는 것이다.

이상의 각국 제안의 토론 결과 DBS를 규율하는 14개 원칙안[83]을 작성하여 COPUOS의 법률소위가 추가 작업을 하는 바탕으로 이용한 바가 되었다. 법률소위는 수차 회기를 통하여 당시 해결하지 못하였던 여러 문제에 대한 각국의 의견 차이를 해소하려는 노력의 일환으로 1978년에 DBS에 관한 12개 원칙안을 새로이 작성하였다.[84] 동 12개 안은 법률소위의 1979년,[85] 1980년[86] 및 1981년의[87] 회기에서 각기 토의되었다. 그러나 컨센서스를 보지 못하는 여러 사항이 해결되지 않았는바, 1979년 스웨덴·캐나다의 공동안[88]은 여사한 문제를 해결하여 몇 개 논란문제에 대한 최종적인 컨센서스를 유도하고자 하는 목적으로 제출된 것이다.

법률소위는 1980년과 1981년 회기 중 여러 제안자들 간의 상이한 입장을 해소하려는 노력을 경주하였다. 그 결과 전파침투 문제를 지도 원칙(guiding principles)에서 제외시켰다.[89] 그리고 위성에 의한 직접 TV방송을 "특별히 외국을 겨냥한 지구 인공위성을 통한 방송"으로 정의하는 안[90]을 마련하였다. 그러나 이 지도 원칙들은 전파침투 때문에 일국이 수신하는 방송신호가 야기하는 문제들을 다루지 않았으며 따라서 동 건은 ITU의 무선규칙이 정한 바[91]대로 제 국가가

---

82) 상동 제12조.

83) UN Doc A/AC. 105/133, Annex VI (1974): UN Doc A/AC. 105/C.2 (XIII)/WG.3/1/Rev.

84) UN Doc A/AC. 105/218 Annex II (1978).

85) UN Doc A/AC. L/5/240, Annex II (1979).

86) UN Doc A/AC. 105/271 (1980).

87) UN Doc A/AC. 105/288, Annex II (1981).

88) UN Doc A/AC. 105/C. 2/L.177 (1979). 구체설명은 전게 주 Dalfen, Gotlieb, and Katz 참조.

89) 벨기에의 토의 문서 UN Doc A/AC. 105/C. 2/L.120 (1979) 참조.

90) UN Doc A/AC. 105/C. 2/L.131 (1981).

타국영토의 정부와 사전합의를 하지 않는 한 동 타국 영토에 대한 전파 방사를 최소화하도록 모든 가능한 기술적 수단을 동원할 의무를 부과[92]하는 것으로 이해하여야겠다.

　DBS문제에 관한 유엔의 해결 노력을 계속 살펴 보건대, 1980년 영국이 캐나다 및 스웨덴과 함께 작업반에 제출한 토의 문서[93]는 국제 DBS TV방송을 하려는 국가가 "지체 없이 동 방송 수신 대상국에 홍보한 후 협의를 요청하는 수신 예상 대상국과 즉각 합의하여야 한다."라고 제안하였다. 동 안에 따르면 여사한 TV방송은 방송의 목적이 타당하고 또한 ITU의 관련 규정과 동 제안문서가 제시하는 원칙들에 따라서 합의할 경우 이루어질 수 있도록 하는 것이다.

　미국과 소련도 상기 "협의와 합의" 조항을 수락하는 듯하였으나 정보의 자유유통에 대한 언급에 있어서 미·소 양국이 상호 의견을 달리하는 바람에 지도 원칙들 전체에 관한 합의가 좌절되었다. COPUOS의 법률소위는 작업반의 실패를 COPUOS에 보고하면서 동건 작업이 종결되든지 또는 계속되든지 양자를 택하도록 권고하였다. 이 결과 유엔총회는 COPUOS가 1982년도 회기에 동 문제를 계속 토의하고 그 결과를 동년 유엔총회에 보고하도록 하였다.

　이에 따라 COPUOS는 비공식 작업반을 가동하여 동건 해결의 장애요소인 국가 간 협의와 합의 원칙에 대한 토의를 계속하였으며 그리스와 인도 대표의 노력[94]에도 불구하고 미결사항이 된 채 유엔총회로 이관되었다. 그런데 의외로 유엔총회는 제37차 회기 중 "국제 직접TV방송을 위한 자국 인공위성의 국가사용에 관한 원칙(Principles Governing the Use by States of Artificial Earth Satellites for International Direct Television Broadcasting)이라는 제목의 결의문[95]을 채택하였다. 동 원칙의 제13항과 제14항은 국제 DBS방송을 하기 위하여서는 해당국이 지체 없이 방송 수신 예정국에 그 사실을 통보하며 동 수신 예정국은 제안된 방송내용에 관한 합의를 얻기 위한 목적으로 협의를 요청하고 유도할 권리가 있다고 규정하였다. 여사한 규정을 포함한 상기 결의문은 다수의 지지(찬성 107, 반대 13, 기권 13)로 채택되었지만 컨센서스로 채택된 것이 아님에 유의할 필요가 있다.

　법적 관점에서 유엔총회의 결의문이 반드시 구속력이 있는 국제법을 형성하는 것은 아니다. 또한 결의문 채택 시의 상황이 어떠하였느냐, 즉 컨센서스로 또는 다수 표결로 채택되었느냐의 여부는 결의문 내용이 국제사회의 광범위한 지지를 받는지 여부를 나타낸다.

　그런데 상기 유엔총회의 결의문에 대하여 거의 모든 서방국가가 반대하였다는 사실은 동 결

---

91) ITU의 Radio Regulations(RR)는 ITU 각 회원국의 통신 주관청이 세계 통신질서를 유지하기 위한 관점에서 제정한 후 현실에 맞게 수시 개정돼 오는 것으로서 ITU헌장과 협약을 보충하는 구체적인 세계통신 규율문서임. ITU회원국은 기본 문서인 ITU헌장과 협약뿐만 아니라 RR도 준수할 의무가 있음.
92) RR 2674, edition of 1982, revised in 1985 and 1986.
93) UN Doc WG/DBS (1980)/WP.1.
94) UN Doc A/AC. 105/288, Annex Ⅱ (1981).
95) 유엔총회 결의문 제 37/92호 (82.12.10 채택). 결의문 내용은 본서 부록 참조.

의문이 미약한 권고효과를 갖는 것 이상이 될 수 없다는 것을 말하는 것이다. 여사한 결의문의 채택은 DBS를 규율하는 일련의 규칙을 컨센서스로 채택하지 못한 COPUOS의 실패를 반영하는 것이기도 하다.

상기 결의문 채택 이후 COPUOS에서는 상금 더 이상 DBS에 관한 토의가 없다.

2.4.4. 직접위성방송에 관한 ITU 초기 규정

자국 내의 방송을 규제하는 것을 포함한 국가주권의 원칙과 정보의 자유유통 개념을 포함한 인권 측면은 각기 직접방송 활동에 관련하여 법적 의미를 갖는다. 정부의 사전 동의가 국제법에 부합하는 것이고 이에 따라 방송 송신국이 방송 수신국의 동의를 받을 경우 양국이 정보의 자유유통을 묵인하는 것이라 하겠다. 국가 간 직접방송에 관한 합의는 상호주의에 따라서 할 수도 있으며 또 양국 간 또는 다국 간 합의할 수도 있다. 또한 합의 대상으로서의 방송프로그램을 전부(toto) 포함시킬 수도 있으며 또는 특정한 프로그램만으로 한정시킬 수도 있다. 비슷한 문화배경을 가지고 있는 국가들 사이에 특정 프로그램을 직접 방송하는 것은 매우 인기 있는 방송이 되겠다. 국가 간 합의는 직접 방송될 프로그램의 내용에 관하여 구체적인 규정을 할 수 있으며 국가에 따라서는 정부가 직접 나서질 않고 방송담당기관(방송국 등)으로 하여금 직접방송내용을 교섭하도록 방임하기도 한다.

ITU규정은 첫째, 송신국과 수신국이 직접방송을 행하기 전에 주파수와 지구정지궤도 위치 등의 기술적인 문제에 관한 협의를 하도록 하였다. 방송위성에 관한 1977년에 시작하여 1988년에 완료된 계획(plan)[96]에 의하면 송신국과 수신국이 같은 정지궤도를 사용하도록 하였다. 둘째, 송신국과 수신국은 계획상에 표기된 바대로 양국 영토를 커버하는 공동의 국제 빔(common international beam)을 같이 사용하든지 또는 자국만을 커버하는 별도의 국가 빔(national beam)을 계획에 따라 각기 사용하는 방법에 관하여 상호 합의하여야 한다. ITU의 용어로는 국제 빔을 공동사용하는 것만이 국제직접방송으로 간주되고 국가 빔은 외국에 의하여 사용되었을지라도 국내 또는 국가직접방송으로 간주된다.[97] 따라서 국제직접방송이 있기 위하여서는 송신국과 수신국이 ITU 테두리 내에서 공동의 궤도위치와 공동의 국제 빔에 관하여 합의를 하여야 한다.[98]

---

96) 1977년의 WARC에서 제1지역과 3지역의 방송위성을 위한 정지위성궤도와 하향회선(down link) 채널이 결정되었으며 미결된 제2지역(구주, 아프리카 및 중동)은 1983년에 지역무선주관청회의(Regional Administrative Radio Conference. 줄여서 RARC)를 개최하여 결정하였음. 1988년의 WARC-ORB에서는 제1지역과 3지역의 방송위성용 상향회선(up link 또는 feeder link)을 배분 결정하였음.

97) Chapman and Warren, Direct Broadcast Satellites: the ITU, UN and the Real World (1979), 4 Annals Air Sp. Law, 413, 422; Jasentuliyana, Regulations Governing Space Telecommunication, in, Jasentuliyana and Lee,(eds), Mannal on space Law, Vol.1, (New York, 1979), 195, 207, 219.

98) 상동 Chapman and Warren의 논문 p.422이하 및 Jasentuliyana논문 p.207 이하 참조. ITU는 여사한 합의에 이르는 절차를 복잡하게 규정하고 있는 바, 이에 관하여는 상동 Jasentuliyana 논문 p.209 이하 참조.

그런데 이상과 같은 ITU 규정상의 구체적이고 기술적인 합의가 1982년 제 37차 유엔총회에서 채택된 원칙[99]에 입각한 사전 동의를 포함하는 것이냐의 여부에 대하여 견해가 상반되어 있다. 상기 합의가 사전 동의를 포함하는 것이라는 측은 ITU계획 자체가 이미 적절한 보호를 마련하고 있는 것이기 때문에 동 계획에 따라서 순수하게 기술적인 사항만은 조정하기만 하면 되는 것이니 별도의 합의는 불필요하다는 입장이다.[100] 이와는 반대로, ITU규정에 따른 합의조정은 단순히 기술적인 문제만을 다루는 것이기 때문에 DBS활동의 기술적인 측면에 관한 계획의 존재는 국가 간 사전 동의를 규정하는 직접방송위성에 관한 제 국제법적 원칙을 무시하는 것이 아니라는 견해가 있다.[101]

ITU규정에 따라 궤도 위치, 국제적 또는 국가 빔 및 주파수에 관한 국가 간 합의는 DBS활동을 하는 데 필요불가결한 기술적 전제요건에 관한 사항들이다. 동 규정들은 국가 간 DBS활동의 수행을 위한 법적 토대를 마련한다기보다는 여사한 활동이 장차 수행될 수 있도록 하는 기술적 토대에 관한 합의를 의미할 뿐이다. 따라서 DBS의 활동에 관한 사전 정부 합의는 ITU계획에 의하여 영향을 받지 않는다고 보아야 한다.[102] 실제로 여사한 합의가 ITU계획을 보충할 뿐이다. 이는 1977년의 ITU계획에 따라 국제 빔을 공동 사용하는 것에 대하여 양국 간 합의가 많았다는 예에서도 나타났다. 방송에 관한 더 이상의 합의가 없다는 것은 일국이 자국의 방송제도와 기준에 부합하지 않는 타국의 방송신호를 수신할 때 이를 규제할 법적 근거도 없이 타국의 DBS활동에 종속되는 결과를 초래한다.

타국으로부터의 방송이 해를 끼치는 유형을 보건대, 정치적 부문의 선전, 상업광고 및 문화적 종속을 야기하는 프로그램으로 대별할 수 있다. 국가관행은 첫 번째의 정치적 또는 이념적 선전에 대하여서는 완강한 거부의 반응을 보이나 상업광고와 문화적 프로그램의 월경수신에 대하여서는 대체로 온건하게 대처한다.

DBS방송이 타국에 손상[103]을 끼친 경우 외기권조약 제6조에 따라 송신국은 모든 우주활동에 대한 국가책임을 부담하여야 하기 때문에 피해를 받은 방송 수신국에 배상을 하여야 한다. 그러나 많은 경우 어떠한 방송프로그램이 진정 잘못되었고 또 해를 끼쳤느냐를 판단하는 것은 매우 어려운 일이겠다. 이러한 판단의 지침이 되는 보편적인 국제문서도 없고 도 규율대상인 방송프

---

99) 전게 주 유엔총회 결의문 제37/92호.

100) 미국 대표 발언: UN Doc A/AC, 105/C, 2/SR.304 (1979), p.7 이하.

101) 소련 대표 발언: 상동 문서 p.4.

102) 이러한 입장이 캐나다·스웨덴의 공동제안의 배경을 이루고 있을 뿐 아니라 '사전동의' 원칙을 지지하는 많은 국가의 입장임.

103) 수신국 국민의 일개인 또는 단체의 명예를 손상하는 방송을 할 경우 등과 같이 정신적 손상이 있을 수 있고 또는 잘못된 일기예보를 한다든지, 자국을 대상으로 방송되는 자연재해의 긴급경고의 전파를 전파방해함에 따라 동 경고를 수신하지 못하는 데서 오는 물질적 피해 등도 있을 수 있음.

로그램과 전파사용이 그 특성상 정형적인 선악의 틀에 들어맞는 것이 아니고 빠른 속도로 발전하는 분야이기 때문에 더욱 그러하다. 따라서 방송에 의한 피해는 '인내할 수 있는(tolerable)' 것이냐 여부를 기준으로 구분할 수밖에 없다.[104] 손해배상 청구는 국가가 국가를 상대로 할 수도 있지만 송신국의 국내법이 허용하는 한 피해를 받은 수신국의 국민이 송신국의 방송기관을 상대로 할 수도 있다. 그러나 전자의 경우 적용할 수 있는 구체적인 성문 국제법이 없고 후자의 경우 송신국의 국내법에 의하여야 하기 때문에 여러 나라에 걸쳐 동일한 사건에 대하여 동일한 법적결과를 얻을 수 없다는 결점이 있다.

이상은 타국에서 발신하는 DBS방송이 명시적 또는 묵시적 합의하에 방송된다는 전제하에 야기되는 문제이다. 그러나 국가주권과 관련하여 사전 동의 없이 방송을 할 수 있느냐 여부는 또 하나의 중요한 별개의 문제이다.

ITU에서 정하는 기술적 계획이 제한적이고 구체적인 성격을 갖는다는 것을 부인할 수 없다. 이러한 기술적 문제의 사전조정에 관한 ITU 규정은 국경을 넘는 통신에 적용되는 넓은 의미의 국제법이라 볼 수 있다. 주권의 원칙은 자국의 방송 제도를 규제하고 제어하는 권리를 포함하는바, 외국방송제도의 기술적 혼신을 피하기 위하여서도 인접국과 방송활동을 조정할 필요가 있다.

정치적 · 법적 차원에서의 조정문제는 기술적 성격이 유발하는 조정과 합의의 절실성을 갖지 않는다. 기존 라디오와 TV방송활동에 있어서 자국 방송 제도를 규제하여 외국의 간섭에서 자유로울 수 있는 국가의 권리는 기술적, 정치적 또는 기타 이유 때문에 일부분만 행사되어 왔다.[105] 실제로 외국의 방송 간섭에 대하여 많은 국가가 상당한 정도로 묵인하고 있는 경우가 많다.[106] 따라서 기존 방송 방식을 비추어 볼 때 사전합의를 요하는 확립된 법적 규칙이 존재한다고 할 수 없다. 그러나 첫 번째 DBS가 발사되기 전부터 대다수 국가는 사전에 합의 되지 않은 외국의 방송 간섭에 대하여 반대하는 입장을 취하였다. 이는 결국 방송자유 남용으로부터 보호하기 위하여서도 DBS의 법적 · 정치적 측면에 관한 국제법적 원칙의 필요성이 있다는 것을 말한다.

2.5. UNESCO 결의와 관련 협약

신생 개도국들은 선 · 후진국의 차이가 선진국들의 정보와 언론의 장악으로 심화된다는 인식하에 1960년 후반부터 방송과 통신사의 선진국 독과점 형태를 재편하려는 노력을 경주하였다.

---

104) Taishoff, M. N., State Responsibility and the Direct Broadcasting Satellite, Frances Pinter, London, 1987, p.179.

105) Matte, N.M., Aerospace Law: Telecommunications Satellites, (Toronto, 1982), 66~70.

106) 그러나 외국의 방송 간섭이 정치적, 전쟁, 이념적 선전을 목적으로 하거나 해적방송일 경우에는 모든 국가가 이를 단호히 배격하고 있음.

특히 유력한 언론 매체인 방송이 선진국들에 의하여 독점되고 이것이 위성 방송을 통하여 적용될 경우 그 위력이 대단할 것을 우려한 개도국들은 각종 유엔 무대에서 정보의 자유 유통과 위성 방송의 사용 지침을 강력 요구하였다.

이 결과 1972년의 제17차 UNESCO총회에서는 정보의 자유 유통, 교육의 전파 및 활발한 문화 교류를 위한 위성방송의 사용에 관한 지도 원칙들의 선언[107](Declaration of Guiding Principles on the Use of Satellite Broadcasting for the Free Flow of Information, the Spread of Education and Greater Cultural Exchange)을 채택하였다.

UNESCO가 작성한 상기 선언문의 제6조 2항은 "각국은 자국민에게 위성 방송되는 교육 프로그램의 내용을 결정하는 권리를 가지며, 여사한 프로그램이 다른 나라와 협력하여 제작될 경우 자유롭고 동등한 바탕에서 프로그램의 기획과 제작에 참여할 권리가 있다."라고 규정하였으며 제9조는 "송신국이 아닌 국가의 인구를 대상으로 한 직접위성방송에 관한 사전합의"와 상업방송에 관한 "구체적인 합의"를 규정하였다. 이는 외국으로부터 들어오는 방송 프로그램은 수신국의 동의를 요한다는 원칙을 말하는 것으로서 기술 후진국 및 문화침투를 우려하는 개도국의 입장이 반영된 내용이다. 이러한 입장은 UN의 작업반과 기타 국제무대에서 선진국의 반대와 유보 입장에도 불구하고 수적으로는 일반적인 지지를 받는 편이었다.[108] 그러나 한 걸음 더 나아가 동의만으로 족하지 않고 규제 원칙이 필요하다는 의견이 대두되었다. 여사한 토론은 소련, 미국의 제안 및 스웨덴과 캐나다의 공동제안을 바탕으로 하였는데 프랑스와 아르헨티나[109] 등도 안을 제출하였다.

또 UNESCO에서도 방송의 사전 동의에 관한 문제가 논의되어 1972년에 이에 관한 선언[110]을 채택하였다. 그러나 이 선언은 정부 대표가 아닌 전문가에 의하여 성안[111]되었으며, 회의에 참석한 국가 대표들이 단순 다수결로 채택한 것이기 때문에 큰 의미를 갖는다고 볼 수 없다. 마찬가지로 1982년에 유엔총회가 채택한 DBS에 관한 결의문(37/92)도 사전 동의의 필요성을 강조하지만 서방국가들이 반대한 가운데 채택된 권고적 성격의 문서에 불과하다. 이 점에서도 DBS의 정치적·법적 측면을 규율할 국제 조약의 필요성이 강조되는 바이다.

한편 인공위성을 이용한 방송프로를 운반하는 신호(signal)를 불법 포착하여 분배하여 영업하

---

107) 동 선언문 내용은 본서 부록 참조.

108) 수신국의 동의 원칙을 천명한 유네스코 선언은 55:7 (기권 22)로 채택되었으며 유엔의 DBS작업반에서는 거의 모든 대표가 이 동의 원칙을 지지하였음.

109) UN Doc A/AC. 105/134 (1974); UN Doc A/AC. 105/WG. 3(V)/CRP.3 (1974).

110) 동 선언문 내용은 본 서 부록 참조(Declaration of Guiding Principles on the Free Flow of Information, the Spread of Education and Great Cultural Exchange).

111) UN Doc A/AC. 105. PV. 117 (1972), 49-50.

는 것은 방송프로의 저작권을 침해하는 결과가 되는바, 이를 방지하기 위한 협약이 채택 발효 중이다. 동 협약[112]의 명칭은 Convention Relating to the Distribution of Programme Carrying-Signals Transmitted by Satellites로서 UNESCO와 WIPO(세계 지적 소유기구)가 공동으로 브뤼셀에서 외교회의를 개최하여 1974.5.21. 채택된 것이다. 동 협약의 채택회의는 73.7.2.~11. 케냐의 나이로비에서 개최된 위성방송에 관한 저작권 문제 관련 정부전문가 위원회[113] 회의에서 이미 작성한 협약안을 바탕으로 토의한 후 개최된 것이다.

3. 위성 항법 장치

오늘날 국제통신과 함께 실생활에 적용된 우주기술로서 그 효용과 시장규모가 거대하다.

3.1. GPS

Global Positioning System(GPS)은 미국공군 제50 우주부대(50th Space Wing)가 운용하는 위성항법 체제로서 세계에서 유일하게 완전하게 작동하면서 전 세계 누구에게나 무료로 개방되고 있는 위성망이다. 24개 내지 32개의 중(medium)궤도(2만~2만 6천km 상공) 위성의 무선 주파수(radio wave) 신호를 수신하여 자체 위도, 경도, 고도를 파악하고 정확한 시간도 유지토록 하는 GPS는 현재 31개의 위성과 2개의 예비위성으로 구성되어 있다.

원래 군사목적으로 개발 중에 있다가 1983년 대한항공 007기가 소련 영공에 실수로 진입하여 피격된 사건을 계기로 미국 Reagan 대통령이 민간에 무료로 개방토록 지시한 데 따라 오늘날 전 세계 국민이 큰 혜택을 보고 있다. 1989년부터 1993년까지 소요 위성을 발사하여 위성군(群)을 완성하였으나 민간용은 의도적으로 100m의 해상도로 제공하였다. 그러나 2000년부터 동 차별을 완화하여 20m의 해상도를 제공하면서 세계 곳곳에서 자동차, 선박, 항공기 등에서 자체위치확인과 목적지 안내를 하는 내비게이터로 또 기타 용도로 엄청나게 이용되면서 커다란 경제파급효과를 가져다주고 있다.

---

112) 79.8.25 발효하였으며 2009.7.22 현재 당사국은 34개국임. 동 협약문은 본서 부록 참조.

113) Committee of Governmental Experts on Problems in the Field of Copyright and of the Protection of Performers, Producers of Phonograms and Broadcasting Organizations Raised by Transmission via Space Satellites.

3.2. GLONASS

Global Navigation System(GLONASS)은 1976년 시작한 소련의 위성항법체제로서 1982년부터 소요위성발사를 시작하였는데 1991년에 전 세계를 커버하도록 한다는 기존의 계획을 위성군의 배치가 완료되는 1995년까지 연기하였다. 그러나 1991년 말 소련 붕괴에 따른 경제난과 내부 애로에 봉착하여 추진이 난관에 봉착하였다.

2001년부터 위성체제 복구를 시작한 후 최근 인도정부를 파트너로 수용하면서 2009년까지 전 세계를 완전 커버하도록 목표하였으나, GLONASS는 2010년에야 러시아 영토를 100% 커버했으며, 2011년 10월 24개 위성 군이 모두 복구되면서 지구 전체를 커버하게 되었다. 전 세계를 커버할 때 24개의 위성 군이 19,100km 고도를 120도 간격의 궤도(plane)로 3개의 궤도면으로 분할하여 돌면서 21개는 무선신호를 송신하고 3개는 예비용으로 쓰이는 계획이다. GLONASS는 18개 위성으로 러시아 영토를 커버하고 24개 위성으로 전 세계를 커버하는 것으로 설계되어 있다.

3.3. COMPASS

Compass(or BeiDou-2)는 중국의 기존 BeiDou-1을 대체하는 위성항법체제로서 35개의 위성 군으로 구성될 예정이다. 이 중 5개는 지구정지궤도에, 30개는 중궤도(medium Earth orbit)에 배치된다.

Compass의 위치 추적 서비스도 다른 세계위성항법체제(GNSS)와 같이 민간에게 무료로 개방하는 레벨과 중국 정부와 군사용으로 제한된 레벨의 두 가지로 구분된다.

2007년 4월 시험용 위성 Compass-M1을 발사한 후로 전송 신호에 대한 연구를 활발히 하여 2011년 12월부터 중국과 이웃 국가에 위성항법체제를 무료로 시범 운용하였다. 시범 운용에서는 25m의 해상도로 제공하였지만, 이후 더 많은 위성을 발사하여 공식적인 운용에서는 10m 정도의 해상도와 0.2m/s의 측정 속도를 제공할 것을 약속하였다.

중국은 2012.4.30 장정(Long March) 3B 로켓으로 12번째와 13번째에 해당하는 2기의 Compass 위성을 성공리에 발사하여 금년부터 아시아의 일부지역에 대한 서비스를 시작하고 2020년경 30개의 위성으로 Compass를 완성할 계획이다.[114]

---

114) AWST 2012.5.7자 14쪽.

3.4. GALILEO

17세기 이탈리아 천문학자 Galileo Galilei(1564~1642)를 기념하여 명명한 Galileo positioning system을 말한다.[115]

미국의 GPS가 군사용 위주로 개발되고 군대가 운용하며 유사시 민간용 공여를 차단시킬 수 있다는 것을 우려하여 처음부터 민과 군 등 모든 사용자에게 공여할 목적으로 1999년 개발개념을 정리한 위성항법체제로서 유럽연합(EU)과 ESA가 공동추진하며 주 민간용으로 계획되었다. 34억 유로(약 50억 불)를 들여 30개의 위성을 2006~2010년 사이에 발사하여 지구 중궤도 23,222km 상공에 진입시킨다는 원래 계획은 국제환경과 자체내부에서의 추진애로로 상금 테스트 위성발사단계에 있는 중이다.

2001년 9·11사태 발생이 국제환경의 애로사항으로 작용하였는데 이는 동 사태 발생 후 미국이 EU에게 Galileo사업을 추진 중단토록 압력을 행사한 것이다. 그 이유는 유사시 미국은 GPS 서비스의 민간 개방을 즉각 폐쇄할 계획인데 Galileo가 GNSS를 운용하면서 상시 서비스를 제공하면 미국 GPS의 폐쇄가 적에게 무의미한 조치가 되기 때문이라는 것이었다. EU는 한동안 주저하였으나 미국의 압력에도 불구하고 자체 GNSS의 중요성을 인식한 가운데 Galileo 사업을 계속 추진하기로 결정하면서 자금의 2/3는 민간 투자자가 나머지 1/3은 EU와 ESA가 부담하는 것으로 계획을 수립하였다. 이런 가운데 미국과 계속 협의를 한 결과 미국의 안보적 우려를 수용하고 GPS와의 공존을 위한 기술적 스펙을 도입하기로 2004년 미국과 합의하였다. 그런데 민간 투자자로 선정 되었던 8개 회사가 자금불입 이견으로 2007년 초 사업 참여를 포기한 후 2007.11.30. EU 27개 회원국 운송장관들이 회합하여 EU의 직접 투자하에 2013년 가동하도록 추진하는 것에 합의하였다. 2008년 EU 운송장관들은 Galileo Implementation Regulation을 승인하여 소요자금 34억 유로를 편성하였다.

이후 EU와 ESA는 2011년 10월 21일 남미의 Guiana Space Centre에서 처음으로 두 개의 상용위성(IOV PFM, IOV FM2)을 발사하였고, 2012년 10월에 IOV FM3와 IOV FM4를 발사할 예정이다. 총 30개의 위성으로 예정된(3개의 예비위성 포함) Galileo 체제는 2019년 완성을 목표로 한다.

Galileo는 고도 23,222km와 56도 경사각을 가진 중궤도면 3면에 각각 10개씩 총 30개의 위성을 발사하고, 독일의 Munich와 이탈리아의 Fucino에 지상 제어센터를 이용, 지구 전역을 대상으로 하는 서비스 체제 구축을 목표로 하는 200억 유로 규모의 프로젝트이다.

---

115) 미국 NASA가 12년간 연구하여 1989년 우주왕복선 Atlantis에서 발사되어 6년간 행성사이를 돌아다니다가 8년간 목성(Jupiter)궤도를 탐사한 후 2003년 신호발송중단으로 임무를 다한 미국 우주 프로젝트 이름도 Galileo였음.

Galileo 사업에 대한 다른 나라들의 참여도 활발하다. 2003년 중국이 합류하면서 수년 내 230백만 유로 투자를 할 예정이었고 2004년 이스라엘, 2005년 우크라이나와 모로코, 2006년 한국이 참여하였다. 2009년 4월에는 EU회원국은 아니지만 ESA회원국인 노르웨이가 68.9백만 유로를 개발비로 투자할 것을 약속하면서 참여하였다.

4. 통신위성 서비스

우주기술의 실생활 적용으로 다수 사람들에게 먼저 알려지고 활용 된 것이 우주에 올려 보낸 인공위성을 통해 국제전화를 용이하게 할 수 있었던 것이다. 초창기에 INTELSAT[116](International Telecommunications Satellite Organization)이 정부 간 국제기구로 탄생하여 국제위성통신 서비스를 제공하고 15년 후인 1979년에는 INTELSAT과 비슷한 구조를 가지고 선박항행의 안전을 목적으로 하는 Inmarsat[117]이 탄생하였다. 그리고 INTELSAT에 대항하여 소련진영에서 Intersputnik[118]를 설립하고, 지역차원에서 유럽정부 간 Eutelsat이, 아랍지역에서 Arabsat이 정부 간 국제기구로 탄생하였다.

우주통신산업이 발전하면서 Iridium, SES, Globalstar 등이 등장하면서 INTELSAT의 독점적인 위치가 붕괴되어 INTELSAT은 하나의 상업적인 우주통신 제공회사 역할로 전락하였는바, 우주통신산업에 있어서 주요 행위자인 이들을 간략 살펴본다.

4.1. INTELSAT

1964년 정부 간 국제기구로 발족하여 1965년 대서양 상공 지구정지궤도에 첫 위성 INTELSAT I 을 쏘아 올리면서 통신위성 서비스를 시작하였다. 설립이 되는 근거는 2개의 협정으로 이루어져 있는데 하나는 국가가 당사자로 서명한 것이며 다른 하나는 정부 또는 정부가 지정한 공기업이나 사기업이 당사자로 서명한 것이다. 이는 지구 전체를 커버하는 위성통신체제를 상업적으로 운영하는데 국가가 직접적인 당사자가 되기 곤란하기 때문에 기구 자체의 설립과 성격은 국가 간 합의로 하되 상업적 운영은 각국의 정부가 지정하는 기업이 참여하는 것이 바람직하다는 판단에서 나온 것이다. 이리하여 회원국의 주권평등에 기초한 INTELSAT협정과 상업적 운영을 규

---

116) 1961년 유엔총회 결의 1721호에 연관하여 1964년 창설된 INTELSAT관련 상세는 박원화, 우주법(명지출판사, 1990년), pp.223-244와 최근 상황을 요약한 Diederisks-Verschoor & Kopal, An Introduction to Space Law(Kluwer Law International, 2008), pp.60-62 참조.

117) 상세는 역시 박원화, 우주법(명지출판사, 1990년), pp.251-257 참조.

118) 상동 pp.257-262 참조.

정하면서 투자지분에 따라 가중투표로 운영을 결정토록 하는 운영협정(Operating Agreement)으로 구성되었다.

미국 수도 워싱턴에 본부를 두고 144개국이 참여한 INTELSAT의 협정 제14조는 회원국이 INTELSAT과 별도의 통신 위성망을 설립하거나 사용할 경우 INTELSAT과 협의를 하도록 규정하여 독점이라는 논란이 많았다. 그런데 이러한 독점은 여러 사기업이 통신 위성망 산업에 진출하여 시장이 경쟁체제로 변모되면서 INTELSAT은 그간 향유한 특별한 지위와 독점체제를 벗어날 수밖에 없었다. 그 결과 참여 국가가 100개국 이상이었던 2001년에 사유화를 단행하면서 정부 간 기구인 ITSO(International Telecommunication Satellite Organigation)와 개인 회사로서 ITSO의 감독을 받는 INTELSAT, Ltd의 이원 조직으로 변경하였다.

사유화되면서 INTELSAT, Ltd.는 2005년 Madison Dearborn 등 4개의 사모회사(private equity firm)에 31억 불에 매각 된 후 2006년에는 PanAmSat이 매입하였으며 2007년에 영국 런던 소재 사모회사인 BC Partners가 76%의 지분을 37억 5천만 유로에 인수하였다고 발표하였다.

2009년 INTELSAT, Ltd.는 워싱턴에 행정 본부를 남겨두고 룩셈부르크로 주소지를 옮기면서 INTELSAT, S.A.로 명칭을 변경하였다. 현재 약 150개국 소재 600개 이상의 지구국(Earth station)에 상업적 통신서비스를 판매하는 세계 최대의 고정위성통신서비스 제공회사로서 53개의 통신위성을 보유하고 있다.

4.2. Intersputnik

International System and Organization of Space Communications(Intersputnik)는 냉전시대에 미국이 주도하는 INTELSAT에 대항하여 1971년 11월 15일 사회주의 국가 8개국이 Establishment of the Intersputnik 협정에 서명[119]함으로써 탄생하였다. 모스크바에 본부를 두고 있는 Intersputnik는 2012년 현재 북한 등 26개 회원국으로 구성되어 있고 1990년 독일 통일 후 동독의 몫은 서독이 인수하였다.

Intersputnik는 사유화를 추진하면서 1997년 미국위성제조 및 운용업체인 Lockheed Martin과 합작하여 Lockheed Martin Intersputnik이라는 합작회사를 설립하였다. 현재 12개 통신위성의 41개 중계기(transponder)를 상업적으로 운용하고 있다.

---

119) Intersputinik 탄생 배경과 초기운영에 관하여서는 상동 pp.245-247 참조.

4.3. Inmarsat

1979년 유엔전문기구 중 하나인 국제해사기구(IMO)의 결정에 따라 해상선박 운항안전 목적의 비영리법인으로 International Maritime Satellite Organization(Inmarsat)이 설립되었다. 1999년 사유화되어 Inmarsat PLC로서 상업적 운용을 하고 있는데 2005년 2개의 사모회사[120]가 구입하여 런던 주식시장에 상장하였다. 2008년 미국헤지펀드 Harbinger Capital이 28%의 지분을 획득하였다.

현재 영국 런던에 본부를 두고 대륙마다 40개 이상의 지구국을 보유하고 있으며, 지구정지궤도에 12개의 통신위성을 운용하면서 상업 서비스 제공과는 별도로 선박과 항공기를 대상으로 해상구난과 안전서비스(GMDSS)를 무료로 제공하고 있다.

4.4. EUTELSAT

INTELSAT을 설립한 연장선상에서 유럽은 통신용 인공위성의 공동 사용 방안을 계속 강구하였다. 1950년 창설된 유럽방송연맹(European Broadcasting Union: EBU)은 위성방송의 잠재력을 보았고 1967년 독일과 프랑스 정부 사이의 통신위성 프로젝트인 Symphonie 역시 국가 간 위성 협력 사업으로 중시되었다. 이러한 분위기에서 1964년 유럽우주연구기구(ESRO)와 유럽발사체개발기구(ELDO)도 창설되었다. 1975년 ESRO와 ELDO를 ESA로 합병한 후 유럽은 자체의 선진 유럽시장을 대상으로 통신과 방송위성 사업을 장려하였는바, 그 배경은 INTELSAT과의 위성 발사 등에 있어서의 계약에서 미국 업체들에 비하여 기술 약세로 열세였던 유럽업체들의 발전을 지원하기 위한 것이었다.[121]

EUTELSAT은 INTELSAT과 마찬가지로 16개국이 합작투자 형태로 시작하면서 유럽체신통신회의(CEPT[122])를 위주로 가입토록 하였다. INTELSAT과 같이 설립협약과 운영협정의 양자로 이루어진 헌장에 기초하면서 위성 사용량에 비례하여 참가국의 투자지분을 변동시키는 정부 간 통신위성 국제기구이다. EUTELSAT은 선견지명을 가지고 제공 서비스 대상을 유럽국가로만 한정하지 않으면서 융통성 있는 국제공공통신 서비스를 제공하였다. 부차적으로 국내 용도와 기타 국제용도의 통신 서비스도 제공한 EUTELSAT는 무선항행, 원격탐사, 우주연구 및 방송 서비스도 하였지만 협약 규정(제3조 e-f)상 군용 사용을 배제하였다. 위성산업의 상용화가 가속되면서 투자

---

120) Apax Partners와 Permira로서 같은 2005년에 INTELSAT를 인수한 4개 사모회사를 구성한 회사이기도 함.

121) 전게 (제7장 3.3항의 주석) Lyall & Larsen, Space Law, p. 357.

122) European Conference of Posts and Telecommunications의 두문자로서 국제통신회의에서 전문성을 바탕으로 권위 있는 의견을 제시하면서 통신 규범 제정에 기여하고 있는 유럽정부 간 통신협의체임.

액의 고수익을 염두에 두고 1999년 총회에서 EUTELSAT을 사유화하는 결정이 있었다. 이 당시 48개국으로까지 구성원이 확대된 EUTELSAT은 EUTELSAT S.A.라는 프랑스의 유한회사로 변경되었다. 그 결과 2005년 34%의 지분이 25억 유로에 팔렸다.

지구정지궤도의 20개 위치에 28개의 위성을 가지고 있으면서 2011년 말 4천 개의 TV 채널을 제공하며 유럽, 중동, 아프리카, 아시아 대부분, 그리고 미주에 소재하는 150개국 이상의 나라에 통신 서비스를 하는 EUTELSAT은 세계 고정통신 제공 3대 업체 중의 하나이다.

4.5. Iridium

전 세계 어디에 있던지 간에 그 어디로라도 휴대전화로 연결할 수 있도록 하는 위성망을 설치하여 영업을 하기 위한 개인회사로 1998년 발족하였다. 미국 굴지의 통신회사인 Motorola가 기술과 자본을 투자하여 Iridium SSC 명의로 시작한 지 9개월 후인 1999년 파산신고를 하였다.

60억 불 투자 사업이 2001년 개인투자자들 그룹에 25백만 불에 인계되어 Iridium Satellite LLC 명의로 재발족하면서 서비스를 시작하였고 본사는 미국 Maryland에 두고 있다. 66개 위성이 6개의 지구 극 저궤도(Polar low Earth orbital plane) 약 780km 상공에서 돌면서 전 세계의 음성과 데이터 통신을 제공하고 휴대전화로 세계 도처와 즉시 전화연결도 가능하도록 서비스하고 있다. 2011년 말 기준 약 52만 명의 가입자와 미 국방부의 아프리카 사령부와 체결한 통신 전용 임차 계약(2007년)으로부터 안정적인 수입원을 확보하고 있다.

2009.2.10. Iridium 33호기가 시베리아 800km 상공에서 러시아 폐기위성 Cosmos-2251과 충돌하여 상당한 양의 우주쓰레기를 유발하면서 한동안 화제가 되기도 하였다.

4.6. Globalstar

1994년 3월 24일 미국의 Loral Corp과 Qualcomm의 합작으로 미국에 Globalstar를 창설하였는바, 8개 업체가 재정에 참여하고 있다.[123] 1998년 2월 첫 위성을 발사하였으나, 1998년 9월 러시아 RKA에 발사 의뢰한 위성과 연계되어 있던 시스템의 배치(system deployment)가 RKA의 발사 실패로 인해 미루어졌고, 결과적으로 12개의 위성이 모두 손실되었다.

2000년 52개 위성을 모두 발사하여 48개는 가동시키고 4개는 예비용으로 약 1,400km의 상공

---

123) 8개 업체에 Alcatel, AirTouch, Deutsche Aerospace, Hyundai, Vodaphone이 포함됨.

지구 저궤도에서 운용하고 있다. 그러나 수입부족으로 2002년 미국 법원에 파산신청을 하였고 2004년 구조조정을 완료한 후 Thermal Capital Partners가 대주주로 등장하였다. 2006년 미국 Delaware 소재 미국 법인으로 명칭을 Globalstar Inc.로 변경하고 2007년 8개의 추가위성을 비축용으로 발사 하였다. 2011년 Globalstar는 미국 루이지애나 주의 Covington으로 본부를 옮겼다.

Globalstar는 세계 최대의 음성 및 데이터 제공 이동통신 위성망 회사로서 2008년 6월 기준 120 개국의 315,000명 이상의 고객을 보유하며 이들을 상대로 상업 및 오락 프로그램을 제공한다.

4.7. SES S.A.

1985년 Société Européenne des Satellites로 창설, 2001년 SES GLOBAL로 개명 후 2006년 다시 SES (모회사)로 개명하면서 SES ASTRA, SES AMERICOM, SES NEW SKIES, SES SIRIUS 등 여러 통신 제공 운용회사를 세계도처에 소유 또는 인수하는 지배 주주로도 등장한 유럽의 첫 위성사업체 이다. 룩셈부르크에 본부가 있는 SES S.A.는 아시아 시장도 겨냥하여 1998년 Asiasat 지분 34.1%도 인수하였다.

2012년 현재 지구정지궤도에 51개 위성을 운용하면서 통신과 방송을 하고 기업과 정부를 고 객으로 하는 서비스를 제공하는데 co-location[124] 방법을 이용하여 동경 19.2도 궤도위치에 8개의 위성을 집중 배치함으로써 방송국과 시청자의 효율적 선택을 유도함과 동시에 수요창출도 하면 서 이익을 극대화할 수 있었다. SES는 2011년 5개의 위성을 발사하였고 2012년 2월 SES-4를 발사 하였으며 2012년부터 2014년 내에 7개의 위성 발사가 계획되어 있다.

2011년 기준 총 수입은 17억 유로, 순익이 6억 유로, 고용인원이 1,250명으로서 가장 알찬 위 성통신기업이다.

---

124) 한 궤도 자리에 여러 개의 위성을 배치할 경우 수십 개의 방송채널이 연이어 형성되는 관계상 지상 고객에게 편리하고 위성업체로서는 위성의 중계 기(transponder)를 거의 100% 활용한다는 장점이 있음. Eutelsat이 답습한 것으로 알려짐.

위성자료 활용

위성자료 활용

1. 위성자료 제공 규율 국제법

위성자료는 인공위성을 지구 밖 우주에 발사하여 지구를 관측한 결과 얻게 되는 정보를 말한다. 따라서 여사한 기능을 하는 인공위성 또는 위성을 지구관측위성이라고 하는데 이러한 목적으로 사상 처음 등장한 것이 미국의 TIROS-I로서 기상자료를 획득할 목적으로 1960년 발사되었다.

원격탐사(remote sensing)를 통하여 얻어지는 정보는 제I장에서 언급한 기본적인 사항들 이외로 고고학 연구목적, 미국의 인터넷 검색 업체인 Google이 세계 여러 지역의 주소별 거주지 모습을 보여주기 위한 것, 각국의 국경선 확인, 군축협상의 이행 여부 확인 등으로 광범위하게 이용되고 있다.

원격탐사, 즉 지구관측 자료가 국제 및 국내분쟁에 대한 증거로서 활용된 적도 있는데 이는 위성을 이용할 경우 광범위한 지형의 모습과 그 변경을 하나의 영상(image)으로 선명하게 볼 수 있기 때문이다.[1]

위성자료를 규율 하는 국제법에 대하여 간략하게 언급하자면 1967년 외기권 조약, 국제전기통신연합(ITU)의 헌장, 1998년 Tampere협약[2]이 있다. 조약형태는 아니지만 원격탐사자료만을 내용으로 하는 1986년 유엔총회 채택 결의문 41/65[3]내용은 원격탐사문제를 논의할 때 가장 중시되는 준거 기준을 제공하는바 제8장 1.4항에서의 기술에 이어 일부 반복하여 후술한다.

우주선진국들은 지구의 환경보호와 재난 발생 시 대응은 국제사회의 공동대처와 협력을 필요로 한다는데 동감하면서 국제협력을 하는 한편 우주기술을 보유하고 있는 국가들이 우주기술 미보유 개도국들에게 재난 발생 등 유사시 무료로 위성자료를 제공하는 것을 제도화하기까지 하였다. 이 내용들을 차례로 살펴본다.

---

1) 국제분쟁에서 활용된 경우는 나이지리아와 카메룬이 국경선 분쟁을 ICJ에 제기한 The Land and Maritime Boundary between Cameroon and Nigeria로서 2002.10.10. ICJ판결이 있었으며, 국내분쟁의 경우는 다수 있는바, F. Lyall & P. Larsen, Space Law, A Treatise, Ashgate (UK), 2009, p.412 주석9 참조.

2) 1998년 핀란드 Tampere에서 채택된 Convention on the Provision of Telecommunication Resources for Disaster mitigation and Relief Operations로서 2005.1.8 발효. 2012년 8월 현재 46개 당사국.

3) Principles Relating to the Remote Sensing of the Earth from Outer Space 제하의 유엔총회결의로서 1986.12.3. 컨센서스로 채택됨.

1.1. 국제규범

1.1.1. 1967년 외기권조약과 1972년 책임 협약

외기권조약 제1조 첫 문단은 "우주의 탐사와 이용은 경제적, 과학적 발달의 정도에 불문하고 모든 국가의 이익을 위하여 수행되어야 하며 모든 인류의 활동영역이어야 한다."라고 규정하였다. 두 번째 문단은 "달과 기타 천체를 포함한 우주는 종류의 차별 없이 평등의 원칙에 의하여 국제법에 따라 모든 국가가 자유로이 탐사하고 이용하며 천체의 모든 영역에 대한 자유접근을 허용한다."라고 규정함으로써 첫 문단에서 모든 국가의 이익을 위하여 우주가 탐사·이용되고 차별 없는 자유 탐사·이용과 자유접근을 보장함으로써 공동이익이 능력 있는 국가의 자유 탐사와 이용을 제어할 수 없다는 우주활동 자유의 원칙을 천명하였다.

이는 원격탐사라는 우주활동에도 적용되는바, 우주의 탐사와 이용에 해당하는 원격탐사가 모든 국가의 이행을 위하여 수행되어야 함과 동시에 자유탐사와 이용이 보장되어야 한다.

첫 번째 문단에서 "모든 인류의 활동영역(Province of all mankind)"이라고 하면서 모든 국가의 이익을 언급한 것은 1959년 남극조약[4]의 전문(Preamble)에서 남극에서의 국제협력이 "모든 인류의 진보(Progress of all mankind)"를 언급한 것을 보다 강하게 언급하여 "모든 인류의 활동 영역"[5]이라는 표현을 사용하였음에도 불구하고 선언적 이상의 의미를 갖는 것으로 해석할 수는 없기 때문에 두 번째 문장의 자유탐사와 이용이 현실적으로 더 통용되고 있다.

제1조 세 번째 문단은 우주에서의 과학적 조사가 자유임을 천명하고 있다. 외기권 조약 제1조를 구성하는 3개 문단 내용 모두가 관습 국제법을 형성하고 있을 정도로 보편화된 성격을 지니고 있다. 이 역시 원격탐사 우주활동의 자유를 보장하는 내용이다.

그러나 원격탐사활동의 자유에 아무런 제한이 없는 것은 아니다. 1972년 책임 협약은 제2조에서 "발사국은 자신의 우주물체에 의하여 야기된 지상 또는 비행중인 항공기에 대한 피해에 대하여 절대책임을 진다."라고 규정하고 있다. 동 협약은 외기권조약 제7조를 구체화 시킨 내용으로 구성되어 있는데 책임 협약의 핵심은 지상 또는 항행항공기에 대한 우주물체의 피해는 절대책임으로, 우주에서의 피해 발생 시에는 과실 책임을 규정한 것이다.

상기 규정 불구 원격탐사로 인하여 구체적으로 어떤 경우에 피해가 발생하는지에 대하여서

---

4) 1959년 채택된 후 1961년 발효된 Antarctic Treaty는 남극대륙에 대한 여러 국가의 영유권 주장을 동결한 채 남극에서의 군사 활동 금지와 국제협력을 규정하고 있음.

5) "모든 인류의 활동영역"이라는 개념은 보다 발전되어 "인류의 공동유산(Common heritage of mankind)"으로 표현되는바, 이는 1967년 말타의 주 유엔대사가 유엔총회 시 공해의 심해저 소재 자원을 대상으로 언급한 후 1979년 달 조약 ("달과 기타 천체에서의 국가 활동을 규율 하는 협정" 으로서 1979.12.18. 서명에 개방된 후 1984.7.11. 발효되었으나 2012년 8월 현재 13개 당사국에 불과함)에서 동 개념을 협약규정으로 먼저 표현한 후 1982년 유엔해양법협약(1994년 발효. 2012년 8월 현재 미국을 제외한 162개 당사국)에서 답습하였음.

외기권조약과 책임 협약은 특별한 언급이 없다. 또, 원격탐사활동의 범주가 "원격탐사 우주시스템의 운용, 1차 자료(primary data) 수집과 저장기지국, 자료(data)를 가공(process)하고 해석하며 가공자료를 분배하는 활동"을 포함하는 것을 감안할 때 책임이 자료의 이용과 적용뿐만이 아니고 자료취급 활동에도 확대 적용되는 것으로 해석 될 수 있다.[6]

그러나 현재까지의 국가관행을 볼 때 원격탐사자료의 취급, 이용 및 적용과 관련하여 자료책임자를 상대로 배상책임을 물었다는 기록이 없다. 동 배상책임은 책임 협약상 국가가 지는 것으로 되어 있다. 그런데 흥미로운 내용은 현재 미국이 위성항법장치인 GPS(Global Positioning Systems) 위성 서비스를 전 세계 모든 사용자에게 무료로 제공 중에 있는데, 무료제공인데도 불구하고 GPS자료 이용으로 인한 피해가 발생할 경우 법적으로는 GPS제공업체, 즉 미국정부를 상대로 배상청구가 가능하다는 것이다.[7]

원격탐사 관련하여 피해배상문제가 상금 제기되지 않은 것은 주로 두 가지 이유에 연유한다고 본다. 첫째는 위성자료 공개 시 잠재 피해자의 피해가 인식될 우려가 있는 경우 동 자료공개를 하지 않는 것이며, 둘째는 공개할 만한 자료의 경우 위성촬영을 통한 자료자체에서 잘잘못을 따질 수 없기 때문이겠다.

1.1.2. ITU 헌장

제44조 2항은 무선대역과 위성의 궤도가 유한한 자연자원이므로 개도국들의 특별한 요구도 감안한 가운데 합리적이고 효율적이며 경제적으로 이용되어야 한다고 규정하였다.

제45조는 모든 회원국들이 무선통신을 함에 있어서 다른 국가에 유해한 혼선을 야기하지 않아야 하는 의무를 부과하고 있으며, 제46조는 조난요청이나 메시지가 있을 경우 무선기지국(radio stations)은 이를 최우선적으로 수신하고 필요한 조치를 즉각 취할 의무를 부과하였다.

제44조 2항과 45조는 모든 위성들에게 적용되는 일반적인 의무이나 제46조의 경우 지진이나 홍수 등의 상황이 원격탐사위성사진으로 찍힐 경우 이를 조난 메시지로 해석하여 필요한 조치를 즉각 취할 의무가 발생하느냐이다. 또한 이를 긍정적으로 해석할 경우 즉각 취하여야 할 필요한 조치는 무엇이냐가 제기된다.

---

6) A ITO, "Improvement to the Legal Regime for the Effective Use of Satellite Remote Sensing Data for Disaster Management and Protection of the Environment", 34 Journal of Space Law 1 (2008), p.51 참조.

7) 동건 관련 2010.11.16.~19. 태국 방콕 개최 제7차 Space Law Workshop(유엔과 태국 공동 주최) 기간에 J Gabrynowicz 교수의 11.17. 발표내용 참조.

1.1.3. Tampere 협약

지구재난 완화와 원활한 구호작업을 도모하기 위한 목적으로 핀란드, ITU 및 유엔 인도조정 사무국(OCHA)이 주도하여 1998년 채택하였다. 30개국의 비준으로 2005.1.8. 발효된 동 협약은 지진 등 재난이 발생하였을 경우 구호 팀이 현장에 도착하더라도 기존 통신시설이 파괴되어 통신 장애가 발생하는 것에 대비하여 국제통신의 복구를 위하여 필요한 통신기자재를 수입하고 주파수를 이용하여 통신을 긴급 복구함으로써 재난구호가 신속히 이루어질 수 있도록 평상시의 관련 허가절차를 면제한다는 내용이다.

동 협약은 앞서 살펴본 ITU헌장 제46조에 근거하는 것으로서 재난발생시 이를 완화하고 구조하는 데 있어서 필수적인 통신서비스를 개선하고 조정하는 데 그 목적이 있다. 따라서 이는 원격탐사와 직접 관련이 없으나 ITU 제46조를 매개로 탄생한 조약이며 원격탐사의 여러 용도 중 하나가 재난구조라는 점에서 소개할 내용이다.

1.1.4. 유엔총회 결의 41/65

1959년 설립된 UN COPUOS(우주의 평화적 이용위원회)는 모든 회원국 국가들이 향유할 수 있는 거대한 우주활용 이득에 대한 인식을 제고하기 위하여 1968년 오스트리아 비엔나에서 UNISPACE[8] I을 개최하였다. 1967년 외기권조약이 채택된 지 1년 후에 개최된 UNISPACE I 회의는 원격탐사를 주요과제 중의 하나로 채택하여 추가 검토를 요하도록 요구하였으며 이에 따라 동 문제가 UN COPUOS의 의제로 상정되었다.

1970년 아르헨티나는 원격탐사에 대한 국제규제의 필요성을 제기하였으며 소련은 1978년 관련 조약을 추진하였지만 후진국의 의도를 반영한 가운데 8개국만의 지지를 받다가 유야무야 되었다.

"우주로부터 지구원격탐사에 관한 원칙들"은 1968년 COPUOS에서 토의가 시작되어 논의가 진행되면서 1974년 성안되었지만 유엔에서 정식 채택된 것은 1986년에 이르러서였다. 유엔총회 결의 41/65로 채택된 "우주로부터 지구원격탐사에 관한 원칙들"이 장기간 토의되면서 조속 채택되지 못한 것은 개도국들이 자국 자연자원에 대한 정보를 포함한 재산소유권이 허가 없이 타국이 탐사할 수 없으며 자국에 대한 위성탐사 관련 정보에 대하여 우선적인 권한을 가져야 하며 동 정보가 자국의 승인 없이 제3국에 제공될 수 없다는 것을 주장하였기 때문이다. 이에 대하여 우주능력(Space-competent) 국가들을 중심으로 반대하였는바, 그 이유는 외기권 조약 제1조와 2조

---

8) World Conference on the Exploration and Peaceful Uses of Outer Space.

가 우주의 자유탐사와 이용을 규율하고 있으므로 사전허가를 받는다는 것이 이 "자유"에 반한다는 것이었다. 개도국들은 또 피탐사국이 탐사자료를 가공할 기술을 이전 받으면서 관련 시설과 기지국 설치 지원책 등을 원한 반면 기술 선진국들은 자국 산업과 지적 재산소유권 보호를 이유로 이에 응할 수 없었다.

논의의 교착상태는 1985년 타개되면서 당초 원격탐사에 관한 조약으로 채택하려 하였던 계획을 변경하여 원격탐사에 관한 국제정책을 선언하는 내용의 유엔총회 결의 41/65로 만장일치 채택되었다.

15개 원칙으로 이루어져 있는 상기 결의 내용 중 제1원칙은 원격탐사를 정의하면서 자연 자원 관리, 토지이용과 환경보호를 위한 목적으로 피탐사체로부터 방사되는 전기 자장파를 이용하여 우주로부터 지구의 탐사를 하는 것이라 하였다. 그러나 이 정의가 모든 원격탐사를 포함하는 것이 아닌 반면, 항공촬영과 군사용도 및 기타 기술 활용을 제외함은 물론이다. 연이어 "원격탐사활동"을 광범위하게 정의하여 전술한 바와 같이 "원격탐사위성시스템의 운영, 제1차 자료수거와 저장 기지국, 가공 활동, 가공자료를 해석하고 배포하는 것"이라 하였다. 그러나 "책임(liability)"이나 "자료이용(access to data)"과 같은 용어를 정의하지 않았기 때문에 적용 시 혼선이 예상된다.

제2원칙과 제3원칙에서는 원격탐사활동의 기본방향을 제시한 후 탐사국과 피탐사국의 협력관계를 강조하였다. 제12원칙은 피 탐사국의 주권과 탐사국의 주권을 조화시키면서 제1차 자료 또는 "기초자료(primary data)"와 "가공된 자료(processed data)"는 탐사국이 생산한 대로 피탐사국이 이용할 권리가 있다고만 규정하였다. 제12원칙은 또 피탐사국이 정당한 실비를 제공할 경우 탐사에 관여한 국가가 작성한 "분석자료(analysed date)"를 피탐사국이 동 탐사국으로부터 구득할 수 있도록 하면서 피탐사국이 개도국일 경우 특별한 고려를 하도록 하였다. 그런데 분석자료는 이용 가능한 분석자료(available analysed date)라고 기술하였는데 이용가능여부를 판단하는 측은 탐사국이 될 것이므로 탐사국과 피탐사국이 대등한 조건에서 자료전수를 하기 어렵겠다. 제14원칙은 외기권 조약 제6조에 따라서 원격탐사위성을 운영하는 국가가 국제책임을 지도록 하였으며 동 탐사활동이 정부, 비정부기관 또는 국제기구인지 여부를 불문한다.

2. 위성 자료의 활용에 관한 국제협력

2.1. 기후변화 및 기상관측

1999년 개최 UNISPACE Ⅲ은 인류의 발전에 있어서 우주과학과 우주적용기술의 유용성을 인정하면서 기상위성 적용분야에서의 국제협력을 확대하여 기후 예측을 통한 지구환경보호에 주안을 두었다. 기후변화라는 것이 지구의 어느 한 지역에만 국한되는 현상이 아니고 지구 전체와 태양의 활동과도 관련이 있는 만큼 이를 파악하는 데 인공위성의 역할이 지대하다. 지구 전체 차원에서 대기권, 태양, 육지표면의 움직임, 태양폭풍과 전기자장이 지구환경에 미치는 영향, 오존층의 변동이 환경과 인간건강에 미치는 파장 등은 인공위성을 통한 관측의 결과 구득한 위성자료에 의존할 수밖에 없다. 이와 관련한 여러 국제협력이 다음과 같이 활발하게 진행되고 있다.

2.1.1. 지구관측그룹(GEO)

GEO(Group on Earth Observations)는 2002년 8월 남아공 요하네스버그에서 개최된 지속가능발전세계정상회의와 2003년 6월 프랑스 Evian에서 개최된 선진정상 G8회의에서의 요청에 응하여 시작된 국제기구이다. 이들 정상회의에서는 갈수록 복잡다기한 환경문제를 해결하기 위해 지구관측을 활용하는 국제협력이 긴요함을 인식하였다.

이러한 인식하에 2003년 미국 워싱턴 D.C.에서 개최된 제1차 지구관측정상회의(First Earth Observation Summit)에서 지구관측을 위한 임시 정부 간 기구로서의 GEO를 설립하였고, 2004년 4월 일본 동경에서 개최되었던 제2차 지구관측정상회의 시 세계지구관측시스템총괄체제(Global Earth Observation System of Systems: GEOSS)의 범위와 내용을 정하는 기본문서를 채택한 후, 2005년 2월 벨기에 브뤼셀에서 개최된 제3차 지구관측정상회의 시 동 계획을 수행하기 위한 GEO를 정식 설치하였다.

여러 정부와 정부 간 국제기구들이 자발적인 파트너십[9]으로 구성한 GEO는 2012년 3월 기준 88개국 정부, 유럽집행위원회(European Commission: EC), 64개의 정부 간, 국제 또는 지역 기구를 회원으로 보유하며, 2005~2015년의 10년간 재난, 건강, 에너지, 기온, 물, 기후, 생태계, 농업, 생물 다양성 등 9개 부문에 걸친 GEOSS사업을 시행하고 있다.

효율적인 지구관측업무를 하는 데 있어서 위성사용은 필수적인바, 무료로 제공하는 미국의 Landsat 자료는 물론 회원국 정부들의 자발적 참여에 의한 여러 위성정보들이 대거 활용되고 있

---

9) 스위스 제네바 소재 세계기상기구(WMO)에 사무실을 두고 있는 GEO에 여러 국가들이 자체경비 부담으로 인력을 파견하여 사무국 직원을 구성하고 있음. 2012년 7월 현재 17명의 직원이 근무하고 있으며, 한국에서는 2010년 기상청에서 파견된 1명의 직원이 근무 중.

다. 이렇게 운용되는 정부 간 국제기구로서 GEO가 우주법에 기여하는 바는 인류의 공동이익을 위한 특정 분야에서의 위성정보를 무료로 제공받고 이를 무료로 일반 대중에 제공한다는 것이 이미 확립된 또는 장래 확립될 원칙을 형성한다는 것이다.

이의 일환으로 GEO는 GEONETCast라는 전 세계 커버 실시간 위성 정보 배달 시스템을 구축하여 자료 배포의 애로를 해소하는 데 기여하였다. 동 시스템은 인터넷 인프라가 부실한 개도국이 저비용 지구국을 통하여 지구 공간 자료를 광범위하게 수신토록 하는 것이다.

2.1.2. 지구환경관측체계(GCOS)

GCOS(Global Climate Observing System)는 1990년 제2차 세계기후회의에서 WMO(세계기상기구), IOC(국제해양위원회), UNEP(유엔환경계획), ICSU(국제과학이사회) 등 4개의 국제기구가 공동 후원하여 설치한 국제기구이다. GCOS는 설립 파트너 기구 4개를 포함하여 32개의 국내외 우주 및 기상관련 파트너 기구들로 구성된다.

물리적·화학적·생물학적 특징과 대기, 해양, 육지, 수로 및 지구 결빙 요소 등을 포함한 총체적인 기후 체제에 대하여 포괄적인 정보 제공을 목적으로 하고 있으며, 이때 정보자료는 현장 또는 원격관측요소를 통하여 획득되는바, 우주에 바탕을 둔 요소로부터 구득하는 자료는 후술할 CEOS와 CGMS에 의존한다. GCOS는 GOSIC(Global Observing Systems Information Center)를 통하여 대기표면, 대기 상층공기, 대기구성, 대양, 토양, 우주에 관련한 자체 정보는 물론 파트너 기구들의 정보까지도 무료로 제공한다.

또한 GCOS는 국내외 기후 또는 기후 관련 관측에 있어서 모든 자료를 구득하는 것을 목적으로 하면서 앞서 기술한 GEOSS의 일부를 구성하기도 한다.

GCOS의 운영은 프로그램의 지도, 조정, 감독을 하는 운영위원회가 맡는다. 운영위원회는 3개 과학패널, 즉 기후대기관측패널(AOPC), 기후대양관측패널(OOPC), 기후토양관측패널(TOPC)로부터 각각 대기, 해양, 토양에 대하여 보고받으며, 설립 파트너 국제기구들과의 상호 동의를 통해 전문 지식 정도와 지역 배분을 감안하여 임명된 16명의 과학기술전문가로 구성되어 있다.

GCOS의 사무국은 GEO와 같이 스위스 제네바 소재 WMO 본사 사무실을 사용하고 있으며, 2011년 7월 기준 5명의 직원으로 구성되어 있다.

2.1.3. 지구관측위성위원회(CEOS)

CEOS(Committee on Earth Observation Satellites)는 서방선진 정상회의인 G7의 성장·기술·고용

작업반의 후원하에 1984년 설립되어 우주에서 민간목적으로 지구를 관측하는 것을 조정한다. 2012년 7월 현재 한국항공우주연구원(KARI)을 포함한 30개의 우주기관 회원들과 22개의 준회원 국가 및 국제기구들이 함께 CEOS 계획 수립과 활동에 참여하고 있다.

참여기관들이 핵심적인 과학적 문제들을 연구하고 불필요한 중복을 함이 없이 위성 계획을 조정, 수립하는 CEOS는 다음 3가지 목표를 추구한다.

- 참여기관들과 공동 협의하여 우주에서의 지구관측을 함으로써 이익을 최적화
- 우주에서의 지구관측 활동의 국제조정을 위한 포컬 포인트로서의 역할 담당
- 관측의 보완성과 양립성, 그리고 자료교환체제를 장려하기 위한 목적으로 정책과 기술정보를 교환

CEOS는 회원, 준회원, 상설 사무국으로 구성되어 있으며, CEOS의 회원과 준회원들은 국내외 성격을 막론하고 정부기관이어야 한다. 설립 초기에는 2년 간격으로 총회를 개최하였지만 1990년 제4차 총회(plenary)부터는 매년 총회를 개최한다. CEOS의 상설 사무국은 총회 기간 중 조정 업무를 담당하는데, 다음 6개 기관[10]이 공동으로 담당한다.

- 유럽우주청(European Space Agency: ESA)
- 기상위성탐사유럽기구(European Organization for the Exploitation of Meteorological Satellites: EUMETSAT)
- 미국 국가항공우주청(National Aeronautical and Space Administration: NASA)
- 미국 해양대기청(National Oceanic and Atmospheric Administration: NOAA)
- 일본의 교육·문화·체육·과학기술부(Ministry of Education, Culture, Sports, Science and Technology: MEXT)와 일본 우주항공연구개발기구(Japan Aerospace Exploration Agency: JAXA) 공동

CEOS의 독특한 조직과 운영 모습을 보면 매년 개최되는 총회의 개최국에 소재하는 우주 또는 기상위성 담당기관이 CEOS의 의장직을 1년간 수임하며, 의장은 당시의 가장 중요한 업무로 간주되는 내용을 전략 이행 팀(Strategic Implementation Team: SIT)에 처리토록 위임한다. 상기의 상설 사무국 역할을 하는 6개 기관 중 하나가 집행관(CEOS Executive Officer)의 자격으로 매년 바뀌는 의장의 업무를 뒷받침하며, 의장에게 보고하고 의장의 위임업무를 처리하는 SIT에도 보고한다.

CEOS 사무국은 상설사무국 역할을 하는 6개 기관, 매년 변경되는 총회 개최국의 주관기관으로서 의장, 전 의장과 다음 의장 등으로 구성되며, 현 의장이 사무국 업무를 주재하는 형식을 취한다. 사무국 업무를 하는 사람들이 함께 모여서 일을 하지 않고 각자 소관 국내기관에서 업무를 하면서 활동하는 것이 CEOS의 특징이다.

---

10) ESA, EUMETSAT, NASA, NOAA, MEXT, JAXA로 구성.

GEO의 회원으로서 GEO 업무 중 세계지구관측시스템총괄체제[11](GEOSS)의 우주부문 업무에 적극 참여하고 있는 CEOS는 3개의 작업반과 CEOS 사회수익분야(CEOS Social Benefit Area: SBA) 및 온라인 위성군(Virtual Constellations)의 5개 분야에서 적극 활동하면서, 우주 과학기술 정보구축, 교육, 평가 및 인증, 분야별(농업, 기후, 재난 등) 활용, 컴퓨터를 통한 자료제공 등의 역할을 하고 있다.

2.1.4. 기상위성조정그룹(CGMS)

CGMS(Coordination Group of Meteorological Satellites: CGMS)은 ESA의 전신인 ESRO(European Space Research Organization), 일본, 미국, 옵서버로서의 WMO와 JPSGARP(Joint Planning Staff for the Global Atmosphere Research Programme) 대표들이 지구정지궤도상의 기상위성들 간의 호환성(Compatibility) 문제를 토론하기 위하여 미국 워싱턴에서 회동하면서 1972년 9월 19일 창설되었다. 연후 회원 수가 확대되어 우주 또는 기상 담당 국가기관이나 WMO 등의 정부 간 국제기구를 포함하여 도합 15개의 회원 기관과 7개의 옵서버 기관을 포함하게 되었고, 동 기관의 목적 또한 확대되었다. 한국에서는 기상청이 회원 기관으로, 한국항공우주연구원과 한국해양연구원이 옵서버 기관으로 들어가 있다.

CGMS의 설립 목적은 1960년대에 시작한 기상위성의 발사와 성공적 운용은 국제사회가 모두 공여하여야 할 세계 공공재(Global Common Goods)라는 인식하에, 여러 나라가 발사하여 운용할 때 상호 호환성(inter-compatibility)과 보완성(complementation)을 확보하여 최대의 이익과 편의를 공유하자는 것이다. 설립 헌장은 회원 중 하나가 자발적으로 사무국 역할을 하도록 규정하였는데, 1987년 이래 유럽기상위성기구(EUMETSAT)가 그 역할을 하고 있다. 또한 매년 순번제로 총회를 개최하고 있으며, 제39차 총회는 2011년 10월 러시아에서 개최되었다.

기상위성은 지구정지궤도에 위치하거나 지구저궤도를 돌면서 근접 촬영한 자료를 지상에 송신하는데 전자는 적도 상공에 위치하는 관계상 북위와 남위 각 70도 이상의 극지를 커버하지 못한다. 이는 후자인 지구저궤도 기상위성이 극지 위를 타원형 궤도로 돌게 하여 커버한다.

WMO는 모든 자체 계획을 지원하기 위하여 세계 전체의 기상과 환경관측을 조정하면서 WMO 회원국들이 우주는 물론 지상, 해상, 대기 등에 설치하여 운영하는 관측기구를 통하여 모든 국가들이 공유하도록 사전 합의한 자료를 관리하는 GOS(Global Observing System)를 운영하고

---

11) 2004년 일본 동경 개최 제2차 지구관측정상회의 시 (1차는 2003년 미국 개최) Global Earth Observation System of Systems 인 GEOSS의 범위와 내용을 정하는 기본문서를 채택한 후 2005년 2월 벨기에 브뤼셀 개최 제3차 지구관측정상회의 시 GEOSS를 수행하기 위한 목적으로 GEO를 창설하였음. GEOSS는 2005~2015년의 10년간 재난, 건강, 에너지, 기온, 물, 기후, 생태계, 농업, 생물다양성 등 9개 부문에 걸쳐 사업을 하고 있음.

있다. WMO의 우주계획(Space Programme)은 기상, 수로 기타 환경관련 문제에 대하여 WMO가 관여하고 조정하는 위성계획을 통하여 GOS 업무에 기여한다.

2.2. 재난 대응

기상관측과 지구재난 파악 및 대처를 위한 위성정보는 상업적 이해관계를 초월하여 거의 무조건 공유되는 인류의 공공재(public goods) 성격을 갖고 있다. 이는 통신, 방송, 자원탐사용 위성 사용이 상업용으로 이루어지는 것과 비교가 되면서 인류의 연대감을 보여주는 사례이기도 하다. 수색과 구조사업도 크게 보아 지구재난 대처로 보아야 하는바, 이를 위한 국제적 협력과 지역적 협력을 알아본다.

2.2.1. 재난구조에 관한 국제협력

UNISPACE III의 권고 내용들은 매년 개최되는 COPUOS 회의의 주요 토의의제를 형성하면서 동 권고 내용의 실천을 점검하고 촉진하는 계기가 된다. UNISPACE III에서 채택된 권고를 이행하기 위하여 United Nations Platform for Space-based Information for Disaster Management and Emergency Response(UN-SPIDER)가 2006년 유엔총회 결의 61/110(2006.12.14)로 설치되었다. 새로운 유엔 업무가 된 UN-SPIDER는 모든 국가와 국제 또는 지역 기구들이 재난관리와 관련한 모든 단계에서 우주에서 얻을 수 있는 모든 형태의 정보에 접근하고 이를 이용할 능력을 보장(ensure)하기 위한 것이다.

최근 수년 전 이래 인도적(humanitarian) 비상 대응 시 우주기술을 활용한 사례가 여럿 있었지만, UN-SPIDER는 인명과 재산 피해를 감소시킬 수 있는 재난관리의 모든 단계에서의 해결책을 위한 정보 접근과 사용을 보장하는 데 초점을 맞춘 최초의 프로그램이다. UN-SPIDER 프로그램은 우주 관련 정보가 재난관리 지원에 사용되도록 하는 관문(gateway)의 역할, 재난 관리와 우주 공동체를 연결하는 다리(bridge) 역할, 또한 개도국의 능력배양을 담당하는 촉진자(facilitator)의 역할을 한다.

UN-SPIDER는 재난관리 활동을 지원하기 위해 우주에 기반한 해결책을 제공하는 제공자들의 공개된 네트워크 장으로서 시행되고 있다. 이를 위해 동 업무의 사무국 역할을 하는 유엔 우주업무사무소(UN Office for Outer Space Affairs: UNOOSA)가 위치한 오스트리아 비엔나뿐만 아니라 독일 본과 중국 북경에도 사무실을 가지고 있으며, 여러 지역지원사무소(Regional Support Office:

RSO)를 통해 해당 지역의 업무를 지원한다.

UN-SPIDER는 자체 직원, 지역지원사무소(Regional Support Offices) 네트워크, 그리고 국가접촉선(National Focal Points) 3자로 운영된다. 현재 UN-SPIDER은 12개의 지역지원사무소를 보유하고 있으며 각각 알제리, 콜롬비아, 헝가리, 이란, 나이지리아, 파키스탄, 케냐, 루마니아, 우크라이나, 서인도 제도, 파나마 그리고 일본의 아시아 재난감축 센터(Asia Disaster Reduction Center: ADRC)에 설치되어 있다.

1998년 일본 정부가 설치한 ADRC는 일본 효고 현(Hyogo Prefecture) 고베에 소재하며 일본의 주도 하에 한국, 중국 등 29개국이 참여하고 있다. 1995년 1월 고베 등 효고 현 남부에서의 지진 발생으로 6,434명이나 사망하였는데 동 지진 피해가 발생한 이후 고베에 ADRC가 설치되어 회원국들의 재난에 대한 회복력 향상과 안전한 사회 구축을 목표로 하여 아시아 국가들 그리고 재난감소 국제전략(International Strategy for Disaster Reduction: ISDR) 등 재난 대응 관련 국제기구와 협력하고 있다.

ISDR은 급격히 증가하는 세계적인 자연재난에 대응하여 유엔이 채택한 자연 재난감축 국제 10년(International Decade for Natural Disaster 1990~1999) 업무를 담당하기 위한 프로그램이다. 일반인들의 인식증가, 공공기관의 약속획득, 부문별 파트너십 증진을 통한 재난감소 네트워크 확장, 재난감축에 관한 과학적 지식 향상 등 4개의 목적을 증진시키는 것이 목적인 ISDR은 재난감소 정책을 책임지면서 33개 유엔, 국제, 지역 및 민간기구로 구성되어 있는 Inter-Agency Task Force on Disaster Reduction(IATF/DR)과 사회·경제, 인도·개발 분야에서의 재난 감축활동을 조정하고 통합하여 관련정보 센터 역할을 하는 Inter-Agency Secretariat of the ISDR(UN/ISDR)의 양 기관을 통하여 이루어졌다. UN/ISDR의 본부는 제네바에 소재하며 코스타리카와 케냐 소재 지역단위 사업을 통하여 업무 홍보 인식 강화 사업(outreach)을 전개하고 있다.

UN-SPIDER는 2009년도에 국가, 국제 및 지역기구들로 하여금 재난 대응과 긴급 복구를 지원하는 우주에서의 정보를 효율적으로 활용하게 하는 틀(framework)인 SpaceAid 업무를 공고히 하였다. UNOOSA 웹페이지를 통하여 24시간 제공되는 SpaceAid 정보는 지구관측, 통신, 지구탐사위성 등이 제공하는 모든 정보의 자료를 포함하고 있다.

위성을 이용한 재난대응체제로서 역시 1999년 UNISPACE III의 권고를 이행하여 2000년에 설치된 International Charter-Space and Major Disasters가 있다. 이는 유럽 우주청(ESA)과 프랑스 우주연구국립센터(CNES)의 기선하에 캐나다우주청(CSA)이 함께 참여한 기구로서 자연 또는 인간유발 재해 발생 시 피해자 측에 통일된 획득 자료를 무료로 제공하는 것을 목적으로 한다. 이 Charter

에 참여하는 회원들은 인간 생명과 재산에 대한 재난의 영향을 경감하기 위한 자원을 지원하여야 하는데 18개 우주관련 각국 정부기관과 회사가 추가로 참여하여 2012년 8월 현재 총 22개 회원들이 자체 소유 위성정보를 제공하면서 위성을 통한 재난경감에 기여하고 있다. KARI는 2011년 7월에 Charter에 가입하였고 Kompsat-2 위성으로부터 얻은 정보를 제공하여 활동에 참여하고 있다.[12]

2.2.2. 수색구조에 관한 국제협력

위성을 이용한 수색과 구조(Search and Rescue: SAR) 체제로서 1979년 캐나다, 프랑스, 미국, 소련이 설치한 Cospas-Sarsat이 핵심을 이룬다. Space System for the Search of Vessels in Distress를 뜻하는 러시아어인 COsmicheskaya Sistyema Poiska Avariynich Sudov에서의 COSPAS와 Search And Rescue Satellite-Aided Tracking의 두문자인 SARSAT가 합성되어 명명된 Cospas-Sarsat는 1982년부터 작동하면서 항공기, 선박 그리고 지상에서의 조난(distress) 신호를 위성에서 즉각 포착하여 수색구조를 가능하게 하는 매우 유용한 국제협력 체제로 자리매김하였다. 캐나다 몬트리올에 회원국 간 업무조정을 위한 사무국을 두고 있는 Cospas-Sarsat는 2012년 7월 현재 41개 국가의 수색구조담당 정부기관과 2개의 타 기관이 참여하고 있으며 한국에서는 해양경찰청이 들어가 있다.

현재 GEOSARs라고 불리는 5개의 지구정지궤도위성과 LEOSARs로 불리는 6개의 지구 극궤도(ploar orbiting)위성이 작동하며, 406MHz대 주파수를 사용하여 조난 발생 시 구조 업무를 제공하고 있다.[13]

Cospas-Sarsat는 국제해사기구(International Maritime Organization: IMO)가 주도하는 세계해상조난안전체계(Global Maritime Distress Safety System: GMDSS)의 한 요소를 이루고 있다. IMO는 SOLAS Convention으로 통칭되는 해상인명안전 국제협약[14](International Convention for the Safety of Life at Sea)을 통하여 1993년 8월 1일부터 300톤 이상의 선박에 대하여 406MHz EPIRBs(Emergency Position- Indication Radio Beacons)라는 비콘(beacon) 장착을 의무사항으로 규정하였다. 또한 국제민간항공기구(International Civil Aviation Organization: ICAO)는 2008년 7월부터 국제민간항공협약의 관할하에 있는 모든 항공기에 대하여 406MHz ELTs(Emergency Locator Transmitter)를 설치할 것을 권고한 바 있다. 현재 전 세계에 ERIRBs와 ELTs를 포함한 406MHz 비콘이 백만 개 이상 설치되어

---

12) 관련 홈페이지는 http://www.disastercharter.org/web/charter/home 참조.

13) 2009. 2. 1부터 조난용 주파수를 406MHz로 통일하기까지에는 항공 조난 시 121.5MHz, 군용항공기는 243MHz를 사용하였음. 그러나 Cospas-Sarsat 창설 4개국이 406MHz로 조난 주파수를 통일함으로써 SAR 자원(위성과 지상부문에 있어서의)의 오작동을 줄이는 동시에 진정한 조난 경우에 더 많이 대응하게 되었다는 평가를 받음.

14) 1914년 처음 채택된 후 수차 개정을 거쳐 오늘날에는 SOLAS 1974로 호칭하기도 하나 1974년 이후에도 시대상황을 감안하여 개정되고 있음.

있으며 2020년경에는 2백만 개 이상 설치될 것으로 예상된다.

1982년 설립된 이래 8천여 조난지역에서 3만 명 이상의 생명을 구조하는 데 기여한 Cospas-Sarsat 는 2010년에만 전 세계 8,406개의 조난지역으로부터 2,398명의 생명을 구조하였다.[15] Cospas-Sarsat 는 현 체제를 개선할 목적으로 Medium-Earth Orbit Search and Rescue(MEOSAR) 체제로 불리는 차세대 체제를 개발·실험하고 있는 것으로 알려져 있다.

미국은 1984~1985년 수단과 에티오피아에서 기근으로 백만 명 이상이 사망한 것에 자극을 받아 미국의 대외원조기관인 USAID의 자금으로 1985년 기근조기경보체제(Famine Early Warning System: FEWS)를 창설하였다. 이는 위성에서의 지상 농경지 상황, 강우량 자료 등을 분석하여 지상에서의 농지 상황 및 곡물 시장 가격 등을 감안하여 사하라 이남 17개 아프리카 국가들의 기근을 조기 예측함으로써 과거와 같은 대규모 기근 참사를 예방하기 위한 체제이며 FEWS NET로 불린다. 같은 USAID가 운영하고 중미 지역을 대상으로 하는 식량안전조기경보체제가 있는데 이 체제는 정치적 이유로 인해 MFEWS(Meso-american Food Security Early Warning System)로 불린다.

2.2.3. 지역적 협력

아·태지역우주청포럼(Asia-Pacific Regional Space Agency Forum: APRSAF)은 1992년 아·태 국제우주의 해 회의(Asia-Pacific International Space Year Conference: APIC)가 채택한 선언에 따라 1993년 아·태지역의 우주활동을 증진시킬 목적으로 창설된 회의체이다. 일본의 교육·문화·스포츠·과학기술부(MEXT)와 일본 우주항공연구개발기구(JAXA)가 합동하여 매년 개최하되 일본 이외의 아·태지역에서 개최할 경우에는 개최국의 우주청도 공동개최기관이 된다.

APRSAF는 해마다 연례 회의를 개최하는바, 그간 18차례의 회의가 일본, 몽고, 말레이시아, 한국, 태국, 호주, 인도네시아, 인도, 베트남, 싱가포르에서 개최되었다. 19차 회의는 2012년 12월 말레이시아 Kuala Lumpur에서 개최될 예정이다. 동 회의에서는 아·태지역의 우주청과 국제기구들의 대표들이 모여 우주기술의 활용을 통해 사회·경제 발전에 기여하며 환경보전을 목적으로 하는 APRSAF는 의견교환과 함께 우주기술업체와 우주기술 사용자들의 공동관심사를 확인하여 상호이익이 되는 협력의 문제에 대해서도 토의한다.

APRSAF는 2012년 7월 현재 미국, 중국, 한국 등 총 35개국으로부터 325개의 우주업무 관련 정부기관, 협회, 학교, 연구소 등이 참여하고 있으며 24개의 국제 및 지역기구가 또한 참가한 실적을 가지고 있다.

---

15) UN COPUOS Report, 54th Session(1-10 Jun. 2011), UN Doc A/66/20, p.14.

2005년 11월 일본 기타큐슈에서 개최된 APRSAF 12차 회의에서 아·태지역의 재난관리 자원 체제로서 Sentinel Asia를 승인하였으며, 동 체제는 2006년 10월부터 활동을 시작하였다. 이는 일 본의 JAXA가 지구관측위성 자료를 활용하여 APRSAF로 대표되는 우주기관 공동체, UN ESCA P[16], UN OOSA, ASEAN, AIT[17]등의 국제 공동체, Digital Asia[18]로 대표되는 디지털 정보 공동체, ADRC(Asia Disaster Reduction Center)와 그 회원국들을 포함하는 재난감소 공동체(Disaster Reduction Community)의 4자가 자발적으로 협력하도록 하여 재난에 대한 사전경고와 대응을 통해 피해자 와 사회·경제적 손실을 최소화하기 위한 사업이다.

Sentinel Asia의 주된 활동은 주요재난 발생 시 지구관측위성을 통한 비상관측, 산불과 홍수 감 시, 재난관리를 위한 위성 이미지 이용 능력 제고이다. 이를 위하여 일본, 한국, 태국 보유의 지 구관측 위성자료가 이용되고 있다.

아·태지역 협력에 있어서 특기할 점은 중국정부 주도의 아시아 태평양 우주협력기구(Asia Pacific Space Cooperation Organization: APSCO)가 비영리정부 간 국제기구로서 2005년 10월 중국 북 경에서의 설립협약 서명을 통하여 탄생한 것이다. 우주과학기술의 평화적 활용을 위한 협력 구 축을 위한다는 설립 협약에 방글라데시, 중국, 이란, 몽고, 파키스탄, 페루 그리고 태국이 서명하 여 회원국이 되었다.

APSCO는 2008년 12월 정식 운용하기 시작하였으며 2009년에는 COPUOS의 영구 옵서버 지위 도 획득하는 등 활발한 대외활동을 하고 있다. APRSAF와는 달리 상설기구로서 중국 북경에 사 무국을 두고 있으나 중국이 일본 주도의 APRSAF에 대항하는 성격으로 설립한 인상을 주고 있다.

지역협력에 있어서 유럽은 분야를 불문하고 가장 앞서 나가고 있다. 이는 경제 통합을 완료한 후에도 정치통합을 지향하는 구주연합(European Union)의 성격상 당연하기도 하다. 유럽의 정책 결정자들이 환경을 잘 관리하고, 기후변화 영향의 경감 방안을 이해하며 민간 안전을 보장하는 데 있어서 정확하고 시의적절한 정보를 제공받을 목적으로 GMES(Global Monitoring for Environment and Security)라는 유럽의 세계 환경안보 감시 프로그램을 1998년 설치하였고 유럽집 행위(EC)가 관리하고 있다. GMES 사업은 당연히 위성으로부터의 관측 업무를 필수로 하는바, 우 주 부문의 업무는 ESA가 담당한다.

2008년 9월 프랑스에서 개최된 "Forum GMES 2008"을 계기로 하여 GMES 사업이 시작되었으 며, 현재 EU FP7(7th Framework Programme for Research Technological Development)의 지원을 받은

---

16) 유엔의 아·태 경제사회이사회로서 태국 방콕에 소재함.

17) Asian Institute of Technology로서 1959년 태국 방콕에 설치된 통신 기술 분야 대학원 학교.

18) JAXA와 일본의 게이오 대학이 위성자료를 일반에서 공여하는 사업으로서 다른 이용자들도 자신의 자료를 인터넷에 무료 게재하여 자료 수집에 있어 서 불필요한 중복방지도 도모함.

연구개발(R&D) 프로젝트들이 수행되고 있다. 2012년 7월 기준 현재 완료된 프로젝트로는 SAFER 가 있으며, 이는 화재, 홍수, 지진, 화산폭발, 산사태, 인류 위기 등 비상사태에 대응하는 유럽의 능력을 강화하기 위한 프로젝트로 2009년 1월 1일에 시작되어 2012년 4월 수행 완료되었다. 현재 진행 중인 프로젝트로는 Geoland2, MyOcean2, MACC-II, G-MOSAIC이 있으며 이들은 각각 육지, 해양, 대기, 보안에 관련한 감시 업무를 수행하고 있다.

3. 위성자료의 활용과 규제에 관한 주요국의 법령

군사용 위성이라면 더 고가이겠지만 원격탐사위성 등 민간용 위성을 하나 제작하고 발사하는 데에는 비용이 4천~5천억 원이나 소요되기 때문에 동 위성의 발사 목적인 위성자료를 국익에 최대한 활용하는 것이 당연히 요구된다. 거대한 국가예산을 들여 발사한 사업의 과실을 일부 종사자만의 편의와 이용에만 한정시킬 경우 국가 예산 낭비라는 문제가 발생한다. 이와 관련하여 다른 주요 위성 활용 국가들의 법령과 제도를 살펴보면서 우리나라의 미비한 법령과 제도를 하루속히 정비하는 데 참고하여야겠다.

3.1. 캐나다[19]

2004년 말 제정된 원격탐사우주시스템법(Remote Sensing Space Systems Act: RSSSA)이 2007년 4월 발효되었다.

1990년 중반부터 후반에 걸쳐 민간 기업에서 위성탐사기술이 발전하여 이전에는 군사나 첩보 영역으로만 여겨졌던 기술력을 민간이 소유하게 되었다. 이러한 변화는 우주기술을 주도하는 미국에서의 영향에 크게 힘입어 세계 여러 나라로 확산되었다. 예를 들어 미국의 Space Imaging사[20] 가 IKONOS 위성을 발사하였으며 뒤따라 DigitalGlobe사가 2001년 QuickBird 위성을 발사하여 지구의 흑백영상 해상도를 70~80cm까지 끌어내리는 성과를 이루었다.

그러나 미국의 위성영상기술은 광학영상(optical image)으로서 자연의 빛을 이용하는 관계상 구름이 낄 경우 촬영이 불가능했다. 구름, 눈, 비 등 기상 관련 없이 영상촬영이 가능토록 하는 것

---

19) T Gillon, "Regulating Remote Sensing Space Systems in Canada-New Legislation for a New Era", 34 Journal of Space Law 1 (2008), pp.19-32 내용을 주로 정리하면서 해석한 것임.
20) 뒤에 GeoEye로 명칭이 변경되었음.

은 무선신호를 발사하여 지상에서 반향되어 오는 신호를 수신하여 영상을 파악하는 SAR(Synthetic Aperture Radar) 기술을 이용하는 것인바, 캐나다는 SAR시스템 개발에 있어서 선두를 달리면서 캐나다의 첫 상업위성인 Radarsat-1을 1995년 발사하여, 정부가 소유, 운영하면서 5년 예상의 수명을 훨씬 넘겨 10년 넘게 8m 해상도 영상을 국제시장에 제공하고 있다.

캐나다 연방정부가 여러 주정부와 함께 투자한 Radarsat-1의 성공을 체험한 후 캐나다 정부는 동 사업을 완전 상업적으로 지속시키는 것으로 방침을 정한 후 MacDonald Dettwiler and Associates Ltd.(MDA)회사가 Radarsat-2를 소유, 운영하도록 허가하였다. 2007년에 발사된 Radarsat-2는 해상도 3m의 고화질의 영상을 제공하는 것이며 광학영상에서는 파악할 수 없는 지상물체의 사소한 변화도 감지하는 SAR특성에 추가하여 Polarimetric[21] data도 제공하는 관계상 지금까지 군축 확인이나 재래식 무기제한을 감시하는 정부만이 소유할 수 있었던 고급정보를 모두에게 공개한다는 것이 문제점으로 제기되었다.

이러한 상황에서 캐나다정부는 1999년 Access Control Policy를 발표하여 위성의 운용과 우주시스템을 통하여 획득된 자료와 영상을 분배하는 데 있어서 안보측면적 요소를 반영함으로써 처음으로 위성자료를 규제하는 조치를 취하였다. 이는 Radarsat-2 발사를 앞두고 촉발된 우려를 해소시키기 위한 것이었지만 장래를 내다보면서 상업적 원격탐사위성정보, 동 위성시스템의 운용시기와 외국인 파트너 간의 협상이 어떠하여야 하는지에 대한 정부의 입장을 공식화한 것이다.

여기에서 캐나다와 미국 산업체 간 긴밀한 연계관계를 알아야 하는데 MDA는 당시 미국의 Orbital Sciences Inc.의 캐나다 자회사지만 100% 캐나다인 소유회사였다. 미국기술인 원격탐사위성의 허가와 관련하여 양국 정부는 2000.6.16. 상업적 원격탐사위성시스템 운용에 관한 협정을 체결하여 원격탐사위성시스템으로부터 발생하는 상업적 이익을 증진시키는 한편 공동의 국가안보와 외교정책목표를 추구하는 것을 명시하였다. 이에 따라 캐나다는 미국의 1992년 육지원격탐사정책 법[22]에 유사한 체제를 수립하여야 하였으며 캐나다와 미국은 각자 자국으로부터 운용되는 원격탐사시스템을 규제하고 통제하는 관할권을 행사하면서 공동 대처하게 되었다.

캐나다의 원격탐사규율을 위한 국내법 제정 필요성은 1994년 3월 9일 미국대통령의 결정 지침(PDD) 23[23]에도 영향을 받았는바, 이는 PDD23이 민감한 미국기술을 수령하는 외국의 기관은 동 기술을 이용하기 전에 미국정부와 협정을 체결하여야 하고 협정상 제3국에 대한 기술이전금

---

21) 보통의 기상레이더는 수평적 성격(horizontal orientation)을 갖는 무선주파수 펄스(pulse)를 송신함으로써 기상관측을 하나 polarimetric radar는 수직적 성격을 겸하여 제공하는 관계로 전자가 어느 지역에 강우가 있었느냐 여부만을 파악도록 하는 반면에 후자는 어느 지역에 얼마만큼의 강우가 있었나도 파악하게 하여주는 유용성을 제공함.

22) Land Remote Sensing Policy Act of 1992로서 후술함.

23) Presidential Decision Directive Number 23 (PDD23)로서 동 PDD는 행정부 명령(Executive Order)과 동일한 효력을 가지면서 대통령이 교체되어도 효력을 유지함.

지 등을 보장하는 조치를 취하기 위하여서 수신기관의 소속국가가 국내입법을 통하여 처리하도록 하였기 때문이다. 그런데 Radarsat-2의 기술과 동 발사체가 미국의 기술과 물품을 다수 포함하고 있었기 때문에 캐나다와 미국 정부 간의 협정체결 등을 촉진한 것이다.

이때 시기적으로 우연히도 미국은 민감한 기술의 해외이전을 통제하는 ITAR규정(International Traffic in Arms Regulations)에서 캐나다를 예외로 하여주는 Section 126.5를 1999.4.16일자로 폐기하였는바, 이는 Radarsat-2의 기술이전을 앞두고 2000년 양국 간 협정을 필요로 하게끔 한 또 하나의 원인이 되었다.

캐나다는 2000년 협정 체결 후 원격탐사자료 통제에 관련한 국내법 검토에 들어갔는바, 복잡한 기술적 법적 문제를 수용하기 위하여서는 국내법의 일부 개정만으로는 불가하다는 판단하에 독립 법을 제정하게 되었다. 이는 원격탐사 자료와 영상을 제작하는 시스템과 이를 수집하고 배포 내지 상업적 판매를 하는 것을 허가하고 연장하며 감독하는 업무가 국내의 통신부, 산업부, 교통부 등 그 어느 한 부처의 일이 아닌 데다가 우방 미국의 국가이익을 손상시켜서는 안 된다는 국제적 의무도 부과하는 것이기 때문이었다.

이에 따라 약칭 원격탐사우주시스템법(RSSSA)이 2006년 국회에서 통과되어 2007년 4월부터 발효되었는바, 법의 정식 명칭은 An Act governing the operation of remote sensing space systems이며 법률(Bill) C-25이다.

법률의 주요내용을 살펴보면 다음과 같다.

① 안보, 외교정책, 국제통상 이익 등을 요소로 하는 법률의 성격상 캐나다 정부의 인가당국은 외교부이다.
② 캐나다에서 원격탐사시스템을 허가한다는 것은 2가지 주요사안을 대상으로 하는데 위성자체의 운용과 동 위성이 제작하는 생경자료(raw data)와 원격탐사 제품을 분배하는 것이다. 전자의 경우 위성의 수명 전 기간에 걸쳐 안보 위해가 없이 캐나다에서 적의 통제하는 것과 수명 종료 시 유엔의 우주쓰레기 완화 가이드라인(Space Debris Mitigation Guidelines)에 따라 위성을 폐기하는 것을 포함한다.
③ 핵심인 생경자료와 원격탐사물의 수집과 분배에 있어서 생경자료가 캐나다나 캐나다 우방에 대항하여 사용되지 않도록 생경자료를 통제하는 것이 중요하며, 이는 고 해상도인 SAR시스템을 사용하는 경우 더욱 그러하다.
④ 이를 위해 외교부는 국방, 공공안전, 산업부 등과 협력하여 인가 발부 시 허가대상 기관의 영업형태, 관련 인사와 고객, 소유주, 운용자, 민감 정보 관리방법 등을 심사한다.
⑤ 정부는 인가대상자가 법률에 규정한 정상서비스 중단(shutter control)과 우선접근(priority access) 및 위성 명령어와 자료 보안조치 등을 포함한 내용을 준수하며 생경자료와 원격탐사물이 캐나다 국가안보와 방위 및 외교정책 내지는 국제적 의무를 보장하는 것을 충족한다고 판단할 경우 인가한다. 단, 제안된 시스템의 해상도가 조잡하다거나, 원격탐사물이 해외반출이 되지 않는 경우에는 외교부장관의 인가를 받을 필요가 없다.

⑥ 인가를 받은 사업자가 통상 위성에 대한 지시(명령)를 하는 시설과 위성자체를 운용하겠지만, 원격탐사위성으로부터 생경자료를 수신하고, 해석하기 위하여 가공하며, 그 결과물을 분배하는 작업이 해외에서 이루어질 수가 있음을 감안하여 인가사업자는 이 경우 해외소재 시스템 참여자들과 각개의 협정을 체결하여 인가 사업자가 캐나다 내에서 이행하는 것과 대등한 내용으로의 법률상 부여된 의무를 져야 한다. 그렇지 않을 경우 인가사업자는 캐나다정부의 행정제재를 받으며 위반의 정도가 심할 경우 허가 취소는 물론 형사처벌까지 받아야 한다.

이제 shutter control이라고 불리는 정상 서비스 중단과 우선접근에 대하여 설명한다.

인가권사로서 캐나다 정부가 인가사업에 대한 사전심사는 물론 인가사업자가 해외소재 시스템 참여자들과 체결하는 협정을 검토(review)하는 규제역할도 하지만 정상서비스를 중단하는 shutter control과 우선접근을 언제 명령할 수 있느냐에 대한 관심이 크다.

Shutter control은 캐나다 정부가 최후의 수단으로 가지는 법률상 권한으로서 자주 발동될 것으로 여겨지지 않는다. 미국정부가 국내법상 여사한 권한을 명기하였으나 10여 년에 이르도록 한 번도 발동한 적이 없다. 정상적인 서비스가 중단된다는 것은 매우 심각한 국가안보, 국방, 외교정책 또는 국제적 의무이행을 위한 것이나, 현실은 서비스를 완전 중단시키는 것보다는 유사시 원격탐사위성이 특정지역을 특정시간에 촬영토록 하여 특정한 영상을 획득도록 하는 것으로 정상서비스에 변경을 가하는 것이다. 이러한 변경은 특정지역의 영상의 배포를 지연시킨다거나 특정영상의 해상도를 조악하게 하여 배포하는 곳도 포함한다.

우선접근은 얼음 눈 폭풍, 산불, 홍수 등 긴급 대응 시 요구되는 것으로서 민방위작업에 원격탐사위성 영상이 도움이 될 경우 발동된다. 앞서 설명한 International Charter Space and Major Disasters가 자발적으로 여러 나라의 위성자료를 세계적으로 제공받는 것임에 비하여, 우선접근은 캐나다 내에서 법률상 캐나다 원격탐사위성 사업자에게 부과하는 것이다. 정상적인 판매채널을 통하여 대부분의 영상이 공급되는 것을 감안할 때 우선접근 명령이 자주 발동될 것 같지는 않으나 shutter control보다는 더 빈번할 것으로 예상하면서 shutter control의 발동권자가 장관인 반면 우선접근명령 발동권자는 차관으로 하였다. 관련 부처의 차관들과 국방부의 경우 국방참모부장이 유사시 국가이익을 위하여 우선정보 발동권을 행사하나 이 경우 민간사업자가 제공하는 영상에 대하여 일정한 형식에 따라 대가를 지불한다.

결론적으로 캐나다의 원격탐사우주시스템법은 각종 기술발전과 함께 투명성이 강조되는 시대적 상황에서 경제적 이해와 안보적 이해를 균형시키는 내용으로서 오늘날은 물론 미래에 전개되는 원격탐사첨단기술과 동 결과물을 적절히 규율하고 있다.

3.2. 독일[24]

가장 포괄적인 원격탐사에 관련한 국내법이 독일에서 제정되었다. Satellitendatensicherheitsgesetz, 약칭 SatDSiG라고 하는 German Act on Satellite Data Security(독일 위성자료보안법)가 2007.12.1. 발효되었다.

법 제정의 목적은 첫째, 인공위성이 만들어내는 지구원격탐사자료를 특히 국제시장에서 분배하고 상업적으로 판매하는 데 있어서 독일의 안보와 외교정책적 이익을 보호하는 것이며, 둘째, 위성자료의 시장판매에 관련된 회사와 향후 설립될 회사가 영업활동을 하는 데 있어서 법적 명확성을 제공함으로써 준수의무 내용과 위험요소를 사전 점검토록 한다는 것이다.

독일에서는 수출통제에 관한 국내법 규정이 기술(technology), 노하우(know-how), 또는 물질(material)에만 적용되지 지구원격탐사 자료(Earth remote sensing data)는 포함하고 있지 않았기 때문에 행정부가 간섭할 여지가 없는 상황이었다. 이런 가운데 민·관 파트너십(Public-Private Partnership)으로 TerraSAR-X[25]를 준비하였고, 이 가운데 지구탐사의 독자적인 상업화 기반을 지원하고 안보 이익을 반영하기 위하여 관련 입법의 필요성이 제기되었다.

TerraSAR-X사업은 독일의 관청(연방예산처, 독일항공우주센터인 DLR 및 DLR연구개발기구)과 사기업 3개(EADS-Astrium과 Infoterra)가 공동 투자하여 지구탐사위성 자료를 과학적 및 상업적으로 이용하는 것을 목적으로 한 것이다. 자료를 과학적 또는 상업적으로만 2분하여 전자는 관청이, 후자는 사기업이 이용하도록 하였고, 동 사업에 투자하기를 거부한 국방안보기관은 필요한 자료를 구입할 권리만을 유보하였다. 따라서 과학적 자료가 아닌 국방안보관련 자료는 국방안보부서가 고객으로서 구입하되 위기상황 시 SatDSiG 규정에 의거하여 우선적으로 촬영지역을 지정하면서 동 영상을 구입할 수 있도록 하였다.

이는 TerraSAR-X라는 민관 공동사업이 국방안보를 포함한 공공기관도 이용하는 지구탐사자료를 시장에 제공하는 역할을 하는 것으로서 자료 공급자가 민감한 자료를 평가하는 것을 처음부터 부적절하게 만드는 것이다. 또 하나 특기할 것은 공공자금으로 구득한 자료는 공공재산이 된다는 법도 없이 모든 일반에게 개방되며, 민관 파트너는 자료가 과학적 또는 상업적이냐에 따라서만 구분하여 각기 관리하고 처분한다는 것이다.

독일은 원격탐사 관련 법을 제정할 때 캐나다의 원격탐사법인 Bill C-25에서 규정한 내용의 안

---

24) B Schnidt-Tedd & M Kroymann, "Current Status and Recent Developments in German Remote Sensing Law, 34 Journal of Space Law 1 (2008), pp.97-140 내용을 주로 참고하였음.

25) 2007.6.15. 발사된 독일의 원격탐사위성으로서 전천후 24시간 탐사가 가능하고 해상도 1m인 위성임.

보점검을 하는 결정을 취하였으나 입법을 함에 있어서는 오히려 간단한 캐나다 식을 택할 경우 독일의 독특한 상황을 무시하게 되는 관계로 다른 방식을 취한 것이다.

독일의 독특한 상황이라는 것은 첫째, 독일에서의 경제적 조건이 미국과 달라 위성자료에 대한 공공부분의 수요가 적다는 것이다. 따라서 국가가 위기상황에서 안보 이유로 자료 제공자로부터 모든 자료를 구입할 경우 공공수요가 상대적으로 낮으면서 상업용 자료가 시장을 지배하는 경우에는 정상적인 시장상황을 방해받는 영향이 그렇지 않은 국가에서의 경우와 비교할 때 크다는 것이다. 둘째, 공공의 자금으로 가능하게 된 자료의 경우를 볼 때 동 공공재의 개념이 미국의 법률체계에서는 대개 정착이 되어 있지만 독일에서는 그러하지 않고, 수출통제규정에 있어서 민감한 지구원격탐사자료를 보안점검 한다는 점에서는 양국이 유사하지만 미국의 법이 수출업자에게 무역의 특혜(privileges)를 주면서 무역의 권리를 주는 것이 아닌 반면 독일의 대외무역지불법(Foreign Trade and Payments: AWG)은 무역의 자유원칙에 근거하고 있다는 것이다. 따라서 독일에서는 AWG 3.1.1항에 의거하여 법의 목적이 위협받지 않거나 미미한 위협일 경우 관련 당국이 동 자료의 수출을 거부할 수 없다.

독일은 국가의 필요와 헌법상 요구 및 국제파트너의 정당한 기대 등을 감안하여 SatDSiG를 성안하여야 하였다. 또한 동 성안작업에 있어서 외기권조약 제6조가 "우주에서의 비 정부기관의 활동도 적절한 조약당사국의 허가와 계속적인 감독을 요한다."라고 규정하고 있어 동 내용을 수용하였어야 했으며 이미 살펴본 1986년 유엔총회 채택 "우주로부터의 지구원격탐사에 관련한 원칙들" 제하의 결의 41/65가 기속력 있는 규범은 아니지만 국제사회가 컨센서스로 협의한 내용임을 감안하여 SatDSiG에뿐만 아니라 TerraSAR-X 개념 발전 시에도 반영시켰다.

TerraSAR-X 운용규정과 SatDSiG은 공히 제3자에 대한 차별 없는 자료접근 원칙하에 상업적 배포를 허용하고 있으며 TerraSAR-X는 특히 고객이 특정지역에 대한 제3자의 자료접근을 방해하는 black-out을 불가능하게 하도록 운용되고 있다.

과거 군사용과 국가안보를 위한 첩보용으로만 위성자료를 이용한 경우에는 문제가 없었지만 과학용과 특히 상업용으로 위성정보를 사용할 수 있게끔 우주기술이 발전하고 우주활용이 광범위하게 됨에 따라 정밀 지구원격탐사위성 자료를 무분별하게 공급할 수는 없었다. 이는 어느 나라에나 마찬가지 현상이었지만 독일은 처음으로 이를 해결하는 방법으로 2004/2005년 고 해상위성자료 배포에 있어서 국가안보와 외교정책의 이익을 보호하기 위한 정책을 수립하였으며, TerraSAR-X 원격탐사위성 발사에 이어 RapidEye[26], TanDEM-X[27], EnMAP[28]등의 원격탐사위성계

---

26) 2008년 8월 ICBM미사일을 개조한 DNEPR-1로켓으로 카자흐스탄 Baikonur에서 발사된 5개의 동일한 지구탐사위성으로서 농업, 산림, 측지, 안보와 비상상황관리, 환경 등의 산업체에 유용한 정보제공을 목적으로 하고 있음. 광학 컬러 6.5m의 고해상도 사진촬영능력이 있으면서 지구 어느 지역이

획 등을 염두에 두면서 SatDSiG를 제정하였는바, 그 요지는 다음과 같다.

① 우주에 바탕을 둔 "고급(high-grade)" 지구탐사 시스템으로부터의 위성자료와 영상 배포의 통제절차를 수립하는 것이다. "고급"여부는 해상도와 촬영지역 및 채널숫자 등을 감안하여 판단한다.
② 1차 자료(primary data)를 공급하는 자(TerraSAR-X에서 Infoterra 또는 DLR)는 자료요청 접수 시 이를 심사하여 민감한 자료의 요청일 경우 정부기관의 심사에 회부하여야 하며 정부는 허가 여부를 결정한다. 1차 자료를 구입한 후 부가가치를 추가하여 또는 추가함이 없이 판매한다든지 원격탐사 서비스만을 제공한다든지 하는 경우에는 동 법이 일반적으로 적용되지 않는다.
③ 민감 여부를 체크하여 비 민감한 자료라고 판단되는 경우 자료 공급자는 자료를 제공하는데 자료 제공은 고객의 수신국(receiving station)으로 위성자료가 직접 전달되는 방법도 포함한다. 민감한 자료인 경우 공급자는 거절하든지 또는 경제 및 수출통제 연방 사무소인 BAFA[29]에 제2차 심사를 의뢰하여 정부의 결정에 따른다. 안보를 이유로 하는 위험 때문에 자료 요청이 거절될 수 있을 경우 자료 요청을 약간 변경하도록 하여, 즉 해상도를 낮추거나 즉시 촬영정보가 아닌 것으로 하거나, 특정지역의 영상을 제외하는 방법을 택하여 허가하여 줄 수 있다. 아울러 연방정부의 제2차 심사는 한 달 이내로 결과가 나오도록 규정하였다.
④ 탐사위성시스템이 "고급(high-grade)"일 경우 운용자는 BAFA의 인가를 받아야 하는데 "고급" 시스템 여부의 구체기준은 법 제12항 (2)에 수록되어 있다. 동 인가를 받는 데 있어 법 제4항에 따라 위성운영에 관련되는 모든 사람들은 Security Clearance Check Act(SÜG)에 따른 신원확인을 받아야 하며 운용장소와 위성에 대한 지시 명령의 통신보안은 정보보안연방 사무소(BSI)[30]가 인증한 절차를 따라야 한다.
⑤ 적용대상은 독일 법에 따른 독일인이나 기관 또는 독일 영토에 소재하거나 독일 영토 내에서 통제하는 외국 기업들이다. "고급" 위성자료가 아닌 것은 해당이 안 되며 군사, 첩보위성도 적용대상이 아니다. 또 보호하여야 위성시스템이 동등한 수준의 해외 안보체제에 기속 되어 진행될 경우 제외시킬 수 있다.
⑥ 국가위기 시 정부에 대한 자료우선제공이 있어야 하고 정부 목적에 따라 자료 촬영 대상 등을 변경할 수 있다. 외국인이 운용회사의 취득이나 주식 구입을 함으로써 법의 실제 집행(행정적 또는 형사적 처벌)을 무력화하지 않도록 하기 위하여 25% 이상의 지분을 갖는 또는 외국 법인의 참여는 제10항에 따라 보고와 인가요건을 통하여 사실상 금하고 있다.

SatDSiG법은 TerraSAR-X 출현을 염두에 두고 제정되었지만 "고급" 지구원격탐사 시스템을 정의하고 민감성(Sensitivity) 체크를 위한 목록 등을 제시한 시행령 성격의 SatDSiV[31]가 2008년 4월 발효되기 전까지는 적용이 되지 않았다. 그러나, 2007년 6월에 발사된 TerraSAR-X 위성은 위성운

라도 하루 한 번 매일 4백만 km² 지역에 대한 사진촬영을 하는데 TerraSAR-X와 같이 민·관 합작 사업임.

27) TerraSAR-X와 쌍둥이를 이루어 발사 시 서로 수백 미터 간격만 두고 궤도를 선회할 위성으로서 TerraSAR-X Add-on for Digital Elevation Measurement를 나타내는 두문자이기도 함. 지상물체의 고저를 2m만의 오차로 입체 촬영하는 능력의 동 위성의 발사가 2014년으로 연기되었음.

28) Environmental Mapping and Analysis Program의 두문자. 여러 환경요소 측정에 역점을 둔 독일의 고성능 원격탐사 위성으로서 2014년 발사될 계획임. 동 위성도 민·관 합작형태인 PPP로 운영될 사업인바, 참여기관은 독일 항공우주센터인 DLR, 독일 측지전문 연구 정부기관인 GFZ와 민간기업 2개인 Kayser-Threde와 OHB Technology임.

29) "Bundesant für Wirtschaft und Ausfuhrkontrolle"의 약어로서 Federal Office of Economics and Export Control을 말함.

30) "Bundesant für Sicherheit in der Informationstechnik"의 약어로서 Federal Office for Information Security를 말함.

31) SatDSiV statutory ordinance로서 definition of "high-grade" earth remote sensing system, algorithms, trreshold values, lists for "sensitivity" check 등의 내용을 담고 있음.

용자로서 독일 경제기술부와 DLR이 자료제공자로서의 Infoterra라는 민간기업과 계약하며 운용을 시작하였는데 계약 내용이 SatDSiG법과 유사한 내용으로 되어 있어 이미 법의 내용이 실천되고 있는 결과가 되었다.

3.3. 미국[32]

1957.10.4. 소련의 Sputnik I 발사의 충격이 계기가 되면서, 미국은 세계 제1의 국가로서 소련을 앞질러 우주산업에 있어서도 제일가는 능력을 육성하고자 1958년 국가항공우주법(National Aeronautics and Space Act)을 제정하였으며, 이에 따라 미국항공우주국인 NASA(National Aeronautics and Space Administration)가 탄생하였다. 연후 10여 개의 우주 관련 입법을 하면서, 세계 제1의 우주대국으로서 제반 분야에서의 우주활동을 규율하고 장려하는 동시에 우주에 관한 국제법 준수의무도 명기하면서, 여타 국가의 우주법 제정의 모델로 이용되기도 하였다.

우리의 관심사는 원격탐사에 관련된 3개의 법과 동 개정 및 우주활동에 관련한 미국정부와 국회의 지침 및 결정이다. 미국의 원격탐사법은 미국이 세계 최초로 민간용 원격탐사위성 Landsat 위성을 1972년 발사한 것을 계기로 1984년 탄생하기 시작하였는데, 운용주체와 운용내용을 위요하여 시행착오를 거듭하면서 개정되었고 유사한 법률이 새로 제정되는 혼란을 겪으면서 오늘에 이르고 있다.

한편 우주 관련 미국 국내입법과 정책을 보건대, NASA법 이후 처음 제정된 것이 1962년 Comsat Act로서, 이는 미·소 냉전 와중에 우주를 기반으로 한 수익성 좋은 통신을 자유우방과 신흥국가들이 활용하기 위한 목적으로 국제위성통신조직인 INTELSAT을 창설하는 데 있어서 미국이 적극 참여하고 개발하도록 Comsat을 미국의 공기업 형태로 설립하기 위한 것이었다. 연후 우주기술을 기반으로 Mercury, Gemini 그리고 Apollo 프로그램 등을 성공적으로 수행하면서 1969년 달에 인간을 착륙시키는 성과를 거양하는 가운데, 타국이 추종할 수 없는 미국의 우월성을 입증하였다. 한편, 우주왕복선(Space Shuttle)을 포함한 여러 우주활동 등의 임무는 더 이상 정부기관만이 담당하기 곤란하다는 판단 하에 민간에 의존하기 시작하였는바, 특히 발사체와 원격탐사는 더 이상 정부의 참여가 불필요한 분야라는 인식하에 이들을 상용화[33](commercialize)하고, 민영

---

32) J Gabrynowicz, "The Perils of Landsat from Grassroots to Globalization: A Comprehensive Review of US Remote Sensing Law with a Few Thoughts for the Future", 6 Chicago Journal of Internatioanl Law 1(Summer 2005), pp. 45-67과 같은 저자의 "One Half Century and Counting: The Evolution of U.S. National Space Law and Three Long-Term Emerging Issues", 4 Harvard Law & Policy Review 2(Summer 2010), pp. 405-426을 주로 참고하였음.

33) 미국에서 상용화한다는 것은 미국정부예산으로 기반시설을 마련한 후, 이의 운용은 이윤을 추구하는 민간기업에 위탁하는 것을 의미함. 예를 들어 Space Shuttle과 국제우주정거장을 위한 우주선 제작과 발사체 건설 등을 미국정부예산으로 구축한 후, 운용을 민간회사인 USA(United Space

화[34](privatize)하는 법적 근거를 마련하였다.

상기 일환의 법률개정과 제정 작업이 1984년에 시작되었다. 우선, 국회가 1958년 국가항공우주법의 "정책의 선언과 목적" 내용을 "국회는 미국의 총체적인 복지가 [NASA]로 하여금 최대 가능한 한 우주의 상업적 이용을 극대화하는 것을 모색하고 증진하며…"라는 내용으로 수정하여, 우주의 상업적 이용이 우주의 민간과 군사이용과 함께 미국우주활동의 3번째 법적 공인부분으로 인정받게 되었다. 이의 연장선상에서 미 국회는 같은 1984년 상업위성 발사법[35](발사법)과 육지원격탐사 상업화법[36](상업화법)을 제정하였다. 이 두 법은 추후 전개된 정치, 경제, 기술상황을 반영하여 개정되었는바, 원격탐사와 관련된 내용에 제한하여 그 추이를 살펴본다.

1972년 Landsat 1 위성이 발사된 후, 미국의 원격탐사 법은 4단계로 구분된 형태를 취하였는바, 이 모든 단계에서 법의 핵심내용은 국민세금으로 정부가 개발하였지만, 공·사 부문에 걸쳐 확실한 이득이 되는 기술을 제도화하는 것이었다. 기상위성은 공공재(public good)로서 상업화의 대상이 아니지만, 육지영상위성은 사생활 침해도 야기할 수 있다는 인간적 성격, 냉전하에서의 국제정치적 요소 그리고 산업화 시대에서 정보화 시대로 이행해가는 과정에 있어서의 기술발전 등 3개의 요소가 복합적으로 작용하여 예측불허의 요동을 겪었다. 냉전하에서의 국제정치적 요소를 고려한 것은 Apollo프로그램에서와 같이 미국이 미·소 대결구도 속에서 동맹국 확보를 위하여 민간원격탐사에 관심을 두는 것이며, 산업화 시대에서 정보화 시대로 이행하는 과정에서의 문제는 위성자료영상을 해독하고 가공하는 기술이 원격탐사위성을 발사하고 궤도에 진입시키는 기술에 비하여 현저히 낙후되어 있었는데, 이러한 상황은 1990년대 정보화 산업시대가 도래하여, 급격히 향상한 컴퓨터기술의 발전과 함께 가능하게 된 경비절감에 따라 과거 정부기관에서만 가능하였던 지상 촬영 자료의 가공을 일반기업도 할 수 있게 되었을 때까지 계속되었다.

상기 요소를 배경으로 하여 정부기관과 민간 기업은 우주로부터의 지구원격탐사위성자료를 서로 담당하고자 하는 경쟁을 하면서, 국회의 승인을 받고자 하였으며, 국회는 원격탐사 법을 어떤 형태로든지 제정하여 특정내용으로 규제하는 체제를 수립하고자 하였으나, 1972년부터 1984년까지에는 이에 실패하였다. 그러다가 1984년 상업화법 제정에 따라 1972년 이래 연방정부의 자금으로 운용 중이던 지구관측위성들인 Landsat 시스템을 비로소 상용화하는 것으로 정리하였다.

미국의 민간육지원격탐사는 전술한 바와 같이 4단계로 구분할 수 있는바, 구체적으로는 1972~83

Alliance)에 위탁하는 것임.

34) 민영화는 정부소유를 민간에 매각한다는 것으로 다른 국가에서 사용하는 개념과 동일함.

35) Commercial Space Launch Act, Pub. L. No. 98-575, 98 Stat. 3055(1984) (개정내용 49 U.S.C. § 70101(Supp. Ⅱ 2008)에 수록).

36) Land Remote-Sensing Commercialization Act, Pub. L. No. 98-365, 98 Stat. 451 (15 U.S.C § 4201로 성문화 되었으나, 1992년 폐기된 육지물체 위성탐사를 규율한 내용).

년, 1984~92년, 1992~2004년 그리고 연후 현재의 4단계이다. 제1단계에서의 문제는 Landsat 시스템을 어떻게 제도화시키느냐였는데, 아무런 해결책도 찾지 못한 채 공공부문인 정부가 업무를 담당하였다. 제2단계와 제3단계에서의 이슈는 Landsat이 공공부문 또는 민간부문 중 어디에 있어야 하느냐였다. 그런 가운데 제2단계에서는 민간부문이 담당하고 제3단계에서는 민간과 공공부문이 각기 부분적으로 담당하였으나, 1990년대 중·후반부터는 공공부문으로 환원되었다.

시간단계별 발전 상황을 좀 더 상세히 살펴보면, 제1단계에서는 미 국회에 Landsat 운용시스템에 관한 법안이 20개 이상 제출되었지만, 그 어느 것도 해당 상임위원회 수준을 넘지 못한 가운데, 원격탐사에 관한 전반적인 연방법률 제정에 실패하였다. 이런 가운데 카터 행정부하에서 장래 10년 계획으로 상업화를 염두에 두면서, Landsat의 운용을 NASA로부터 NOAA[37](국가해양대기청)로 이전하였다. 동시에 Landsat의 외교 정책적 활용을 위하여 해외 여러 곳에 Landsat 지상국 운용작업반(LGSOWG[38])을 설치하여, 해외 지상국이 Landsat의 자료를 수령하기 원할 경우, LGSOWG의 가입을 조건으로 하였다. 동시에 위성운용을 위한 비용회수를 위해 자료의 판매 시, 요금을 부과하였다. 자료의 최대 사용고객은 미국의 연방정부였으나, 외국과 민간기업들이 석유탐사, 농업, 산림 등의 용도로 자료를 사용할 가능성에 주목하면서, 자료의 비차별적 접근정책을 수립하였다. 따라서 자료를 원하는 모든 사람에게 자료가 제공되었고, Landsat 자료수신을 원하는 해외 지상수신국은 비차별적인 접근을 실행하는데, 동의하여야 했다. 이때 운용된 Landsat 위성은 1, 2, 3호기였다.

1984~92년 제2단계의 첫 시작연도인 1984년에 NASA의 임무로서, 상업우주진흥을 포함시킨 1958년 국가항공우주법 개정, 상업우주발사법, 상업화법 등 3개의 중요한 입법활동이 있었다. 상업화법에 따라 Landsat 시스템과 기상위성들의 상업화를 추진하였다. 동 추진과정에서 공공재의 성격을 감안하여 기상위성들을 상업화 대상에서 제외시켜, 무질서한 입찰이 진행된 결과, 유일한 입찰자로 잔류한 EOSAT[39](Earth Observations Satellite Corporation)사가 미국 연방정부와 1985년 10년 계약을 체결하였다. 계약에 따라 Landsat 4와 5호기 운용을 인수받고, 6호기를 자체 예산으로 제작하여 발사하였으나 실패하였으며, LGSOWG에서는 미국 정부를 대신하였다.

EOSAT은 위성자료의 판매과정에서 큰 실수를 하였는바, 자료의 비 차별금지정책에 따라 원하는 모든 자에게 자료를 공급한다는 것을 자료를 원하는 모든 자에게 비차별적인 가격으로 자료를

---

37) National Oceanic and Atmospheric Administration.

38) Landsat Ground Station Operations Working Group.

39) Hughes Aircraft사와 RCA가 합작·설립한 회사인바, 자체 예산으로 개발하여 발사한 Landsat 6의 실패 이후, 1996년 Space Imaging사에 합병됨으로써, Space Imaging-EOSAT 회사가 탄생하였으나, "EOSAT" 이름은 이내 삭제된 가운데 Space Imaging으로 회사이름을 환원하였음. 후에 동 회사는 GeoEye가 되었음.

판매한 것이다. 그 결과 영상자료 1매의 가격이 수백 불에서 수천 불로 인상되어, 건설회사, 학계 및 개도국들이 이용하기 곤란해졌고, 여타 관심업체들의 시장진입에도 찬물을 부으면서, 자료의 대량 사용자인 미국 연방정부에 주로 자료를 판매하게 되었다. 이러한 터무니없는 고가의 영상자료판매는 프랑스 원격탐사위성 SPOT이 저렴한 가격으로 자료제공을 하면서 고객이탈이 가속화된 가운데, EOSAT은 연방정부의 보조금 지불하에 미국정부에 자료를 독점 공급하는 결과가 되었다.

상업화법은 제정 후 3년 뒤인 1987년 개정되어 정부와 계약자 사이에 융통성을 허용하였으나 실제 위성자료시장은 변동이 없었으니 법의 개정은 공공부문과 민간부문의 의견충돌을 표현한 것에 지나지 않는 결과가 되었다. 그러나 EOSAT의 독점은 Mission to Planet Earth[40](MPTE)의 탄생으로 종료되기 시작하였다.

국가우주정책의 초점으로서 MPTE는 위성들과 궤도상 여타 플랫폼(Platform으로서 위성망을 지칭)을 장기적으로 통합하는 것인바, 동 준비를 위하여 NASA와 NOAA는 세계 위성자료를 필요로 하였고, 상업화법에 따라 EOSAT로부터 자료구입을 하여야 하였는데, EOSAT이 5천만 불을 요구하였다. 이는 EOSAT의 엄청난 과욕, 즉 정부예산으로 구축된 우주자산의 사용을 관리하는 계약자의 터무니없는 폭리로서, NASA와 NOAA의 반발을 촉발하였고, 그 결과 법률의 변경을 초래하였다. 이에 따라 1992년 육지원격탐사정책법[41](정책법)이 제정되면서, 제2단계가 종료되고 제3단계가 시작되었다.

1992.10.28. 정책 법이 국회에서 채택되면서 시작된 1992~2004년의 제3단계는 정책 법이 상업화법을 대체하고, 법적 초점이 상업화에서 장기국가정책으로 이동한 것을 특징으로 하고 있다. 이는 제2단계에서 연방정부에 위성자료가 중단 없이 계속 공급되어야 한다는 것에서 변동을 가져온 것인바, EOSAT과의 실망스러운 관계를 경험으로 삼아, 국가가 개입하는 것을 염두에 둔 것이다. 동 제3단계 기간 중 Landsat 7이 발사되어, 후술하는 바와 같이 여러 정부기관들이 시기를 달리하여 운용책임을 담당하였다. 정책 법 채택으로 초래된 5개의 가장 중요한 변경은 다음과 같다.

- Landsat 프로그램을 정부부문으로 환원
- 원격탐사의 환경가치에 대한 강조 증가
- Landsat 자료가격을 사용자 요청경비(COFUR[42])로 축소
- 국가 위성 육지원격탐사자료 서고[43]의 정식 설립

---

40) MPTE의 우주부문 핵심은 Earth Observing System(EOS)으로서, 지구온난화, 오존층파괴, 산림파괴 등을 파악하기 위해 AM, PM, Chemistry 위성들을 이용하되, 1998년 발사예정 Landsat 7(실제로는 1999년 발사)도 이에 포함시킨다는 계획이었음. 이러한 위성들의 자료는 EOS Data Information System(EOSDIS)으로서, 자료의 가공, 저장, 배분에 이용됨.

41) The Land Remote Sensing Policy Act로서, 15 U.S.C § 5601~41.

42) Cost of filling a user request 로서, 사용자가 자료를 수령하는 데 필요한 직접경비(자료제공자의 송부료 등)만을 의미.

- 비차별접근정책의 적용을 완화하여, 자료요청국가의 탐사자료에 국한, 즉 요청국 자기 나라의 영토를 커버하는 자료가 아닌 한 자료제공 거부 가능

이 제3단계의 주요 특징은 Landsat 프로그램을 책임질 Landsat Management Program(LMP)의 구성원이 계속 변경되었다는 것이다. 당초 NASA와 국방부로 구성되었지만, 정책법 통과 후, 고해상도 컬러 스테레오 imager라고 불리는 첨단테크놀로지 센서의 자금 마련 분쟁이 발생하여 국방부가 프로그램에서 완전 이탈하였다. 8년 후 새로 구성된 LMP에서는 NASA와 상무부/NOAA의 Landsat 잔여책임이 내무부/USGS(United States Geological Survey)로 공식 이전되었다. Landsat 7 포기에 대비한 부처 간 업무 재조정과 함께 후속책임주체에 관한 공방이 민·관 사이에 진행되었는바, 정책법은 동 건 관련 4개의 옵션, 즉 민간부문시스템, 다른 정부 시스템, 민·관 협력노력 또는 국제적 컨소시엄의 구성을 제시하였다.

상기 관련 미국 정부는 1999년 Landsat 7 위성의 후속위성을 Landsat 8이 아닌 Landsat Data Continuity Mission(LDCM)으로 변경하면서 동 발사계획을 발표하였으며 동 위성의 운용을 민간에 위탁하기 위한 업체 선정 작업을 시작하였다. 이를 위해 업체 간 경쟁이 벌어지면서 4년에 걸친 지루한 입찰공방 끝에 하나의 입찰자만이 남게 되었는데, 미 정부는 1984년 하나의 입찰자였던 EOSAT과 계약하였던 것과 달리 하나 남은 입찰자의 제안을 거부하면서, LDCM 운용을 정부에 넘겼다. 법에서 예정한 민간부문옵션을 배제한 공식적인 이유는 마지막까지 잔류하였던 입찰회사가 제안한 내용이 정부의 제안서(RFP: Request for Proposal)의 핵심목적인 공정하고, 형평한 파트너십의 구축에 미흡하였다는 것이다. 그러나 동 설명에 설득력이 없는바, 실제 이유는 정부가 프로그램의 관리주체를 계속 행하고 싶었기 때문일 것으로 본다.

미국의 과학기술정책청(OSTP: Office of Science and Technology Policy)은 Landsat 자료를 위한 상업적 시장의 자생력 부족을 이유로 정책 법에서 옵션 중 하나로 제시하였던 민·관 파트너십을 배제하였는바, 이는 자료의 계속성이 필요하여 여러 개의 독립적으로 계획된 임무(사업)를 지속가능한 운용프로그램으로 변경한 LDCM[44]와 National Polar-orbiting Operational Environmental Satellite System(NPOESS)을 통합하여 운용한다는 것이다. 이는 단기적인 Landsat 프로그램의 재원(funding)을 안정화시키기 위한 2005년 초, 대통령의 결정[45]과 함께 제4단계의 현재에 이르게 된다.

정책법의 내용을 좀 더 살펴본다. 동 법이 제정된 것은 미 국회가 Landsat 프로그램의 상업화

---

43) National Satellite Land Remote Sensing Data Archive.

44) LDCM 위성이 장착할 2개의 과학기재 중의 하나로서, 30m 해상도로 육지물체를 구분(흑백 15m 해상도)하는 용도로 촬영하는 센서인 Operational Land Imager(OLI)가 동 통합의 대상이 되는 부분임. 다른 하나의 과학기재를 이루는 센서는 Thermal Infrared Sensor(TIR)로서, 지상 온도 차이를 100m단위로 구분할 수 있게 함.

45) 미국 부시 대통령이 2005.2.4 결정을 통하여 2006년 회계연도에 Landsat 7의 운용자금지원을 결정을 하였음.

가 단기간 내에 달성될 수 없다는 판단을 내린 것을 배경으로 한다. 요는 미 국회는 Landsat 자료의 경비를 과학적 목적으로의 사용을 방해하는 고가로 판단하여, 민간에 위탁하여 운용되는 Landsat 4, 5, 6호기 등의 보강되지 않은(unenhanced data) 자료가 최소한(at a minimum)의 경비인 자료요청경비(COFUR)로 지구변화 연구원과 연방정부기관에 제공되며, 공공기관이 운용하고 있는 Landsat 7호기의 자료는 모든 사용자에게 COFUR 경비로 제공되도록 하다가 요즈음은 자료요청을 하는 일반인에게 인터넷으로 무료송부 하여주는 편의까지 제공하고 있다. 정책법에 따르면 민간 육지 원격탐사 시스템의 경우 상무부/NOAA가 인가당국이며, 국방부, 국무부 그리고 여타 관련 기관이 협의 대상이다.[46] 또한 원격탐사시스템 운용허가를 받은 회사는 시스템의 발사와 운용에 투입된 정부자금을 공개하여야 하고, 전액 정부자금일 경우, 모든 원초자료(raw data)를 비차별적으로 제공하여야 하며, 전액 민간자금일 경우, 합리적인 상업조건에 따라 자료를 제공하여야 하고, 피 탐사국의 요청이 있을 경우, 피 탐사국의 영토에 국한 한 위성자료를 상업조건에 따라 제공하여야 한다. 이는 과거 상업화법에서 Landsat 또는 연방인가를 받은 모든 운용자들이 자료요청이 있을 경우, 거절하지 못하고 모두 제공하게 되어 있는 것을 변경한 것으로, 특기할 사항이다.

또 하나의 특기할 사항은 미국정부가 인가받은 운용자의 자료획득과 분배를 금지할 수 있느냐이다. 결론적으로 동 금지가 가능하다. 이는 2001년 9/11사태가 발생하기 전인 2000년 민간 원격탐사위성시스템에 관한 정부기관 간 MOU[47]에 언급되어 있는 바로서, 정상적인 상업적 운용이 국가안보나 기타 국가이익의 보호를 위하여 미국 대통령의 최종결정을 요할 수도 있는 복잡한 정책결정과정을 거쳐 Shutter Control이라고 불리는 자료제공 중지가 가능하다는 것이다. 또한 미국에서 법령과 같은 효과를 갖는 국가안보 대통령지침(National Security Presidential Directives: NSPDs) 중 2003.4.25일자 미국의 상업원격탐사정책[48]에서도 규정한 바이다. 2001년 9·11사태 이후, 연방정부는 대통령의 개입 없이 원격탐사의 피인가자와 독점계약을 체결하여 아프가니스탄과 주변지역에 대한 자료접근을 임시 차단할 수 있도록 하였다. 그러나 이는 이라크에 대한 미국 침략을 앞두고, 미국의 원격탐사위성 회사가 이라크정부가 요청한 이라크 영토에 대한 위성자료 제공을 거절한 것과 함께 원격탐사에 관한 유엔총회결의 41/65에 위배되는 것이다.

이제 제4단계 기간을 간략히 기술한다. Landsat 프로그램은 1972년에 시작되었지만, 정부의 예산반영이 불투명하여, 중도에 중단될 뻔한 위기를 수차례 넘기면서, 오늘에 이르고 있다. 1984년에 발사되었고 상금 가동하고 있는 Landsat 5호기와 1999년 발사된 7호기가 운용되면서, 2012년

---

46) 15 U.S.C. § 5657.

47) 동 관련 Fact Sheet를 구성하고 있는 15 C.F.R. § 960 app. 2(2000).

48) U.S. Commercial Remote Sensing Policy로서, 이는 1994.3.9자 Foreign Access to Remote Sensing Space Capabilities인 대통령결정지침(PDD) 23을 대체하였음.

현재 40년의 역사를 가지고 있지만, 현 제4단계 기간의 혼란은 제1단계를 연상시키고 있다. 이는 미국 내무부가 2005.2.7.에 언론 발표문을 통하여 LCDM이 2009년부터 가동할 것이라고 발표한 바가 있고, 상업화법의 주요목적이 자료 계속(data continuity)이며, LCDM의 명칭 자체가 과거 위태로웠던 자료중단의 경우가 없게 하자는 의미를 가지고 있는데도 불구하고, LCDM위성의 발사가 빨라야 2013년 2월에나 가능하게 된 것을 볼 때 그러하다.

또 미국정부는 민간용과 군용 기상 특정위성 프로그램 즉, 상무부의 Polar-Orbiting Environmental Satellite Program, 국방부의 기상관측 프로그램, NASA의 LCDM 등을 통합한 NPOESS를 구축하여, 민간과 군 안보에 관련한 기상관측능력을 획기적으로 향상시킨다는 계획이 2010년 4월 무산되면서, 군용과 민간용을 분리하여 시행하도록 변경된 것이다.

위와 같이, 정책추진에 혼선이 생기고, 계획과 이행이 종종 연결되지 않으면서, 예산확보와 부처 간 협조에 관한 문제가 상존하고 있는바, 이러한 상황에서 LDCM위성이 발사되기 전 Landsat 7호기의 가동이 중단되지 않을지 우려된다. 현재 USGS가 Landsat의 자료를 전 세계에 무료 제공하고 있기 때문에 국제사회도 Landsat 프로그램이 중단 없이 지속되기를 고대하고 있다.

한편, 세계 최상의 원격탐사 상용 위성자료로 미국의 GeoEye가 제공하는 IKONOS, OrbView, GeoEye 등의 운용시스템과 DigitalGlobe가 제공하는 QuickBird, WorldView로서 해상도가 40cm까지 되는 정밀자료도 있다.[49]

3.4. 프랑스[50]

프랑스는 미국 다음으로 원격탐사 위성 발사와 사업에 있어서 강한 나라이다. 1986년 SPOT(Satellite Pour l'Observation de la Terre) 1을 발사하여 미국 Landsat의 고요금 독점체제를 붕괴하면서 위성자료의 상업적 제공을 성공시키기도 하였다. 2002년에는 SPOT 5를 발사하여 2.5m의 해상도를 제공하고 있는데 이에 프랑스 우주청인 CNES[51]가 벨기에의 SSTC[52]와 스웨덴의 SNSB[53]와 같이 참여하고 있다. 프랑스는 또 이탈리아, 스페인과 함께 제1세대 군사첩보 위성 Helios[54]프로그램을

---

49) 동건 상세는 FAA, 2010 Commercial Space Transportation Forecasts, May 2010, pp.44-49 참조.

50) P Achilleas, "French Remote Sensing Law", 34 Journal of Space Law 1(2008), pp.1-9를 주로 참고하였음.

51) Centre National d'Etudes Spatiales의 프랑스어 두문자로서 National Center for Space Research를 의미함.

52) Belgian scientific, technical, and cultural services.

53) Swedish National Space Board.

54) Helios 1A는 1995년, Helios 1B는 1999년 발사되었으며 모두 광학렌즈를 장착하였음.

운용하고 있으며, 벨기에, 스페인, 이탈리아, 독일, 그리스 등과 함께 2세대인 Helios 2[55] 군사첩
보위성을 운용하는 사업을 하는 것으로 알려져 있다.

프랑스의 민간원격탐사 정책은 위성영상을 국제시장에서 비차별적으로 판매한다는 것이다. 이
를 위하여 Spot Image라는 개인회사를 설립[56]하여 Spot Image사는 QuickBird[57], IKONOS, Radarsat,
Kompsat-2(한국 다목적 실용위성 2호)의 위성자료도 판매 대행한다.

위와 같이 원격탐사영상에 관련한 기술과 판매에 앞서 있는 프랑스에 현재로서 원격탐사에 관
한 특별한 법은 존재하지 않는다. 따라서 법의 일반원칙이 군사용과 민간용 지구탐사 활동에 적
용되는 한편 2008년에 제정된 우주운용에 관한 법률이 부분적으로 적용되는바, 이를 살펴본다.

첫째, 프랑스가 당사국으로 있는 국제조약이 적용된다. 1967년 외기권 조약 제1조가 규정한
우주의 탐사와 이용의 자유가 해당 규정이다.

둘째, 원격탐사에 관한 원칙들로서 1986년 유엔총회 채택 결의 41/65 내용들이다. 동 결의 중
제4원칙이 우주에서의 원격탐사활동의 자유이용을 보장하고 있다.

셋째, 자료의 수집과 배포는 프랑스 법에서도 보장하고 있다. 이는 프랑스 혁명 후 Ioi d'Allarde
라고 통칭되는 1971년 영(decree)이 그러하고 여사한 자유는 프랑스의 일반 법 원칙을 구성하는
것임을 프랑스 국무원[58]이 각기 1951. 6. 22 Daudignac 사건과 1983.5.13. Société René Moline 사건
에서 확인하였다. 프랑스헌법재판소[59]도 1982.1.16. 국적귀화 관련 사건 시 여사한 자유가 헌법
가치를 갖는 것이라고 결정하였다. 또한 1979.8.26. 채택 "인간과 시민의 권리 선언"[60] 제11조와
1950.11.4. 채택 "인권과 기본 자유 보호를 위한 협약"[61]에서도 보장하고 있는 바이다.

넷째, SPOT Image와 투자기관인 CNES와의 계약상 자료의 수집과 배포를 적용하는 내용이 들어
가 있고 전자의 영업정책에 프랑스 정부가 관여하면서 국가이익과 국제의무를 존중하고 있다. 이
와 관련 SGDN[62]의 제안에 의해 GIRSPOT라는 작업반이 SGDN, 외교부, 국방부, 우주부, 연구부,
CNES로 구성되어 Spot Image의 상업 활동에 제한을 가할 필요가 있는 구체 상황에 관한 보고서를

---

55) Helios 2A는 2004년, Helios 2B는 2009년 12월에 발사되었는바, 둘은 동일한 위성 제원을 가지고 있으며 해상도가 30cm에 불과함.

56) CNES가 41%, EADS(European Aeronautic Defense and Space Company N.V.로서 2000년 독일, 프랑스, 스페인의 항공우주업체가 합병하여 탄생)
40% 지분을 가졌으나 지금은 EADS Astrium사가 99% 지분을 가지고 있음.

57) 미국회사 DigitalGlobe가 2001년 발사한 상업용 지구원격탐사위성으로서 흑백 해상도 60~70Cm, 칼라 2.4~2.8m 자료를 제공함.

58) Conseil d'Etat(Council of State)로서 행정부의 법률자문을 하는 기관임과 동시에 프랑스 행정법원의 최고심 역할을 함.

59) Counseil constitutionnel(Constitutional Council).

60) French Declaration of the Rights of Man and of the Citizen.

61) Convention for the Protection of Human Rights and Fundamental Freedoms. 213 UNTS(유엔조약시리즈) 222.

62) Secretary General for National Defense로서 군수품의 수출입은 장관 선에서 인가가 없는 한 금지되며 인가는 수상이 국방자재의 수출을 심사하는
부처 간 위원회인 CIEEMG의 자문이 있은 후 결정함. 그런데 CIEEMG회의는 Deputy Secretary General for National Defense가 주재함.

작성할 임무를 부여받았다. GIRSPOT는 SPOT Image에 지시를 내릴 권한을 가지고 있지 않고 수상에 권고할 수만 있으며 수상만이 영상제한 등을 SPOT Image에 지시할 권한을 보유한다. 동 제한은 예를 들어 민감한 지역이나 우방의 주둔군 지역 촬영 자료 배포를 금지하는 것을 포함한다.

한편 SPOT Image가 국내법적 의무는 기지지 않지만 GIRSPOT의 자료 통제정책에 협조적인바, 이는 SPOT Image의 대주주가 프랑스 정부 연구기관인 CNES인 데에도 연유한다. 그런데 1991년 걸프전 때 유엔총회결의 41/65의 제12원칙에도 불구하고 SPOT Image가 이라크 영토에 대한 이라크 정부의 자료 요청에 응하지 말도록 제한한 프랑스 정부는 GIRSPOT의 활동도 비밀에 부치면서 자료 통제의 투명성이 없고 법적 근거도 없다는 비난에 봉착하였다.

상기 상황에서 프랑스는 2008.6.3. 우주 운용에 관한 법률 2008-518을 채택하였다. 이는 국무원의 작업반이 2004년 가을 구성되어 우주선 통제(발사와 궤도에서의 위성운용)에 관련한 법적 문제점만을 논의하면서 1967년 외기권 조약의 제6조(우주에서의 활동 허가와 통제), 제7조(우주물체에 의한 피해에 대한 배상책임), 제8조(우주물체의 등록)로부터 연유하는 프랑스의 국제책임 등을 다룬 것을 바탕으로 하였지만 원격탐사와 같은 위성 활동은 논의 대상이 아니었다. 그러나 같은 기간에 국방부에서 자료통제에 관한 입법을 성안하고 있음을 감안하면서 우주자료에 관한 하나의 장(chapter)을 추가하였다.

우주자료체제(space data regime)를 담당하는 행정 당국은 법에서 명시하고 있지 않지만 시행령[63]은 수상이 행정당국자로서 SGDN에 이행을 위임토록 하고 있으며 전술한 부처 간 조정회의를 거치게 하였다. 행정당국(Administrative Authority)은 선언절차를 수립하고 가능한 자료 제한을 하는바, 이는 다음과 같다.

선언(Declaration)

법 제23조 2항에서 선언 체제(declaration regime)를 수립하고 있는바, 이는 자료 공급자가 초기 단계에 행정당국에 대하여 법의 목적을 충족시키기 위하여 필요 시 제한을 가하여도 좋다는 사전선언을 하여야 한다. 선언 체제는 우주로부터 지구 표면의 탐사에서 얻어지는 모든 자료에 적용되는바, 자료의 구체적 정의는 시행령에 명기되어 있다. 군사 위성이 수집하는 자료와 국방부를 대신하여 수집하는 자료는 법 제26조에 따라 직접적인 정부 통제를 받기 때문에 제외된다.

법은 또한 프랑스에서 프랑스인 또는 외국인이 수행하는 활동에도 적용되고 제27조에 따라 CNES는 자료 통제절차에 참여하지 않는 것이 특기할만하나, 제23조 2항에 따라 자료 해상도, 사용 주파수 대역, 자료 정확성, 자료의 질 등의 특성을 바탕으로 선언을 한 활동들을 확인하는 구

---

63) 2009. 6.9 채택한 허가(authorization)와 인가(licenses) 및 우주자료에 관한 시행령.

체 사항은 시행령에서 정하고 있다. 법에 따른 선언을 하지 않고 우주 자료를 제공하는 자는 20만 유로의 벌금에 처해진다(제25조).

통제와 규제

법 제24조 1항에 따라 행정당국은 우주원격탐사자료의 주된 운용자(primary operator)가 국가의 근본적인 이익을 방해하지 않도록 규정하였다.

형법 제410조 1항에 언급된 국가의 근본적인 이익이란 "독립, 영토보전, 모든 기관들의 공화적 형태, 국방과 외교, 프랑스 국내외 국민의 안전 보호, 자연 주변과 환경의 균형, 과학적 경제적 잠재력과 문화유산의 본질적 요소들"로 표현되어 있다.

우주운용에 관한 법 제24조는 국방과 외교정책의 보호와 프랑스의 국제의무준수를 특별히 강조하고 있다.

국가의 근본적인 이익 보호를 위하여 제한을 한다는 것은 일정기간 동안 자료 배포의 정지, 배포 지연 의무, 민간항공법 L131-3조에 정의된 매우 민감한 구역에 관한 자료의 영구 배포금지 등을 말하는 것인데 이는 시행령에서 구체적으로 표현하고 있다.

이 제한 체제는 비례적으로 행사될 경우 구주연합(European Union)을 설립한 조약[64]의 규정과 병행하는 것이다. 동 조약 제30조는 공공정책과 안전의 이유로 수출입과 경유 물품에 제한을 가하도록 하며, 제46조는 역시 공공정책과 안전의 이유로 외국인에게 특별대우를 하는 국내법의 규정을 두는 것을 허용하며, 제296조는 공개 시 자국의 안보이익에 본질적으로 반할 경우 어느 회원국도 정보를 제공할 의무가 없도록 규정하고 있다.

자료제한에 위배하는 자는 제25조에 따라 20만 유로의 벌금에 처해진다.

3.5. 브라질[65]

우주시대에 지구관측을 하는 GIS[66]기술은 컴퓨터 및 인터넷 발전에 편승하여 인류의 발전과 편의를 가져온 혁신 중 하나였으며 영토가 거대한 브라질 같은 나라에게는 더욱 그러하였다. 브라질은 지구관측(Earth Observation: EO)에 있어서 선도 국 중의 하나이며 현재 매년 100,000개 이

---

64) 구주공동체 관보 2002.12.24자 번호 C 325.

65) H S Ferreira & G Camara, "Current Status and Recent Development in Brazilian Remote Sensing Law, 34 Journal of Space Law 1 (2008), pp.11-17내용을 주로 참고.

66) Geographic Information Systems 또는 Geospatial Information Systems의 두문자인 GIS는 장소에 관한 자료를 촬영 등의 방법으로 저장, 분석, 해석, 관리하고 제시하는 도구의 일체를 의미하는 것으로서 고고학, 지리학, 측지학, 원격탐사, 지형조사, 공공사업관리, 지하자원관리, 정밀농업, 도시계획, 긴급관리, 항행 등의 용도에 사용됨.

상의 EO자료를 인터넷으로 공개하는 세계 최대 EO 제공국이다.

브라질 정부기관인 INPE(National Institute for Space Research)가 1961년 이래 원격탐사에 있어서 대부분의 민간 R&D 업무를 수행하고 있다. INPE는 1972년 원격탐사과(division)를 설립한 후 Landsat 지상국(ground station)을 관리하면서 1974년 이래 자료를 수신하고 있다. INPE는 GIS와 자료가공을 위하여 무료 공개소스 소프트웨어를 개발하였으며 중국과 공동으로 China-Brazil Earth Resources Satellite(CBERS) 사업을 하고 있다.

광학 컬러 카메라를 이용한 CBERS 위성사업은 세계를 원격탐사하고 있다.[67] 1964~1985년 기간에 군사독재하에 있었던 브라질은 국가안보와 지역 세력 역할이라는 이중 전략을 추구하면서 모순에 봉착하는 측면도 있었지만 INPE 같은 기관의 연구개발을 증진시킨 긍정적 역할도 하였다. INPE는 Landsat 지상국을 1974년에 설치한 후 수신하는 원격탐사자료를 계속 통제 없이 배포하면서 여타 용도의 활용도 권장하는 결과를 가져왔다.

1971년 시행령 68099호에 의거 합참에 해당하는 EMFA의장을 수장으로 하는 Brazilian Commission for Space Activities(COBAE)가 창설되어 우주에 관련된 문제에 있어서 국가운선순위를 기획하고 수행하는 데에 있어서 대통령을 보좌하는 임무를 부여받았다. 민간이지만 국가기관인 INPE의 계획은 군이 장악하고 있는 COBAE의 승인을 받아야 했다. 1971년 법령 1177/71에 의거 모든 공중조사(aerial survey)는 EMFA에 의해 규제되었으나 위성으로부터의 원격탐사자료는 해당되지 않았다. 법령 117/71이 연후 71,267/72, 75,779/75, 84,557/80에 의하여 개정되었지만 위성원격탐사는 여전히 적용대상이 아니었는데 그 이유는 해상도가 80m나 되는 처음 3개의 Landsat 위성의 자료는 정보가치가 없다고 판단되었기 때문이었다. 따라서 군인 통치가 계속된 1985년까지 브라질에서 위성원격탐사활동은 기술적으로 규제대상 밖이었다. 그러나 실제로는 COBAE가 INPE의 행동을 간접적으로 통제하였다.

1985년 민간정부가 수립된 후 정상적이라면 INPE에 민간우주청 역할을 하도록 하였겠으나, 군사정부에서 민간정부로 이양되는 경과기 동안의 장기간 협의 결과 정부는 COBAE를 폐기하고 브라질 우주청(Brazilian Space Agency: AEB)을 신설하는 법8854/94를 1994년 채택하였다. 그 결과 AEB와 INPE가 공존하는 상태가 되어 여타 국가에서 그 예를 찾아 볼 수 없는 경우가 되었다. AEB의 최고기관은 최고이사회(Superior Council)로서 17명의 위원으로 구성되는데 6명이 군인이다.

1990년대 말로 들어서면서 정부 관리들은 원격탐사자료도 정보가치가 있는 것으로 여기기 시작한 결과 1997년 영 2278/97을 제정하여 항공조사와 함께 원격탐사도 규제대상으로 포함시켰는

---

67) 5개의 위성발사를 계획하고 있는 CBERS사업은 1999년 10월 CBERS-1이 발사되어 활동 한 후 2003년 7월 임무를 종료하였고 2003년 10월 발사된 CBERS-2와 2007년 9월 발사된 CBERS-2B가 현재 활동 중에 있음.

바, 이는 오늘에 이른다. 그런데 동 영 2278/97은 원격탐사의 기술적 성격에 무관하고 원격탐사 관련 유엔총회결의 41/65를 도외시하는 내용으로 구성되어 있다. 그리하여 브라질 국방부로부터 허가를 받는 위성운용 사업자는 도외시된 내용을 이행하지 않는 데서 오는 처벌을 당연히 받지 않고 있다.

이러한 상황에서 INPE는 원격탐사 법을 제대로 개정할 필요성을 느꼈음에도 불구하고 이를 두려워하였는바, 이는 개정을 위한 정치적 협상 결과 원격탐사활동에 관한 군의 통제가 계속될 것을 우려하였기 때문이다. INPE는 대안으로 사실상의 자료정책을 택하면서 자신이 수령하는 모든 원격탐사자료를 인터넷에서 무료로 제공하였는바, 지도, 영상가공을 위한 소프트웨어 및 GIS 등이 포함되었다. 구체적으로는 1997년 자체 웹에 Spring 소프트웨어를 설치, 2003년 아마존 벌목지도, 2004년 CBERS영상, 2008년 초에는 지난 30년간의 Landsat자료 모두를 공개한 것이다.

INPE의 정책은 매우 성공적이어서 2004년까지 Landsat 영상자료를 연 2,000개 제공하여 미국 정부의 18,000개와 비교되었으나 무료공개를 한 후 2004년 4월부터 2008년 1월까지 CBERS자료를 350,000개 이상 제공하여 5,000명 이상의 다양한 사용자, 즉 연방, 주, 지방관청, 교육, 비정부 기관, 개인들이 전폭 이용하게 되었다. 자국 내에서의 성공을 바탕으로 INPE는 중국과 함께 원격탐사자료를 전 세계에 제공하는 사업을 추진 중에 있는바, 양국은 CBERS자료를 무료로 아프리카 국가들에게 제공하기 위하여 이탈리아, 남아공, 스페인과 파트너십을 구축하면서 타국의 모범이 되고 국제사회의 인정을 받고 있다.

2000년 국방부, 과학기술부, 외교부, AEB 대표가 작업반을 구성하여 원격탐사에 관한 구체적인 입법과 영 2278/97을 최신화하는 토의를 하였다. 그 결과 법안(project law) 3587/00이 작성되어 브라질 국회로 이송되었다. 그러나 이 법안 역시 브라질의 원격탐사공동체를 무시하고 유엔결의 41/65를 도외시하며 기술적 진전도 무시하는 문제점을 안고 있다. 이 법은 원격탐사를 광범위하게 정의하면서 원격탐사자료를 이용하고자 하는 시민은 정부의 허가를 받도록 하는 내용을 담고 있는데 이는 현재 정착된 관행에 어긋나기도 하여 INPE와 원격탐사 이용 공통체의 강력한 반발에 부딪치고 있다. 따라서 국회통과가 난망시되고 통과가 된다 하더라도 시행하기 곤란해 보인다.

3.6. 일본[68]

지구관측에 있어서 일본은 유럽, 미국, 캐나다, 인도, 이스라엘에 이어 6번째[69]의 경쟁력을 가지고 있으나 원격탐사활동에 관한 법은 없다.

2008년 우주기본법을 제정한 일본은 증가하는 민간우주활동에 대한 허가, 감독, 제3자 배상책임, 보험 등에 관한 사항 등이 미비하였음을 이내 파악한 후 이들 사항들을 모두 담는 우주활동법을 제2차 우주기본법 형태로 제정하고자 2008년 10월 총리대신 산하에 우주입법위원회를 설치하여 작업을 시작하였다. 동 우주활동법안이 2010년 3월 완료되었지만 동 법안의 성안 시 일본 항공우주회사협회(Society of Japanese Aerospace Companies: SJAC)는 원격탐사위성 등 우주산업을 진흥시킬 목적으로 독립 법으로서의 우주산업진흥법 제정을 우주활동법과 동시에 채택하여 줄 것을 요청하였으나 이는 수용되지 않은 채 우주활동법만이 성안되었다. SJAC의 입장은 일본에 사기업이 운영하는 원격탐사위성이 존재하지 않는 것을 배경으로 하는 것으로서 원격탐사활동을 규제할 대상이 없기 때문에 원격탐사위성 사업진흥을 포함한 우주산업진흥을 정부에 요구한 것에 지나지 않는다.

원격탐사에 관한 내용이 정부의 우주정책이나 지침형태로만 반영되어 있는 내용은 후술하기로 하고 우선 일본의 원격탐사위성 현황을 살펴본다.

일본은 오늘날까지 8개의 원격탐사위성을 발사하였다. 이에 더하여 일본은 자국이 정밀센서(advanced sensors)를 제공한 미국의 지구원격탐사 위성 Terra와 Aqua의 운용에 관여하고 있다. 따라서 총 10개의 위성이 되는데 현재 9개가 작동 중이다. 작동이 종료된 위성은 다음과 같은데, 일본이 첫 원격탐사위성으로 해양관측을 위하여 1987년 발사한 MOS-1(Momo-1)이 1995년 임무종료, SAR위성인 MOS-1B(Momo-1b)가 1990~1996년, 2년 수명으로 1992년 발사된 JER-1(Fuyo)이 1998년까지, 고해상도 광학센서를 장착하여 해양의 색깔과 온도를 스캔하고 미국의 NASA와 프랑스의 CNES가 제공한 센서도 장착하여 지구온난화, 오존층 파괴, 열대 강우림(tropical rainforests) 등 국제협력차원에서 지구환경을 모니터링하는 목적의 ADEOS-1(Midori-1)이 1996년 발사되었으나 문제가 있어 1년 내에 급작스러운 임무종료를 하였다. 2002년 대체 위성으로서 ADEOS-II(Midori-II)를 후속 발사하였으나 역시 발사 1년 내에 임무를 종료하였다. 이들 5개의 위성은 과

---

68) 2010.6.16.~18. 미국의 원격탐사.항공.우주 법 국립센터가 호놀룰루에서 개최한 Earth Observation, the Environment, Space, and Remote Sensing Law in the Pacific Rim 학술회의 시 Setsuko Aoki 일본 게이오 대학 교수가 발표한 Japanese Law and Regulations Concerning Remote Sensing Activities 내용을 주로 참고.

69) 상동 발표문 p.7과 주석 32. 여기에서 인용된 Furton's 2009 Space Competitive Index는 한국. 러시아. 중국. 브라질 순서로 나머지 10대 위성탐사 경쟁 국가를 언급하였음.

학기술청(STA)에서 개발하였고 일본 국립우주개발기구인 NASDA[70]가 관리하였다. 기타 관련 정부부처로서는 JER-1의 센서개발에 참여한 국제통상산업부와 ADEOS-II에 관여한 환경청이 있다.

현재 운용되고 있는 7개의 위성 중 2개는 일본이 자체 개발하여 운용하고 있는데 이는 ALOS(Advanced Land Observing Satellite)-1(Daichi)로서 2006년 1월 발사된 것이며 평면 지도(fields mapping), 정밀 지역 관측, 자원조사 및 재난감시를 목적으로 한다. 다른 하나는 GOSAT(Greenhouse gasses Observation SATellite)(Ibuki)으로서 2009년 1월 발사되어 지구온난화 가스 중 제일 큰 비중을 차지하는 이산화탄소와 메탄의 농도 분포를 모니터한다. GOSAT은 미국 NASA가 지구 대기상 이산화탄소 분포측정을 위하여 2009.2.24. 발사한 OCO(Orbiting Carbon Observatory)위성이 발사 실패된 후 기후변화 대처라는 세계적 문제 대처에 있어서 긴요한 자료를 제공하는 역할을 하고 있다.

다른 2개는 국제협력 사업에 의한 것이다. 하나는 TRMM(Tropical Rainfall Measuring Mission) 위성으로서 미국과 공동 개발하여 1997년 발사된 후 지구 강우량을 측정하는 용도로 사용하고 있는데 2010년 현재 13년째라는 장기간에 걸쳐 계속 성공적인 지구관측을 하고 있다. 다른 하나는 미국 및 브라질과 공동 개발하여 2002년 발사한 Aqua라는 지구관측위성으로서 물과 에너지가 지구에서 어떻게 순환되는지를 파악하기 위한 지구환경변화 관측위성이다.

오늘날까지 일본인이 민간 상업용 원격탐사위성을 운영하는 경우는 없다. 그러나 다음 6개 회사가 국내외의 여러 원격탐사 위성자료를 판매하고 있는바, 간략 기술한다.

- JSI(Japan Space Imaging Corporation): 1998년 설립 후 일본의 ALOS-1과 미국의 Landsat-7, Geo-Eye-1, IKONOS, 이탈리아의 COSMO-SKyMed 영상자료를 일본 오키나와 지구 수신국에서 수령하여 판매

- Hitachisoft: 2001년 위성자료 배포사업을 시작하여 일본에서 DigitalGlobe의 고 해상도 영상 판매 독점권을 보유하고 있는바, 2010년 1월에는 해상도 46cm 인 WorldView-2의 이미지 판매를 시작

- PASCO공사: 1953년 설립. ALOS-1, 독일 DLR의 TerraSAR-X, 이스라엘 ImageSat의 EROS-A와 B, 인도우주연구기구(ISRO)의 Cartsat-1과 2, 미국 GeoEye의 IKONOS와 GeoEye-1, 미국 DigitalGlobe의 QuickBird와 WorldView-2, 프랑스의 SPOT-5, 한국의 Kompsat-2를 판매

- ImageOne: 1984년 설립된 후 캐나다의 Radarsat 1과 2, 한국의 Kompsat-2, 프랑스의 SPOT-4와 5의 영상자료를 판매

---

70) National Space Agency of Japan은 STA(Science and Technology) 감독하에 시민의 일상생활에 직접 영향을 주는 우주활동수행을 위한 목적으로 1969년 특별 공기업으로 설치되었으나 2003.10.1 JAXA에 통합되었음.

- RESTEC(Incorporated Foundation Remote Sensing Technology Center of Japan): 1975년 원격탐사기술의 기초 연구개발과 동 기술의 확산을 위하여 설립된 후 2005년 일본 ALOS-1자료의 주된 배급자로 지정되었다.[71] JAXA는 2007년 자체 소유 지상국이 관제하던 ALOS-1을 RESTEC에게 관제 의뢰하였다. RESTEC은 또한 Landsat, SPOT, Radarsat, IKONOS, ENVISAT, QuickBird와 JER-1의 자료판매 대행도 하면서 ALOS의 주된 배급자로서 오세아니아, 북미, 중미, 아프리카를 상대로 자료판매 촉진

- ERSDAC(Incorporated Foundation Earth Remote Sensing Data Analyses Center): 일본의 국제통상산업부[72](MITI)의 허가하에 1981년 설립, 원격탐사기술의 연구개발을 장려하여 비재생(non-renewable) 자연자원 발견을 목적으로 함

일본의 기본우주법이 첫 우주 국내법으로 2008.5.21. 채택된 후 일본하원과 상원은 각기 2009.5.13일자와 5.20일자 결의를 통하여 동 기본 우주법 발효 2년 내에 국제협정에 따른 우주활동을 규율하기 위한 법을 채택할 것을 권고하였다. 이에 따라 우주활동법 제정 작업이 진행되어 2010년 3월 성안되었지만 일본 국내 정국이 불안정한 관계로 당장은 채택되고 있지 않다. 그런데 동 우주활동법에 원격탐사운용과 위성자료 배포체제 등에 관한 규정이 없는바, 이는 일본에 원격탐사위성소유 민간 기업이 없다는 것에 주로 연유한다는 것을 반복 설명한다.

따라서 현재 일본에서의 원격탐사위성관련 규정은 법률에 포함되어 있지 않지만, 어떠한 형태로든지 지침이 필요한 현실을 감안하여 일본정부는 2009.6.2. 승인한 우주정책 기본계획 속의 7개 행동계획중의 하나로 "원격탐사위성자료 정책"을 포함시켰다. 기본계획은 위성자료의 편의와 확산을 도모하고, 수요자와 공급자로 구성된 조정위원회를 구성하여 수요자의 의견을 반영하는 등의 내용을 담고 있다.

2009년 9월 일본 야당인 민주당의 대승으로 역사적인 정권교체가 이루어진 후 기본우주법이 여야 합의로 채택된 법률임에도 불구하고 신정부는 상기 우주정책 기본계획의 이행에 적극적이지 않다. 신임 우주장관인 Seiji Maehara 2010.2.23. "미래우주정책연구 전문가위원회"를 구성하여 7차에 걸친 집중 논의 결과 "우주활동에 있어서 중대 조치들: 일본성장 증진을 위한 전략우주정책"(약칭 "중대조치들")을 성안한 후 2010.5.25. 제4차 우주개발전략본부[73](Strategic Headquarters

---

71) 2010.5.31 현재 ALOS자료를 판매하는 대행업체가 RESTEC을 제외하고 23개나 있음.

72) 정부조직개편에 따라 지금은 경제·통상·산업부(METI)로 명칭이 변경.

73) 우주개발전략본부는 기본우주법 제24~34조에 그 구성과 임무를 적시하여 설치된 우주정책 최고결정기관으로서 우주활동을 규율하는 모든 법의 성안을 책임짐. 모든 각료들로 구성되어 있으면서 수장이 총리대신으로 되어있는 우주개발전략본부는 일본정부가 그 만큼 우주업무에 큰 관심을 경주하고 있다는 것을 보여주는 것임.

for Space Development) 회의에서 승인받았다. 그런데 이 "중대조치들"의 지위가 모호한 성격을 갖고 있는바, 이는 우주대신이 구성한 미래우주정책연구 전문가위원회는 2008.9.12. 설립되어 공식기구로 존재하고 있는 "전문연구위원회"와 달리 우주대신의 개인적 자문그룹이라는 사실과 "우주정책기본계획" 등과 같은 정책은 일반에 개방된 공중논평(public comments)을 거쳐 우주개발전략본부의 승인을 받는다는 절차에 있어서 공중논평이 누락되었다는 사실 때문이다.

상기 불구 "중대조치들"에 따라 2009.6.2. 우주개발전략본부가 결정한 "기본우주계획"은 검토하여 개정될 것으로 보이는바, 지금부터는 "원격탐사 위성정책"의 내용을 살펴본다.

첫째, 산업화, 상업화, 녹색혁신에 주안을 두는바, 녹색혁신은 직접적인 경제적 이익과는 달리 공공이익을 위한 것이다. 아울러 동 정책은 위성자료의 획득과 배분을 실시간으로 하는 것에 대한 중요성을 강조하고 있다. 이는 현재 일본에서 운용중인 유일한 원격탐사위성인 ALOS-1이 3일만에 한 번씩만 같은 장소를 촬영하기 때문에 제때 자료를 구득하는 것이 어렵고 이를 적어도 3시간마다 한 번씩 같은 장소를 촬영하는 위성시스템을 갖추어야 국제시장에서의 경쟁력이 확보된다는 점을 염두에 둔 것이다. 이를 위하여서는 총 4~8개의 위성과 ASNARO(잠정 명칭)라고 불리는 극소(micro)위성들로 구성되는 Daichi(ALOS-1)시리즈 위성망이 필요하다.

둘째, 재난감시강화와 농수산 및 외교와 안보목적도 충족할 수 있는 다이치 시리즈 위성은 아시아 전 지역에서의 자료수집과 공급에 역점을 두는 것인데 이는 자체보유 위성을 소유하고 있는 아시아 국가들과 협력하면서 독일과 같은 민·관 파트너십(Public-Private Partnership: PPP)으로 위성들을 제작한다는 것이다. 아울러 GOSAT[74]과 같은 기존 위성도 포함하여 국제적인 플랫폼(flatform)을 구축하면서 일본이 주도하는 가운데 2012년 운용시작을 목표로 한다는 것이다. 이를 위해 차후 1년간 여러 회의를 거쳐 자료의 표준을 정하고 시스템과 자료배포의 가이드라인을 정하며 운용정책을 포함한 자료정책(data policy)을 수립한다는 것이다.

셋째, 녹색혁신을 통해 일본이 환경 및 에너지 강국이 된다는 "신성장전략"을 통하여 재생에너지 보급을 강화하되 이를 과학적으로 증명하기 위하여 현재 기후변화 관측용 기구가 280개 지점에 한정된 것을 우주시스템으로 극복한다는 것이다. 이를 위해 일본은 이미 가동 중인 GOSAT와 ALOS-1에 추가하여 Global Change Observation Mission Water(GCOM-W)와 Global Change Observation Mission-Climate(GCOM-C) 위성 발사를 계획하고 있는바, 이럴 경우 이산화탄소와 메탄은 물론 삼림상황도 감시할 수 있는 환경관측 위성 망을 선도적으로 구축하는 결과가 된다.

---

74) GOSAT은 56,000개 지점을 관측하고 있으나 장래 이를 배로 증가하여 활용할 수 있다고 함.

마지막으로 공중목적으로의 위성자료정책을 알아본다.

Council for Science and Technology Policy(CSTP)에 의해 채택된 "2004년의 지구환경 관측 진흥전략(Earth Environment Observation Promotion Strategy of 2004)"은 당시 상황을 평가하면서 15개 분야에서 지구관측의 목표를 달성하기 위한 단계와 과정들을 묘사하였다. 이에 따라 교육문화스포츠과학기술부(MEXT)는 매년 일본의 지구관측 이행계획(Implementation Plan of the Japan's Earth Observation)을 수립하고 있다. 15개 분야는 지구온난화, 지구차원의 물의 순환, 지구환경, 생태계, 폭풍홍수 피해, 대규모 산불, 지진·쓰나미·화산폭발, 에너지 광물자원, 산림자원, 농업자원, 지구공간정보 구조, 토지 관리와 인간 활동에 관한 지리적 정보, 육상과 해상 날씨, 지구과학 등이다.

2010년 회계연도의 "이행계획"은 MEXT의 과학기술학술이사회(Science & Technology and Academics Council)에 의해 2010.5.10. 채택되었는바, 이는 2007년 IPCC[75](정부 간 기후변화패널)의 제4차 보고서와 2009년 7월 라낄라(L'Aquila) G8정상회의 시의 합의 내용을 참고하면서 과학적 보고와 정치적 합의 결과를 반영하는 기후변화에 초점을 맞춘 것이다. 기후변화에 관련이 있는 정부의 모든 부처가 참여하여 기후변화 관련 제반 상황을 지상, 공중, 그리고 우주에서 연구토록 하는 "이행계획"은 전술한 GEO(Group of Earth Observations) 산하의 GEOSS(Global Earth Observation System of Systems)와 CEOS(Committee on the Earth Observation Satellites)에서 지도적 역할을 한다는 정부의 의지를 얻고 있다. 또한 동 "이행계획"은 지구관측계와 최종이용자들에 이용자 친근(user-friendly) 자료를 제공한다는 일본의 전략으로서 아시아와 오세아니아 지역과의 협력강화를 염두에 두는 한편 특정연구부문을 초월하여 공유하면서 우주, 해상, 지구, 공중으로부터의 자료의 부가가치를 제고한다는 의지도 포함하고 있다.

3.7. EU(구주연합)[76]

유럽기상위성기구(EUMETSAT)는 우주기술을 연구에서 활용으로 변경한 사례이다. 전술한 GMES와 미국의 위성항법장치인 GPS(Global Positioning System)에 자극받아 추진 중인 Galileo항법시스템도 모두 유럽의 우주기술 응용 산물이다.

유럽의 우주산업은 1975년 설립된 ESA와 EU 집행위가 공동 관여하고 있다. 이는 ESA의 회원

---

75) Intergovernmental Panel on Climate Change로서 기후변화연구를 위하여 1988년 세계기상기구(IMO)와 유엔환경계획(UNEP)이 공동 설치한 정부 간 패널로서 기후변화현상과 이를 유발하는 원인들을 조사하는 수백 명의 세계적인 과학자들로 구성되어 그간의 활동을 4차례에 걸친 보고서로 작성 배포하였음.

76) Ray Harris, "Current Status and Recent Developments in UK and European Remote Sensing Law and Policy", 34 Journal of Space Law 1 (2008), pp.33-44를 주로 참고함.

국이 19개국이고 EU는 27개국인데 EU회원국이 아닌 국가로서 ESA회원국이 있기도 하여 ESA가 EU의 산하기관은 아닌 독립성을 가지고 있기 때문이다. 이 두 기구의 우주업무가 상호 중복 내지는 충돌되는 요소가 있어 일관성 있는 유럽의 우주정책 수립과 추진에 방해가 되었는바, 이는 2007년 양 기구의 협력협정을 통하여 해소되었다. 이에 관하여 후술한다.

ESA가 3개의 주요 원격탐사위성을 발사하였는바, 1991년 ERS-1, 1995년 ERS-2, 2002년 Envisat 이다. 그런데 ERS-1발사 후 원격탐사 자료 정책이 수년간 수립되지 않아 자료접근에 대한 혼선을 겪었다. 동 경험을 바탕으로 Envisat 발사 수년 전인 1997~1999년 기간 동안 ESA와 동 회원국은 Envisat 자료 이행과 자료접근 조건 등을 수록한 정책을 수립한 후 ERS-1과 ERS-2에도 공동 적용하는 지침을 작성하였으며 이는 또한 추후 발사되는 ESA의 위성 개발 시 지구 관측자료 정책의 기반이 되었다.

Envisat 자료정책의 목적은 자료를 최대 이용하여 과학과 공익사업의 발전 및 상업적 활용에도 공여하는 것으로서 1998년 2개 카테고리로 분류하였다.

카테고리1 사용: 장기적 지구 시스템 공학의 연구와 장래 운용, 수신국(receiving station) 인증 및 ESA 내부 사용 준비로서의 임무 목적지원을 하기 위한 연구와 활용개발 사용

카테고리2 사용: 카테고리1 사용에 포함되지 않는 모든 사용으로서 운용적(operational) 및 상업적 사용을 포함

ESA는 통상 카테고리1에 해당하는 자료의 배분에 관여하고 카테고리2는 "배분기관들(distributing entities)"이라고 불리는 유럽 소재 지구관측 회사들을 말한다. 배분기관들은 Envisat의 표준상품과 ESA가 승인한 프로젝트에 따라 수행된 연구개발의 결과를 반영한 부가가치 상품을 판매한다.

장기 우주정책에 관심을 갖는 유럽 집행위(European Commission)는 EU의 민간 집행부로서 원격탐사자료를 포함한 우주정책에 관하여 여러 법을 지침[77](Directive) 형태로 제정하였다. 우선 1990.6.7 구주이사회 Directive 90/313/ECC는 자료의 공개접근을 주 목적으로 공공기관이 보유하는 환경정보에 대한 접근 용어를 정의하였는바, 이는 각 회원국의 입법에 공통적인 정보의 자유

---

77) 구주연합(EU)에 적용되는 법률에는 제1차와 2차 법률이 있는 바, 1차 법률은 구주연합을 설립한 조약을 말하고 2차 법률은 동 바탕 위에서 구주연합에 적용하는 여러 종류의 법률을 말함. 2차 법률은 Regulation, Directive, Decision의 형태로 제정되는 바, Regulation은 모든 회원국에 적용되면서 개별 회원국의 별도 입법이 필요하지 않는 가운데 국내법과 상충할 경우 우월한 지위에 있고, Directive는 개별 회원국의 실행을 위한 국내 입법이 필요하며, Decision은 개별 회원국, 기관, 또는 개인을 상대로 기속력을 갖는 것으로서 회사의 흡수·합병 허가 여부와 농산품 가격 고시 등에 주로 사용되는 법이기도 하며, 다른 한편 모든 분쟁과 해석에 관한 문제에 있어서 최종적인 권한을 가지는 유럽사법재판소(European Court of Justice)의 판결을 호칭하는 것이기도 한바, 동 판결은 모든 회원국들에게 즉각 강제 적용되는 성격을 지님.

개념에 충실한 것이었다. 동 지침은 원격탐사기구에 의하여 제공되는 환경관련 정보를 개인이든 법인이든 구별하지 않고 모든 회원국들의 공공기관들이 제공하도록 하면서 정보제공 비용으로서 "합리적인 실비(reasonable cost)"를 초과하지 않도록 하였다. 이 합리적인 실비는 미국연방정부가 제공하는 자료에 대한 비용으로서의 "사용자 요청 충족 실비(cost of fulfilling a user request: COFUR)"와 비슷한 개념이나 COFUR만큼 명확하지는 않다.

상기 1990년 지침은 2003.2.14 발표된 구주의회와 이사회의 Directive 2003/4/EC로 대체되었다. 2003년 지침은 환경정보가 공중에게 체계적으로 제공 배포되도록 보다 명확히 규정하고 있다. 자료요청이 있은 지 한 달 이내에 환경정보가 제공되어야 하고 인간보건 또는 환경을 즉각 위협하는 정보로서 공공 당국이 보유하고 있는 모든 정보는 위해 위험에 처할 수 있는 공중에게 즉시 배포하여야 하도록 규정한 것들이 그러하다. 반면 데이터베이스의 법적 정보에 관한 지침인 1996.3.11일자 Directive 96/9/EC는 데이터베이스 제작자에게 보수(remuneration)를 확보하여 주기 위한 목적으로 데이터베이스를 보호하기 위한 것이다. 그런데 이 두 개의 지침들 사이에 충돌이 있는바, 전자는 공중정보를 대상으로 하는 것이고 후자는 개인부문(private-sector)정보를 대상으로 하는 것이기 때문이다. 디지털화된 음악 산업의 보호를 위한 고려에서 제정된 후자의 지침은 모든 디지털화된 자료를 대상으로 하는데 역시 디지털화된 원격탐사위성 부문에도 적용되는 관계상 문제가 있는 것이다.

유럽 집행위(EC)는 공간자료(spatial data)라는 보다 특정부문에 관련된 지침을 최근 제정하였는바, 이것이 우리의 관심사인 2007.3.14일자 구주의회와 이사회의 Directive 2007/2/EC이며 동 지침에 따라 "유럽공동체에서의 공간정보를 위한 지원기반(INSPIRE[78])"이 설립되었다. 2007.5.15 발효된 INSPIRE지침은 회원국 사이에 그리고 상이한 공간 척도(spatial scales)에 따라 자료이용의 통일된 기준과 조화가 없이 회원국마다 다른 상황임을 인식한 가운데 통합적인 공간정보서비스를 가능케 하는 지원기반 창설을 촉진시키기 위한 것이다. 지구 관측 자료는 공간정보의 주요 소스로서 지침의 적용대상인바, INSPIRE에 부합한(INSPIRE-compliant) 운용을 하는데 사용되어야 한다.

ESA와 EC(European Commission)를 통한 EU와의 관계를 보건대, 양 기구는 새로운 유럽우주정책을 수립하는 문제를 20여 년간 협의하였다. 동 협의 결과 EU와 ESA 간 협정의 틀(Framework Agreement)을 마련하여 2004년 5월에야 양자의 관계를 공식화하는 합의를 한 후 2004년과 2005년 EU의 우주이사회(Space Council)를 거쳐 2007.5.25. 유럽 우주정책에 관한 결의(Resolution on the European Space Policy) 10037/07을 채택하였다. 동 결의는 EU와 ESA가 공동 참여한 결과물로서 양

---

78) Infrastructure for Spatial Information in the European Community의 약칭.

자의 관계가 정립되면서 우주부문이 유럽의 전략적 자산임을 인식하는 가운데 미국, 러시아, 중국 등 우주대국과의 관계에 있어서 독립적이고 독자적인 우주정책을 수립한다는 방침을 표명한 것으로서 그 의의가 크다.

상기 정책을 시행함에 있어서 ESA는 우주과학 탐사와 우주에 접근하고 우주를 탐사하는 도구를 개발하는 임무를 지는 반면 EU는 유럽정책의 달성에 기여하는 우주기술 활용을 추진하기로 하였다. 지구관측은 우주기술 활용에 있어서 위성항법장치인 Galileo, 위성통신, 우주의 안보·국방이용과 함께 중요한 요소를 이루고 있으며, 세계지구 관측 시스템 총괄 체제(GEOSS)에도 기여하고 있는 유럽의 세계 환경안보 감시 프로그램(GMES) 추진으로 그 중요성이 증가하고 있다.

4. 한국의 위성자료 관련 규정과 문제점

4.1. 관련 규정과 원격탐사자료 관리현황

교육과학기술부가 주관하여 제정한 우주개발진흥법[79])과 국토해양부가 주관하여 제정한 국가공간 정보에 관한 법률[80])에 위성자료 관련 조항이 있다.

먼저 우주개발진흥법 제17조(위성정보의 활용)는 다음과 같이 규정하고 있다.

> ① 교육과학기술부장관은 기본계획에 따라 개발된 인공위성에 의하여 획득한 위성정보의 보급·활용을 촉진하기 위하여 전담기구의 지정, 설립 등 필요한 조치를 강구할 수 있다. 이 경우 「국가공간정보에 관한 법률」에 따른 공간정보에 관하여는 국토해양부장관과 협의하여야 한다.
> ② 교육과학기술부장관은 예산의 범위 안에서 위성정보의 보급·활용촉진에 필요한 경비를 지원할 수 있다.
> ③ 정부는 위성정보의 활용에 있어 개인의 사생활이 침해되지 아니하도록 노력하여야 한다.

국가공간정보에 관한 법률 제2조에서 "공간정보란 지상, 지하, 수상, 수중 등 공간상에 존재하는 자연적 또는 인공적인 객체에 대한 위치정보 및 이와 관련된 공간적 인지 및 의사결정에 필요한 정보를 말한다."라고 한 후 제18조 ①항에서 국토해양부장관이 "공간정보를 수집·가공하여 정보이용자에게 제공하기 위하여 국가공간정보센터를 설치하고 운영"하도록 하였으며, 제19조에서 국토해양부장관이 국가공간정보센터의 운영에 필요한 공간정보를 생산 또는 관리하는

---

79) 2005.5.31 법률 제7538호로 제정. 현 법 시행 2010.3.17, 법률 제10087호, 2010.3.17 일부 개정.
80) 2009.2.6 법률 제9440호로 제정. 현 법 시행 2009.8.23, 법률 제9705호, 2009.5.22 타법 개정.

관리기관의 장에게 자료의 제출을 요구할 수 있으며, 자료제출요청을 받은 기관의 장은 특별한 사유가 없는 한 자료를 제공하도록 하였다. 그리고 제26조에서 공간정보의 공개에 관하여, 제27조에서는 공간정보의 복제 및 판매 등에 관하여 규율하고 있다.

상기 법률 제2조에서 정의한 공간정보가 우주에서의 인공위성으로 촬영된 자료도 포함하는지 불확실하나, 동 법 시행령[81] 제15조(기본공간정보의 취득 및 관리)는 제3항에서 정사영상을 "항공사진 또는 인공위성의 영상을 지도와 같은 정사투영법으로 제작한 영상을 말한다"라고 설명하면서, 주요 공간정보의 범주에 포함하였다. 이러한 공간정보는 시행령 제22조에 따라 공개목록을 해당기관의 인터넷 홈페이지와 법 제18조에 따라 설치된 국가공간정보센터를 통하여 공개하도록 하였다.

우리나라의 원격탐사위성 자료를 언급할 때, 2006년 발사된 다목적 실용위성인 아리랑 2호와 2010년 6월 발사된 통신해양기상위성인 천리안, 그리고 2012년 5월 발사된 다목적 실용위성 아리랑 3호 등 모두가 한국항공우주연구원(KARI)에 의해 운용되며, KARI는 교과부의 지휘·감독을 받기 때문에, 관심의 대상은 교과부와 KARI로 좁혀진다. 국가공간정보관리에 관한 법률이 2009년에야 제정되었고 제정 배경이 주요도시의 지하공간에 관한 지도가 부재하여 거리를 파헤치는 공사 시, 상·하수도 및 가스관 폭발 등의 사고가 발생하여서라는 점을 감안할 때, 위성정보는 현재 교과부의 형식적인 지휘·감독하에 KARI가 주로 관리하고 있는 형편이다.

KARI는 아리랑 2호의 발사를 앞두고 다목적 실용위성 촉진위원회 안건으로, "다목적 실용위성 2호 위성영상자료 배포·활용계획(안)을 2004.5.13. 제안하였으며 촉진위원회에서 의결하였다.[82] 동 영상자료 배포·활용계획은 아리랑 2호의 임무로서 GIS자료 구축, 국토개발정밀자료, 수질/연안오염관측으로 하되, 운영에 있어서 수요기관으로 표현된 국방안보 관련기관 등이 주 수신으로, KARI를 부 수신으로 하였지만, 대외에 공개할 수 있는 국토관리, 학술연구 등 공익목적의 영상수요는 한국지구관측센터가 배포하는 영상을 제외하고는 KARI가 수신·배포를 담당하고 있다.

영상배포의 수신·배포를 상업적 판매로 연결할 경우 정부의 모든 관련기관 중에서 이를 수행하는 곳은 KARI밖에 없고, 위성을 직접 통제하기 위한 지시 명령어 조작도 KARI가 담당하는 관계상 KARI가 위성의 운용기관으로서 중요한 역할을 하고 있다.

---

81) 시행 2010.10.1 대통령령 제22424호.
82) 의안번호 제133호로 당시 KARI 원장인 채연석이 제안자.

4.2. 문제점

위성시스템을 관제하고 판매하는 데 있어서 수립하여야 할 소프트웨어적 체제는 운용목적과 운용철학 및 운용방식의 내용이다. 현재 존재하는 국내법과 관련 부처의 훈령 내지 규정, 연구기관의 요령 등은 큰 차원에서의 운용목적과 운용철학을 포함하고 있지 않다. 이는 결론에서 다루기로 하고 여기에서는 교과부가 운용방식으로 마련한 보다 하위개념으로서의 위성정보의 보급 및 활용규정[83]과 위성정보 보안관리 규정[84]을 살펴본다.

첫째, 위성정보의 보급 및 활용규정은 우주개발진흥법 제17조에 따라 교과부가 개발한 인공위성 정보를 단순히 보급·활용하기 위하여 필요한 사항 기술을 목적으로 하면서 제4조에서 위성정보 활용 촉진위원회를 구성하였다. 상위개념인 운용목적과 철학이 부재하여서인지 동 위원회의 위원장은 교과부 고위공무원단 소속 누구나 담당할 수 있고, 당연직 위원 역시 교과부와 부처 명시가 없이 참여 부처와 수요 부처의 공무원으로 구성한다는 불특정 직위자로 구성하게끔 하였다.

둘째, 규정 제9조는 위성정보의 처리를 언급하면서 위성자료의 요청이 있은 후 어느 기간 내에 처리되어야 한다는 등의 처리시한을 명기하고 있지 않아, 공급자 편의주의 입장에 있다. 이는 캐나다와 독일, EU 등에서 자료 요청 후 30일 내 응신한다는 원칙을 법으로 규정하는 등 선진국들에서 민간 소비자의 편의를 중시하는 것과 대비된다.

셋째, 규정 제15조(수익금의 관리)와 제16조(수익금의 사용)의 내용은, 현재와 같은 수준의 수익금 규모일 때는 문제가 없겠지만, 장래 더 큰 규모의 자금 수입을 염두에 둘 때 보다 체계적인 예산관리가 필요할 것 같고, 수익금의 사용에 있어서는 안목을 넓혀 우주 관련 인문사회 학문(우주법 등)의 발전을 위한 일정한 고려가 필요하다고 본다. 정부가 우주산업을 전략산업으로 육성하면서 대규모 정부예산을 투입하지만, 투입 예산의 결과물 활용을 위한 제도적 장치와 개념이 부족하고 관련 인문사회학 분야에 대한 배려도 없는바, 이는 KARI와 같은 기관을 통하여서 인문사회학 연구를 균형적으로 발전시키고 있는 다른 선진 국가들의 경우와 대비가 된다.

다음으로 위성정보 보안관리규정을 본다.

첫째, 제4조(보안관리책임) ③항에서 "외국의 업체가 참여기관인 경우에는 국내에서 도급을

---

83) 2007.9.28 과학기술부 훈령 제253호로 제정. 2008.7.28 교과부 훈령 제69호로 개정.
84) 2001.3.14 과학기술부 훈령 제71호로 제정. 2010.1.27 교과부 훈령 제159호로 개정.

부여한 자가 보안관리책임을 담당한다"라고 하였는데, 아리랑 2호를 위탁받아 대행 판매하고 있는 프랑스 Spot Image사에 대한 보안대책이 사실상 없다. 현재 위성의 한반도 촬영 자료는 한반도 상공 통과 시, 한국 내 지구국에 download하기 때문에 국내 군사시설 등의 자료를 Spot Image가 취득할 수는 없지만, 국제법과 외교정책상 보호되어야 할 제3국에 관한 위성자료가 무분별하게 공개 내지 남용될 소지에 대한 대책이 있었는지 의문이 든다.

둘째, 제13조에서 국가안전보장 및 외교관계 등과 관련하여, 위성정보를 비공개할 수 있으며 이러한 내용 등을 제11조에서 설치하는 보안업무심사위원회에서 논의하도록 하였는데, 보안은 국정원 소관이라는 과도한 선입견 때문에 균형 있는 운영에 지장을 받지 않나 본다. 이는 보안업무 심사위원회에 외교통상부의 관련 직원이 포함되도록 하는 등의 전문부처 시각을 반영하여 개선하는 것이 바람직하다.

셋째, 제16조에서 위성정보운영시스템 관리를 규정하고 있는데, 가장 중요한 위성관제 지시명령어와 동 시스템보호와 관리에 관한 내용이 없다.

넷째, 자료의 비공개와 제한이 일정한 경우, 즉 제20조, 23조, 24조의 경우에는 공개를 하도록 하는 등, 많은 예외를 허용하고 있기 때문에 자료의 보안성에 대한 인식이 취약할 수 있다.

마지막으로 교과부의 "위성정보 보급 및 활용규정"을 구체 실행하기 위한 KARI의 다목적 실용위성 영상자료 보급요령"[85] 중 문제성 있는 내용을 살펴본다.

첫째, 제7조 2항에서 "영상자료의 사용이 반드시 비영리목적이어야 한다"라고 하였는데 사용자 그룹이 비영리목적으로 제공한 자료가 전달된 다음에 상업적 목적으로 사용되지 않도록 하는 장치와 위반 시의 책임(제8조 ①)이 모호하다.

둘째, 제14조에서 "영상자료를 전자파일형태로 저장매체에 담아 전달한다"고 하였는데, 위성으로부터 직접 수신토록 하는 것을 상정하고 있는 것은 아니다. 이러한 내용은 대행업체가 상업목적으로 판매하는 경우에도 그러한지 여부가 요령 자체만 가지고는 파악이 되지 않는다.

셋째, 제12조에 따라 영상자료를 신청하기 위해서는 사전에 사용자그룹으로 등록하도록 하는 행정규제적 성격이 있어, 가령 미국의 Landsat 자료이용과 달리 불편하며, 자료를 신청한 후, 어느 시한까지는 수령할 수 있다든지 하는 민간편의를 염두에 둔 규정이 없는 것은 행정편의주의적 발상이다.

---

85) 2007.12.5 KARI 규정 제315호로 제정.

4.3. 우리나라의 위성자료관리 및 활용을 위한 개선방안

4.3.1. 우리나라의 국내 우주법 환경

우주산업을 상당한 수준으로 올려놓은 우리나라는 발사체 개발과 독자 기술 확보라는 관문에서 힘을 결집하고 있는 중이다.

우주활동을 통한 국가이익은 군사적 이점은 물론 통신, 방송, 위성항법, 기상관측, 재난대응, 지질과 지형탐사, 국가 자존심, 우주기술의 타산업으로의 파급 등 다양하나 위성항법과 기상관측, 재난대응 등을 위한 위성자료는 국제협력차원에서 무료로 제공되거나 저렴한 경비로 수신활용이 가능하다는 점에서 자체위성을 꼭 보유하여야 할 충분요건을 구성하지는 않는다.

세계 약 200개 국가 중 경제력 규모에서 10위권을 들락거리고 있는 우리나라는 다른 나라와 달리 세계 유일의 분단국으로서 전쟁위협으로 정권유지를 하고자 하는 비정상적인 북한을 마주하고 있는 안보취약의 지정학적 위치에 놓여 있다. 이러한 상황에서 우리 국가자원의 상당부분은 국방과 안보 그리고 외교정책을 수행하는 데 우선적으로 투입되어야 하며, 우주활동에 있어서도 예외가 아니다.

한 분야의 산업과 활동을 규율하는 법은 산업 현실을 뒤따라가는 경우가 대부분이지만, 전략적으로 산업진흥차원에서 법을 먼저 제정하는 경우도 드물지 않다. 미국의 국가항공우주법이 그러하고 2005년 제정된 우리나라의 우주개발지원법도 그러하다.

입법을 함에 있어서 우리의 분야별 전문성과 참을성 부족 때문에 때론 졸속의 성급한 제정이 있게 되는데, 우주개발지원법도 이러한 카테고리에서 벗어나지 못하고 있다.[86] 모법이 법률제정에 참여한 관련 전문가들의 작품임을 감안할 때, 법률이 잘못되었을 경우 이를 집행하는 인사들이 법률제정 시에 사고했던 틀에서 벗어나지 못한 채 이행을 위한 하위 대통령령과 규정 제정시에도 잘못된 틀을 깨지 못하고 갇혀버리는 결과가 된다.[87]

우주활동에 있어서 원격탐사는 안보와 외교정책 수행에 매우 유용한 자료를 제공하는 한편, 지질조사, 석유탐사, 도로공사, 환경관측 등 상업적 용도로 영상자료를 판매할 수 있는 기술이기도 하다. 따라서 이미 살펴본 미국 등 6개국은 우주에서의 위성 원격탐사 영상자료의 시스템 구축과 이에 따라 구득하게 되는 자료의 가공, 배포, 저장, 판매 등에 관하여 국내법 내지는 관계 장관들이 관여하는 국내정책으로 명확히 규율하고 있다.

---

86) 2010.10.29 한국항공우주법학회 추계 세미나(경희대 법학전문대학원 건물에서 개최)에서의 "한국기본우주법제정 필요성" 제하 필자의 발표문 참조.
87) 이러한 틀을 혁파하기 위하여 새로운 외부 제3자 전문가의 평가와 참여가 필수적임.

4.3.2. 학습대상 주요국가의 원격탐사자료 규정 요지

미국은 국내법과 대통령의 결정지침(PDD)으로 1980년대부터 원격탐사위성 규율체제를 도입하였으나, 이는 세계 최초의 Landsat 1 위성이 1972년 발사된 후 우여곡절 속에 10년 이상이 경과한 후에야 가능하였다. 그러나 관련 국내법의 내용은 1967년 외기권조약을 반영하면서, 국가안보와 외교정책적 요소를 감안한 것이며, 위성자료를 비차별적으로 누구에게나 실비 이하일 수 있는 COFUR 가격으로 일정한 시한 내에 제공토록 한 것이 장점이다.

캐나다와 영국은 원격탐사 위성시스템 허가가 국가안보와 외교정책을 감안하여 발부되어야 한다는 인식하에 외교(통상)부 장관에게 인가권을 부여하였으며, 특히 원격탐사자료에 관한 독립법을 가지고 있는 캐나다는 미국과의 안보협력에서 오는 표준을 공유하면서, 전문적인 내용으로 훌륭히 규율하고 있다.

Rapid Eye 등 원격탐사위성산업이 활발한 독일은 원격탐사자료의 보안에 크게 신경을 쓰면서 민·관 협력(PPP: Public-Private-Partnership) 산업으로 원격탐사시스템을 구축한 것과 이에 참여하지 않은 국방부 등 안보부처가 영상자료를 구입하여 사용한다는 특징이 있다.

현재 별도의 입법을 하지 않는 일본은 ALOS-1을 제외하고는 원격탐사위성을 보유하고 있지 않는바, 해외 원격탐사 위성자료 판매에 여러 국내 회사가 개입하고 있다. 2008년 기본우주법을 제정한 일본은 증가일로의 상업적 위성활동 등을 규율하기 위하여 이내 우주활동법 제정 작업에 들어갔는바, 동 법안이 2010년 초 완성된 후 아직까지 국회의 통과를 기다리고 있다. 동 우주활동 법에도 원격탐사에 관한 내용이 누락되어 있는 일본은 업계의 독자 법 제정요청도 수용하지 않은 채, 정부각료들이 승인한 지침으로 규율하고 있다. "중요조치들" 등의 지침내용은 지구환경 관측을 중시하고 실시간 자료를 제공토록 한 것이 특징이다.

EU도 GMES 위성시스템을 통해 환경관측을 중시하고 있다. 이러한 세계 환경 관측은 기상관측을 하는 위성시스템과는 별도로 진행하는 것이다. EU의 EUMETSAT[88]과 미국 NOAA에서 관리하고 있는 기상관측 위성업무는 후자에 속하면서 실시간 기상예보에 집중하는 것이다.

해상도 1m 미만의 위성정보도 제공하는 기술을 가지고 있는 ImageSat international[89]이 운용하는 EROS는 이스라엘 정부를 첫 고객으로 영상자료를 공개시장에서 판매하고 있다. 인접 아랍제국과 적대관계에 있는 이스라엘은 인접 아랍국이 러시아 등 우주기술 대국으로부터 자국영토에 관한 고급영상자료를 반입할 수도 있다는 전제하에 이로부터 아랍 국가들의 영토를 대상으로

---

88) European Organization for the Exploitation of Meteorological Satellites로서 1983년 유럽 국가들을 회원으로 하여 설치된 위성 기상 정보 공유를 위한 정부 간 지역 국제기구임.

89) 이스라엘의 민간자본으로 설립된 이스라엘 소재 민간 위성정보제공 업체로서 EROS A와 B의 위성을 운용하면서 원격탐사 영상자료를 판매함.

한 고해상도 영상자료를 충분히 공급받고 있는 실정이다.

4.3.3. 개선방안

입법이라는 것이 무릇 정치적 의지의 표현이라고 볼 때, 정치적 의지를 형성하게 한 가치판단 내지 철학이 법률 속에 용해되기 마련이다. 이러한 철학이 입법목적 달성을 위한 방법과 절차에도 영향을 끼칠 수 있음은 물론이다.

우리나라의 경우 1987년 항공우주산업개발촉진법(항촉법)을 제정하면서 국내법에 처음으로 우주라는 표현을 사용하였지만, 이때의 법률 제정 목적은 항공산업 육성차원에서 항공과 우주산업의 연관성을 감안하여 우주를 표현한 것에 지나지 않으며, 우주기술 활용측면에서의 원격탐사를 염두에 둔 것은 더군다나 아니었다. 원격탐사를 염두에 두고 제정된 우주관련 국내법은 2005년 제정된 우주개발지원법이다. 국가기본우주법 형태로 만드는 것이 목적이었다는 동 법은 유감스럽게도 항촉법과 일부 중복되는 규정을 하면서 일본 법에서 자주 등장하는 기본계획 수립과 관련위원회 구성, 그리고 관련 중앙부처의 규제와 지휘권을 답습하고 있다. 그러면서 당시 국제사회에서 한창 논의 중이었던 "발사국(launching State)"의 개념문제[90], 우주조약의 결함으로 지적되고 있었던 우주물체 등록의 문제[91] 등을 국내법에 반영하면서, 국내법 차원에서라도 이를 명확하게 하여야 하였음에도 불구하고, 이를 도외시한 채 1967년 외기권조약과 1975년 등록협약상 기본적 의무인 우주물체의 국가 등록 기관설치 등도 누락하였다. 원격탐사와 관련한 우주산업에 있어서는 일본이 선도국이 아니며, 입법에 있어서는 더욱 아닌 국제현실을 감안할 때, 일본의 법규에 관련내용이 없기 때문인지 우리나라의 우주개발기본법은 원격탐사를 제대로 규율하는 내용이 없는 셈이다. 이러한 상황은 우주기술 중 상업화가 먼저 진행될 원격탐사와 관련한 법률이 미비하게 된 결과를 가져왔을 뿐만 아니라, 뒤에 생성되었을 수도 있는 국정철학이나 국가정책도 결여되게 하였다.

법령과 국가정책이 부재한 가운데, 국가의 대규모 투자를 요하는 원격탐사위성 발사와 운용체제가 교육과학기술부의 "훈령"과 한국항공우주연구원의 "요령"으로 갖추어지게 된 것은 원격탐사 위성시스템의 운용목적과 철학에 대한 국가적 합의가 없었다는 이야기가 된다. 그런 가운데, 부차적인 운용방식을 위주로 훈령과 요령이 다루고 있으니 몸체는 제대로 갖추지 못한 채, 꼬리 모습만 보이는 동물의 형상과 다를 바 없다. 이를 정리하면 다음과 같다.

---

90) 유엔총회는 2004.12.10 채택결의 59/115 "Application of the concept of the launching State"로 개념을 정리하였음.

91) 유엔총회는 2007.12.17 채택결의 62/101 "Recommendations on enhancing the practice of States and international intergovernmental organizations in registering space objects"로 가능한 한 조화를 모색하였음.

첫째, 우리나라는 벌써 3개나 되는 원격탐사 위성을 소유하고 있으나 동 위성들에서 구득되는 귀한 자료를 어떠하게 효율적이고 국민 전체 이익의 극대화 방향으로 사용한다는 법률규정이 없을 뿐만 아니라 이에 관한 정부지침을 정부정책으로 표명한 바도 없다. 법률이라는 것이 선제적으로 도입될 상황은 아니었지만, 아리랑 2호가 한창 활동 중에 있고, 2010년 6월 천리안 위성과 2012년 5월 아리랑 3호의 발사가 성공적인 후 2013년까지 아리랑 위성 5호, 그리고 3A가 추가로 발사될 상황에서 법과 정책의 미비에 직면하였다. 관련 내용을 현재와 같은 교육과학부 규정과 KARI의 요령으로 처리한다는 것은 위성 하나를 제작·발사하는 것이 수천억 원이 소요되는 국가적 사업임을 감안할 때, 국책업무를 제대로 관리·규율 하는 방법이 아니다. 이는 수년 내에 조 단위의 누적 자산이 될 원격탐사 위성군(constellation)을 염두에 둘 때 더욱 그러하다.

둘째, 돈이 있는 곳에 산업이 있고, 산업이 있는 곳에 법이 있어 질서를 유지시켜 주어야 한다는 관점에서도 상업적 거래가 되는 원격탐사 위성시스템을 규율하고 관리하는 내용으로 독자적인 법률을 제정하든지 또는 우주활동법[92]을 별도 제정하여 현존하는 3개[93]의 우주관련 국내법을 모두 정비하면서 원격탐사활동도 포함시킬 필요가 있다. 이것이 시간을 요한다면 우선 국가정책으로 관련 사항들을 공식 표명하는 형식을 취하는 것이 필요하다. 이를 다루는 데 있어서 장래 상업적인 원격탐사 활동의 시장규모가 대폭 증가[94]할 것에 대비하여 우리나라의 위성 영상자료의 대외판매뿐만 아니라 외국 위성자료의 상업적 수입도 염두에 둔 입법을 하여야 한다.

셋째, 여러 선진국의 예에서 보았듯이 원격탐사활동을 규제하는 주요목적은 국가안보와 외교정책이다. 현재 우리의 원격탐사 운용실태는 다 알 만한 내용을 명문화만 시키지 않은 채 안보 측면으로는 충분히 활용하고 있지만, 외교 정책적 수단으로 이용하고 판단하는 요소는 전무하다시피 되어 있다. 이는 시정되어야 할 사항으로서 새로 제정되는 또는 개정되는 법령에 외교 정책의 내용이 제대로 반영되어야 하며, 원격탐사 자료의 운용에 있어서 외교통상부의 참여를 명문화할 필요가 있다.

넷째, 방어적인 의미에서의 국제협력이 중요한바, 이를 상위규범이나 정부정책에서 보다 구체적으로 명기하면서 강화하여야 한다. 그 이유는 우리가 아무리 우리나라 군사시설 등에 대한 위성자료의 보안을 강화한다 하더라도, 러시아나 중국이 자체 원격탐사 내지 스파이 위성을 이용하여 이들 자료를 북한 등 적대국가에 인도할 경우, 우리의 위성자료 보안업무는 아무런 의미가

---

92) 세계에서 가장 충실한 국내 우주법은 1998년 제정된 호주의 우주활동법(Space Activities Act of 1998)임. 일본이 이를 모방하여 2010년 초 우주활동법안을 완료하였으며, 독일은 우주활동법의 제정 중에 있음.

93) 1987.12.4 법률 제3991 제정 항공우주산업개발촉진법, 2005년 우주개발지원법, 2007년 우주손해배상법.

94) Euroconsult사는 위성 영상자료의 상업적 판매가 2007년 이래 매년 27% 증가하였으며 2009년에는 11억 불에 이르렀다고 추산하고 있음. Aviation Week & Space Technology, 2010.10.4일자 p.77.

없어지고, 국가안보에 영향을 미치기 때문이다.

다섯째, 적극적인 의미에서의 국제협력도 중요하다. 우리는 이미 미국과 긴밀한 동맹관계를 이용하여 국가안보에 긴요한 자료를 공급받고 있다. 이러한 협력은 더욱 긴밀하여져야 하며 다른 한편 일본과 같이 북한의 위협에 처하여 있는 나라와 공동입장에서 국가안보를 위한 위성자료 교환협력을 함과 동시에 기상관측 위성협력을 긴밀히 하는 것은 모두에게 이로운 윈-윈 전략이 된다.

마지막으로 위와 같은 개선방안을 수립하는 데 있어서 행정편의적인 발상을 불식시켜야 한다. 행정규제와 투명성 부족에서 안주하고자 하는 의식을 제거하여야 행정서비스 수혜자인 국민에게 이로운 결과가 가며, 이렇게 하는 것이 선진 강국으로 가는 길이면서 북한의 위협에 대처하는 최대의 국가적 자산이 되기 때문이다. 이는 달리 말하여 위성 자료는 규제보다는 미국과 같이 가능한 한 공중에게 모든 자료를 개방하는 방안으로 법과 정책을 수립하고 이를 실제 가능하게 하는 행정을 시행하여야 국가 경쟁력을 강화할 수 있다는 것이다.

우주법의 기타 문제

제 10 장

우주법의 기타 문제

1. 우주에서의 군축(PAROS)

1967년 외기권조약은 제4조에서 핵무기와 대량살상무기를 지구 궤도에 존치(place)할 수 없고 천체와 우주에 여사한 무기를 설치하거나 주재(station)시킬 수 없다고 규정한다. 그러나 그렇지 아니한 무기들은 규제를 받지 아니한다. 요즈음 많은 첨단 시설과 첨단 무기가 위성의 자료와 신호를 받아 가동되고 정교한 활용의 효과를 누리게 되기 때문에 적대 관계에 있는 국가가 소유하는 여사한 위성을 파괴할 경우 전쟁에서 우위를 점할 수 있다. 또 외기권조약이 이를 규제하지는 않지만 여사한 위성을 파괴하는 것은 핵무기 등 대량살상무기를 통하여서가 아니고 평시 평화적 목적으로 위장한 위성에서 레이저로 또는 동 위성을 돌진시키는 방법으로 적대국의 중요한 위성을 파괴할 수 있겠다. 또 차기 전쟁의 승패는 위성의 활용에 크게 의존할 것이나 이점에 있어서 현재의 국제법 규정은 미비하다.

1963년 핵실험금지협약[1]은 우주에서의 핵실험 금지를 금하고 있으나 상금 우주에서의 핵실험은 없었다.

이러한 상황에서 우주는 인류의 공동유산이며 외기권조약 제4조 후단에서 규정하고 있는 바대로 평화적 목적으로만 이용되어야 한다[2]는 내용을 구체적으로 실천하기 위한 우주에서의 군축(Prevention of an Arms Race in Outer Space: PAROS)을 논의하고자 하는 국제사회의 관심은 1985년부터 1994년까지 군축회의(Conference on Disarmament: CD)에서 표출되어 CD는 10년간 매년 임

---

1) 1963.8.5 체결, 1963.10.10 발효한 The Treaty Banning Nuclear Weapons Tests in the Atmosphere, in Outer Space, and Under Water를 말하는 것으로서 약칭 Partial Test Ban Treaty라고도 함. 489 U.N.T.S. 43.

2) 외기권조약 전문(preamble) 4번째 문단과 우주에서의 법적 원칙에 관한 1963년 유엔총회 채택 결의 1962호의 4번째 문단 모두 우주의 평화적 이용을 언급하고 있는 바, 미국을 시작으로 일부 국가는 평화적 이용의 의미를 공격적(aggressive) 의미와 군사적(military) 이용의 의미로 분류하여 공격적이 아니면 된다는 해석을 하였고 나중에 소련도 이에 동조하였음. 그러나 Lachs 판사는 유엔헌장상 무력 사용이 금지되고 있는 것을 감안할 때 조약 제정자들이 비공격적 의미로서의 평화적 이용만을 뜻하였다면 외기권조약 등의 문서에서 유엔헌장 등 국제법을 적용한다고 하는 표현만으로서 충분하였을 터이니 평화적 이용이라는 언급을 할 필요가 없었을 것이라면서 평화적 이용은 비군사적 이용까지도 의미한다는 입장임. 또 동 인은 1959년 남극조약 제1조 1항이 평화적 목적(peaceful purposes)이라고 표현한 것은 모든 군사적 성격의 조치도 배제하는 것이라고 해석하였음. M. Lachs, The Law of Outer Space, An Experience in Comtemporary Law-Making, Martinus Nijhoff, Leiden, 2010, p 98.

시위원회(*ad hoc* committee)를 구성하여 우주에서의 군축을 논의하였다. 그러나 1995년부터는 미국의 반대로 CD에서의 동 건 토의를 위한 위원회 구성이 불가한 가운데 유엔총회에서는 1982년부터 약 30년간 매년 우주에서의 군축(PAROS)에 관한 결의를 대다수 찬성으로 채택하고 있다. 동 유엔총회의 결의 내용은 우주에서의 군축에 관한 법적 장치가 필요하고, 동 건 토의의 적소인 CD가 즉시 동 건 토의 작업반(working group)을 구성하여 논의를 재개하도록 촉구하는 것이다. 많은 결의들이 컨센서스로 채택되는 데 비하여 우주에서의 군축에 관한 결의안은 제출될 때마다 투표에 회부되어 표결되는데 다수 내지 거의 대다수가 찬성을 하는 반면 1984년 제39차 유엔총회 시부터 2011년 제66차 유엔총회 시까지 미국은 반대 4번을 하고 나머지 경우에는 모두 기권을 하였다. 그런데 동 결의에 대한 기권과 반대는 극소수이며 미국과 이스라엘의 전용물로서 인식이 될 정도로 두 나라가 외톨이 투표 형태를 보이는 것이 특기할 만하다.[3]

상기 상황에서 러시아와 중국은 2008년 2월 CD에서 "우주에서의 무기 배치와 우주물체에 대한 위협과 무력사용 금지에 관한 조약(PPWT)안"[4]을 공동 제출하였으나 미국은 예상한 대로 우주의 군사적 또는 첩보이용을 금지하는 것에 반대한다는 입장을 반복하면서 러시아와 중국의 제안을 거부하였다.[5] 미국이 PPWT안을 반대하는 이유는 위협(threat)에 대한 정의가 없고 우주에 무기를 존치(placing)하지 않는다는 것을 검증할 수가 없으며 2007년 중국이 자국 위성을 지상에서 요격하여 파괴한 ASAT(Anti-satellite weapon)로서의 미사일 등의 지상 무기와 우주 무기를 연구, 개발, 저장하는 것을 금하고 있지 않기 때문에 동 조약의 목적을 무력화시키는 조약 위반이 우려된다는 것이다. 그러나 미국의 보다 큰 관심사는 새로운 우주 조약이 자국의 방위 이익에 장애를 주지 말아야 하고 기존 군축 협정에 연계하여 미국을 구속하지 말아야 하는 것이다. 이 결과 우주에서의 군축에 있어서 표면적으로는 러시아와 중국이 평화 전도사 역할을 하는 국가로서 미국을 압박하고 미국은 국제사회에서 우주에서의 군사 우위를 유지하려는 군사대국의 야심이 있는 국가로 투영되고 있다.

---

3) 가장 최근인 제66차 유엔총회에서의 동 건 결의 66/27 Prevention of an arms race in outer space는 찬성 176, 반대 0, 기권 2(미국과 이스라엘)로 채택되었는바, 내용은 부록 참조.

4) Draft treaty on the prevention of the placement of weapons in outer space and of the threat or use of force against outer space objects(PPWT)로서 2008.2.29자 CD문서 CD/1839 참조.

5) CD 앞 미국 Christina Rocca 대사의 2008.8.19자 서한.

2. 우주쓰레기

우주활동의 장기전망을 볼 때 큰 문제 중의 하나는 점증하고 있는 우주쓰레기이다. 인간이 만든 물체로서 더 이상 작동하지 않는 우주물체와 동 파편이 지구궤도에 잔류하거나 또는 지상으로 떨어지는 물건으로 정의된 우주쓰레기는 자연 생성되어 있는 쓰레기와 함께 인류의 우주활동에 위험한 요소이다.

2012년 2월 현재 10cm 이상 크기 물체가 약 21,000개나 되고 1mm 이상 크기로 확대할 때 수천만 개가 되는 우주쓰레기[6]는 소재 궤도위치에 따라 초속 1 내지 14km로 이동하기 때문에 지구궤도에서 가동 중인 인공위성과 충돌할 때 위험한 결과를 초래한다. 이 문제를 해결하지 못할 경우 각 부분에서 활용하고 있는 인공위성이 위협받게 되며, 우주기술 활동 확대에도 지장을 주게 된다.

그런데 최근 3년간 우주쓰레기를 대규모로 유발시킨 우주물체의 파괴가 3번이나 발생하였다. 두 번은 고의로, 마지막 한 번은 사고였는데 그 내용은 다음과 같다.

2007년 1월 중국은 자국 폐기 기상위성 FY-1C를 865km 상공에서 중거리 탄도 미사일에 탑재한 무기(Kinetic-kill Vehicle: KKV)로 파괴하였는바, 이는 1987년 이래 미국과 소련/러시아가 위성격추 무기(Anti-Satellite Weapon: ASAT)의 실험유예를 흔들 수 있는 일이었다.[7] 중국의 자국 위성 파괴는 지구 저궤도의 쓰레기를 20% 정도 증가시키는[8] 처사로서 역사상 가장 큰 우주쓰레기 증가가 될 뿐 아니라 이들 쓰레기들이 수십 년간 또는 수백 년간 지구궤도를 돌면서 우주활동을 위협한다는 문제가 있다.

2008년 2월 미국은 작동불능의 군사위성 USA-193의 미 소진 연료를 제거하기 위하여 미국 군함으로부터 SM-3 미사일을 발사하여 247km 상공에 있는 군사위성을 파괴하였다. 미국은 동 조치를 취하기 전 1967년 외기권 조약 제11조에 의거하여 사전에 그 이유와 과정을 유엔사무총장과 국제사회 등에 통보하였고, USA-193의 파괴 수주 이내에 모든 우주쓰레기가 지구 대기로 진입하여 우주쓰레기 문제가 없다는 것은 중국의 위성파괴와 크게 대비가 되는 것이다. 미국은 또한 위성 파괴와 관련하여 후술하는 IADC[9]와 COPUOS의 Space Debris Mitigation Guidelines를 이행

---

6) 유엔문서 2010.2.8자 A/AC.105/C.1/2010/CRP.3, p. 7; A Lukaszczyk, International Code of Conduct for Outer Space Activities vis a vis Other Space Security Initiatives, World Space Risk Forum, Dubai, 2 Mar. 2012. Lukaszczcyk는 발표문에서 10cm 이상 크기 21천개의 우주쓰레기의 40%는 더 이상 작동이 되지 않는 인공위성이고 나머지 55%는 이들 위성의 조각들이라고 함.

7) Setsuko Aoki, "Space Arms Control: The Challenge and Alternatives", Japanese Yearbook of International Law, No. 52(2009), pp.210-211.

8) 상동.

9) Inter-Agency Space Debris Coordination Committee의 두문자로서 우주활동을 하는 11개국의 우주청과 ESA가 참여한 가운데 우주쓰레기 경감을 협의 조정하는 정부간 협의체 포럼임. 후술함.

한 것으로 알려져 있다.

2009.2.10. 미국의 상업통신위성 Iridium 33이 러시아의 폐기위성 Cosmos 2251과 시베리아 북쪽 상공 785km 지점에서 충돌하여 쓰레기 구름이 200 내지 1700km까지 일어났으며 10cm 이상의 쓰레기가 만 약 1,500개나 발생한 사고가 발생하였다. 이는 중국위성의 파괴 지점과 비슷한 지역에서 발생하면서 중국위성 파괴와 함께 쓰레기 양을 25%나 증가시켰다고 평가되며 우주쓰레기는 정말 심각한 문제로 부각되었다.[10]

위와 같은 우주쓰레기 문제는 일찍이 우주대국과 우주관련 국제기구에서 그 심각성을 인식하여 이에 대처하는 방안을 강구하였다. 그런데 대처하는 방안이 국가별 그리고 이를 심의한 국제기관 별로 제시되어 현재 4종류의 지침이 존재하는바, 이는 IADC(Inter-Agency Space Debris Coordination Committee로서 후술함) Space Debris Mitigation Guidelines, COPUOS Space Debris Mitigation Guidelines, European Code of Conduct for Space Debris Mitigation, 그리고 주요 우주대국의 국내 지침이다. 유럽 각료이사회가 2008년 승인한 유럽의 Code of Conduct는 프랑스의 지침에 연유하고 있음을 감안하여 유럽연합(EU)의 내용 대신 국제표준기구(ISO)의 내용을 살펴본 후 유럽의 내용은 프랑스 지침 설명 시 간략 언급하는 순서로 각기 다음과 같이 기술한다.

2.1. IADC Space Debris Mitigation Guidelines

IADC는 인공 또는 자연 운석 등 우주에 존재하는 쓰레기 문제에 관련하여 서로의 활동을 조정하고자 하는 포럼으로서 국가 또는 국제 우주기관들이 참여한다. 11개국의 우주 담당기관과 ESA 등 총 12개 기관이 참여하고 있다.

IADC의 주된 목적은 우주쓰레기 문제에 있어서 현 상황과 향후 대처방안에 대한 협의와 협력 체제를 구축하기 위하여 1993년에 설립된 포럼이다. 1개의 조정그룹(Steering Group)과 4개의 작업반(Working Group)으로 구성되어 지구궤도상 우주쓰레기 문제 파악과 대처에 관한 사안을 협의하면서 상호 정보교환을 하는 한편 COPUOS 과학기술소위의 요청에 따라 COPUOS에도 유용한 정보를 제공한다.

IADC 활동 중 하나는 우주발사체와 인공위성을 설계하는 것과 제작 시부터 물체가 분리되어 쓰레기화되는 것을 방지하는 우주쓰레기 경감 조치를 권고하는 것이다. IADC는 2002년 10월 현존하는 관행, 표준, 규준(codes), 핸드북 등 일련의 우주쓰레기 경감을 위한 기본적인 요소들을 취

---

10) 2009. 10. 16 한국항공대학교 개최 제43회 국제항공우주법 회의 시 발표한 캐나다 맥길대학교 Ram Jakhu 교수의 "Question of Liability in Cosmos 2251 and Iridium 33 Collision in Space".

합하여 Space Debris Mitigation Guidelines로 공식 채택하였다. 2년 뒤에는 동 Guidelines의 이행을 위한 기술적 배경, 당위성(rationale)과 안내(guidance) 내용 등을 Support to the IADC Space Debris Mitigation Guidelines로 발간하였다.

IADC Guidelines의 핵심은 다음과 같다.

① 우주물체가 궤도에서 쪼개어질(breakups) 가능성을 최소화하기 위하여
 - 저장된 에너지로부터 유발하는 위성 임무 후의 breakups를 최소화
 - 작동단계 중 breakups를 최소화, 그리고
 - 의도적인 파괴나 여타 위해한 활동을 회피하는 내용
② 위성의 임무 종료 후 다음 장소, 즉
 - 지구동기(또는 지구정지궤도) 구역
 - 지구저궤도(LEO) 지역을 통과, 또는
 - 여타 궤도에 적용할 내용
③ 궤도상 충돌 방지이다.

2002년 IADC Guidelines는 2007년 9월에 갱신되었다.

2.2. COPUOS의 Space Debris Mitigation Guidelines

COPUOS가 1999년 우주쓰레기에 관한 기술 보고서[11] 발간 후 우주쓰레기 환경이 우주물체에 위험을 줄 수 있다는 데 경각심을 갖기 시작하였다. 더구나 증가하는 우주쓰레기 문제를 다루기 위하여 과학기술소위는 2003년 우주쓰레기 작업반을 설치하여 IADC의 Guidelines 내용과 개념에 근거하되 우주에 관한 유엔조약과 원칙들을 고려한 권고 가이드라인을 작성토록 하였다.

이 결과 IADC 가이드라인보다 기술적으로는 덜 엄격하면서 우주물체의 임무와 경비효율을 이유로 한 예외도 허용하는 내용으로 권고 성격의 COPUOS 가이드라인이 2006년 2월 과학기술소위의 작업반에서 채택되었다. 이는 1년 후인 2007년 과학기술소위에서 채택된 후 동년 6월 COPUOS 본회의에서 승인(endorse)되고 2007년 말 유엔총회결의 62/217(2008.1.10자)로도 승인되었는바, Space Debris Mitigation Guidelines of the Committee on the Peaceful Uses of Outer Space의 내용은 부록과 같다.

---

11) 추후 Rex Report라고 불려지는 Technical Report on Space Debris를 말하는바, 유엔문서로 발간된 A/AC.105/720, UNITED NATIONS PUBLICATION Sales No. E.99.I.17.

2.3. ISO

국제표준화기구(International Organization for Standardization: ISO)는 IADC, ITU[12) 및 UN의 우주쓰레기 경감 가이드라인을 활용표준방식으로 이행하기 위하여 2003년 궤도쓰레기 조정 작업반 (Orbital Debris Coordination Working Group: ODCWG)을 설치하였다.

ISO는 IADC나 유엔 가이드라인을 이행하기 위한 입법조치를 취하지 아니한 국가들이 우주물체를 설계, 제조하거나 구입할 때 이들 가이드라인을 확인 가능한 내용으로 표준화시킬 필요성에 부응하여 자체 가이드라인을 작성하였다. 이에 따라 ISO 24113: Space System-Space Debris Mitigation으로 명명된 문서에 최상 수준의 우주쓰레기 경감 방안들을 수록하였으며 여타 다수 문서를 작성하여 무인 우주선, 궤도수명 결정, 지구정지궤도에서 작동 중인 위성의 처분 등에 관한 표준을 포함시키고 있다.

2.4. 주요 우주선진국의 우주쓰레기 처분

2.4.1. 미국

미국의 항공천문연구원(American Institute of Aeronautics and Astronautics)은 1981년 우주쓰레기에 관한 문서를 처음 발간하였다. 연후 IADC와 UN COPUOS도 우주쓰레기 문제에 관심을 갖게 되었다.

1995년 NASA가 우주청으로서는 세계 최초로 궤도 쓰레기 경감 절차에 관한 포괄적 내용을 발표하였다. 그 후 NASA와 미 국방부 등 우주관련 업무를 하는 국내기관들이 주도하여 부처 간 작업반을 구성한 다음 미국 내와 우주 사업을 하는 외국 및 국제기구들이 같이 작업하여 궤도 쓰레기를 최소화하는 가이드라인을 작성토록 촉구하였다. 한편 미국 국내 작업반은 1997년 미국 정부 궤도 쓰레기 경감 표준관행(US Government Orbital Debris Mitigation Standard Practices)을 작성하였는바, 이는 미국 정부가 운용하고 조달하는 위성과 발사체 등 우주물체에 적용하기 위한 것이다. 이울러 NASA는 1995년에 만든 원래의 NASA Safety Standard(NSS) 1740.14를 개선하여 2007년 NASA Standard(NASA-STD) 8719.14로 작성하였다.

상업 우주발사와 궤도 재진입에 대한 허가권을 가지고 있는 연방항공청(Federal Aviation Administration: FAA)을 통하여 미국 교통부도 우주쓰레기 경감 문제에 관여하고 있다. 미국 정부용 위성이 아닌

---

12) ITU에서는 권고문 형식으로 우주쓰레기 문제를 취급하고 있으나 미미하게 다루고 있는 관계상 별도 항목으로 설명하지 않겠음.

위성의 무선 주파수 허가권을 가지고 있는 연방통신위원회(Federal Communication Commission: FCC)도 1990년대에 우주쓰레기 경감 문제를 다루기 시작하였는데 처음에는 케이스별로 관여하다가 나중에는 쓰레기 경감원칙 채택을 통하여 관여하고 있다.

FCC는 NASA의 안전표준, 미국정부 궤도쓰레기 경감 관행, IADC 가이드라인 등에 근거하여 2004년 쓰레기경감규정집을 채택하면서 수명을 다한 위성은 에너지 소스를 모두 제거한 후 "수동화(passivate)"시킬 것과 IADC 가이드라인에 따라(단, 2002.3.18. 이전 발사 위성은 예외) 지구정지궤도위성을 폐기할 것을 요구하고 있다.

2.4.2. 캐나다

무선통신법(Radio Communication Act)상 산업부장관이 위성 운용업자에 대한 허가를 내어줄 때 부과하는 조건을 통하여 우주궤도 쓰레기 경감을 하고 있다. 2007년 발효된 원격우주탐사체제법(Remote Sensing Space Systems Act)에서도 원격탐사위성의 처리 요건을 위성사업자 허가 부여의 조건으로 내걸고 있다.

지구정지궤도위성의 쓰레기 경감에 있어서는 위성의 수명 종료 시 지구정지궤도 환경보호에 관한 권고 ITU-R S1003에 의거하여 지구정지위성궤도 지역으로부터 제거되어야 한다. 캐나다 정부는 위성사업자가 사업 신청 시 ITU 권고에 추가하여 IADC와 COPUOS의 가이드라인에 부합할 것을 요구하고 있는데 장래에는 우주쓰레기 문제에 관한 포괄적 접근 방법을 협의하고 발전시킬 계획이다.

캐나다우주청(Canadian Space Agency: CSA)은 산업장관을 도와 캐나다 정부의 우주정책과 프로그램 조정을 하고 있으며 CSA는 현재 궤도쓰레기 작업반(CSA Orbital Debris Working Group)을 구성하여 우주쓰레기 발견, 연구, 경감, 국제협력 등의 업무를 할 계획이다.

2.4.3. 프랑스

우주쓰레기에 관한 규제활동은 프랑스 우주청(Centre National d'Etudes Spatiales: CNES)이 표준 제정을 목적으로 작업반을 설치한 1997년에 시작하였다. 미국 NASA 표준에 바탕을 두어 채택된 초안은 1999년 Space Debris-Safety Requirements로 발간되었다. 연후 프랑스는 유럽 우주청(ESA)의 파트너인 ASI[13], BNSC[14], DLR[15]과 ESA에게 CNES 표준을 기초로 유럽문서준비를 제안하였고 이

---

13) ASI는 이탈리아우주청인 Italian Space Agency를 말함.

14) BNSC는 British National Space Centre인데 2010. 4. 1 UK Space Agency로 명칭이 변경되었음.

15) DLR은 독일우주센터인 Deutsche für Luft und Ranmfahrt를 말함.

에 따라 European Space Debris Safety and Mitigation Standard Working Group(EDMS-WG)이 설립되었다.

연후 2004년 6월 European Code of Conduct for Space Debris Mitigation이 발간되었는바, 이는 모든 CNES 프로젝트에 적용되고 있을 뿐 아니라 개발 중에 있거나 이미 궤도에 존재하는 위성에 대한 권고내용으로 작용한다.

프랑스는 우주활동과 관련하여 2008년 국가우주운용법(The French Space Operation Act)을 채택하였고, 2009년 3가지 시행 법령들을 채택하였으며, 동 법은 2010년 12월부터 본격적으로 시행되었다. SOA(Space Operation Act)는 우주에서의 환경, 재산, 사람의 보호에 관련한 조건을 부과하는 근거가 되고 있다.

2.4.4. 영국

1986년 우주법(Outer Space Act 1986)이 우주문제의 발사와 운용들을 포함한 우주활동을 규율하는 법적 근거가 되고 있다. 동 법은 공중보건, 사람과 재산에 대한 위해에 문제가 있지 않는다는 조건하에 위성사업 허가를 발급하도록 되어 있다. 또한 위성운용은 우주에 오염을 야기하지 않아야 하며, 지구환경에 나쁜 변화를 가져오지 않고, 우주의 평화적 탐사와 이용에 있어서 타인의 활동에 방해를 주지 않아야 하는 내용도 규정되어 있다.

1986년 우주법 제정 시 우주쓰레기 문제가 인지되지 못하였지만, 동 법은 융통성 있게 해석되어 기술적 평가측면도 가능하게 한다. 법에서 말하는 '물리적 방해(physical interference)'는 궤도에서 타 물체와 충돌하는 것을, '오염(contamination)'은 수명 종료 시 안전한 처치를 염두에 두고 표현한 것이다.

위성허가 신청 시 영국 당국은 우주쓰레기에 관련하여 IADC와 유엔의 가이드라인 및 유럽의 행동지침(Code of Conduct)의 표준을 참고하여 신청자의 조치 예정 내용을 업계 '최선의 관행(best practice)'과 비교 검토하는 작업을 한다.

2.4.5. 독일

연방경제기술부(BMWi)가 우주활동의 상위 목적들을 정의하는 권한을 가지고 있다. 그러나 독일우주사업은 독일우주센터인 DLR이 이행하고 관리한다. 법적 틀은 우주활동위임법(Delegation of Space Activities Act)에 규율되어 있다.

DLR의 정책은 각 계약사업자에게 우주쓰레기 경감을 포함한 모든 우주 프로그램의 이행을 요구하는 바, 이는 프로젝트 종료 시까지 계속된다.

독일은 DLR이 2004년 서명한 유럽의 행동지침을 우주쓰레기 문제에 적용하고 있었는데 2007년부터는 IADC와 UN의 가이드라인을 이행 평가기준으로 추가하였다.

2.4.6. 이탈리아

국내적으로 이탈리아 우주청(Italian Space Agency: ASI)에 의해 우주쓰레기 문제가 다루어지고 있다. ASI 청장이 2003년 유럽 행동지침에 서명한 후 국가 차원에서 부여되는 모든 계약에 동 지침을 적용 중이다. 유럽 행동지침은 새로운 위성과 발사체의 설계 시와 이들의 개발 단계까지 기술적 검토를 하는 과정에서 적용이 결정된다.

일반적으로 산업계가 우주쓰레기 경감의 관행의 필요성과 가치를 인정하고 있기 때문에 지침의 적용이 수월하게 이루어지고 있다. 다음 단계는 우주물체를 발사하고 위성을 운용하는 사적 또는 여타 이탈리아 기관이 지침을 준수할 수 있도록 적절한 통제를 하는 것이다.

2.4.7. 러시아

1990년대 초부터 러시아는 우주쓰레기와 관련한 모든 행동에 적극 참여하고 있다. IADC의 공식 활동이 1993년 러시아 모스크바에서 시작한 것은 우연이 아니다. 1993년 모스크바에서 IADC 업무범위(Terms of Reference)가 정해진 후 IADC는 우주쓰레기에 관한 국제 기술전문가의 선도 역할을 하고 있다.

러시아 연방 우주청(Federal Space Agency of the Russian Federation: Roscosmos)은 IADC와 ISO의 우주쓰레기 관련 작업반의 모든 회의에 참가하는 한편 매년 COPUOS 과학기술소위에 자체 우주쓰레기 경감업무에 관한 총체적인 보고서를 제출하는 열의도 보이고 있다.

2008년 러시아 대통령이 승인한 'The Keystones of the Russian Federation Space Policy up to 2020 and beyond'는 우주선의 발사와 운용 그리고 궤도에서 우주쓰레기 생산을 최소화하기 위한 기술과 설계의 이행을 우선 순위로 정하였다. 이에 따라 2009.1.1. 이후 "General Requirements to Spacecraft and Orbital Stages on Space Debris Mitigation"을 내용으로 하는 새로운 러시아 국가 표준 GOST R 52925-2008이 발효 중이다.

상기 표준의 요건은 민, 관, 군, 과학, 상업용, 유인, 무인우주선 임무를 불문하고 적용되며 UN 가이드라인과 부합한 가운데 우주물체의 설계, 제조, 발사, 운용, 처분 등의 전 과정에서도 적용되는 포괄적인 내용이다.

Roscosmos 책임하에 이루어지고 있는 다수 조치는 세계 전체에서 최상의 쓰레기 경감 관행을 이루는 것인데, 한 가지 예는 2001년 120톤 무게의 우주정거장 Mir를 지구에 귀환시킬 때 이를 치밀하게 처리한 것이다.

2.4.8. 일본

일본의 우주항공연구개발기구(Japanese Aerospace Exploration Agency: JAXA)가 우주활동을 관장하는 주된 기관인데 JAXA가 수립한 우주쓰레기 경감 표준은 2003년 JAXA의 전신인 NASDA가 1996년 작성한 NASDA 문서 NASA-STD-18에 바탕을 두고 있다. 일본은 1992년 이래 IADC 일원으로 참여하면서 IADC와 UN의 Mitigation Guidelines 수립에 기여하였다. 일본의 표준은 IADC와 UN의 가이드라인 수립과 병행하여 현재의 JMR-003A로 수정되었다.

2.4.9. 인도

IADC의 회원인 인도 우주 연구 기구(Indian Space Research Organization: ISRO)도 우주쓰레기 경감 문제에 신경 쓰고 있다. 인도에서의 위성과 발사체의 발사와 운용 시 우주쓰레기 경감조치를 위한 국가이행방안을 마련한 ISRO는 위성이 깨져버리는(break-up) 것을 피하는 방안으로 수명 마지막 단계에서 "수동화(passivation)"하도록 하였고, 지구정지궤도상의 통신위성은 사용 종료 시 무덤(graveyard)이라고 불리는 더 높은 궤도로 이동되도록 여분의 에너지 비축이 되는 설계를 반영하도록 하고 있다.

3. 태양과 핵 에너지

오늘날 환경에 관한 인식이 제고되어 재생에너지인 태양, 풍력, 핵 에너지에 관한 산업이 활기를 띠고 있다.

3.1. 태양에너지

태양에너지를 지상에서 수신하여 사용한다면 무한한 무공해의 에너지를 확보할 수 있다. 현재 태양에너지 산업은 태양광이나 태양열에너지를 생산하는 것으로서 그 규모가 한정적이고, 고가이며 해가 뜨지 않는 낮에는 작동을 할 수 없는 단점이 있다.

우주법에서 관심을 가지고 있는 태양에너지는 지구정지궤도에서 태양열을 전기로 바꾸어 지상에 빔(beam)으로 내려보내는 인공위성을 띄운다는 SPS(satellite power system)사업으로서 수십 년 전 설득력 있게 논의된 적이 있다. 이 경우 지상에서 태양에너지를 수신하는 것보다도 약 10배의 효율을 가져온다 하였으나 SPS를 실현하는 기술적 문제가 간단치 않은 관계로 더 이상 활발한 논의가 없었는데 환경이 강조되는 오늘날 연구에 다시 활력을 받을 수도 있다.

기술적 문제는 첫째, 태양에너지를 어떻게 전기로 바꾸느냐, 둘째, 동 전기를 어떻게 지상에 빔으로 내려 보내느냐, 셋째, 지상에 도착한 빔을 어떻게 전기로 환원하느냐 등의 문제이다. 또 SPS는 태양에너지를 마이크로웨이브 형태로 지상에 송신하기 위하여 무선 주파수 대역을 사용하여야 한다는 점과 함께 궤도위치와 오염발생 등 법적 문제점도 많이 내포하고 있다.[16]

3.2. 핵에너지

우주를 탐사하는 인공위성은 수년 이상의 기간 동안 여행하면서 활동하여야 하는 관계로 핵에너지 사용에 의존할 수밖에 없다.

1961년부터 우주물체의 에너지 용도로 핵연료(Nuclear Power Source: NPS)를 사용하기 시작하였으며 1972년 미국이 11개 우주물체의 에너지로 핵연료를 사용한 데 이어 1979년 7월에는 21개의 우주물체로 확대되었다. 그런데 이 중 3개의 우주물체가 발사 시 또는 귀환 시 사고로 지상에 추락하거나 심해저에 가라앉기도 하는 사고가 발생하였다. 대표적인 우주물체의 핵 사고는 소련 핵 추진위성 COSMOS 954호기가 1978년 캐나다 영토에 추락하여 핵 오염을 시킨 것이다.[17]

COSMOS 954호기 사고는 COPUOS의 법률 소위 회기의 의제로 즉각 채택되어 논의되었는데, 동 회기에서 관련 제반 문제, 즉 핵연료 사용 인공위성에 관한 정보를 피해 예상 국가(핵 위성 추락)에 우선통보하고, 피해 국가를 지원해야 한다는 것과 피해배상에 관련한 내용 등이 다루어졌다. 이 문제는 또한 유엔에 관련한 기구에서 정부 간 대표들 사이에서만 논의된 것이 아니고 국제우주법 협회 등 학계에서도 활발히 논의되었다.[18]

상기 논의결과 유엔에서 1986년 2개의 협약이 채택되었는바, 핵사고의 조기 통보에 관한 협약[19]과 핵사고 또는 방사능 긴급사태 시 지원에 관한 협약[20]이 그것이다. 그리고 1990년 COPUOS

---

16) SPS의 법적 문제점에 관하여는 전게 Diederiks-Verschoor 저서 pp.97-101 참조.

17) 상동 pp.101-102 참조.

18) 상동 pp.102-103 참조.

19) Convention on Early Notification of a Nuclear Accident로서 2012.4.5 현재 114개 당사국.

20) Convention on the Assistance in the Case of a Nuclear Accident or Radiological Emergency로서 2011.11.11 현재 108개 당사국.

법률 소위에서 핵연료는 합리적 방법으로는 일반연료 사용으로 운영이 될 수 없는 우주임무를 수행하기 위하여서만 사용될 수 있다는 합의가 이루어져 COPUOS 제34차 회기(1991년)에서 국가책임과 배상에 관한 2가지 원칙 안에 합의를 본 후, 1992년 제35차 회기 시 우주에서의 NPS 사용에 관한 11개 원칙이 채택되었고 이는 제47차 유엔총회에서 결의(47/68)로 채택되었다.[21]

그런데 상기 채택 11개 원칙 중 마지막 원칙 제11은 채택 2년 이내 COPUOS가 채택 원칙들을 수정 검토한다고 언급하고 있는데 이를 상금 이행하지 못하고 있다.

동 수정 검토 업무는 우선 COPUOS의 과학기술소위(STSC)에 회부되어 STSC가 수년간 토의 후 2003~2007년 작업계획을 마련하면서 작업반을 구성하였다. 동 작업반은 STSC가 IAEA와 협조하여 다른 하나의 작업반을 구성하도록 권고 하면서 2007~2010년 동안 활동할 새 작업반(working group)구성을 제안하여 STSC가 승인하였다.[22]

한편 COPUOS 법률소위는 "NPS 원칙들의 가능한 검토와 수정" 제하의 의제를 계속 토의 의제로 유지하면서 자체 작업반에서도 논의하고 있지만 본질적인 문제에 대한 진전이 없다. 따라서 1992년 어렵게 채택된 11개 원칙들에 대한 수정은 당분간 어려운 일이다.

4. 우주 공간에서의 위성 충돌 사고

우주에서의 위성 충돌은 배상을 위요한 국가와 위성이 보험에 들어있을 경우 보험으로 처리하여야 할 매우 확실한 보험 사건이기도 하다. 이러한 사건이 지금까지 2건 발생하였는 바, 배상책임을 유발한 사건도, 또 보험하고 연관된 사건도 아니었지만 다음과 같이 기술한다.

4.1. Cerise 위성 충돌 사고

1996년 프랑스 위성 Cerise가 프랑스 발사체 아리안과 충돌하였다. 상기 충돌 불구, Cerise 위성은 계속 작동하였는데 충돌한 위성과 발사체가 모두 프랑스 소유인 관계로 국내외적 피해배상 문제가 발생할 여지가 없었다.

---

21) 동 결의문 부록 첨부.

22) STSC는 Scientific and Technical Subcommittee를 말하며 동 관련 활동은 전게 주 Diederiks-Verschoor, p.105 참조.

4.2. Iridium과 Cosmos의 충돌

2009.2.10. 시베리아 상공 약 800km 지점에서 Iridium사 통신위성 33호기와 러시아의 폐기 통신 위성인 Cosmos 2251호와 충돌하였다. 1967년 외기권조약 제7조상 기능 정지를 하였더라도 소유에는 변함이 없는바, 동 폐기 위성이 소유권자의 통제 불능 상태에 있다 하더라도 러시아의 국제책임은 소멸되지 않는다.

그런데 Iridium사는 66개의 위성군(constellation)으로 구성된 위성 중 하나인 33호기가 충돌한 사고가 발생한 후 다른 여분 위성으로 즉각 대체토록 하여 경제적 피해를 예방하였고, 동 건에 관련하여 러시아에 배상을 청구하지도 않았다. 우주에서의 피해배상은 과실 책임에 근거하여 이루어지며 현 우주 조약의 내용상 위성의 발사국이 배상책임을 지게 되어 있다. 이와 관련하여 Iridium 위성 33호기는 러시아가 카자흐스탄 정부로부터 임차하여 러시아 연방우주청(Roscosmos)이 관리하는 카자흐스탄 내 Baikonur 우주 기지에서 발사된 것이기 때문에 1972년 책임 협약상 발사국 정의에 부합하는 발사시설 제공국으로서 러시아가 발사 의뢰국인 미국, 발사지 영토국인 카자흐스탄과 함께 Iridium 33호기의 발사국이 된다. 즉, 러시아는 Cosmos는 물론 Iridium 위성의 발사국이기도 한데 동 건 관련 배상 책임 문제가 제기되었을 경우 미국의 Iridium 위성이 1975년 등록협약에 따른 유엔 등록이 되지 않은 사실[23]과 합하여 흥미 있는 내용이 될 뻔하였다.

---

23) 이강빈, 우주법상 손해배상책임과 분쟁해결제도, 2010.8.2. 발행 중재연구 제20권 제2호, 184쪽.

우주 보험

우주 보험

1. 우주 보험의 필요성

어떠한 산업 활동을 하더라도 오늘날 보험 가입은 필수이다. 이러한 보험 가입이 경우에 따라서는 국가 법령에 의하여 강제되기도 한다. 이는 사고 발생 시 대규모 피해가 예상되는 항공기와 우주 산업에 있어서 그러한바, 동 필요성은 관련 국제 조약에 의하여 직·간접적으로 강제되는 경우도 있다.

1967년 외기권조약은 제6조에서 "우주활동은 정부기관이나 비정부기관이냐를 막론하고 국가 활동으로 간주하여 국가가 책임을 지고 감독하여야 한다"라고 규정하였다. 이는 위성의 발사, 궤도 진입, 궤도 존치 등에 관련하여 다른 국가에게 유·무형적 피해를 주는 데 대하여 책임을 지도록 하는 내용이다. 이 내용은 앞서 본 바와 같이 1972년 책임 협약에서 구체화되었지만, 사기업의 활동으로 인한 피해 유발의 경우를 포함하여 모든 책임을 국가가 지도록 한 것이 특징이다.

여러 우주 국가는 사기업의 우주활동 위험을 보험 강제를 통하여 해당 사기업이 해결하도록 제3자 피해보험(third party liability) 가입을 의무화하되 피해 규모가 거대하여 부보(付保 또는 insure)하지 못할 경우도 감안하여 일정한 범위의 피해 배상까지만 부보토록 하고 그 이상은 국가가 책임지는 형태를 취하고 있다.

2. 우주 보험의 종류

위성의 발사는 발사체와 발사체가 탑재하는 위성의 가치를 포함하는 것이기 때문에 보험액이 다대하다. 따라서 하나의 보험회사가 어느 위성의 발사에 있어서 모든 위험을 100% 보험을 커버하여 주는 것이 아니고 컨소시엄을 구성하여 여러 보험회사와 공동으로 위험을 부담하는바, 각

보험회사가 부담하는 비율은 통상 최대 20%이다. 가장 높은 비율을 부담하는 회사를 주관보험사(leading insurer)라고 하며 보험 중개인(broker)이 보험계약자를 대신하여 주관보험자의 underwriter와 보험조건을 협의하여 결정할 경우 다른 보험사는 통상 동 조건을 수용하면서 원하는 비율만큼 보험 커버를 한다. 동 우주 보험은 통상 다음과 같은 7개로 구분된다.[1]

2.1. 발사 보험[2]

위성의 발사 실패, 위성의 목적 궤도 안착 실패, 위성 가동 실패 중 하나 또는 그 이상을 커버하는 내용이다. 보험금액은 통상 150~400백만 불선이며 보험료(premium)는 발사체 업체와 위성 제작업체의 신뢰에 따라 편차가 있어 보험 금액의 10% 내지 25%선이다. 과거 무사고 실적이 많은 아리안 4 발사체의 경우에는 보험료가 저렴하나 Dnepr 발사체[3]의 경우 20회 미만의 발사에 사고도 한 번 있었기 때문에 발사 실패율을 감안하여 보험료가 더 비싸게 된다. 또 보험시장의 조건에 따라 보험료가 정해진다. 우주 보험을 들어주려는 회사나 개인이 많으면서 자금이 풍부하게 유입되면 시장 원리에 따라 보험료가 경쟁적으로 낮아진다. 즉, 이는 보험 공급이 풍부하여 보험의 과잉공급으로 보험시장이 보험자에게 불리하게 되는 경우 보험료는 당장 내려가지만 보험자로서는 시장의 매력이 없기 때문에 떠나게 됨으로써 보험료는 서서히 상승하게 된다. 사고가 몇 번 발생함으로써 보험자가 손해를 입는 경우에도 보험자들이 시장을 떠나게 되니 수요공급의 원칙에 따라 보험료는 올라간다.

여사한 과정은 7~8년 주기로 사이클을 이루는데 현재의 보험시장은 수요자에 유리한 buyer's market이다. 현재 평균적인 보험료는 9.5~10% 수준이다. 7년 전 아리안의 보험료가 20%였으나 현재는 8% 이하로 떨어져 있다. 한편 처녀 발사의 경우, 또 발사가 연속 실패한 경우 보험을 들어주는 회사가 거의 없다. 즉, 우리나라의 나로호의 경우 보험이 없이 발사되는 것이며 그 위험 부담은 국가가 진다. 2009년 나로호 발사가 보험을 들었다면 보험료가 42%가 되어야 하는 계산이 나오기 때문에 사실상 보험을 들 매력이 없는 것이다.

1년에 20 내지 25개의 위성이 발사되고 이 중 25~30%가 보험시장에서 보험을 들어 발사되는 위성인데 아리안이 발사하는 위성의 보험이 전체 보험의 10%를 차지한다.

---

1) Special Report, Update of the Space and Launch Insurance Industry, 4th Quater 1998, Federal Aviation Administration/Associate Administrator for Commercial Space Transportation, Appendix, p. SR-9.

2) 본 항과 "2.3 제3자 책임 보험" 항의 기술은 필자가 2012.7.3 프랑스 파리에서 로이드(영국 런던에 소재하는 세계 최대 보험회사로서 84개의 신디케이트 보험회사의 연합체) 신디케이트 회사인 Hiscox 근무 underwriters P Lecointe와 D Bensoussan을 면담한 내용을 반영한 것임.

3) 구 소련의 대륙간 탄도탄 ICBM을 개조하여 우크라이나가 1999년부터 2011년까지 상업용 발사체로 17회 발사하였는데 2006년 한 번 발사 실패하였음. 우리나라의 다목적실용위성 5호기는 동 발사체를 이용할 계획임.

2011년 우주 보험시장 현황을 보면 전체 보험료가 825백만 불이었지만 발사와 위성의 실패가 4건 있어 이에 대한 청구로 625백만 불 지불이 있었고 2012년 첫 6개월에 275백만 불의 보험료 중 150만 내지 200백만 불의 청구가 있었다. 2012년 우주보험 시장의 최대 수용 능력(maximum capacity)은 10억 불로 추정된다.[4]

발사보험은 통상 발사체와 발사비용, 위성 가격, 그리고 보험료인 3자를 반영한 것으로 계산하여 과거에는 250만 불 내지 300만 불이었지만 오늘날은 150백만에서 400백만 불까지로 보다 다양하다. 위성에 대한 보험은 3~5년간의 가동 수명을 커버하는 경우도 있다.

2.2. 정부 재산 피해 보험

미국 정부가 요구하기 시작한 것으로서 정부 재산에 피해가 있을 때 민간 발사업체가 배상토록 하는 것이다. 미국의 담당 정부기관인 연방항공청의 우주운송국(Federal Aviation Administration/Associate Director for Space Transportation: FAA/AST)은 통상 75~85백만 불의 보험을 들 것을 요구하는데 보험료는 1.5~2.0%선이다. 소형 발사체일 경우 FAA/AST가 요구하는 보험액은 줄어든다.

2.3. 제3자 책임 보험

발사체나 발사체 탑재 위성의 추락 시 제3자의 인적·물적 피해가 야기될 경우 배상을 담보하기 위한 것이다. 미국 FAA/AST는 법 규정상 5억 불까지 요청할 수 있으나 통상 150 내지 200백만 불로 하향하여 허가하고 있다.

큰 발사체의 경우 보험요율이 최근 0.1% 수준인데 통상 위성의 발사와 발사 후 1년까지를 커버한다. 추후 설명할 위성군(constellation)으로 보험을 들 경우 제3자 책임 보험료는 위성당 35,000불까지 하락한다. 위성이 궤도에 진입한 후 제3자 보험을 들 경우 보험료가 대폭 인하된다.

프랑스 Arianespace 발사체 회사는 6천만 유로의 보험에 대한 보험료를 Ariane 로켓 발사 비용에 포함시켜 제시한다.

미국의 우주활동에 관한 위험은 미국 국내 보험사들이 커버하기 때문에 국제적인 보험시장에서 다루지 않는다. 미국을 제외한 국제 보험시장에서 제3자 책임 보험으로 내는 보험료는 연 15 내지 20백만 불에 불과하다.

---

4) J Horner(Marsh Space Projects)'s presentation on Space Liability Insurance, World Space Risk Forum, Dubai, 29 Feb, 2012.

지금까지의 기록을 볼 때 국제적인 피해가 발생하여 제3자 책임 보험을 청구한 사례는 없다. 1978년 소련의 Cosmos 954기의 캐나다 영토로의 추락은 캐나다가 입은 국제적인 피해이지만 보험 회사가 관여한 것이 아니다. 1986년 우주왕복선 챌린저호가 추락한 것은 국제적 피해는 아니지만 15백만 불에 달하는 제3자 책임 보험액이 지급된 경우이다.

2.4. 재발사 보험

발사업체가 발사 실패 시 발사 의뢰 고객에게 자신의 발사체로 재발사를 보증하는 것이다. 발사 계약을 하고 이를 실행한다는 것이 장기 계획을 요하는 관계상 발사 실패 후 바로 발사를 하여 줄 발사체를 찾는 것이 용이하지 않은 것을 감안할 때 유용한 서비스이다.

Airanespace가 이를 처음 시작한 이래 다수 발사체 사업체가 이를 채택하였다.

2.5. 영업 보험

위성이 제 궤도에 진입하지 못할 경우 입을 영업 손실에 대한 보험으로서 고가의 보험료를 요구하는 관계상 거의 이용되지 않고 있다.

2.6. 궤도(On-orbit) 보험

위성 소유자와 제작자를 상대로 위성의 예상 수명 기간 중 위성 수명, 제작자 인센티브, 궤도에서의 테스트를 커버하는 것으로서 일반적으로 많이 가입하는 보험이다. 이에 가입한 세계 전체의 보험료는 1980년대 연 5천만 불에서 1990년대에는 1억 불이었으며 현재는 이를 훨씬 상회하는 것으로 알려져 있다.

2.7. 위성군(constellation) 보험

궤도 보험은 개별 위성을 대상으로 하나 위성군 보험은 위성군 전체 또는 위성군 중 궤적(orbital plane)을 달리하여 도는 일부 위성들만을 대상으로 하는 보험이다. 항공기 보험에 있어서 항공사가 보유하고 있는 항공기 전체의 선단(fleet)을 대상으로 하는 것과 비슷하다.

66개의 위성들을 6개의 각기 상이한 궤적에서 돌게 하는 Iridium 위성군의 경우 1개의 궤적을 도는 위성들을 숫자별로 보험에 가입하는 것이다. 한 궤적만을 도는 위성들은 상호 대체 가능한 가운데 부여되는 서비스를 제공하는 관계상 보험료가 저렴하다.

보험료 산정에 있어서 MPL(maximum probable loss)을 적용한다. 또 상기 보험은 테러나 위성의 내재적 결함으로 인한 손실을 커버대상에서 제외한다.

3. 주요 우주 국가의 보험 강제 내용

보험 가입은 전술한 바와 같이 국제 조약의 의무를 이행하기 위한 것이기도 하지만 국내외를 막론하고 위성 발사 시 제3자 피해가 발생할 경우에 대비하여 필요한 바이고 따라서 많은 국가들이 이를 법으로 강제하고 있는바, 주요 국가들의 경우를 살펴본다.

3.1. 미국

1984년 제정된 상용우주발사법(Commercial Space Launch Act: CSLA)에 따라 발사를 하는 개인은 연방정부를 대신하여 의무적으로 보험에 가입하여야 한다. CSLA는 피해 발생 시 이를 자체 부담할 수 있다는 능력을 증명하지 않는 한 제3자 피해 배상을 위한 보험가입을 강제하면서 MPL(maximum probable loss)을 보험액 산정기준으로 제시하였다. 이 기준에 따라 제3자 책임은 5억 불, 미국 정부 재산 피해는 10억 불까지로 하되 보험시장에서 가입할 수 있는 보험 상한이 5억 불 이하일 경우에는 하향 조정할 수 있다.[5] 실제 적용되는 보험 상한액은 제3자 피해 책임의 경우 264백만 불을 넘지 않는다.

미국 정부는 발사 허가를 받은 개인 사업자가 고의적인 과실을 하지 않는 한 개인의 발사와 관련한 피해 발생 시 15억 불[6]까지의 손해배상을 하여주는데 이 금액에서 개인 사업자가 보험을 든 금액(5억 불이지만 실제는 264백만 불이 상한)을 제외하는 것이다. 그러나 이는 국내 피해와 관련하여서만 상한을 적용할 수 있는바, 국제적 책임일 경우에는 1972년 책임 협약에 따라 무제한 배상 책임을 져야 한다. 단, 15억 불 이상의 배상액은 개인 발사업자가 부담한다. 따라서 3단계의 배상 책임이 형성되는 것이다.[7] 이 3단계 배상단계는 1988년 CSLA를 개정하면서 도입

---

5) 1988년 개정된 CSLA § 70113(a).
6) 1989.1.1. 이후에는 인플레이션율을 감안하여 조정이 가능.

한 것이었으며 거의 발생할 확률이 없는 3번째 단계의 개인 발사업자 부담의 규정에도 불구하고 인플레를 감안한 정부 부담 15억 불의 상향 조정을 규정하는 등 개인 발사업자에게 도움을 주기 위한 것이다. 이는 1980년대 발사체 보험료가 고가였고 또 부보하기도 어려웠던 당시 발사를 위요한 보험시장의 애로를 배경으로 한다.

제3자 피해 배상액이 개인 배상 상한을 초과할 경우 미국 정부는 의회 승인을 거쳐 약 25억 불까지 배상하여 준다.[8] 미국 의회는 2009년 말 종료 예정이었던 상한 초과 보증 내용을 4차례 연장하여 2012년 말까지 3년 간(2010~2012) 보험 커버 보증을 하는 내용으로 CSLA를 개정[9]하였는바, 이는 그간 미국 정부가 보험 책임을 진 사고가 전무한 것에도 기인한다고 보아야 한다.

또한 미국은 발사에 참여하는 위성 소유주, 발사업체, 하청업체, 발사체 제조업체 및 동 부품 제조업체 등 모든 기관이 상호 배상 책임을 면제토록 하는 것을 법제화하여 발사에 관여한 모든 업체의 부담을 경감하였다. 그렇지 않을 경우 사고 발생에 대비한 상호 계약과 보험 가입 등 번거로운 절차와 비용 부담이 추가되는바, 이를 배제하여 준 조치이다. 이러한 상호 면제 조치는 다른 발사체 국가에서도 즉시 따라 하는 내용이 되었다. 그러나 이러한 상호 면제는 신체와 재산 피해에 한정되는 것이고 기타 관련 업체 상호 간 계약상 권리 의무에 지장을 주는 것은 아니다.

3.2. 일본

2008년 우주기본법을 제정한 후 우주 손해배상을 포함한 우주활동의 제반 내용을 포괄적으로 규율하기 위하여 우주활동법을 제정한 후 의회 통과를 기다리는 중이다.

제3자 피해 배상과 관련하여 발사업체가 위성의 궤도 진입 후 1년까지의 보험액으로 166백만 불을 책임지고 추가 피해 액수는 정부가 부담한다.

3.3. 프랑스

French Space Operations Act[10]를 제정하여 제3자 배상책임도 규율하고 있다. 프랑스의 발사 운

---

7) T Brennan, C Krousky, M Maucauley, More than a Wing and a Prayer: Government Indemnification of the Commercial Space Launch Industry, Discussion Paper, p. 8, Sept. 2009, RFF DP 09-38, Resources for the Future, Washington DC, USA.

8) CSLA § 70113(a)(1)(B)내용. 1989.1.1부터는 인플레이션을 감안하여 미국 정부가 부담하는 액수가 상향 조정될 수 있는 것을 염두에 두면서 25억 불까지로 여유 있게 정한 것으로 보임.

9) 2009.10.20. 미국 하원 통과 H.R. 3819. 법안 내용.

10) 2008.5.2. 채택, 2010.12.10. 발효.

영체인 Arianespace의 책임에 연유한 외국인 피해 발생 시 6천만 유로(약 1억 불) 이하는 발사 운영체가 부담하고 그 이상은 프랑스 정부가 부담한다.

미국 법과 같이 발사에 관여한 업체와 하청업체 등 모든 발사 참여 관련 기관 간의 인적, 물적 피해에 관하여서는 상호 면제하도록 규정되어 있다.

3.4. 러시아

우주활동으로 야기된 직접 피해는 국가가 배상을 보증한다고 규정한 후 개인 운영업체가 지상 피해에 대하여서는 절대적으로, 우주에서의 피해에 대하여서는 과실 책임하에 배상토록 법에서 규정하였다. 동 법은 Law of the Russian Federation on Space Activities로서 구 소련시대부터의 입장을 견지하면서 직접 피해만을 배상 대상으로 하고 간접피해 배상을 제외하였다.

동 법은 개인 운영업체의 경우 제3자 피해 배상을 위한 보험을 의무적으로 들도록 하면서 우주인과 지상 요원의 신체 피해, 우주 시설물과 제3자의 재산 피해를 배상하며, 그 액수는 러시아 정부가 결정한다고 규정하였다. 그간 알려진 바로는 발사자가 들어야 할 보험액이 3억 불이고 그 이상은 정부가 부담한다.

3.5. 오스트리아

관련 법인 Outer Space Act[11]는 우주활동을 하는 업체가 인적, 물적 피해 배상 보험액으로 건당 6천만 유로(약 1억 불)의 보험을 가입토록 강제한다. 단, 정부의 판단에 따라 이를 하향 조정할 수 있으며 6천만 유로 이상의 피해에 대하여서는 명시적 규정이 없으나 국가가 배상하는 것으로 해석이 된다.

동 법 제4조는 오스트리아 연방정부가 우주활동 업체의 역할을 할 경우 보험 가입은 불필요하다고 규정하고 있다.

오스트리아 정부가 국제법에 따라 개인의 우주활동의 결과로 타국에 피해 배상을 할 경우 정부는 개인 우주활동 업체에 대하여 구상권을 행사한다는 내용도 법이 담고 있다.

---

11) 2011.12.6. 채택. 2011.12.28. 발효.

4. 우리나라의 우주 보험 강제 내용

우주손해배상법[12] 제5조에 따라 2천억 원 미만의 제3자 피해액의 배상은 발사자가 보험에 가입하여 책임져야 하는 주체이다. 그러나 동 2천억 원의 책임 한도액은 법 제6조 2항에 따라 정부 (교육과학부장관)의 결정에 따라 하향 조정될 수 있다.

2천억 원 이상 또는 정부가 하향 조정하여 2천억 원 미만으로 발사자가 보험을 들도록 하였을 경우 동 금액 이상부터의 피해 배상액은 정부가 발사자에게 지원을 할 수 있다. 단, 동 지원은 국회의 의결에 따라 허용된 범위 내에서 하는 것으로서 제7조 3항의 단서에 명기되어 있다. 그러나 대규모 사고 발생 시 정부의 지원은 당연시되며 정부는 무제한 배상을 하여야 할 것이다. 미국의 경우에서 이미 언급하였지만 우리나라에서의 발사 활동으로 타국에 피해를 야기하였을 경우 우리 정부는 1967년 외기권조약과 1972년 책임 협약에 따라 무제한 배상을 하여야 할 의무를 갖게 된다.

5. 우주 피해 배상 사례

한 국가 내에서의 배상 사례에 있어서 서방이 아닐 경우 자료 공개가 되지 않아 전체적인 파악이 불가하다. 국내 사례와 국제 사례로 나누어 간략 기술한다.

5.1. 국내 피해 배상

구 소련에서 국내 피해 사고가 다수 발생하였으나 비밀리에 처리되고 상세 내용을 파악하는 것이 오늘날에도 불가하다. 중국에서는 1990년 대 우주발사체 관련 사고가 상당 수 있었으나 역시 내용이 공개되지 않았다.

미국에서는 1986년 우주왕복선 Challenger 호가 발사 후 공중 폭발하여 지상에 15백만 불의 재산 피해를 주었으며 2003년 Columbia 호가 지구 귀환하면서 공중 폭발하여 역시 우주인 전원이 사망한 사건이 발생하였다. 이와 같은 사고는 미국의 국가기관인 NASA의 사업으로 인한 것으로 미국은 정부 주체 우주활동을 보험에 가입하지 않고 자체 처리한다.

---

12) 시행 2008.6.22., 법률 제8852호.

5.2. 국제 피해 배상

제3자 피해 사례로 알려진 것이 2건인 바, 한 건은 보험으로 처리되었고 다른 한 건은 국가사업으로서 보험에 들지 않은 우주활동으로 인한 것으로서 추후 국가 간 협의에 의하여 처리되었다.

보험에 의한 민간 사업자 관련 피해 사례는 2007.9.5 일본 통신위성 JCSAT-11이 다국적 발사사업체인 ILS(International Launch Services)에 의해 러시아 Proton-M 로켓으로 카자흐스탄 Baikonur 우주기지에서 발사된 후 제2단계 로켓 부작동으로 궤도 진입에 실패한 결과 발사체와 위성의 잔해가 카자흐스탄 Zhezqazhan City 40km 지점에 추락하였다. 인명 피해는 없었으나 보험에 의한 구체적인 피해 배상이 있었고 구체적인 내용은 미상이다.

다른 한 건은 1972년 책임 협약의 기술에서 언급된 바 있는 소련 핵 추진 위성의 캐나다 영토 추락이다. 1978년 1월 소련의 첩보위성 Cosmos-954호가 캐나다 영토에 추락한 후 캐나다 정부는 방사능 낙진 청소 등의 비용으로 6,026,083캐나다달러를 배상 청구하면서 1972년 책임 협약의 내용도 원용하였다. 3년간의 교섭 결과 캐나다는 300만 달러를 배상하겠다는 소련의 제의를 수락하고 1981년 4월 관련 의정서 체결로 사건을 일단락시켰다.

부록

우주관련 유엔총회 결의문

우주관련 조약문

우주관련 기타 국제 문서

우주관련 유엔총회 결의문

- 1348 (XIII) Question of the Peaceful Use of Outer Space (13 Dec. 1958)

- 1472 (XIV) International Cooperation in the Peaceful Uses of Outer Space (12 Dec. 1959)

- 1721 (XVI) International Cooperation in the Peaceful Uses of Outer Space (20 Dec. 1961)

- 1962 (XVIII) Declaration of Legal Principles Governing the Activities of States in the Exploration and Use of Outer Space (13 Dec. 1963)

- 37/92 Principles Governing the Use by States of Artificial Earth Satellites for International Direct Television Broadcasting (10 Dec. 1982)

- 41/65 Principles Relating to Remote Sensing of the Earth from Outer Space (3 Dec. 1986)

- 47/68 Principles Relevant to the Use of Nuclear Power Sources in Outer Space (14 Dec. 1992)

- 51/122 Declaration on International Cooperation in the Exploration and Use of Outer Space for the Benefit and in the Interest of All States, Taking into Particular Account the Needs of Developing Countries (13 Dec. 1996)

- 59/115 Application of the concept of the "launching State" (10 Dec. 2004)

- 62/101 Recommendations on enhancing the practice of States and international intergovernmental organizations in registering space objects (17 Dec. 2007)

- 66/27 Prevention of an arms race in outer space (2 Dec. 2011)

1348 (XIII). Question of the peaceful use of outer space

The General Assembly,

Recognizing the common interest of mankind in outer space and recognizing that it is the common aim that outer space should be used for peaceful purposes only,

Bearing in mind the provision of Article 2, paragraph 1, of the Charter of the United Nations, which states that the Organization is based on the principle of the sovereign equality of all its Members,

Wishing to avoid the extension of present national rivalries into this new field,

Desiring to promote energetically the fullest exploration and exploitation of outer space for the benefit of mankind,

Conscious that recent developments in respect of outer space have added a new dimension to man's existence and opened new possibilities for the increase of his knowledge and the improvement of his life,

Noting the success of the scientific co-operative programme of the International Geophysical Year in the exploration of outer space and the decision to continue and expand this type of co-operation,

Recognizing the great importance of international co-operation in the study and utilization of outer space for peaceful purposes,

Considering that such co-operation will promote mutual understanding and the strengthening of friendly relations among peoples,

Believing that the development of programmes of international and scientific co-operation in the peaceful uses of outer space should be vigorously pursued,

Believing that progress in this field will materially help to achieve the aim that outer space should be used for peaceful purposes only,

Considering that an important contribution can be made by the establishment within the framework of the United Nations of an appropriate international body for co-operation in the study of outer space for peaceful purposes,

Desiring to obtain the fullest information on the many problems relating to the peaceful uses of outer space before recommending specific programmes of international co-operation in this field,

1. *Establishes* an *ad hoc* Committee on the Peaceful Uses of Outer Space composed of the representatives of Argentina, Australia, Belgium, Brazil, Canada, Czechoslovakia, France, India, Iran, Italy, Japan, Mexico, Poland, Sweden, the Union of Soviet Socialist Republics, the United Arab Republic, the United Kingdom of Great Britain and Northern Ireland and the United States of America, and requests it to report to the General Assembly at its fourteenth session on the following:

(*a*) The activities and resources of the United Nations, of its specialized agencies and of other international bodies relating to the peaceful uses of outer space;

(*b*) The area of international co-operation and programmes in the peaceful uses of outer space which could appropriately be undertaken under United Nations auspices to the benefit of States irrespective of the state of their economic or scientific development, taking into account the following proposals, *inter alia:*

> (i) Continuation on a permanent basis of the outer space research now being carried on within the framework of the International Geophysical Year;

> (ii) Organization of the mutual exchange and dissemination of information on outer space research;

> (iii) Co-ordination of national research programmes for the study of outer space, and the rendering of all possible assistance and help towards their realization;

(*c*) The future organizational arrangements to facilitate international co-operation in this field within the framework of the United Nations;

(*d*) The nature of legal problems which may arise in the carrying out of programmes to explore outer space;

2. *Requests* the Secretary-General to render appropriate assistance to the above-named Committee and to recommend any other steps that might be taken within the existing United Nations framework to encourage the fullest international co-operation for the peaceful uses of outer space.

792nd plenary meeting,
13 December 1958.

1455 (XIV). The Korean question

The General Assembly,

Having received the report of the United Nations Commission for the Unification and Rehabilitation of Korea,[†]

Reaffirming its resolutions 112 (II) of 14 November 1947, 195 (III) of 12 December 1948, 293 (IV) of 21 October 1949, 376 (V) of 7 October 1950. 811 (IX) of 11 December 1954, 910 A (X) of 29 November 1955, 1010 (XI) of 11 January 1957, 1180 (XII) of 29 November 1957 and 1264 (XIII) of 14 November 1958,

Noting that, despite the exchange of correspondence between the communist authorities concerned and the United Kingdom of Great Britain and Northern Ireland on behalf of the Governments of countries which have contributed forces to the United Nations Command in Korea, in which these Governments expressed their sincere desire to see a lasting settlement of the Korean question in accordance with United Nations resolutions and their willingness to explore any measure designed to bring about reunification on this basis, the communist authorities continue to refuse to co-operate with the United Nations in bringing about a peaceful and democratic solution of the Korean problem,

Regretting that the communist authorities continue to deny the competence and authority of the United Nations to deal with the Korean question, claiming that any resolution on this question adopted by the United Nations is null and void,

Noting further that the United Nations forces which were sent to Korea in accordance with resolutions of the United Nations have for the greater part already been withdrawn, and that the Governments concerned are prepared to withdraw their remaining forces from Korea when the conditions for a lasting settlement laid down by the General Assembly have been fulfilled,

1. *Reaffirms* that the objectives of the United Nations in Korea are to bring about, by peaceful means, the establishment of a unified, independent and democratic Korea under a representative form of government, and the full restoration of international peace and security in the area;

2. *Calls upon* the communist authorities concerned to accept these established United Nations objectives in order to achieve a settlement in Korea based on the fundamental principles for unification set forth by the nations participating on behalf of the United Nations in the Korean Political Conference held at Geneva in 1954, and reaffirmed by the General Assembly, and to agree at an early date on the holding of genuinely free elections in accordance with the principles endorsed by the Assembly;

3. *Requests* the United Nations Commission for the Unification and Rehabilitation of Korea to continue its work in accordance with the relevant resolutions of the General Assembly;

4. *Requests* the Secretary-General to place the Korean question on the provisional agenda of the fifteenth session of the General Assembly.

851st plenary meeting,
9 December 1959.

[†] *Official Records of the General Assembly, Fourteenth Session, Supplement No. 13* (A/4187 and Corr.1).

1472 (XIV). International co-operation in the peaceful uses of outer space

A

The General Assembly,

Recognizing the common interest of mankind as a whole in furthering the peaceful use of outer space,

Believing that the exploration and use of outer space should be only for the betterment of mankind and to the benefit of States irrespective of the stage of their economic or scientific development,

Desiring to avoid the extension of present national rivalries into this new field,

Recognizing the great importance of international co-operation in the exploration and exploitation of outer space for peaceful purposes,

Noting the continuing programmes of scientific co-operation in the exploration of outer space being undertaken by the international scientific community,

Believing also that the United Nations should promote international co-operation in the peaceful uses of outer space,

1. *Establishes* a Committee on the Peaceful Uses of Outer Space, consisting of Albania, Argentina, Australia, Austria, Belgium, Brazil, Bulgaria, Canada, Czechoslovakia, France, Hungary, India, Iran, Italy, Japan, Lebanon, Mexico, Poland, Romania, Sweden, the Union of Soviet Socialist Republics, the United Arab Republic, the United Kingdom of Great Britain and Northern Ireland and the United States of America, whose members will serve for the years 1960 and 1961, and requests the Committee:

(a) To review, as appropriate, the area of international co-operation, and to study practical and feasible means for giving effect to programmes in the peaceful uses of outer space which could appropriately be undertaken under United Nations auspices, including, *inter alia*:

(i) Assistance for the continuation on a permanent basis of the research on outer space carried on within the framework of the International Geophysical Year;

(ii) Organization of the mutual exchange and dissemination of information on outer space research;

(iii) Encouragement of national research programmes for the study of outer space, and the rendering of all possible assistance and help towards their realization;

(b) To study the nature of legal problems which may arise from the exploration of outer space;

2. *Requests* the Committee to submit reports on its activities to the subsequent sessions of the General Assembly.

856th plenary meeting,
12 December 1959.

B

The General Assembly,

Noting with satisfaction the successes of great significance to mankind that have been attained in the exploration of outer space in the form of the recent launching of artificial earth satellites and space rockets,

Attaching great importance to a broad development of international co-operation in the peaceful uses of outer space in the interests of the development of science and the improvement of the well-being of peoples,

1. *Decides* to convene in 1960 or 1961, under the auspices of the United Nations, an international scientific conference of interested Members of the United Nations and members of the specialized agencies for the exchange of experience in the peaceful uses of outer space;

2. *Requests* the Committee on the Peaceful Uses of Outer Space, established in resolution A above, in consultation with the Secretary-General and in co-operation with the appropriate specialized agencies, to work out proposals with regard to the convening of such a conference;

3. *Requests* the Secretary-General, in accordance with the conclusions of the Committee, to make the necessary organizational arrangements for holding the conference.

856th plenary meeting,
12 December 1959.

1721 (XVI). International co-operation in the peaceful uses of outer space

A

The General Assembly,

Recognizing the common interest of mankind in furthering the peaceful uses of outer space and the urgent need to strengthen international co-operation in this important field,

Believing that the exploration and use of outer space should be only for the betterment of mankind and to the benefit of States irrespective of the stage of their economic or scientific development,

1. *Commends* to States for their guidance in the exploration and use of outer space the following principles:

(*a*) International law, including the Charter of the United Nations, applies to outer space and celestial bodies;

(*b*) Outer space and celestial bodies are free for exploration and use by all States in conformity with international law and are not subject to national appropriation;

2. *Invites* the Committee on the Peaceful Uses of Outer Space to study and report on the legal problems which may arise from the exploration and use of outer space.

1085th plenary meeting,
20 December 1961.

B

The General Assembly,

Believing that the United Nations should provide a focal point for international co-operation in the peaceful exploration and use of outer space,

1. *Calls upon* States launching objects into orbit or beyond to furnish information promptly to the Committee on the Peaceful Uses of Outer Space, through the Secretary-General, for the registration of launchings;

2. *Requests* the Secretary-General to maintain a public registry of the information furnished in accordance with paragraph 1 above;

3. *Requests* the Committee on the Peaceful Uses of Outer Space, in co-operation with the Secretary-General and making full use of the functions and resources of the Secretariat:

(*a*) To maintain close contact with governmental and non-governmental organizations concerned with outer space matters;

(*b*) To provide for the exchange of such information relating to outer space activities as Governments may supply on a voluntary basis, supplementing but not duplicating existing technical and scientific exchanges;

(*c*) To assist in the study of measures for the promotion of international co-operation in outer space activities;

4. *Further requests* the Committee on the Peaceful Uses of Outer Space to report to the General Assembly on the arrangements undertaken for the performance of those functions and on such developments relating to the peaceful uses of outer space as it considers significant.

1085th plenary meeting,
20 December 1961.

C

The General Assembly,

Noting with gratification the marked progress for meteorological science and technology opened up by the advances in outer space,

Convinced of the world-wide benefits to be derived from international co-operation in weather research and analysis,

1. *Recommends* to all Member States and to the World Meteorological Organization and other appropriate specialized agencies the early and comprehensive study, in the light of developments in outer space, of measures:

(*a*) To advance the state of atmospheric science and technology so as to provide greater knowledge of basic physical forces affecting climate and the possibility of large-scale weather modification;

(*b*) To develop existing weather forecasting capabilities and to help Member States make effective use of such capabilities through regional meteorological centres;

2. *Requests* the World Meteorological Organization, consulting as appropriate with the United Nations Educational, Scientific and Cultural Organization and other specialized agencies and governmental and non-governmental organizations, such as the International Council of Scientific Unions, to submit a report to the Governments of its Member States and to the Economic and Social Council at its thirty-fourth session regarding appropriate organizational and financial arrangements to achieve those ends, with a view to their further consideration by the General Assembly at its seventeenth session;

3. *Requests* the Committee on the Peaceful uses of Outer Space, as it deems appropriate, to review that report and submit its comments and recommendations to the Economic and Social Council and to the General Assembly.

1085th plenary meeting,
20 December 1961.

D

The General Assembly,

Believing that communication by means of satellites should be available to the nations of the world as soon as practicable on a global and non-discriminatory basis,

Convinced of the need to prepare the way for the establishment of effective operational satellite communication,

1. *Notes with satisfaction* that the International Telecommunication Union plans to call a special conference in 1963 to make allocations of radio frequency bands for outer space activities;

2. *Recommends* that the International Telecommunication Union consider at that conference those aspects of space communication in which international co-operation will be required;

3. *Notes* the potential importance of communication satellites for use by the United Nations and its principal organs and specialized agencies for both operational and informational requirements;

4. *Invites* the Special Fund and the Expanded Programme of Technical Assistance, in consultation with the International Telecommunication Union, to give sympathetic consideration to requests from Member States for technical and other assistance for the

survey of their communication needs and for the development of their domestic communication facilities, so that they may make effective use of space communication;

5. *Requests* the International Telecommunication Union, consulting as appropriate with Member States, the United Nations Educational, Scientific and Cultural Organization and other specialized agencies and governmental and non-governmental organizations, such as the Committee on Space Research of the International Council of Scientific Unions, to submit a report on the implementation of these proposals to the Economic and Social Council at its thirty-fourth session and to the General Assembly at its seventeenth session;

6. *Requests* the Committee on the Peaceful Uses of Outer Space, as it deems appropriate, to review that report and submit its comments and recommendations to the Economic and Social Council and to the General Assembly.

1085th plenary meeting,
20 December 1961.

E

The General Assembly,

Recalling its resolution 1472 (XIV) of 12 December 1959,

Noting that the terms of office of the members of the Committee on the Peaceful Uses of Outer Space expire at the end of 1961,

Noting the report of the Committee on the Peaceful Uses of Outer Space,[1]

1. *Decides* to continue the membership of the Committee on the Peaceful Uses of Outer Space as set forth in General Assembly resolution 1472 (XIV) and to add Chad, Mongolia, Morocco and Sierra Leone to

---

[1] *Official Records of the General Assembly, Sixteenth Session, Annexes,* agenda item 21, document A/4987.

---

its membership in recognition of the increased membership of the United Nations since the Committee was established;

2. *Requests* the Committee on the Peaceful Uses of Outer Space to meet not later than 31 March 1962 to carry out its mandate as contained in General Assembly resolution 1472 (XIV), to review the activities provided for in resolutions A, B, C and D above and to make such reports as it may consider appropriate.

1085th plenary meeting,
20 December 1961.

Declaration of Legal Principles Governing the Activities of States in the Exploration and Use of Outer Space

Adopted by the General Assembly in its resolution 1962 (XVIII) of 13 December 1963

The General Assembly,

Inspired by the great prospects opening up before mankind as a result of man's entry into outer space,

Recognizing the common interest of all mankind in the progress of the exploration and use of outer space for peaceful purposes,

Believing that the exploration and use of outer space should be carried on for the betterment of mankind and for the benefit of States irrespective of their degree of economic or scientific development,

Desiring to contribute to broad international cooperation in the scientific as well as in the legal aspects of exploration and use of outer space for peaceful purposes,

Believing that such cooperation will contribute to the development of mutual understanding and to the strengthening of friendly relations between nations and peoples,

Recalling its resolution 110 (II) of 3 November 1947, which condemned propaganda designed or likely to provoke or encourage any threat to the peace, breach of the peace, or act of aggression, and considering that the aforementioned resolution is applicable to outer space,

Taking into consideration its resolutions 1721 (XVI) of 20 December 1961 and 1802 (XVII) of 14 December 1962, adopted unanimously by the States Members of the United Nations,

Solemnly declares that in the exploration and use of outer space States should be guided by the following principles:

1. The exploration and use of outer space shall be carried on for the benefit and in the interests of all mankind.

2. Outer space and celestial bodies are free for exploration and use by all States on a basis of equality and in accordance with international law.

3. Outer space and celestial bodies are not subject to national appropriation by claim of sovereignty, by means of use or occupation, or by any other means.

4. The activities of States in the exploration and use of outer space shall be carried on in accordance with international law, including the Charter of the United Nations, in the interest of maintaining international peace and security and promoting international cooperation and understanding.

5. States bear international responsibility for national activities in outer space, whether carried on by governmental agencies or by non-governmental entities, and for assuring that national activities are carried on in conformity with the principles set forth in the present Declaration. The activities of non-governmental entities in outer space shall require authorization and continuing supervision by the State concerned. When activities are carried on in outer space by an international organization, responsibility for compliance with the principles set forth in this Declaration shall be borne by the international organization and by the States participating in it.

6. In the exploration and use of outer space, States shall be guided by the principle of cooperation and mutual assistance and shall conduct all their activities in outer space with due regard for the corresponding interests of other States. If a State has reason to believe that an outer space activity or experiment planned by it or its nationals would cause potentially harmful interference with activities of other States in the peaceful exploration and use of outer space, it shall undertake appropriate international consultations before proceeding with any such activity or experiment. A State which has reason to believe that an outer space activity or experiment planned by another State would cause potentially harmful interference with activities in the peaceful exploration and use of outer space may request consultation concerning the activity or experiment.

7. The State on whose registry an object launched into outer space is carried shall retain jurisdiction and control over such object, and any personnel thereon, while in outer space. Ownership of objects launched into outer space, and of their component parts, is not affected by their passage through outer space or by their return to the Earth. Such objects or component parts found beyond the limits of the State of registry shall be returned to that State, which shall furnish identifying data upon request prior to return.

8. Each State which launches or procures the launching of an object into outer space, and each State from whose territory or facility an object is launched, is internationally liable for damage to a foreign State or to its natural or juridical persons by such object or its component parts on the Earth, in air space, or in outer space.

9. States shall regard astronauts as envoys of mankind in outer space, and shall render to them all possible assistance in the event of accident, distress, or emergency landing on the territory of a foreign State or on the high seas. Astronauts who make such a landing shall be safely and promptly returned to the State of registry of their space vehicle.

Principles Governing the Use by States of Artificial Earth Satellites for International Direct Television Broadcasting

Adopted by the General Assembly in its resolution 37/92 of 10 December 1982

The General Assembly,

Recalling its resolution 2916 (XXVII) of 9 November 1972, in which it stressed the necessity of elaborating principles governing the use by States of artificial Earth satellites for international direct television broadcasting, and mindful of the importance of concluding an international agreement or agreements,

Recalling further its resolutions 3182 (XXVIII) of 18 December 1973, 3234 (XXIX) of 12 November 1974, 3388 (XXX) of 18 November 1975, 31/8 of 8 November 1976, 32/196 of 20 December 1977, 33/16 of 10 November 1978, 34/66 of 5 December 1979 and 35/14 of 3 November 1980, and its resolution 36/35 of 18 November 1981 in which it decided to consider at its thirty-seventh session the adoption of a draft set of principles governing the use by States of artificial Earth satellites for international direct television broadcasting,

Noting with appreciation the efforts made in the Committee on the Peaceful Uses of Outer Space and its Legal Subcommittee to comply with the directives issued in the above-mentioned resolutions,

Considering that several experiments of direct broadcasting by satellite have been carried out and that a number of direct broadcasting satellite systems are operational in some countries and may be commercialized in the very near future,

Taking into consideration that the operation of international direct broadcasting satellites will have significant international political, economic, social and cultural implications,

Believing that the establishment of principles for international direct television broadcasting will contribute to the strengthening of international cooperation in this field and further the purposes and principles of the Charter of the United Nations,

Adopts the Principles Governing the Use by States of Artificial Earth Satellites for International Direct Television Broadcasting set forth in the annex to the present resolution.

Annex. *Principles Governing the Use by States of Artificial Earth Satellites for International Direct Television Broadcasting*

A. *Purposes and objectives*

1. Activities in the field of international direct television broadcasting by satellite should be carried out in a manner compatible with the sovereign rights of States, including the principle of non-intervention, as well as with the right of everyone to seek, receive and impart information and ideas as enshrined in the relevant United Nations instruments.

2. Such activities should promote the free dissemination and mutual exchange of information and knowledge in cultural and scientific fields, assist in educational, social and economic development, particularly in the developing countries, enhance the qualities of life of all peoples and provide recreation with due respect to the political and cultural integrity of States.

3. These activities should accordingly be carried out in a manner compatible with the development of mutual understanding and the strengthening of friendly relations and cooperation among all States and peoples in the interest of maintaining international peace and security.

B. *Applicability of international law*

4. Activities in the field of international direct television broadcasting by satellite should be conducted in accordance with international law, including the Charter of the United Nations, the Treaty on Principles Governing the Activities of States in the Exploration and Use of Outer Space, including the Moon and Other Celestial Bodies,[1] of 27 January 1967, the relevant provisions of the International Telecommunication Convention and its Radio Regulations and of international instruments relating to friendly relations and cooperation among States and to human rights.

C. *Rights and benefits*

5. Every State has an equal right to conduct activities in the field of international direct television broadcasting by satellite and to authorize such activities by persons and entities under its jurisdiction. All States and peoples are entitled to and should enjoy the benefits from such activities. Access to the technology in this field should be available to all States without discrimination on terms mutually agreed by all concerned.

D. *International cooperation*

6. Activities in the field of international direct television broadcasting by satellite should be based upon and encourage international cooperation. Such cooperation should be the subject of appropriate arrangements. Special consideration should be given to the needs of the developing countries in the use of international direct television broadcasting by satellite for the purpose of accelerating their national development.

E. *Peaceful settlement of disputes*

7. Any international dispute that may arise from activities covered by these principles should be settled through established procedures for the peaceful settlement of disputes agreed upon by the parties to the dispute in accordance with the provisions of the Charter of the United Nations.

F. State responsibility

8.   States should bear international responsibility for activities in the field of international direct television broadcasting by satellite carried out by them or under their jurisdiction and for the conformity of any such activities with the principles set forth in this document.

9.   When international direct television broadcasting by satellite is carried out by an international intergovernmental organization, the responsibility referred to in paragraph 8 above should be borne both by that organization and by the States participating in it.

G. Duty and right to consult

10.   Any broadcasting or receiving State within an international direct television broadcasting satellite service established between them requested to do so by any other broadcasting or receiving State within the same service should promptly enter into consultations with the requesting State regarding its activities in the field of international direct television broadcasting by satellite, without prejudice to other consultations which these States may undertake with any other State on that subject.

H. Copyright and neighbouring rights

11.   Without prejudice to the relevant provisions of international law, States should cooperate on a bilateral and multilateral basis for protection of copyright and neighbouring rights by means of appropriate agreements between the interested States or the competent legal entities acting under their jurisdiction. In such cooperation they should give special consideration to the interests of developing countries in the use of direct television broadcasting for the purpose of accelerating their national development.

I. Notification to the United Nations

12.   In order to promote international cooperation in the peaceful exploration and use of outer space, States conducting or authorizing activities in the field of international direct television broadcasting by satellite should inform the Secretary-General of the United Nations, to the greatest extent possible, of the nature of such activities. On receiving this information, the Secretary-General should disseminate it immediately and effectively to the relevant specialized agencies, as well as to the public and the international scientific community.

J. Consultations and agreements between States

13.   A State which intends to establish or authorize the establishment of an international direct television broadcasting satellite service shall without delay notify the proposed receiving State or States of such intention and shall promptly enter into consultation with any of those States which so requests.

14.   An international direct television broadcasting satellite service shall only be established after the conditions set forth in paragraph 13 above have been met and on the basis of agreements and/or arrangements in conformity with the relevant instruments of the International Telecommunication Union and in accordance with these principles.

15.   With respect to the unavoidable overspill of the radiation of the satellite signal, the relevant instruments of the International Telecommunication Union shall be exclusively applicable.

Principles Relating to Remote Sensing of the Earth from Outer Space

Adopted by the General Assembly in its resolution 41/65 of 3 December 1986

The General Assembly,

Recalling its resolution 3234 (XXIX) of 12 November 1974, in which it recommended that the Legal Subcommittee of the Committee on the Peaceful Uses of Outer Space should consider the question of the legal implications of remote sensing of the Earth from space, as well as its resolutions 3388 (XXX) of 18 November 1975, 31/8 of 8 November 1976, 32/196 A of 20 December 1977, 33/16 of 10 November 1978, 34/66 of 5 December 1979, 35/14 of 3 November 1980, 36/35 of 18 November 1981, 37/89 of 10 December 1982, 38/80 of 15 December 1983, 39/96 of 14 December 1984 and 40/162 of 16 December 1985, in which it called for a detailed consideration of the legal implications of remote sensing of the Earth from space, with the aim of formulating draft principles relating to remote sensing,

Having considered the report of the Committee on the Peaceful Uses of Outer Space on the work of its twenty-ninth session[6] and the text of the draft principles relating to remote sensing of the Earth from space, annexed thereto,

Noting with satisfaction that the Committee on the Peaceful Uses of Outer Space, on the basis of the deliberations of its Legal Subcommittee, has endorsed the text of the draft principles relating to remote sensing of the Earth from space,

Believing that the adoption of the principles relating to remote sensing of the Earth from space will contribute to the strengthening of international cooperation in this field,

Adopts the principles relating to remote sensing of the Earth from space set forth in the annex to the present resolution.

Annex.   *Principles Relating to Remote Sensing of the Earth from Outer Space*

Principle I

For the purposes of these principles with respect to remote sensing activities:

(*a*)   The term "remote sensing" means the sensing of the Earth's surface from space by making use of the properties of electromagnetic waves emitted, reflected or diffracted by

---

[6]*Official Records of the General Assembly, Forty-first Session, Supplement No. 20 and corrigendum* (A/41/20 and Corr.1).

the sensed objects, for the purpose of improving natural resources management, land use and the protection of the environment;

(*b*)   The term "primary data" means those raw data that are acquired by remote sensors borne by a space object and that are transmitted or delivered to the ground from space by telemetry in the form of electromagnetic signals, by photographic film, magnetic tape or any other means;

(*c*)   The term "processed data" means the products resulting from the processing of the primary data, needed to make such data usable;

(*d*)   The term "analysed information" means the information resulting from the interpretation of processed data, inputs of data and knowledge from other sources;

(*e*)   The term "remote sensing activities" means the operation of remote sensing space systems, primary data collection and storage stations, and activities in processing, interpreting and disseminating the processed data.

Principle II

Remote sensing activities shall be carried out for the benefit and in the interests of all countries, irrespective of their degree of economic, social or scientific and technological development, and taking into particular consideration the needs of the developing countries.

Principle III

Remote sensing activities shall be conducted in accordance with international law, including the Charter of the United Nations, the Treaty on Principles Governing the Activities of States in the Exploration and Use of Outer Space, including the Moon and Other Celestial Bodies,[1] and the relevant instruments of the International Telecommunication Union.

Principle IV

Remote sensing activities shall be conducted in accordance with the principles contained in article I of the Treaty on Principles Governing the Activities of States in the Exploration and Use of Outer Space, including the Moon and Other Celestial Bodies, which, in particular, provides that the exploration and use of outer space shall be carried out for the benefit and in the interests of all countries, irrespective of their degree of economic or scientific development, and stipulates the principle of freedom of exploration and use of outer space on the basis of equality. These activities shall be conducted on the basis of respect for the principle of full and permanent sovereignty of all States and peoples over their own wealth and natural resources, with due regard to the rights and interests, in accordance with international law, of other States and entities under their jurisdiction. Such activities shall not be conducted in a manner detrimental to the legitimate rights and interests of the sensed State.

Principle V

States carrying out remote sensing activities shall promote international cooperation in these activities. To this end, they shall make available to other States opportunities for participation therein. Such participation shall be based in each case on equitable and mutually acceptable terms.

Principle VI

In order to maximize the availability of benefits from remote sensing activities, States are encouraged, through agreements or other arrangements, to provide for the establishment and operation of data collecting and storage stations and processing and interpretation facilities, in particular within the framework of regional agreements or arrangements wherever feasible.

Principle VII

States participating in remote sensing activities shall make available technical assistance to other interested States on mutually agreed terms.

Principle VIII

The United Nations and the relevant agencies within the United Nations system shall promote international cooperation, including technical assistance and coordination in the area of remote sensing.

Principle IX

In accordance with article IV of the Convention on Registration of Objects Launched into Outer Space[4] and article XI of the Treaty on Principles Governing the Activities of States in the Exploration and Use of Outer Space, including the Moon and Other Celestial Bodies, a State carrying out a programme of remote sensing shall inform the Secretary-General of the United Nations. It shall, moreover, make available any other relevant information to the greatest extent feasible and practicable to any other State, particularly any developing country that is affected by the programme, at its request.

Principle X

Remote sensing shall promote the protection of the Earth's natural environment.

To this end, States participating in remote sensing activities that have identified information in their possession that is capable of averting any phenomenon harmful to the Earth's natural environment shall disclose such information to States concerned.

Principle XI

Remote sensing shall promote the protection of mankind from natural disasters.

To this end, States participating in remote sensing activities that have identified processed data and analysed information in their possession that may be useful to States affected by natural disasters, or likely to be affected by impending natural disasters, shall transmit such data and information to States concerned as promptly as possible.

Principle XII

As soon as the primary data and the processed data concerning the territory under its jurisdiction are produced, the sensed State shall have access to them on a non-discriminatory basis and on reasonable cost terms. The sensed State shall also have access to the available analysed information concerning the territory under its jurisdiction in the possession of any State participating in remote sensing activities on the same basis and terms, taking particularly into account the needs and interests of the developing countries.

Principle XIII

To promote and intensify international cooperation, especially with regard to the needs of developing countries, a State carrying out remote sensing of the Earth from space shall, upon request, enter into consultations with a State whose territory is sensed in order to make available opportunities for participation and enhance the mutual benefits to be derived therefrom.

Principle XIV

In compliance with article VI of the Treaty on Principles Governing the Activities of States in the Exploration and Use of Outer Space, including the Moon and Other Celestial Bodies, States operating remote sensing satellites shall bear international responsibility for their activities and assure that such activities are conducted in accordance with these principles and the norms of international law, irrespective of whether such activities are carried out by governmental or non-governmental entities or through international organizations to which such States are parties. This principle is without prejudice to the applicability of the norms of international law on State responsibility for remote sensing activities.

Principle XV

Any dispute resulting from the application of these principles shall be resolved through the established procedures for the peaceful settlement of disputes.

Principles Relevant to the Use of Nuclear Power Sources in Outer Space

Adopted by the General Assembly in its resolution 47/68 of 14 December 1992

The General Assembly,

Having considered the report of the Committee on the Peaceful Uses of Outer Space on the work of its thirty-fifth session[7] and the text of the Principles Relevant to the Use of Nuclear Power Sources in Outer Space as approved by the Committee and annexed to its report,[8]

Recognizing that for some missions in outer space nuclear power sources are particularly suited or even essential owing to their compactness, long life and other attributes,

Recognizing also that the use of nuclear power sources in outer space should focus on those applications which take advantage of the particular properties of nuclear power sources,

Recognizing further that the use of nuclear power sources in outer space should be based on a thorough safety assessment, including probabilistic risk analysis, with particular emphasis on reducing the risk of accidental exposure of the public to harmful radiation or radioactive material,

Recognizing the need, in this respect, for a set of principles containing goals and guidelines to ensure the safe use of nuclear power sources in outer space,

Affirming that this set of Principles applies to nuclear power sources in outer space devoted to the generation of electric power on board space objects for non-propulsive purposes, which have characteristics generally comparable to those of systems used and missions performed at the time of the adoption of the Principles,

Recognizing that this set of Principles will require future revision in view of emerging nuclear power applications and of evolving international recommendations on radiological protection,

Adopts the Principles Relevant to the Use of Nuclear Power Sources in Outer Space as set forth below.

Principle 1. Applicability of international law

Activities involving the use of nuclear power sources in outer space shall be carried out in accordance with international law, including in particular the Charter

---

[7] *Official Records of the General Assembly, Forty-seventh Session, Supplement No. 20* (A/47/20).
[8] Ibid., annex.

of the United Nations and the Treaty on Principles Governing the Activities of States in the Exploration and Use of Outer Space, including the Moon and Other Celestial Bodies.[1]

Principle 2. Use of terms

1. For the purpose of these Principles, the terms "launching State" and "State launching" mean the State which exercises jurisdiction and control over a space object with nuclear power sources on board at a given point in time relevant to the principle concerned.

2. For the purpose of principle 9, the definition of the term "launching State" as contained in that principle is applicable.

3. For the purposes of principle 3, the terms "foreseeable" and "all possible" describe a class of events or circumstances whose overall probability of occurrence is such that it is considered to encompass only credible possibilities for purposes of safety analysis. The term "general concept of defence-in-depth" when applied to nuclear power sources in outer space refers to the use of design features and mission operations in place of or in addition to active systems, to prevent or mitigate the consequences of system malfunctions. Redundant safety systems are not necessarily required for each individual component to achieve this purpose. Given the special requirements of space use and of varied missions, no particular set of systems or features can be specified as essential to achieve this objective. For the purposes of paragraph 2 (*d*) of principle 3, the term "made critical" does not include actions such as zero-power testing which are fundamental to ensuring system safety.

Principle 3. Guidelines and criteria for safe use

In order to minimize the quantity of radioactive material in space and the risks involved, the use of nuclear power sources in outer space shall be restricted to those space missions which cannot be operated by non-nuclear energy sources in a reasonable way.

1. General goals for radiation protection and nuclear safety

(*a*) States launching space objects with nuclear power sources on board shall endeavour to protect individuals, populations and the biosphere against radiological hazards. The design and use of space objects with nuclear power sources on board shall ensure, with a high degree of confidence, that the hazards, in foreseeable operational or accidental circumstances, are kept below acceptable levels as defined in paragraphs 1 (*b*) and (*c*).

Such design and use shall also ensure with high reliability that radioactive material does not cause a significant contamination of outer space;

(*b*)   During the normal operation of space objects with nuclear power sources on board, including re-entry from the sufficiently high orbit as defined in paragraph 2 (*b*), the appropriate radiation protection objective for the public recommended by the International Commission on Radiological Protection shall be observed. During such normal operation there shall be no significant radiation exposure;

(*c*)   To limit exposure in accidents, the design and construction of the nuclear power source systems shall take into account relevant and generally accepted international radiological protection guidelines.

Except in cases of low-probability accidents with potentially serious radiological consequences, the design for the nuclear power source systems shall, with a high degree of confidence, restrict radiation exposure to a limited geographical region and to individuals to the principal limit of 1 mSv in a year. It is permissible to use a subsidiary dose limit of 5 mSv in a year for some years, provided that the average annual effective dose equivalent over a lifetime does not exceed the principal limit of 1 mSv in a year.

The probability of accidents with potentially serious radiological consequences referred to above shall be kept extremely small by virtue of the design of the system.

Future modifications of the guidelines referred to in this paragraph shall be applied as soon as practicable;

(*d*)   Systems important for safety shall be designed, constructed and operated in accordance with the general concept of defence-in-depth. Pursuant to this concept, foreseeable safety-related failures or malfunctions must be capable of being corrected or counteracted by an action or a procedure, possibly automatic.

The reliability of systems important for safety shall be ensured, *inter alia*, by redundancy, physical separation, functional isolation and adequate independence of their components.

Other measures shall also be taken to raise the level of safety.

2. *Nuclear reactors*

(*a*)   Nuclear reactors may be operated:
   (i)   On interplanetary missions;
   (ii)   In sufficiently high orbits as defined in paragraph 2 (*b*);
   (iii)   In low-Earth orbits if they are stored in sufficiently high orbits after the operational part of their mission.

(*b*)   The sufficiently high orbit is one in which the orbital lifetime is long enough to allow for a sufficient decay of the fission products to approximately the activity of the actinides. The sufficiently high orbit must be such that the risks to existing and future outer space missions and of collision with other space objects are kept to a minimum. The necessity for the parts of a destroyed reactor also to attain the required decay time before re-entering the Earth's atmosphere shall be considered in determining the sufficiently high orbit altitude;

(*c*)   Nuclear reactors shall use only highly enriched uranium 235 as fuel. The design shall take into account the radioactive decay of the fission and activation products;

(*d*) Nuclear reactors shall not be made critical before they have reached their operating orbit or interplanetary trajectory;

(*e*) The design and construction of the nuclear reactor shall ensure that it cannot become critical before reaching the operating orbit during all possible events, including rocket explosion, re-entry, impact on ground or water, submersion in water or water intruding into the core;

(*f*) In order to reduce significantly the possibility of failures in satellites with nuclear reactors on board during operations in an orbit with a lifetime less than in the sufficiently high orbit (including operations for transfer into the sufficiently high orbit), there shall be a highly reliable operational system to ensure an effective and controlled disposal of the reactor.

3. Radioisotope generators

(*a*) Radioisotope generators may be used for interplanetary missions and other missions leaving the gravity field of the Earth. They may also be used in Earth orbit if, after conclusion of the operational part of their mission, they are stored in a high orbit. In any case ultimate disposal is necessary;

(*b*) Radioisotope generators shall be protected by a containment system that is designed and constructed to withstand the heat and aerodynamic forces of re-entry in the upper atmosphere under foreseeable orbital conditions, including highly elliptical or hyperbolic orbits where relevant. Upon impact, the containment system and the physical form of the isotope shall ensure that no radioactive material is scattered into the environment so that the impact area can be completely cleared of radioactivity by a recovery operation.

Principle 4. Safety assessment

1. A launching State as defined in principle 2, paragraph 1, at the time of launch shall, prior to the launch, through cooperative arrangements, where relevant, with those which have designed, constructed or manufactured the nuclear power sources, or will operate the space object, or from whose territory or facility such an object will be launched, ensure that a thorough and comprehensive safety assessment is conducted. This assessment shall cover as well all relevant phases of the mission and shall deal with all systems involved, including the means of launching, the space platform, the nuclear power source and its equipment and the means of control and communication between ground and space.

2. This assessment shall respect the guidelines and criteria for safe use contained in principle 3.

3. Pursuant to article XI of the Treaty on Principles Governing the Activities of States in the Exploration and Use of Outer Space, including the Moon and Other Celestial Bodies, the results of this safety assessment, together with, to the extent feasible, an indication of the approximate intended time-frame of the launch, shall be made publicly available prior to each launch, and the Secretary-General of the United Nations shall be informed

on how States may obtain such results of the safety assessment as soon as possible prior to each launch.

Principle 5. Notification of re-entry

1. Any State launching a space object with nuclear power sources on board shall in a timely fashion inform States concerned in the event this space object is malfunctioning with a risk of re-entry of radioactive materials to the Earth. The information shall be in accordance with the following format:

    (*a*) *System parameters*:

        (i)   Name of launching State or States, including the address of the authority which may be contacted for additional information or assistance in case of accident;

        (ii) International designation;

        (iii) Date and territory or location of launch;

        (iv) Information required for best prediction of orbit lifetime, trajectory and impact region;

        (v) General function of spacecraft;

    (*b*) *Information on the radiological risk of nuclear power source(s)*:

        (i)   Type of nuclear power source: radioisotopic/reactor;

        (ii) The probable physical form, amount and general radiological characteristics of the fuel and contaminated and/or activated components likely to reach the ground. The term "fuel" refers to the nuclear material used as the source of heat or power.

    This information shall also be transmitted to the Secretary-General of the United Nations.

2. The information, in accordance with the format above, shall be provided by the launching State as soon as the malfunction has become known. It shall be updated as frequently as practicable and the frequency of dissemination of the updated information shall increase as the anticipated time of re-entry into the dense layers of the Earth's atmosphere approaches so that the international community will be informed of the situation and will have sufficient time to plan for any national response activities deemed necessary.

3. The updated information shall also be transmitted to the Secretary-General of the United Nations with the same frequency.

Principle 6. Consultations

States providing information in accordance with principle 5 shall, as far as reasonably practicable, respond promptly to requests for further information or consultations sought by other States.

Principle 7. Assistance to States

1. Upon the notification of an expected re-entry into the Earth's atmosphere of a space object containing a nuclear power source on board and its components, all States possessing space monitoring and tracking facilities, in the spirit of international cooperation, shall communicate the relevant information that they may have available on the malfunctioning space object with a nuclear power source on board to the Secretary-General of the United Nations and the State concerned as promptly as possible to allow States that might be affected to assess the situation and take any precautionary measures deemed necessary.

2. After re-entry into the Earth's atmosphere of a space object containing a nuclear power source on board and its components:

   (*a*) The launching State shall promptly offer and, if requested by the affected State, provide promptly the necessary assistance to eliminate actual and possible harmful effects, including assistance to identify the location of the area of impact of the nuclear power source on the Earth's surface, to detect the re-entered material and to carry out retrieval or clean-up operations;

   (*b*) All States, other than the launching State, with relevant technical capabilities and international organizations with such technical capabilities shall, to the extent possible, provide necessary assistance upon request by an affected State.

In providing the assistance in accordance with subparagraphs (*a*) and (*b*) above, the special needs of developing countries shall be taken into account.

Principle 8. Responsibility

In accordance with article VI of the Treaty on Principles Governing the Activities of States in the Exploration and Use of Outer Space, including the Moon and Other Celestial Bodies, States shall bear international responsibility for national activities involving the use of nuclear power sources in outer space, whether such activities are carried on by governmental agencies or by non-governmental entities, and for assuring that such national activities are carried out in conformity with that Treaty and the recommendations contained in these Principles. When activities in outer space involving the use of nuclear power sources are carried on by an international organization, responsibility for compliance with the aforesaid Treaty and the recommendations contained in these Principles shall be borne both by the international organization and by the States participating in it.

Principle 9. Liability and compensation

1. In accordance with article VII of the Treaty on Principles Governing the Activities of States in the Exploration and Use of Outer Space, including the Moon and Other Celestial Bodies, and the provisions of the

Convention on International Liability for Damage Caused by Space Objects,[3] each State which launches or procures the launching of a space object and each State from whose territory or facility a space object is launched shall be internationally liable for damage caused by such space objects or their component parts. This fully applies to the case of such a space object carrying a nuclear power source on board. Whenever two or more States jointly launch such a space object, they shall be jointly and severally liable for any damage caused, in accordance with article V of the above-mentioned Convention.

2. The compensation that such States shall be liable to pay under the aforesaid Convention for damage shall be determined in accordance with international law and the principles of justice and equity, in order to provide such reparation in respect of the damage as will restore the person, natural or juridical, State or international organization on whose behalf a claim is presented to the condition which would have existed if the damage had not occurred.

3. For the purposes of this principle, compensation shall include reimbursement of the duly substantiated expenses for search, recovery and clean-up operations, including expenses for assistance received from third parties.

Principle 10. Settlement of disputes

Any dispute resulting from the application of these Principles shall be resolved through negotiations or other established procedures for the peaceful settlement of disputes, in accordance with the Charter of the United Nations.

Principle 11. Review and revision

These Principles shall be reopened for revision by the Committee on the Peaceful Uses of Outer Space no later than two years after their adoption.

General Assembly

Distr.
GENERAL

A/RES/51/122
4 February 1997

Fifty-first session
Agenda item 83

RESOLUTION ADOPTED BY THE GENERAL ASSEMBLY

[on the report of the Special Political and Decolonization Committee
(Fourth Committee) (A/51/590)]

51/122.   <u>Declaration on International Cooperation
in the Exploration and Use of Outer Space
for the Benefit and in the Interest of All
States, Taking into Particular Account the
Needs of Developing Countries</u>

<u>The General Assembly</u>,

<u>Having considered</u> the report of the Committee on the Peaceful Uses of
Outer Space on the work of its thirty-ninth session[1] and the text of the
Declaration on International Cooperation in the Exploration and Use of Outer
Space for the Benefit and in the Interest of All States, Taking into
Particular Account the Needs of Developing Countries, as approved by the
Committee and annexed to its report,[2]

<u>Bearing in mind</u> the relevant provisions of the Charter of the United
Nations,

<u>Recalling</u> notably the provisions of the Treaty on Principles Governing
the Activities of States in the Exploration and Use of Outer Space, including
the Moon and Other Celestial Bodies,[3]

---

[1] <u>Official Records of the General Assembly, Fifty-first Session, Supplement
No. 20</u> (A/51/20).

[2] Ibid., annex IV.

[3] Resolution 2222 (XXI), annex.

97-76411   /...

Recalling also its relevant resolutions relating to activities in outer space,

Bearing in mind the recommendations of the Second United Nations Conference on the Exploration and Peaceful Uses of Outer Space,[4] and of other international conferences relevant in this field,

Recognizing the growing scope and significance of international cooperation among States and between States and international organizations in the exploration and use of outer space for peaceful purposes,

Considering experiences gained in international cooperative ventures,

Convinced of the necessity and the significance of further strengthening international cooperation in order to reach broad and efficient collaboration in this field for the mutual benefit and in the interest of all parties involved,

Desirous of facilitating the application of the principle that the exploration and use of outer space, including the Moon and other celestial bodies, shall be carried out for the benefit and in the interest of all countries, irrespective of their degree of economic or scientific development, and shall be the province of all mankind,

Adopts the Declaration on International Cooperation in the Exploration and Use of Outer Space for the Benefit and in the Interest of All States, Taking into Particular Account the Needs of Developing Countries, set forth in the annex to the present resolution.

83rd plenary meeting
13 December 1996

ANNEX

Declaration on International Cooperation in the Exploration
and Use of Outer Space for the Benefit and in the Interest
of All States, Taking into Particular Account the Needs of
Developing Countries

1.   International cooperation in the exploration and use of outer space for peaceful purposes (hereinafter "international cooperation") shall be conducted in accordance with the provisions of international law, including the Charter of the United Nations and the Treaty on Principles Governing the Activities of States in the Exploration and Use of Outer Space, including the Moon and Other Celestial Bodies.[3] It shall be carried out for the benefit and in the interest of all States, irrespective of their degree of economic, social or scientific and technological development, and shall be the province of all mankind. Particular account should be taken of the needs of developing countries.

---

[4] See Report of the Second United Nations Conference on the Exploration and Peaceful Uses of Outer Space, Vienna, 9-21 August 1982 and corrigenda (A/CONF.101/10 and Corr.1 and 2).

/...

2.   States are free to determine all aspects of their participation in
international cooperation in the exploration and use of outer space on an
equitable and mutually acceptable basis. Contractual terms in such
cooperative ventures should be fair and reasonable and they should be in full
compliance with the legitimate rights and interests of the parties concerned,
as, for example, with intellectual property rights.

3.   All States, particularly those with relevant space capabilities and with
programmes for the exploration and use of outer space, should contribute to
promoting and fostering international cooperation on an equitable and mutually
acceptable basis. In this context, particular attention should be given to
the benefit and the interests of developing countries and countries with
incipient space programmes stemming from such international cooperation
conducted with countries with more advanced space capabilities.

4.   International cooperation should be conducted in the modes that are
considered most effective and appropriate by the countries concerned,
including, _inter alia_, governmental and non-governmental; commercial and
non-commercial; global, multilateral, regional or bilateral; and international
cooperation among countries in all levels of development.

5.   International cooperation, while taking into particular account the
needs of developing countries, should aim, _inter alia_, at the following goals,
considering their need for technical assistance and rational and efficient
allocation of financial and technical resources:

      (_a_)   Promoting the development of space science and technology and of
its applications;

      (_b_)   Fostering the development of relevant and appropriate space
capabilities in interested States;

      (_c_)   Facilitating the exchange of expertise and technology among States
on a mutually acceptable basis.

6.   National and international agencies, research institutions,
organizations for development aid, and developed and developing countries
alike should consider the appropriate use of space applications and the
potential of international cooperation for reaching their development goals.

7.   The Committee on the Peaceful Uses of Outer Space should be strengthened
in its role, among others, as a forum for the exchange of information on
national and international activities in the field of international
cooperation in the exploration and use of outer space.

8.   All States should be encouraged to contribute to the United Nations
Programme on Space Applications and to other initiatives in the field of
international cooperation in accordance with their space capabilities and
their participation in the exploration and use of outer space.

United Nations

A/RES/59/115

 **General Assembly**

Distr.: General
25 January 2005

Fifty-ninth session
Agenda item 74

Resolution adopted by the General Assembly

*[on the report of the Special Political and Decolonization Committee
(Fourth Committee) (A/59/469)]*

59/115. Application of the concept of the "launching State"

The General Assembly,

Recalling the Convention on International Liability for Damage Caused by Space Objects[1] and the Convention on Registration of Objects Launched into Outer Space,[2]

Bearing in mind that the term "launching State" as used in the Liability Convention and the Registration Convention is important in space law, that a launching State shall register a space object in accordance with the Registration Convention and that the Liability Convention identifies those States which may be liable for damage caused by a space object and which would have to pay compensation in such a case,

Taking note of the report of the Committee on the Peaceful Uses of Outer Space on its forty-second session[3] and the report of the Legal Subcommittee on its forty-first session, in particular the conclusions of the Working Group on the agenda item entitled "Review of the concept of the 'launching State'" annexed to the report of the Legal Subcommittee,[4]

Noting that nothing in the conclusions of the Working Group or in the present resolution constitutes an authoritative interpretation of or a proposed amendment to the Registration Convention or the Liability Convention,

Noting also that changes in space activities since the Liability Convention and the Registration Convention entered into force include the continuous development of new technologies, an increase in the number of States carrying out space activities, an increase in international cooperation in the peaceful uses of outer space and an increase in space activities carried out by non-governmental entities, including activities carried out jointly by government agencies and non-

[1] General Assembly resolution 2777 (XXVI), annex.

[2] General Assembly resolution 3235 (XXIX), annex.

[3] *Official Records of the General Assembly, Fifty-fourth Session, Supplement No. 20* and corrigendum (A/54/20 and Corr.1).

[4] A/AC.105/787, annex IV, appendix.

governmental entities, as well as partnerships formed by non-governmental entities from one or more countries,

Desirous of facilitating adherence to and the application of the provisions of the United Nations treaties on outer space, in particular the Liability Convention and the Registration Convention,

1. *Recommends* that States conducting space activities, in fulfilling their international obligations under the United Nations treaties on outer space, in particular the Treaty on Principles Governing the Activities of States in the Exploration and Use of Outer Space, including the Moon and Other Celestial Bodies,[5] the Convention on International Liability for Damage Caused by Space Objects[1] and the Convention on Registration of Objects Launched into Outer Space,[2] as well as other relevant international agreements, consider enacting and implementing national laws authorizing and providing for continuing supervision of the activities in outer space of non-governmental entities under their jurisdiction;

2. *Also recommends* that States consider the conclusion of agreements in accordance with the Liability Convention with respect to joint launches or cooperation programmes;

3. *Further recommends* that the Committee on the Peaceful Uses of Outer Space invite Member States to submit information on a voluntary basis on their current practices regarding on-orbit transfer of ownership of space objects;

4. *Recommends* that States consider, on the basis of that information, the possibility of harmonizing such practices as appropriate with a view to increasing the consistency of national space legislation with international law;

5. *Requests* the Committee on the Peaceful Uses of Outer Space, in making full use of the functions and resources of the Secretariat, to continue to provide States, at their request, with relevant information and assistance in developing national space laws based on the relevant treaties.

71st plenary meeting
10 December 2004

---

[5] General Assembly resolution 2222 (XXI), annex.

General Assembly

Distr.: General
10 January 2008

Sixty-second session
Agenda item 31

Resolution adopted by the General Assembly

[*on the report of the Special Political and Decolonization Committee
(Fourth Committee) (A/62/403)*]

62/101. Recommendations on enhancing the practice of States and international intergovernmental organizations in registering space objects

The General Assembly,

Recalling the Treaty on Principles Governing the Activities of States in the Exploration and Use of Outer Space, including the Moon and Other Celestial Bodies[1] (Outer Space Treaty), in particular articles VIII and XI,

Recalling also the Convention on Registration of Objects Launched into Outer Space,[2]

Recalling further its resolution 1721 B (XVI) of 20 December 1961,

Recalling its resolution 41/66 of 3 December 1986,

Taking note of the relevant parts of the report of the Committee on the Peaceful Uses of Outer Space on its fiftieth session[3] and the report of the Legal Subcommittee on its forty-sixth session, in particular the conclusions of the Working Group on the Practice of States and International Organizations in Registering Space Objects, annexed to the report of the Legal Subcommittee,[4]

Noting that nothing in the conclusions of the Working Group or in the present resolution constitutes an authoritative interpretation of or a proposed amendment to the Registration Convention,

Bearing in mind the benefits for States of becoming parties to the Registration Convention and that, by acceding to, implementing and observing the provisions of the Registration Convention, States:

(*a*)   Enhance the utility of the Register of Objects Launched into Outer Space established under article III of the Registration Convention, in which information

---

[1] United Nations, *Treaty Series*, vol. 610, No. 8843.

[2] Ibid., vol. 1023, No. 15020.

[3] *Official Records of the General Assembly, Sixty-second Session, Supplement No. 20* (A/62/20), paras. 209–215.

[4] See A/AC.105/891, annex III, appendix.

furnished by States and international intergovernmental organizations conducting space activities that have declared their acceptance of the rights and obligations under the Registration Convention is recorded;

(*b*) Benefit from additional means and procedures that assist in the identification of space objects, including, in particular, in accordance with article VI of the Registration Convention,

Noting that States parties to the Registration Convention and international intergovernmental organizations conducting space activities, having declared their acceptance of the rights and obligations under the Convention, shall furnish information to the Secretary-General in accordance with the Convention and shall establish an appropriate registry and inform the Secretary-General of the establishment of such a registry in accordance with the Convention,

Considering that universal accession to and acceptance, implementation and observance of the provisions of the Registration Convention:

(*a*) Lead to increased establishment of appropriate registries;

(*b*) Contribute to the development of procedures and mechanisms for the maintenance of appropriate registries and the provision of information to the Register of Objects Launched into Outer Space;

(*c*) Contribute to common procedures, at the national and international levels, for registering space objects with the Register;

(*d*) Contribute to uniformity with regard to the information to be furnished and recorded in the Register concerning space objects listed in the appropriate registries;

(*e*) Contribute to the receipt of and recording in the Register of additional information concerning space objects on the appropriate registries and information on objects that are no longer in Earth orbit,

Noting that changes in space activities since the Registration Convention entered into force include the continuous development of new technologies, an increase in the number of States carrying out space activities, an increase in international cooperation in the peaceful uses of outer space and an increase in activities carried out by non-governmental entities, as well as partnerships formed by non-governmental entities from more than one country,

Desirous of achieving the most complete registration of space objects,

Desirous also of enhancing adherence to the Registration Convention,

1. *Recommends*, with regard to adherence to the Registration Convention,[2] that:

(*a*) States that have not yet ratified or acceded to the Registration Convention should become parties to it in accordance with their domestic law and, until they become parties, furnish information in accordance with General Assembly resolution 1721 B (XVI);

(*b*) International intergovernmental organizations conducting space activities that have not yet declared their acceptance of the rights and obligations under the Registration Convention should do so in accordance with article VII of the Convention;

2.   *Also recommends*, with regard to the harmonization of practices, that:

(*a*)   Consideration should be given to achieving uniformity in the type of information to be provided to the Secretary-General on the registration of space objects, and such information could include, inter alia:

(i)   The Committee on Space Research international designator, where appropriate;

(ii)   Coordinated Universal Time as the time reference for the date of launch;

(iii)   Kilometres, minutes and degrees as the standard units for basic orbital parameters;

(iv)   Any useful information relating to the function of the space object in addition to the general function requested by the Registration Convention;

(*b*)   Consideration should be given to the furnishing of additional appropriate information to the Secretary-General on the following areas:

(i)   The geostationary orbit location, where appropriate;

(ii)   Any change of status in operations (inter alia, when a space object is no longer functional);

(iii)   The approximate date of decay or re-entry, if States are capable of verifying that information;

(iv)   The date and physical conditions of moving a space object to a disposal orbit;

(v)   Web links to official information on space objects;

(*c*)   States conducting space activities and international intergovernmental organizations that have declared their acceptance of the rights and obligations under the Registration Convention should, when they have designated focal points for their appropriate registries, provide the Office for Outer Space Affairs of the Secretariat with the contact details of those focal points;

3.   *Further recommends*, in order to achieve the most complete registration of space objects, that:

(*a*)   Due to the complexity of the responsibility structure in international intergovernmental organizations conducting space activities, a solution should be sought in cases where an international intergovernmental organization conducting space activities has not yet declared its acceptance of the rights and obligations under the Registration Convention, and a general backup solution should be provided for registration by international intergovernmental organizations conducting space activities in cases where there is no consensus on registration among the States members of such organizations;

(*b*)   The State from whose territory or facility a space object has been launched should, in the absence of prior agreement, contact States or international intergovernmental organizations that could qualify as "launching States" to jointly determine which State or entity should register the space object;

(*c*)   In cases of joint launches of space objects, each space object should be registered separately and, without prejudice to the rights and obligations of States, space objects should be included, in accordance with international law, including the relevant United Nations treaties on outer space, in the appropriate registry of the

State responsible for the operation of the space object under article VI of the Outer Space Treaty;[1]

(*d*) States should encourage launch service providers under their jurisdiction to advise the owner and/or operator of the space object to address the appropriate States on the registration of that space object;

4. *Recommends* that, following the change in supervision of a space object in orbit:

(*a*) The State of registry, in cooperation with the appropriate State according to article VI of the Outer Space Treaty, could furnish to the Secretary-General additional information, such as:

(i) The date of change in supervision;

(ii) The identification of the new owner or operator;

(iii) Any change of orbital position;

(iv) Any change of function of the space object;

(*b*) If there is no State of registry, the appropriate State according to article VI of the Outer Space Treaty could furnish the above information to the Secretary-General;

5. *Requests* the Office for Outer Space Affairs:

(*a*) To make available to all States and international intergovernmental organizations a model registration form reflecting the information to be provided to the Office for Outer Space Affairs, to assist them in their submission of registration information;

(*b*) To make public, through its website, the contact details of the focal points;

(*c*) To establish web links on its website to the appropriate registries that are available on the Internet;

6. *Recommends* that States and international intergovernmental organizations should report to the Office for Outer Space Affairs on new developments relating to their practice in registering space objects.

75th plenary meeting
17 December 2007

General Assembly

Distr.: General
12 January 2012

Sixty-sixth session
Agenda item 96

Resolution adopted by the General Assembly

[on the report of the First Committee (A/66/410)]

66/27. Prevention of an arms race in outer space

The General Assembly,

Recognizing the common interest of all mankind in the exploration and use of outer space for peaceful purposes,

Reaffirming the will of all States that the exploration and use of outer space, including the Moon and other celestial bodies, shall be for peaceful purposes and shall be carried out for the benefit and in the interest of all countries, irrespective of their degree of economic or scientific development,

Reaffirming also the provisions of articles III and IV of the Treaty on Principles Governing the Activities of States in the Exploration and Use of Outer Space, including the Moon and Other Celestial Bodies,[1]

Recalling the obligation of all States to observe the provisions of the Charter of the United Nations regarding the use or threat of use of force in their international relations, including in their space activities,

Reaffirming paragraph 80 of the Final Document of the Tenth Special Session of the General Assembly,[2] in which it is stated that in order to prevent an arms race in outer space, further measures should be taken and appropriate international negotiations held in accordance with the spirit of the Treaty,

Recalling its previous resolutions on this issue, and taking note of the proposals submitted to the General Assembly at its tenth special session and at its regular sessions, and of the recommendations made to the competent organs of the United Nations and to the Conference on Disarmament,

Recognizing that prevention of an arms race in outer space would avert a grave danger for international peace and security,

Emphasizing the paramount importance of strict compliance with existing arms limitation and disarmament agreements relevant to outer space, including

---

[1] United Nations, *Treaty Series*, vol. 610, No. 8843.
[2] Resolution S-10/2.

bilateral agreements, and with the existing legal regime concerning the use of outer space,

Considering that wide participation in the legal regime applicable to outer space could contribute to enhancing its effectiveness,

Noting that the Ad Hoc Committee on the Prevention of an Arms Race in Outer Space, taking into account its previous efforts since its establishment in 1985 and seeking to enhance its functioning in qualitative terms, continued the examination and identification of various issues, existing agreements and existing proposals, as well as future initiatives relevant to the prevention of an arms race in outer space,[3] and that this contributed to a better understanding of a number of problems and to a clearer perception of the various positions,

Noting also that there were no objections in principle in the Conference on Disarmament to the re-establishment of the Ad Hoc Committee, subject to re-examination of the mandate contained in the decision of the Conference on Disarmament of 13 February 1992,[4]

Emphasizing the mutually complementary nature of bilateral and multilateral efforts for the prevention of an arms race in outer space, and hoping that concrete results will emerge from those efforts as soon as possible,

Convinced that further measures should be examined in the search for effective and verifiable bilateral and multilateral agreements in order to prevent an arms race in outer space, including the weaponization of outer space,

Stressing that the growing use of outer space increases the need for greater transparency and better information on the part of the international community,

Recalling, in this context, its previous resolutions, in particular resolutions 45/55 B of 4 December 1990, 47/51 of 9 December 1992 and 48/74 A of 16 December 1993, in which, inter alia, it reaffirmed the importance of confidence-building measures as a means conducive to ensuring the attainment of the objective of the prevention of an arms race in outer space,

Conscious of the benefits of confidence- and security-building measures in the military field,

Recognizing that negotiations for the conclusion of an international agreement or agreements to prevent an arms race in outer space remain a priority task of the Conference on Disarmament and that the concrete proposals on confidence-building measures could form an integral part of such agreements,

Noting with satisfaction the constructive, structured and focused debate on the prevention of an arms race in outer space at the Conference on Disarmament in 2009, 2010 and 2011,

Taking note of the introduction by China and the Russian Federation at the Conference on Disarmament of the draft treaty on the prevention of the placement of weapons in outer space and of the threat or use of force against outer space objects,[5]

---

[3] *Official Records of the General Assembly, Forty-ninth Session, Supplement No. 27* (A/49/27), sect. III.D (para. 5 of the quoted text).

[4] CD/1125.

[5] See CD/1839.

Taking note also of the decision of the Conference on Disarmament to establish for its 2009 session a working group to discuss, substantially, without limitation, all issues related to the prevention of an arms race in outer space,

1.   *Reaffirms* the importance and urgency of preventing an arms race in outer space and the readiness of all States to contribute to that common objective, in conformity with the provisions of the Treaty on Principles Governing the Activities of States in the Exploration and Use of Outer Space, including the Moon and Other Celestial Bodies;[1]

2.   *Reaffirms its recognition*, as stated in the report of the Ad Hoc Committee on the Prevention of an Arms Race in Outer Space, that the legal regime applicable to outer space does not in and of itself guarantee the prevention of an arms race in outer space, that the regime plays a significant role in the prevention of an arms race in that environment, that there is a need to consolidate and reinforce that regime and enhance its effectiveness and that it is important to comply strictly with existing agreements, both bilateral and multilateral;[6]

3.   *Emphasizes* the necessity of further measures with appropriate and effective provisions for verification to prevent an arms race in outer space;

4.   *Calls upon* all States, in particular those with major space capabilities, to contribute actively to the objective of the peaceful use of outer space and of the prevention of an arms race in outer space and to refrain from actions contrary to that objective and to the relevant existing treaties in the interest of maintaining international peace and security and promoting international cooperation;

5.   *Reiterates* that the Conference on Disarmament, as the sole multilateral disarmament negotiating forum, has the primary role in the negotiation of a multilateral agreement or agreements, as appropriate, on the prevention of an arms race in outer space in all its aspects;

6.   *Invites* the Conference on Disarmament to establish a working group under its agenda item entitled "Prevention of an arms race in outer space" as early as possible during its 2012 session;

7.   *Recognizes*, in this respect, the growing convergence of views on the elaboration of measures designed to strengthen transparency, confidence and security in the peaceful uses of outer space;

8.   *Urges* States conducting activities in outer space, as well as States interested in conducting such activities, to keep the Conference on Disarmament informed of the progress of bilateral and multilateral negotiations on the matter, if any, so as to facilitate its work;

9.   *Decides* to include in the provisional agenda of its sixty-seventh session the item entitled "Prevention of an arms race in outer space".

71st plenary meeting
2 December 2011

---

[6] See *Official Records of the General Assembly, Forty-fifth Session, Supplement No. 27* (A/45/27), para. 118 (para. 63 of the quoted text).

우주관련 조약문

- 1967년 외기권 조약(Outer Space Treaty 1967) (국·영문)
- 1968년 구조 협정(Rescue Agreement 1968) (국·영문)
- 1972년 책임 협약(Liability Convention 1972) (국·영문)
- 1975년 등록 협약(Registration Convention 1975) (국·영문)
- 1979년 달 조약(Moon Treaty) (국·영문)
- ITU 헌장 제7장(무선 관련 특별 규정)
- Convention Relating to the Distribution of Programme-Carrying Signals Transmitted by Satellites (1974)
- 2012년 우주 자산 의정서(Space Assets Protocol) (영문)

Treaty on Principles Governing the Activities of States in the Exploration and Use of Outer Space, including the Moon and Other Celestial Bodies

The States Parties to this Treaty,

Inspired by the great prospects opening up before mankind as a result of man's entry into outer space,

Recognizing the common interest of all mankind in the progress of the exploration and use of outer space for peaceful purposes,

Believing that the exploration and use of outer space should be carried on for the benefit of all peoples irrespective of the degree of their economic or scientific development,

Desiring to contribute to broad international cooperation in the scientific as well as the legal aspects of the exploration and use of outer space for peaceful purposes,

Believing that such cooperation will contribute to the development of mutual understanding and to the strengthening of friendly relations between States and peoples,

Recalling resolution 1962 (XVIII), entitled "Declaration of Legal Principles Governing the Activities of States in the Exploration and Use of Outer Space", which was adopted unanimously by the United Nations General Assembly on 13 December 1963,

Recalling resolution 1884 (XVIII), calling upon States to refrain from placing in orbit around the earth any objects carrying nuclear weapons or any other kinds of weapons of mass destruction or from installing such weapons on celestial bodies, which was adopted unanimously by the United Nations General Assembly on 17 October 1963,

Taking account of United Nations General Assembly resolution 110 (II) of 3 November 1947, which condemned propaganda designed or likely to provoke or encourage any threat to the peace, breach of the peace or act of aggression, and considering that the aforementioned resolution is applicable to outer space,

Convinced that a Treaty on Principles Governing the Activities of States in the Exploration and Use of Outer Space, including the Moon and Other Celestial Bodies, will further the Purposes and Principles of the Charter of the United Nations,

Have agreed on the following:

달과기타천체를포함한외기권의탐색과이용에있어서의
국가활동을규율하는원칙에관한조약

이 조약의 당사국은,

외기권에 대한 인간의 진입으로써 인류앞에 전개된 위대한 전망에 고취되고, 평화적 목적을 위한 외기권의 탐색과 이용의 발전에 대한 모든 인류의 공동 이익을 인정하고,

외기권의 탐색과 이용은 그들의 경제적 또는 과학적 발달의 정도에 관계없이 전인류의 이익을 위하여 수행되어야 한다고 믿고,

평화적 목적을 위한 외기권의 탐색과 이용의 과학적 및 법적 분야에 있어서 광범한 국제적 협조에 기여하기를 열망하고,

이러한 협조가 국가와 인민간의 상호 이해증진과 우호적인 관계를 강화하는 데 기여할 것임을 믿고, 1963년 12월 13일에 국제연합 총회에서 만장일치로 채택된 "외기권의 탐색과 이용에 있어서의 국가의 활동을 규율하는 법적 원칙의 선언"이라는 표제의 결의 1962(X Ⅴ Ⅲ)를 상기하고,

1963년 10월 17일 국제연합 총회에서 만장일치로 채택되고, 국가에 대하여 핵무기 또는 기타 모든 종류의 대량파괴 무기를 가지는 어떠한 물체도 지구 주변의 궤도에 설치하는 것을 금지하고,

또는 천체에 이러한 무기를 장치하는 것을 금지하도록 요구한 결의 1884(X Ⅴ Ⅲ)를 상기하고,

평화에 대한 모든 위협, 평화의 파괴 또는 침략행위를 도발 또는 고취하기 위하여 또는 도발 또는 고취할 가능성이 있는 선전을 비난한 1947년 11월 3일의 국제연합총회결의 110(Ⅱ)을 고려하고 또한 상기 결의가 외기권에도 적용됨을 고려하고,

달과 기타 천체를 포함한 외기권의 탐색과 이용에 있어서의 국가 활동을 규율하는 원칙에 관한 조약이 국제연합헌장의 목적과 원칙을 증진시킬 것임을 확신하여,

아래와 같이 합의하였다.

Article I

The exploration and use of outer space, including the moon and other celestial bodies, shall be carried out for the benefit and in the interests of all countries, irrespective of their degree of economic or scientific development, and shall be the province of all mankind.
Outer space, including the moon and other celestial bodies, shall be free for exploration and use by all States without discrimination of any kind, on a basis of equality and in accordance with international law, and there shall be free access to all areas of celestial bodies.
There shall be freedom of scientific investigation in outer space, including the moon and other celestial bodies, and States shall facilitate and encourage international co-operation in such investigation.

Article II

Outer space, including the moon and other celestial bodies, is not subject to national appropriation by claim of sovereignty, by means of use or occupation, or by any other means.

Article III

States Parties to the Treaty shall carry on activities in the exploration and use of outer space, including the moon and other celestial bodies, in accordance with international law, including the Charter of the United Nations, in the interest of maintaining international peace and security and promoting international co-operation and understanding.

Article IV

States Parties to the Treaty undertake not to place in orbit around the earth any objects carrying nuclear weapons or any other kinds of weapons of mass destruction, install such weapons on celestial bodies, or station such weapons in outer space in any other manner.
The moon and other celestial bodies shall be used by all States Parties to the Treaty exclusively for peaceful purposes. The establishment of military bases, installations and fortifications, the testing of any type of weapons and the conduct of military manoeuvres on celestial bodies shall be forbidden. The use of military personnel for scientific research or for any other peaceful purposes shall not be prohibited. The use of any equipment or facility necessary for peaceful exploration of the moon and other celestial bodies shall also not be prohibited.

제1조

달과 기타 천체를 포함한 외기권의 탐색과 이용은 그들의 경제적 또는 과학적 발달의 정도에 관계없이 모든 국가의 이익을 위하여 수행되어야 하며 모든 인류의 활동 범위이어야 한다.

달과 기타 천체를 포함한 외기권은 종류의 차별없이 평등의 원칙에 의하여 국제법에 따라 모든 국가가 자유로이 탐색하고 이용하며 천체의 모든 영역에 대한 출입을 개방한다.

달과 기타 천체를 포함한 외기권에 있어서의 과학적 조사의 자유가 있으며 국가는 이러한 조사에 있어서 국제적인 협조를 용이하게 하고 장려한다.

제2조

달과 기타 천체를 포함한 외기권은 주권의 주장에 의하여 또는 이용과 점유에 의하여 또는 기타 모든 수단에 의한 국가 전용의 대상이 되지 아니한다.

제3조

본 조약의 당사국은 외기권의 탐색과 이용에 있어서의 활동을 국제연합헌장을 포함한 국제법에 따라 국제평화와 안전의 유지를 위하여 그리고 국제적 협조와 이해를 증진하기 위하여 수행하여야 한다.

제4조

본 조약의 당사국은 지구주변의 궤도에 핵무기 또는 기타 모든 종류의 대량파괴 무기를 설치하지 않으며, 천체에 이러한 무기를 장치하거나 기타 어떠한 방법으로든지 이러한 무기를 외기권에 배치하지 아니할 것을 약속한다.

달과 천체는 본 조약의 모든 당사국에 오직 평화적 목적을 위하여서만 이용되어야 한다. 천체에 있어서의 군사기지, 군사시설 및 군사요새의 설치, 모든 형태의 무기의 실험 그리고 군사연습의 실시는 금지되어야 한다. 과학적 조사 또는 기타 모든 평화적 목적을 위하여 군인을 이용하는 것은 금지되지 아니한다. 달과 기타 천체의 평화적 탐색에 필요한 어떠한 장비 또는 시설의 사용도 금지되지 아니한다.

Article V

States Parties to the Treaty shall regard astronauts as envoys of mankind in outer space and shall render to them all possible assistance in the event of accident, distress, or emergency landing on the territory of another State Party or on the high seas. When astronauts make such a landing, they shall be safely and promptly returned to the State of registry of their space vehicle.

In carrying on activities in outer space and on celestial bodies, the astronauts of one State Party shall render all possible assistance to the astronauts of other States Parties.

States Parties to the Treaty shall immediately inform the other States Parties to the Treaty or the Secretary-General of the United Nations of any phenomena they discover in outer space, including the moon and other celestial bodies, which could constitute a danger to the life or health of astronauts.

Article VI

States Parties to the Treaty shall bear international responsibility for national activities in outer space, including the moon and other celestial bodies, whether such activities are carried on by governmental agencies or by non-governmental entities, and for assuring that national activities are carried out in conformity with the provisions set forth in the present Treaty. The activities of non-governmental entities in outer space, including the moon and other celestial bodies, shall require authorization and continuing supervision by the appropriate State Party to the Treaty.

When activities are carried on in outer space, including the moon and other celestial bodies, by an international organization, responsibility for compliance with this Treaty shall be borne both by the international organization and by the States Parties to the Treaty participating in such organization.

Article VII

Each State Party to the Treaty that launches or procures the launching of an object into outer space, including the moon and other celestial bodies, and each State Party from whose territory or facility an object is launched, is internationally liable for damage to another State Party to the Treaty or to its natural or juridical persons by such object or its component parts on the Earth, in air space or in outer space, including the moon and other celestial bodies.

제5조

본 조약의 당사국은 우주인을 외기권에 있어서의 인류의 사절로 간주하며 사고나 조난의 경우 또는 다른 당사국의 영역이나 공해상에 비상착륙한 경우에는 그들에게 모든 가능한 원조를 제공하여야 한다. 우주인이 이러한 착륙을 한 경우에는, 그들은 그들의 우주선의 등록국에 안전하고도 신속하게 송환되어야 한다.

외기권과 천체에서의 활동을 수행함에 있어서 한 당사국의 우주인은 다른 당사국의 우주인에 대하여 모든 가능한 원조를 제공하여야 한다.

본 조약의 당사국은 본 조약의 다른 당사국 또는 국제연합 사무총장에 대하여 그들이 달과 기타 천체를 포함한 외기권에서 발견한 우주인의 생명과 건강에 위험을 조성할 수 있는 모든 현상에 관하여 즉시 보고하여야 한다.

제6조

본 조약의 당사국은 달과 기타 천체를 포함한 외기권에 있어서 그 활동을 정부기관이 행한 경우나 비정부 주체가 행한 경우를 막론하고, 국가활동에 관하여 그리고 본 조약에서 규정한 조항에 따라서 국가활동을 수행할 것을 보증함에 관하여 국제적 책임을 져야 한다. 달과 기타 천체를 포함한 외기권에 있어서의 비정부 주체의 활동은 본 조약의 관계 당사국에 의한 인증과 계속적인 감독을 요한다. 달과 기타 천체를 포함한 외기권에 있어서 국제기구가 활동을 행한 경우에는, 본 조약에 의한 책임은 동 국제기구와 이 기구에 가입하고 있는 본 조약의 당사국들이 공동으로 부담한다.

제7조

달과 기타 천체를 포함한 외기권에 물체를 발사하거나 또는 그 물체를 발사하여 궤도에 진입케 한 본 조약의 각 당사국과 그 영역 또는 시설로부터 물체를 발사한 각 당사국은 지상, 공간 또는 달과 기타 천체를 포함한 외기권에 있는 이러한 물체 또는 동 물체의 구성부분에 의하여 본 조약의 다른 당사국 또는 그 자연인 또는 법인에게 가한 손해에 대하여 국제적 책임을 진다.

Article VIII

A State Party to the Treaty on whose registry an object launched into outer space is carried shall retain jurisdiction and control over such object, and over any personnel thereof, while in outer space or on a celestial body. Ownership of objects launched into outer space, including objects landed or constructed on a celestial body, and of their component parts, is not affected by their presence in outer space or on a celestial body or by their return to the Earth. Such objects or component parts found beyond the limits of the State Party to the Treaty on whose registry they are carried shall be returned to that State Party, which shall, upon request, furnish identifying data prior to their return.

Article IX

In the exploration and use of outer space, including the moon and other celestial bodies, States Parties to the Treaty shall be guided by the principle of co-operation and mutual assistance and shall conduct all their activities in outer space, including the moon and other celestial bodies, with due regard to the corresponding interests of all other States Parties to the Treaty. States Parties to the Treaty shall pursue studies of outer space, including the moon and other celestial bodies, and conduct exploration of them so as to avoid their harmful contamination and also adverse changes in the environment of the Earth resulting from the introduction of extraterrestrial matter and, where necessary, shall adopt appropriate measures for this purpose. If a State Party to the Treaty has reason to believe that an activity or experiment planned by it or its nationals in outer space, including the moon and other celestial bodies, would cause potentially harmful interference with activities of other States Parties in the peaceful exploration and use of outer space, including the moon and other celestial bodies, it shall undertake appropriate international consultations before proceeding with any such activity or experiment. A State Party to the Treaty which has reason to believe that an activity or experiment planned by another State Party in outer space, including the moon and other celestial bodies, would cause potentially harmful interference with activities in the peaceful exploration and use of outer space, including the moon and other celestial bodies, may request consultation concerning the activity or experiment.

Article X

In order to promote international co-operation in the exploration and use of outer space, including the moon and other celestial bodies, in conformity with the purposes of this Treaty, the States Parties to the Treaty shall consider on a basis of equality any requests by other States Parties to the Treaty to be afforded an opportunity to observe the flight of space objects launched by those States.

제8조

외기권에 발사된 물체의 등록국인 본 조약의 당사국은 동 물체가 외기권 또는 천체에 있는 동안, 동 물체 및 동 물체의 인원에 대한 관할권 및 통제권을 보유한다. 천체에 착륙 또는 건설된 물체와 그 물체의 구성부분을 포함한 외기권에 발사된 물체의 소유권은 동 물체가 외기권에 있거나 천체에 있거나 또는 지구에 귀환하였는지에 따라 영향을 받지 아니한다. 이러한 물체 또는 구성부분이 그 등록국인 본 조약 당사국의 영역 밖에서 발견된 것은 동 당사국에 반환되며 동 당사국은 요청이 있는 경우 그 물체 및 구성부분의 반환에 앞서 동일물체라는 자료를 제공하여야 한다.

제9조

달과 기타 천체를 포함한 외기권의 탐색과 이용에 있어서 본 조약의 당사국은 협조와 상호 원조의 원칙에 따라야 하며, 본 조약의 다른 당사국의 상응한 이익을 충분히 고려하면서 달과 기타 천체를 포함한 외기권에 있어서의 그들의 활동을 수행하여야 한다. 본 조약의 당사국은 유해한 오염을 회피하고 또한 지구대권외적 물질의 도입으로부터 야기되는 지구 주변에 불리한 변화를 가져오는 것을 회피하는 방법으로 달과 천체를 포함한 외기권의 연구를 수행하고, 이들의 탐색을 행하며 필요한 경우에는 이 목적을 위하여 적절한 조치를 채택하여야 한다. 만약, 달과 기타 천체를 포함한 외기권에서 국가 또는 그 국민이 계획한 활동 또는 실험이 달과 기타 천체를 포함한 외기권의 평화적 탐색과 이용에 있어서 다른 당사국의 활동에 잠재적으로 유해한 방해를 가져올 것이라고 믿을 만한 이유를 가지고 있는 본 조약의 당사국은 이러한 활동과 실험을 행하기 전에 적절한 국제적 협의를 가져야 한다. 달과 기타 천체를 포함한 외기권에서 다른 당사국이 계획한 활동 또는 실험이 달과 기타 천체를 포함한 외기권의 평화적 탐색과 이용에 잠재적으로 유해한 방해를 가져올 것이라고 믿을만한 이유를 가지고 있는 본 조약의 당사국은 동 활동 또는 실험에 관하여 협의를 요청할 수 있다.

제10조

달과 기타 천체를 포함한 외기권의 탐색과 이용에 있어서 본 조약의 목적에 합치하는 국제적 협조를 중진하기 위하여 본 조약의 당사국은 이들 국가가 발사한 우주 물체의 비행을 관찰할 기회가 부여되어야 한다는 본 조약의 다른 당사국의 요청을 평등의 원칙하에 고려하여야 한다.

The nature of such an opportunity for observation and the conditions under which it could be afforded shall be determined by agreement between the States concerned.

Article XI

In order to promote international co-operation in the peaceful exploration and use of outer space, States Parties to the Treaty conducting activities in outer space, including the moon and other celestial bodies, agree to inform the Secretary-General of the United Nations as well as the public and the international scientific community, to the greatest extent feasible and practicable, of the nature, conduct, locations and results of such activities. On receiving the said information, the Secretary-General of the United Nations should be prepared to disseminate it immediately and effectively.

Article XII

All stations, installations, equipment and space vehicles on the moon and other celestial bodies shall be open to representatives of other States Parties to the Treaty on a basis of reciprocity. Such representatives shall give reasonable advance notice of a projected visit, in order that appropriate consultations may be held and that maximum precautions may be taken to assure safety and to avoid interference with normal operations in the facility to be visited.

Article XIII

The provisions of this Treaty shall apply to the activities of States Parties to the Treaty in the exploration and use of outer space, including the moon and other celestial bodies, whether such activities are carried on by a single State Party to the Treaty or jointly with other States, including cases where they are carried on within the framework of international inter-governmental organizations. Any practical questions arising in connection with activities carried on by international inter-governmental organizations in the exploration and use of outer space, including the moon and other celestial bodies, shall be resolved by the States Parties to the Treaty either with the appropriate international organization or with one or more States members of that international organization, which are Parties to this Treaty.

관찰을 위한 이러한 기회의 성질과 기회가 부여될 수 있는 조건은 관계국가 간의 합의에 의하여 결정되어야 한다.

제11조

외기권의 평화적 탐색과 이용에 있어서의 국제적 협조를 증진하기 위하여 달과 기타 천체를 포함한 외기권에서 활동을 하는 본 조약의 당사국은 동 활동의 성질, 수행, 위치 및 결과를 실행 가능한 최대한도로 일반 대중 및 국제적 과학단체 뿐만 아니라 국제연합 사무총장에 대하여 통보하는데 동의 한다. 동 정보를 접수한 국제연합 사무총장은 이를 즉각적으로 그리고 효과 적으로 유포하도록 하여야 한다.

제12조

달과 기타 천체상의 모든 배치소, 시설, 장비 및 우주선은 호혜주의 원칙하 에 본 조약의 다른 당사국대표에게 개방되어야 한다. 그러한 대표들에 대하 여 안전을 보장하기 위하여 그리고 방문할 설비의 정상적인 운영에 대한 방 해를 피하기 위한 적절한 협의를 행할 수 있도록 하고 또한 최대한의 예방 수단을 취할 수 있도록 하기 위하여 방문 예정에 관하여, 합리적인 사전통고 가 부여되어야 한다.

제13조

본 조약의 규정은 본 조약의 단일 당사국에 의하여 행해진 활동이나 또는 국제적 정부간 기구의 테두리내에서 행해진 경우를 포함한 기타 국가와 공 동으로 행해진 활동을 막론하고, 달과 기타 천체를 포함한 외기권의 탐색과 이용에 있어서의 본 조약 당사국의 활동에 적용된다.

달과 기타 천체를 포함한 외기권의 탐색과 이용에 있어서 국제적 정부간 기 구가 행한 활동에 관련하여 야기되는 모든 실제적 문제는 본 조약의 당사국 이 적절한 국제기구나 또는 본 조약의 당사국인 동 국제기구의 1 또는 2이 상의 회원국가와 함께 해결하여야 한다.

Article XIV

1. This Treaty shall be open to all States for signature. Any State which does not sign this Treaty before its entry into force in accordance with paragraph 3 of this Article may accede to it at any time.

2. This Treaty shall be subject to ratification by signatory States. Instruments of ratification and instruments of accession shall be deposited with the Governments of the United Kingdom of Great Britain and Northern Ireland, the Union of Soviet Socialist Republics and the United States of America, which are hereby designated the Depositary Governments.

3. This Treaty shall enter into force upon the deposit of instruments of ratification by five Governments including the Governments designated as Depositary Governments under this Treaty.

4. For States whose instruments of ratification or accession are deposited subsequent to the entry into force of this Treaty, it shall enter into force on the date of the deposit of their instruments of ratification or accession.

5. The Depositary Governments shall promptly inform all signatory and acceding States of the date of each signature, the date of deposit of each instrument of ratification of and accession to this Treaty, the date of its entry into force and other notices.

6. This Treaty shall be registered by the Depositary Governments pursuant to Article 102 of the Charter of the United Nations.

Article XV

Any State Party to the Treaty may propose amendments to this Treaty. Amendments shall enter into force for each State Party to the Treaty accepting the amendments upon their acceptance by a majority of the States Parties to the Treaty and thereafter for each remaining State Party to the Treaty on the date of acceptance by it.

Article XVI

Any State Party to the Treaty may give notice of its withdrawal from the Treaty one year after its entry into force by written notification to the Depositary Governments. Such withdrawal shall take effect one year from the date of receipt of this notification.

제14조

1. 본 조약은 서명을 위하여 모든 국가에 개방된다. 본 조 제3항에 따라 본 조약 발효이전에 본 조약에 서명하지 아니한 국가는 언제든지 본 조약에 가입할 수 있다.

2. 본 조약은 서명국가에 의하여 비준되어야 한다. 비준서와 가입서는 기탁국 정부로 지정된 아메리카합중국 정부, 대영연합왕국 정부 및 쏘비에트 사회주의 연방공화국 정부에 기탁되어야 한다.

3. 본 조약은 본 조약에 의하여 기탁국 정부로 지정된 정부를 포함한 5개국 정부의 비준서 기탁으로써 발효한다.

4. 본 조약의 발효 후에 비준서 또는 가입서를 기탁한 국가에 대하여는 그들의 비준서 또는 가입서의 기탁일자에 본 조약이 발효한다.

5. 기탁국 정부는 본 조약의 각 서명일자, 각 비준서 및 가입서의 기탁일자, 본 조약의 발효일자 및 기타 통고를 모든 서명국 및 가입국에 대하여 즉시 통고한다.

6. 본 조약은 국제연합헌장 제102조에 따라 기탁국 정부에 의하여 등록되어야 한다.

제15조

본 조약의 당사국은 본 조약에 대한 개정을 제의할 수 있다. 개정은 본 조약 당사국의 과반수가 수락한 때에 개정을 수락한 본 조약의 각 당사국에 대하여 효력을 발생한다. 그 이후에는 본 조약을 나머지 각 당사국에 대하여 동 당사국의 수락일자에 발효한다.

제16조

본 조약의 모든 당사국은 본 조약 발효 1년 후에 기탁국 정부에 대한 서면통고로써 본 조약으로부터의 탈퇴통고를 할 수 있다. 이러한 탈퇴는 탈퇴통고의 접수일자로부터 1년 후에 효력을 발생한다.

Article XVII

This Treaty, of which the English, Russian, French, Spanish and Chinese texts are equally authentic, shall be deposited in the archives of the Depositary Governments. Duly certified copies of this Treaty shall be transmitted by the Depositary Governments to the Governments of the signatory and acceding States.

IN WITNESS WHEREOF the undersigned, duly authorized, have signed this Treaty.

DONE in triplicate, at the cities of Washington, London and Moscow, this twenty-seventh day of January, one thousand nine hundred and sixty-seven. (Signatures omitted)

Declaration made by the Republic of Korea

The signing and the ratification by the Government of the Republic of Korea of the present Treaty does not in any way mean or imply the recognition of any territory or regime which has not been recognized by the Government of the Republic of Korea as a State or Government.

제17조

영어, 노어, 불어, 서반아어 및 중국어본이 동등히 정본인 본 조약은 기탁국 정부의 보관소에 기탁되어야 한다. 본 조약의 인증등본은 기탁국 정부에 의하여 서명국 정부 및 가입국 정부에 전달되어야 한다.

이상의 증거로 정당하게 권한을 위임받은 아래 서명자가 이 조약에 서명하였다.

1967년 1월 27일 워싱톤, 런던 및 모스코바에서 3통을 작성하였다. (서명 생략)

대한민국의 선언문

본 조약에 대한 대한민국 정부의 서명 및 비준은 대한민국에 의하여 국가 또는 정부로 승인되지 아니한 영역 또는 집단의 승인을 어떠한 방법으로든지 의미하거나 시사하는 것은 아니다.

Agreement on the Rescue of Astronauts, the Return of Astronauts and the Return of Objects Launched into Outer Space

The Contracting Parties,

Noting the great importance of the Treaty on Governing the Activities of States in the Exploration and Use of Outer Space, including the Moon and Other Celestial Bodies, which calls for the rendering of all possible assistance to astronauts in the event of accident, distress or emergency landing, the prompt and safe return of astronauts, and the return of objects launched into outer space,

Desiring to develop and give further concrete expression to these duties,

Wishing to promote international co-operation in the peaceful exploration and use of outer space,

Prompted by sentiments of humanity,

Have agreed on the following:

Article 1

Each Contracting Party which receives information or discovers that the personnel of a spacecraft have suffered accident or are experiencing conditions of distress or have made an emergency or unintended landing in territory under its jurisdiction or on the high seas or in any other place not under the jurisdiction of any State shall immediately:

(a) notify the launching authority or, if it cannot identify and immediately communicate with the launching authority, immediately make a public announcement by all appropriate means of communication at its disposal;

(b) notify the Secretary-General of the United Nations, who should disseminate the information without delay by all appropriate means of communication at his disposal.

우주항공사의구조,우주항공사의귀환및
외기권에발사된물체의회수에관한협정

체약국은,

사고, 조난 또는 비상착륙의 경우에 우주항공사에 대한 가능한 모든 원조의 제공, 우주항공사의 신속하고 안전한 귀환 및 외기권에 발사된 물체의 회수를 요구하고 있는 "달과 기타 천체를 포함한 외기권의 탐색과 이용에 있어서의 국가 활동을 규율하는 원칙에 관한 조약"의 지대한 중요성을 인정하고,

이러한 의무를 발전시키며, 또한 보다 구체적으로 표현할 것을 요구하고,

외기권의 평화적 탐색과 이용에 있어서의 국제협력을 증진할 것을 희망하고,

인도적 감정에 촉구되어,

다음과 같이 합의하였다.

제1조

우주선원이 사고를 당하였거나 또는 조난상태를 당하고 있거나 또는 체약국의 관할권 하에 있는 영역 또는 공해, 또는 어느 국가 관할권에도 속하지 않는 기타 장소에 비상 또는 불의의 착륙을 하였다는 정보를 입수하거나 또는 이러한 사실을 발견한 각 체약국은 즉각,

(a) 발사당국에 통보하거나, 또는 발사당국을 확인할 수 없어 동 당국과 교신할 수 없는 경우에는 즉각 동 체약국의 처분하에 있는 모든 적합한 통신수단으로 공개 발표를 하여야 하며, 또한,

(b) 국제연합 사무총장에게 통보하여야 한다. 동 사무총장은 지체없이 그의 처분 하에 있는 모든 적합한 통신수단으로 동 정보를 널리 보급하여야 한다.

Article 2

If, owing to accident, distress, emergency or unintended landing, the personnel of a spacecraft land in territory under the jurisdiction of a Contracting Party, it shall immediately take all possible steps to rescue them and render them all necessary assistance. It shall inform the launching authority and also the Secretary-General of the United Nations of the steps it is taking and of their progress. If assistance by the launching authority would help to effect a prompt rescue or would contribute substantially to the effectiveness of search and rescue operations, the launching authority shall co-operate with the Contracting Party with a view to the effective conduct of search and rescue operations. Such operations shall be subject to the direction and control of the Contracting Party, which shall act in close and continuing consultation with the launching authority.

Article 3

If information is received or it is discovered that the personnel of a spacecraft have alighted on the high seas or in any other place not under the jurisdiction of any State, those Contracting Parties which are in a position to do so shall, if necessary, extend assistance in search and rescue operations for such personnel to assure their speedy rescue. They shall inform the launching authority and the Secretary-General of the United Nations of the steps they are taking and of their progress.

Article 4

If, owing to accident, distress, emergency or unintended landing, the personnel of a spacecraft land in territory under the jurisdiction of a Contracting Party or have been found on the high seas or in any other place not under the jurisdiction of any State, they shall be safely and promptly returned to representatives of the launching authority.

Article 5

1. Each Contracting Party which receives information or discovers that a space object or its component parts has returned to Earth in territory under its jurisdiction or on the high seas or in any other place not under the jurisdiction of any State, shall notify the launching authority and the Secretary-General of the United Nations.

제2조

우주선원이 사고, 조난, 비상 또는 불의의 착륙으로 인하여, 체약국의 관할권 하에 있는 영역에 착륙한 경우, 동 체약국은 즉시 동 우주선원을 구조하기 위한 모든 가능한 조치를 취하여야 하며 또한 이들에 대하여 모든 필요한 원조를 제공하여야 한다. 동 체약국은 동국이 취하고 있는 조치 및 동 조치의 진전에 관하여 발사당국 및 국제연합 사무총장에게 통고하여야 한다. 발사당국에 의한 원조가 신속한 구조를 달성하는데 도움이 되거나 또는 효과적인 탐색활동 및 구조작업에 실질적으로 공헌하는 경우에는, 발사당국은 효과적인 탐색활동 및 구조작업을 위하여 동 체약국과 협력하여야 한다. 여사한 작업은 동 체약국의 지시 및 통제에 따라야 하며, 또한 동 체약국은 발사당국과 긴밀하고 계속적인 협의 하에 행동하여야 한다.

제3조

우주선원이 공해상이나 또는 어느 국가의 관할권에도 속하지 않는 기타 장소에 하강하였다는 정보를 입수하거나 또는 이러한 사실을 발견한 경우, 우주선원의 신속한 구조를 보장하기 위하여 동 선원의 탐색 및 구조작업에 원조를 제공할 수 있는 위치에 있는 체약국은, 필요한 경우에는, 여사한 원조를 제공하여야 한다. 동 체약국은 동국이 취하고 있는 조치 및 동 조치의 진전을 발사당국 및 국제연합 사무총장에게 통보하여야 한다.

제4조

우주선원이 사고, 조난, 비상 또는 불의의 착륙으로 인하여, 체약국의 관할권 하에 있는 영역에 착륙하거나, 공해 또는 어느 국가의 관할권에도 속하지 않는 기타 어떤 장소에서 발견되었을 경우에는, 동 우주선원은 안전하고 신속하게 발사당국의 대표에게 인도되어야 한다.

제5조

1. 대기권에 발사된 물체 또는 그 구성부분품이 체약국의 관할권 하에 있는 영역내의 지구상, 공해, 또는 어느 국가의 관할권에도 속하지 않는 기타 어떤 장소에 귀환하였다는 정보를 입수하거나 또는 여사한 사실을 발견한 체약국은 발사당국 및 국제연합 사무총장에게 이 사실을 통보하여야 한다.

2. Each Contracting Party having jurisdiction over the territory on which a space object or its component parts has been discovered shall, upon the request of the launching authority and with assistance from that authority if requested, take such steps as it finds practicable to recover the object or component parts.

3. Upon request of the launching authority, objects launched into outer space or their component parts found beyond the territorial limits of the launching authority shall be returned to or held at the disposal of representatives of the launching authority, which shall, upon request, furnish identifying data prior to their return.

4. Notwithstanding paragraphs 2 and 3 of this Article, a Contracting Party which has reason to believe that a space object or its component parts discovered in territory under its jurisdiction, or recovered by it elsewhere, is of a hazardous or deleterious nature may so notify the launching authority, which ·shall immediately take effective steps, under the direction and control of the said Contracting Party, to eliminate possible danger of harm.

5. Expenses incurred in fulfilling obligations to recover and return a space object or its component parts under paragraphs 2 and 3 of this Article shall be borne by the launching authority.

Article 6

For the purposes of this Agreement, the term "launching authority" shall refer to the State responsible for launching, or, where an international inter-governmental organization is responsible for launching, that organization, provided that that organization declares its acceptance of the rights and obligations provided for in this Agreement and a majority of the States members of that organization are Contracting Parties to this Agreement and to the Treaty on Principles Governing the Activities of States in the Exploration and Use of Outer Space, including the Moon and Other Celestial Bodies.

Article 7

1. This Agreement shall be open to all States for signature. Any State which does not sign this Agreement before its entry into force in accordance with paragraph 3 of this Article may accede to it at any time.

2. This Agreement shall be subject to ratification by signatory States. Instruments of ratification and instruments of accession shall be deposited with the Governments of the United Kingdom of Great Britain and Northern Ireland, the Union of Soviet Socialist Republics and the United States of America, which are hereby designated the Depositary Governments.

2. 대기권에 발사된 물체 또는 그 구성부분품이 발견된 영역 상에 관할권을 보유하는 각 체약국은, 발사당국의 요청에 따라, 그리고 또한 발사당국의 요청을 받은 경우에는 동 당국으로부터의 원조를 받아, 동 물체 또는 그 구성부분품을 회수하기 위하여 시행할 수 있다고 생각하는 조치를 취하여야 한다.

3. 발사당국의 영역 한계외에서 발견된 대기권에 발사된 물체 또는 동 구성부분품은, 발사당국의 요청에 따라, 발사당국의 대표에게 반환되거나 또는 동 대표의 처분 하에 보관되어야 한다. 발사당국은 요청을 받은 경우에는 동 물체 및 그 구성부분품이 반환되기 전에 그 물체가 동일 물체임을 확인하는 자료를 제공하여야 한다.

4. 본 조 제2항 및 제3항의 규정에도 불구하고, 체약국의 관할권 하에 있는 영역에서 발견되거나 또는 체약국이 기타 다른 장소에서 회수한 대기권에 발사된 물체 및 그 구성부분품이 위험성이 있거나 또는 이와 유사한 성질의 것이라고 믿을만한 이유가 있는 경우, 동 체약국은 여사한 사실을 발사당국에 통보할 수 있다. 발사당국은, 전기 체약국의 지시와 통제 하에서, 유해 위험성을 제거하기 위한 가능한 효과적인 조치를 즉시 취하여야 한다.

5. 본조 제2항 및 제3항에 따라 물체 또는 그 구성부분품을 회수 및 반환하기 위한 임무를 수행함에 있어서 발생하는 경비는 발사국이 부담하여야 한다.

제6조

본 협정의 적용을 위하여, "발사당국"이라 함은 발사에 대하여 책임을 지는 국가, 또는 정부간 국제기구가 발사에 대하여 책임을 지는 경우에는 동 기구를 말한다. 단 동 기구는 본 협정에 규정된 권리 의무의 승락을 선언하고 또한 동 기구의 회원국의 과반수가 본 협정 및 "달과 기타 천체를 포함한 외기권의 탐색과 이용에 있어서의 국가 활동을 규율하는 원칙에 관한 조약"의 체약국임을 조건으로 한다.

제7조

1. 본 협정은 서명을 위하여 모든 국가에 개방된다. 본 조 제3항에 따라 본 협정 발효 이전에 본 협정에 서명하지 아니한 국가는 언제든지 본 협정에 가입할 수 있다.

2. 본 협정은 서명국가에 의하여 비준되어야 한다. 비준서나 가입서는 기탁국 정부로부터 지정된 아메리카 합중국 정부, 대영연합왕국 및 쏘비엣 사회주의 연방공화국 정부에 기탁되어야 한다.

3. This Agreement shall enter into force upon the deposit of instruments of ratification by five Governments including the Governments designated as Depositary Governments under this Agreement.

4. For States whose instruments of ratification or accession are deposited subsequent to the entry into force of this Agreement, it shall enter into force on the date of the deposit of their instruments of ratification or accession.

5. The Depositary Governments shall promptly inform all signatory and acceding States of the date of each signature, the date of deposit of each instrument of ratification of and accession to this Agreement, the date of its entry into force and other notices.

6. This Agreement shall be registered by the Depositary Governments pursuant to Article 102 of the Charter of the United Nations.

Article 8

Any State Party to the Agreement may propose amendments to this Agreement. Amendments shall enter into force for each State Party to the Agreement accepting the amendments upon their acceptance by a majority of the States Parties to the Agreement and thereafter for each remaining State Party to the Agreement on the date of acceptance by it.

Article 9

Any State Party to the Agreement may give notice of its withdrawal from the Agreement one year after its entry into force by written notification to the Depositary Governments. Such withdrawal shall take effect one year from the date of receipt of this notification.

Article 10

This Agreement, of which the English, French, Russian and Spanish texts are equally authentic, shall be deposited in the archives of the Depositary Governments. Duly certified copies of this Agreement shall be transmitted by the Depositary Governments to the Governments of the signatory and acceding States.

IN WITNESS WHEREOF the undersigned, duly authorized, have signed this Agreement.

3. 본 협정은 본 협정에 의하여 기탁국 정부로 지정된 정부를 포함한 5개국 정부의 비준서 기탁으로써 발효한다.

4. 본 협정의 발효 후에 비준서 또는 가입서를 기탁한 국가에 대하여는, 본 협정은 그들이 비준서 또는 가입서를 기탁한 일자에 발효한다.

5. 기탁국 정부는 본 협정의 각 서명일자, 각 비준서 및 가입서의 기탁일자, 본 협정 발효일자 및 기타 통고를 모든 서명국 및 가입국에 대하여 즉시 통보하여야 한다.

6. 본 협정은 국제연합 헌장 제102조에 따라 기탁국 정부에 의하여 등록되어야 한다.

제8조

본 협정의 당사국은 본 협정에 대한 개정을 제의할 수 있다. 개정은 본 협정 당사국의 과반수가 수락할 때, 개정을 수락한 본 협정 당사국에 대하여 효력을 발생한다. 그 이후에 있어서는 본 협정의 나머지 각 당사국에 대하여 동 당사국이 수락한 일자에 발효한다.

제9조

본 협정의 모든 당사국은 본 협정 발효 1년 후에 기탁국 정부에 대한 서면 통고로써 본 협정으로부터의 탈퇴 통고를 할 수 있다. 이러한 탈퇴 통고는 탈퇴 통고의 접수일자로부터 1년 후에 효력을 발생한다.

제10조

중국어, 영어, 불어, 노어 및 서반아어본이 동등히 정본인 본 협정은 기탁국 정부의 문서 보관소에 기탁되어야 한다. 본 협정의 인증등본은 기탁국 정부에 의하여 서명국 정부에 전달되어야 한다.

이상의 증거로서, 정당한 권한을 위임받은 하기 서명자는 본 협정에 서명하였다.

Done in triplicate, at the cities of London, Moscow and Washington, the twenty-second day of April, one thousand nine hundred and sixty-eight.

(Signature omitted)

Declaration made by the Republic of Korea

The ratification by the Republic of Korea of the Agreement on the Rescue of Astronauts, the Return of Astronauts and the Return of Objects Launched into Outer Space which was opened for signature at Washington, London and Moscow on the twenty-second day of April one thousand nine hundred and sixty-eight does not in any way mean or imply the recognition of any territory or regime which has not been recognized by the Government of the Republic of Korea as a State or Government.

1968년 4월 22일 런던, 모스코바 및 워싱톤에서 본서 3통을 작성하였다.

(서명 생략)

대한민국 선언

동 협정에 대한 대한민국 정부의 서명은 대한민국 정부가 국가 또는 정부로 승인하지 아니한 영역 또는 집단의 승인을 의미하는 것은 아니다.

CONVENTION ON INTERNATIONAL LIABILITY FOR DAMAGE CAUSED BY SPACE OBJECTS

The States Parties to this Convention,

Recognising the common interest of all mankind in furthering the exploration and use of outer space for peaceful purposes,

Recalling the Treaty on Principles Governing the Activities of States in the Exploration and Use of Outer Space, including the Moon and Other Celestial Bodies,

Taking into consideration that, notwithstanding the precautionary measures to be taken by States and international intergovernmental organisations involved in the launching of space objects, damage may on occasion be caused by such objects,

Recognizing the need to elaborate effective international rules and procedures concerning liability for damage caused by space objects and to ensure, in particular, the prompt payment under the terms of this Convention of a full and equitable measure of compensation to victims of such damage,

Believing that the establishment of such rules and procedures will contribute to the strengthening of international co-operation in the field of the exploration and use of outer space for peaceful purposes,

Have agreed on the following:

Article I.

For the purposes of this Convention:

(a) The term "damage" means loss of life, personal injury or other impairment of health; or loss of or damage to property of States or of persons, natural or juridical, or property of international intergovernmental organisations;

(b) The term "launching" includes attempted launching;

(c) The term "launching State" means:

> (i) a state which launches or procures the launching of a space object;

> (ii) a State from whose territory or facility a space object is launched;

우주물체에의하여발생한손해에대한국제책임에관한협약

이 협약의 당사국은,

평화적 목적을 위한 외기권의 탐색과 이용을 촉진하는데 있어 모든 인류의 공동 이익을 인정하고,

달과 기타 천체를 포함한 외기권의 탐색과 이용에 있어서의 국가 활동을 규율하는 원칙에 관한 조약을 상기하며,

우주물체 발사에 관계된 국가 및 정부간 국제 기구가 예방조치를 취하고 있음에도 불구하고,그러한 물체에 의한 손해가 경우에 따라 발생할 가능성이 있음을 고려하며,

우주물체에 의하여 발생한 손해에 대한 책임에 관한 효과적인 국제적 규칙과 절차를 설정할 필요성과 특히 이 협약의 조항에 따라 그러한 손해의 희생자에 대한 충분하고 공평한 보상의 신속한 지불을 보장하기 위한 필요성을 인정하며,

그러한 규칙과 절차를 설정함이 평화적 목적을 위한 외기권의 탐색 및 이용 면에서 국제협력을 강화하는데 기여할 것임을 확신하여,

아래와 같이 합의하였다.

제1조

이 협약의 목적상

(a) "손해"라 함은 인명의 손실, 인체의 상해 또는 기타 건강의 손상 또는 국가나 개인의 재산, 자연인이나 법인의 재산 또는 정부간 국제기구의 재산의 손실 또는 손해를 말한다.

(b) "발사"라 함은 발사 시도를 포함한다.

(c) "발사국"이라 함은

    (ⅰ) 우주 물체를 발사하거나 또는 우주 물체의 발사를 야기하는 국가

    (ⅱ) 우주 물체가 발사되는 지역 또는 시설의 소속국을 의미한다.

(d) The term "space object" includes component parts of a space object as well as its launch vehicle and parts thereof.

Article II.

A launching State shall be absolutely liable to pay compensation for damage caused by its space object on the surface of the earth or to aircraft in flight.

Article III.

In the event of damage being caused elsewhere than on the surface of the earth to a space object of one launching State or to persons or property on board such a space object by a space object of another launching State, the latter shall be liable only if the damage is due to its fault or the fault of persons for whom it is responsible.

Article IV.

1. In the event of damage being caused elsewhere than on the surface of the earth to a space object of one launching State or to persons or property on board such a space object by a space object of another launching State, and of damage thereby being caused to a third State or to its natural or juridical persons, the first two States shall be jointly and severally liable to the third State, to the extent indicated by the following:

(a) If the damage has been caused to the third State on the surface of the earth or to aircraft in flight, their liability to the third State shall be absolute;

(b) If the damage has been caused to a space object of the third State or to persons or property on board that space object elsewhere than on the surface of the earth, their liability to the third State shall be based on the fault of either of the first two States or on the fault of persons for whom either is responsible.

2. In all cases of joint and several liability referred to in paragraph 1 of this Article, the burden of compensation for the damage shall be apportioned between the first two States in accordance with the extent to which they were at fault; if the extent of the fault of each of these States cannot be established, the burden of compensation shall be apportioned equally between them. Such apportionment shall be without prejudice to the right of the third State to seek the entire compensation due under this Convention from any or all of the launching States which are jointly and severally liable.

(d) "우주 물체"라 함은 우주 물체의 구성 부분 및 우주선 발사기, 발사기의 구성부분을 공히 포함한다.

제2조

발사국은 자국 우주물체가 지구 표면에 또는 비행중의 항공기에 끼친 손해에 대하여 보상을 지불할 절대적인 책임을 진다.

제3조

지구 표면 이외의 영역에서 발사국의 우주 물체 또는 동 우주 물체상의 인체 또는 재산이 타 발사국의 우주 물체에 의하여 손해를 입었을 경우, 후자는 손해가 후자의 과실 또는 후자가 책임져야 할 사람의 과실로 인한 경우에만 책임을 진다.

제4조

1. 지구 표면 이외의 영역에서 1개 발사국의 우주 물체 또는 동 우주 물체상의 인체 또는 재산이 타 발사국의 우주 물체에 의하여 손해를 입었을 경우, 그리고 그로 인하여 제3국 또는 제3국의 자연인이나 법인이 손해를 입었을 경우, 전기 2개의 국가는 공동으로 그리고 개별적으로 제3국에 대하여 아래의 한도 내에서 책임을 진다.

(a) 제3국의 지상에 또는 비행중인 항공기에 손해가 발생하였을 경우, 제3국에 대한 전기 양국의 책임은 절대적이다.

(b) 지구 표면 이외의 영역에서 제3국의 우주 물체 또는 동 우주 물체상의 인체 또는 재산에 손해가 발생하였을 경우, 제3국에 대한 전기 2개국의 책임은 2개국 중 어느 하나의 과실, 혹은 2개국중 어느 하나가 책임져야 할 사람의 과실에 기인한다.

2. 본조 1항에 언급된 공동 및 개별 책임의 모든 경우, 손해에 대한 보상 부담은 이들의 과실 정도에 따라 전기 2개국 사이에 분할된다. 만일 이들 국가의 과실 한계가 설정될 수 없을 경우, 보상 부담은 이들간에 균등히 분할된다. 이러한 분할은 공동으로 그리고 개별적으로 책임져야 할 발사국들의 하나 또는 전부로부터 이 협약에 의거 당연히 완전한 보상을 받으려 하는 제3국의 권리를 침해하지 않는다.

Article V.

1. Whenever two or more States jointly launch a space object, they shall be jointly and severally liable for any damage caused.

2. A launching State which has paid compensation for damage shall have the right to present a claim for indemnification to other participants in the joint launching. The participants in a joint launching may conclude agreements regarding the apportioning among themselves of the financial obligation in respect of which they are jointly and severally liable. Such agreements shall be without prejudice to the right of a State sustaining damage to seek the entire compensation due under this Convention from any or all of the launching States which are jointly and severally liable.

3. A State from whose territory or facility a space object is launched shall be regarded as a participant in a joint launching.

Article VI.

1. Subject to the provisions of paragraph 2 of this Article, exoneration from absolute liability shall be granted to the extent that a launching State establishes that the damage has resulted either wholly or partially from gross negligence or from an act or omission done with intent to cause damage on the part of a claimant State or of natural or juridical persons it represents.

2. No exoneration whatever shall be granted in cases where the damage has resulted from activities conducted by a launching State which are not in conformity with international law including, in particular, the Charter of the United Nations and the Treaty on Principles Governing the Activities of States in the Exploration and Use of Outer Space, including the Moon and Other Celestial Bodies.

Article VII.

The provisions of this Convention shall not apply to damage caused by a space object of a launching State to:

(a) nationals of that launching State;

(b) foreign nationals during such time as they are participating in the operation of that space object from the time of its launching or at any stage thereafter until its descent, or during such time as they are in the immediate vicinity of a planned launching or recovery area as the result of an invitation by that launching State.

제5조

1. 2개 또는 그 이상의 국가가 공동으로 우주 물체를 발사할 때에는 그들은 발생한 손해에 대하여 공동으로 그리고 개별적으로 책임을 진다.

2. 손해에 대하여 보상을 지불한 바 있는 발사국은 공동 발사의 타참가국에 대하여 구상권을 보유한다. 공동 발사참가국들은 그들이 공동으로 그리고 개별적으로 책임져야 할 재정적인 의무의 할당에 관한 협정을 체결할 수 있다. 그러한 협정은 공동으로 그리고 개별적으로 책임져야 할 발사국중의 하나 또는 전부로부터 이 협약에 의거 완전한 보상을 받으려 하는 손해를 입은 국가의 권리를 침해하지 않는다.

3. 우주 물체가 발사된 지역 또는 시설의 소속국은 공동 발사의 참가국으로 간주된다.

제6조

1. 본조 제2항의 규정을 따를 것으로 하여 발사국측의 절대 책임의 면제는 손해를 입히려는 의도하에 행하여진 청구국 또는 청구국이 대표하는 자연인 및 법인측의 작위나 부작위 또는 중대한 부주의로 인하여 전적으로 혹은 부분적으로 손해가 발생하였다고 발사국이 입증하는 한도까지 인정된다.

2. 특히 유엔헌장 및 달과 기타 천체를 포함한 외기권의 탐색과 이용에 있어서의 국가 활동을 규율하는 원칙에 관한 조약을 포함한 국제법과 일치하지 않는 발사국에 의하여 행하여진 활동으로부터 손해가 발생한 경우에는 어떠한 면책도 인정되지 않는다.

제7조

이 협약의 규정은 발사국의 우주 물체에 의하여 발생한 아래에 대한 손해에는 적용되지 않는다.

(a) 발사국의 국민

(b) 발사기 또는 발사시 이후 어느 시기로부터 하강할 때까지의 단계에서 그 우주 물체의 작동에 참여하는 동안, 또는 발사국의 초청을 받아 발사 또는 회수 예정 지역의 인접지에 있는 동안의 외국인

Article VIII.

1. A State which suffers damage, or whose natural or juridical persons suffer damage, may present to a launching State a claim for compensation for such damage.

2. If the State of nationality has not presented a claim, another State may, in respect of damage sustained in its territory by any natural or juridical person, present a claim to a launching State.

3. If neither the State of nationality nor the State in whose territory the damage was sustained has presented a claim or notified its intention of presenting a claim, another State may, in respect of damage sustained by its permanent residents, present a claim to a launching State.

Article IX.

A claim for compensation for damage shall be presented to a launching State through diplomatic channels. If a State does not maintain diplomatic relations with the launching State concerned, it may request another State to present its claim to that launching State or otherwise represent its interests under this Convention. It may also present its claim through the Secretary-General of the United Nations, provided the claimant State and the launching State are both Members of the United Nations.

Article X.

1. A claim for compensation for damage may be presented to a launching State not later than one year following the date of the occurrence of the damage or the identification of the launching State which is liable.

2. If, however, a State does not know of the occurrence of the damage or has not been able to identify the launching State which is liable, it may present a claim within one year following the date on which it learned of the aforementioned facts; however, this period shall in no event exceed one year following the date on which the State could reasonably be expected to have learned of the facts through the exercise of due diligence.

3. The time-limits specified in paragraphs 1 and 2 of this Article shall apply even if the full extent of the damage may not be known. In this event, however, the claimant State shall be entitled to revise the claim and submit additional documentation after the expiration of such time-limits until one year after the full extent of the damage is known.

제8조

1. 손해를 입은 국가 또는 자국의 자연인 또는 법인이 손해를 입은 국가는 발사국에 대하여 그러한 손해에 대하여 보상을 청구할 수 있다.

2. 손해를 입은 국민의 국적국이 보상을 청구하지 않는 경우, 타국가는 어느 자연인 또는 법인이 자국의 영역내에서 입은 손해에 대하여 발사국에 보상을 청구할 수 있다.

3. 손해의 국적 또는 손해 발생 지역국이 손해 배상을 청구하지 않거나 또는 청구의사를 통고하지 않을 경우, 제3국은 자국의 영주권자가 입은 손해에 대하여 발사국에 보상을 청구할 수 있다.

제9조

손해에 대한 보상청구는 외교 경로를 통하여 발사국에 제시되어야 한다. 당해 발사국과 외교 관계를 유지하고 있지 않는 국가는 제3국에 대하여 발사국에 청구하도록 요청하거나 또는 기타의 방법으로 이 협약에 따라 자국의 이익을 대표하도록 요구할 수 있다. 또는 청구국과 발사국이 공히 국제연합의 회원국일 경우, 청구국은 국제연합 사무총장을 통하여 청구할 수 있다.

제10조

1. 손해에 대한 보상청구는 손해의 발생일 또는 책임져야 할 발사국이 확인한 일자 이후 1년 이내에 발사국에 제시될 수 있다.

2. 만일 손해의 발생을 알지 못하거나 또는 책임져야 할 발사국을 확인할 수 없을 경우, 전기 사실을 알았던 일자 이후 1년 이내에 청구를 제시할 수 있다. 그러나 이 기간은 태만하지 않았다면 알 수 있을 것으로 합리적으로 기대되는 날로부터 1년을 어느 경우에도 초과할 수 없다.

3. 본조 1항 및 2항에 명시된 시한은 손해의 전체가 밝혀지지 않았다 하더라도 적용된다. 그러나 이러한 경우, 청구국은 청구를 수정할 수 있는 권리와 그러한 시한의 만료 이후라도 손해의 전체가 밝혀진 이후 1년까지 추가 자료를 제출할 수 있는 권리를 가진다.

Article XI.

1. Presentation of a claim to a launching State for compensation for damage under this Convention shall not require the prior exhaustion of any local remedies which may be available to a claimant State or to natural or juridical persons it represents.

2. Nothing in this Convention shall prevent a State, or natural or juridical persons it might represent, from pursuing a claim in the courts or administrative tribunals or agencies of a launching State. A State shall not, however, be entitled to present a claim under this Convention in respect of the same damage for which a claim is being pursued in the courts or administrative tribunals or agencies of a launching State or under another international agreement which is binding on the States concerned.

Article XII.

The compensation which the launching State shall be liable to pay for damage under this Convention shall be determined in accordance with international law and the principles of justice and equity, in order to provide such reparation in respect of the damage as will restore the person, natural or juridical, State or international organisation on whose behalf the claim is presented to the condition which would have existed if the damage had not occurred.

Article XIII.

Unless the claimant State and the State from which compensation is due under this Convention agree on another form of compensation, the compensation shall be paid in the currency of the claimant State or, if that State so requests, in the currency of the State from which compensation is due.

Article XIV.

If no settlement of a claim is arrived at through diplomatic negotiations as provided for in Article IX, within one year from the date on which the claimant State notifies the launching State that it has submitted the documentation of its claim, the parties concerned shall establish a Claims Commission at the request of either party.

제11조

1. 이 협약에 의거 발사국에 대한 손해 보상 청구의 제시는 청구국 또는 청구국이 대표하고 있는 자연인 및 법인이 이용할 수 있는 사전 어떠한 국내적 구제의 완료를 요구하지 않는다.

2. 이 협약상의 어떠한 규정도 국가 또는 그 국가가 대표하고 있는 자연인이나 법인이 발사국의 법원 또는 행정 재판소 또는 기관에 보상 청구를 제기하는 것을 방해하지 않는다. 그러나 국가는 청구가 발사국의 법원 또는 행정 재판소 또는 기관에 제기되어 있거나 또는 관련 국가를 기속하고 있는 타 국제협정에 의거 제기되어 있는 동일한 손해에 관하여는 이 협약에 의거 청구를 제시할 권리를 가지지 않는다.

제12조

발사국이 이 협약에 의거 책임지고 지불하여야 할 손해에 대한 보상은 손해가 발생하지 않았을 경우에 예상되는 상태대로 자연인, 법인, 국가 또는 국제기구가 입은 손해가 보상될 수 있도록 국제법 및 정의와 형평의 원칙에 따라 결정되어야 한다.

제13조

이 협약에 의거 청구국과 보상 지불국이 다른 보상 방식에 합의하지 못할 경우, 보상은 청구국의 통화로 지불되며, 만일 청구국이 요구하면 보상 지불국의 통화로 지불된다.

제14조

청구국이 청구 자료를 제출하였다는 사실을 발사국에게 통고한 일자로부터 1년 이내에 제9조에 규정된 대로 외교적 교섭을 통하여 보상 청구가 해결되지 않을 경우, 관련당사국은 어느 1당사국의 요청에 따라 청구위원회를 설치한다.

Article XV.

1. The Claims Commission shall be composed of three members: one appointed by the claimant State, one appointed by the launching State and the third member, the Chairman, to be chosen by both parties jointly. Each party shall make its appointment within two months of the request for the establishment of the Claims Commission.

2. If no agreement is reached on the choice of the Chairman within four months of the request for the establishment of the Commission, either party may request the Secretary-General of the United Nations to appoint the Chairman within a further period of two months.

Article XVI.

1. If one of the parties does not make its appointment within the stipulated period, the Chairman shall, at the request of the other party, constitute a single-member Claims Commission.

2. Any vacancy which may arise in the Commission for whatever reason shall be filled by the same procedure adopted for the original appointment.

3. The Commission shall determine its own procedure.

4. The Commission shall determine the place or places where it shall sit and all other administrative matters.

5. Except in the case of decisions and awards by a single-member Commission, all decision and awards of the Commission shall be by majority vote.

Article XVII.

No increase in the membership of the Claims Commission shall take place by reason of two or more claimant States or launching States being joined in any one proceeding before the Commission. The claimant States so joined shall collectively appoint one member of the Commission in the same manner and subject to the same conditions as would be the case for a single claimant State. When two or more launching States are so joined, they shall collectively appoint one member of the Commission in the same way. If the claimant States or the launching States do not make the appointment within the stipulated period, the Chairman shall constitute a single-member Commission.

제15조

1. 청구위원회는 3인으로 구성된다. 청구국과 발사국이 각각 1명씩 임명하며, 의장이 되는 제3의 인은 양당사국에 의하여 공동으로 선정된다. 각 당사국은 청구위원회 설치요구 2개월 이내에 각기 위원을 임명하여야 한다.

2. 위원회 설치요구 4개월 이내에 의장 선정에 관하여 합의에 이르지 못할 경우, 어느 1당사국은 국제연합 사무총장에게 2개월의 추천 기간 내에 의장을 임명하도록 요청할 수 있다.

제16조

1. 일방 당사국이 규정된 기간 내에 위원을 임명하지 않을 경우, 의장은 타방 당사국의 요구에 따라 단일 위원 청구위원회를 구성한다.

2. 어떠한 이유로든지 위원회에 발생한 결원은 최초 임명시 채택된 절차에 따라 충원된다.

3. 위원회는 그 자신의 절차를 결정한다.

4. 위원회는 위원회가 개최될 장소 및 기타 모든 행정적인 사항을 결정한다.

5. 단일 위원 위원회의 결정과 판정의 경우를 제외하고, 위원회의 모든 결정과 판정은 다수결에 의한다.

제17조

청구위원회의 위원수는 위원회에 제기된 소송에 2 혹은 그 이상의 청구국 또는 발사국이 개입되어 있다는 이유로 증가되지 않는다. 그렇게 개입된 청구국들은 단일 청구국의 경우에 있어서와 동일한 방법과 동일한 조건에 따라 위원회의 위원 1명을 공동으로 지명한다. 2개 또는 그 이상의 발사국들이 개입된 경우에도 동일한 방법으로 위원회의 위원 1명을 공동으로 지명한다. 청구국들 또는 발사국들이 규정기간 내에 위원을 임명하지 않을 경우, 의장은 단일 위원 위원회를 구성한다.

Article XVIII.

The Claims Commission shall decide the merits of the claim for compensation and determine the amount of compensation payable, if any.

Article XIX.

1. The Claims Commission shall act in accordance with the provisions of Article XII.

2. The decision of the Commission shall be final and binding if the parties have so agreed; otherwise the Commission shall render a final and recommendatory award, which the parties shall consider in good faith. The Commission shall state the reasons for its decision or award.

3. The Commission shall give its decision or award as promptly as possible and no later than one year from the date of its establishment, unless an extension of this period is found necessary by the Commission.

4. The Commission shall make its decision or award public. It shall deliver a certified copy of its decision or award to each of the parties and to the Secretary-General of the United Nations.

Article XX.

The expenses in regard to the Claims Commission shall be borne equally by the parties, unless otherwise decided by the Commission.

Article XXI.

If the damage caused by a space object presents a large-scale danger to human life or seriously interferes with the living conditions of the population or the functioning of vital centres, the States Parties, and in particular the launching State, shall examine the possibility of rendering appropriate and rapid assistance to the State which has suffered the damage, when it so requests. However, nothing in this Article shall affect the rights or obligations of the States Parties under this Convention.

제18조

청구위원회는 보상 청구의 타당성 여부를 결정하고 타당할 경우, 지불하여야 할 보상액을 확정한다.

제19조

1. 청구위원회는 제12조의 규정에 따라 행동한다.

2. 위원회의 결정은 당사국이 동의한 경우 최종적이며 기속력이 있다. 당사국이 동의하지 않는 경우, 위원회는 최종적이며 권고적인 판정을 내리되 당사국은 이를 성실히 고려하여야 한다. 위원회는 그 결정 또는 판정에 대하여 이유를 설명하여야 한다.

3. 위원회가 결정 기관의 연장이 필요하다고 판단하지 않을 경우, 위원회는 가능한 신속히 그리고 위원회 설치일자로부터 1년 이내에 결정 또는 판정을 내려야 한다.

4. 위원회는 그의 결정 또는 판정을 공포한다. 위원회는 결정 또는 판정의 인증등본을 각 당사국과 국제연합 사무총장에게 송부하여야 한다.

제20조

청구위원회에 관한 경비는 위원회가 달리 결정하지 아니하는 한, 당사국이 균등하게 부담한다.

제21조

우주 물체에 의하여 발생한 손해가 인간의 생명에 광범한 위험을 주게 되거나 또는 주민의 생활 조건이나 중요 중심부의 기능을 심각하게 저해하게 되는 경우, 당사국 특히 발사국은 손해를 입은 국가의 요청이 있을 경우 그 국가에 대해 신속 적절한 원조 제공 가능성을 검토하여야 한다. 그러나 본조의 어떠한 규정도 이 협약상의 당사국의 권리 또는 의무에 영향을 미치지 않는다.

Article XXII.

1. In this Convention, with the exception of Articles XXIV to XXVII, references to States shall be deemed to apply to any international intergovernmental organisation which conducts space activities if the organisation declares its acceptance of the rights and obligations provided for in this Convention and if a majority of the States members of the organisation are State Parties to this Convention and to the Treaty on Principles Governing the Activities of States in the Exploration and Use of Outer Space, including the Moon and Other Celestial Bodies.

2. States members of any such organisation which are States Parties to this Convention shall take all appropriate steps to ensure that the organisation makes a declaration in accordance with the preceding paragraph.

3. If an international intergovernmental organisation is liable for damage by virtue of the provisions of this Convention, that organisation and those of its members which are States Parties to this Convention shall be jointly and severally liable; provided, however, that:

(a) any claim for compensation in respect of such damage shall be first presented to the organisation;

(b) only where the organisation has not paid, within a period of six months, any sum agreed or determined to be due as compensation for such damage, may the claimant State invoke the liability of the members which are States Parties to this Convention for the payment of that sum.

4. Any claim, pursuant to the provisions of this Convention, for compensation in respect of damage caused to an organisation which has made a declaration in accordance with paragraph 1 of this Article shall be presented by a State member of the organisation which is a State Party to this Convention.

Article XXIII.

1. The provisions of this Convention shall not affect other international agreements in force in so far as relations between the States Parties to such agreements are concerned.

2. No provision of this Convention shall prevent States from concluding international
agreements reaffirming, supplementing or extending its provisions.

제22조

1. 제24조로부터 제27조의 규정을 제외하고 이 협약에서 국가에 대해 언급된 사항은 우주 활동을 행하는 어느 정부간 국제기구에도 적용되는 것으로 간주된다. 이는 기구가 이 협약에 규정된 권리와 의무의 수락을 선언하고 또한 기구의 대다수의 회원국이 이 협약 및 '달과기타전체를포함한외기권의탐색과이용에있어서의국가활동을규율하는원칙에관한조약'의 당사국인 경우에 한한다.

2. 이 협약의 당사국인 상기 기구의 회원국은 기구가 전항에 따른 선언을 행하도록 적절한 모든 조치를 취하여야 한다.

3. 어느 정부간 국제기구가 이 협약의 규정에 의거 손해에 대한 책임을 지게될 경우, 그 기구와 이 협약의 당사국인 동 기구의 회원국인 국가는 아래의 경우 공동으로 그리고 개별적으로 책임을 진다.

(a) 그러한 손해에 대한 보상 청구가 기구에 맨 처음 제기된 경우

(b) 기구가 6개월 이내에, 그러한 손해에 대한 보상으로서 동의 또는 결정된 금액을 지불하지 않았을 때 한해서 청구국이 이 협약의 당사국인 회원국에 대하여 전기 금액의 지불 책임을 요구할 경우

4. 본조 제1항에 따라 선언을 행한 기구가 입은 손해에 대하여 이 협약의 규정에 따른 보상 청구는 이 협약의 당사국인 기구의 회원국에 의하여 제기되어야 한다.

제23조

1. 이 협약의 규정은 기타 국제협정 당사국간의 관계가 관련되는 한 발효중인 그러한 협정에 영향을 미치지 않는다.

2. 이 협약의 어떤 규정도 국가가 협약의 규정을 확인, 보충 또는 확대시키는 국제협정을 체결하는 것을 방해하지 않는다.

Article XXIV.

1. This Convention shall be open to all States for signature. Any State which does not sign this Convention before its entry into force in accordance with paragraph 3 of this Article may accede to it at any time.

2. This Convention shall be subject to ratification by signatory States. Instruments of ratification and instruments of accession shall be deposited with the Governments of the United Kingdom of Great Britain and Northern Ireland, the Union of Soviet Socialist Republics and the United States of America, which are hereby designated the Depositary Governments.

3. This Convention shall enter into force on the deposit of the fifth instrument of ratification.

4. For States whose instruments of ratification or accession are deposited subsequent to the entry into force of this Convention, it shall enter into force on the date of the deposit of their instruments of ratification or accession.

5. The Depositary Governments shall promptly inform all signatory and acceding States of the date of each signature, the date of deposit of each instrument of ratification of and accession to this Convention, the date of its entry into force and other notices.

6. This Convention shall be registered by the Depositary Governments pursuant to Article 102 of the Charter of the United Nations.

Article XXV.

Any State Party to this Convention may propose amendments to this Convention. Amendments shall enter into force for each State Party to the Convention accepting the amendments upon their acceptance by a majority of the States Parties to the Convention and thereafter for each remaining State Party on the date of acceptance by it.

Article XXVI.

Ten years after the entry into force of this Convention, the question of the review of this Convention shall be included in the provisional agenda of the United Nations General Assembly in order to consider, in the light of past application of the Convention, whether it requires revision. However, at any time after the Convention has been in force for five years, and at the request of one third of the States Parties to the Convention, and with the concurrence of the majority of the States Parties, a conference of the States Parties shall be convened to review this Convention.

제24조

1. 이 협약은 서명을 위하여 모든 국가에 개방된다. 본조3항에 따라 이 협약의 발효 전에 이 협약에 서명하지 아니한 국가는 언제든지 이 협약에 가입할 수 있다.

2. 이 협약은 서명국에 의하여 비준되어야 한다. 비준서나 가입서는 기탁국 정부로 지정된 영국, 소련 및 미국정부에 기탁되어야 한다.

3. 이 협약은 5번째 비준서의 기탁으로써 발효한다.

4. 이 협약의 발효 후에 비준서 또는 가입서를 기탁한 국가에 대하여는 그들의 비준서 또는 가입서의 기탁일자에 이 협약이 발효한다.

5. 기탁국 정부는 이 협약의 각 서명일자, 각 비준서 및 가입서의 기탁일자, 이 협약의 발효일자 및 기타 통고를 모든 서명국 및 가입국에 대하여 즉시 통보한다.

6. 이 협약은 국제연합헌장 제102조에 따라 기탁국 정부에 의하여 등록되어야 한다.

제25조

이 협약의 당사국은 이 협약에 대한 개정을 제의할 수 있다. 개정은 이 협약 당사국의 과반수가 수락한 때에 개정을 수락한 이 협약의 각 당사국에 대하여 발효하며, 그 이후 이 협약의 각 나머지 당사국에 대하여는 동 당사국의 개정 수락일자에 발효한다.

제26조

이 협약의 발효 10년 후, 이 협약의 지난 10년간 적용에 비추어 협약의 수정 여부를 심의하기 위한 협약 재검토 문제가 국제연합 총회의 의제에 포함되어야 한다. 그러나 이 협약 발효 5년 후에는 어느 때라도 협약 당사국의 3분의 1의 요청과 당사국의 과반수의 동의가 있으면 이 협약 재검토를 위한 당사국 회의를 개최한다.

Article XXVII.

Any State Party to this Convention may give notice of its withdrawal from the Convention one year after its entry into force by written notification to the Depositary Governments. Such withdrawal shall take effect one year from the date of receipt of this notification.

Article XXVIII.

This Convention, of which the English, Russian, French, Spanish and Chinese texts are equally authentic, shall be deposited in the archives of the Depositary Governments. Duly certified copies of this Convention shall be transmitted by the Depositary Governments to the Governments of the signatory and acceding States.

In witness whereof the undersigned, duly authorized thereto, have signed this Convention.

Done in triplicate, at the cities of London, Moscow and Washington, this twenty-ninth day of March, one thousand nine hundred and seventy-two.

제27조

이 협약의 당사국은 협약 발효 1년 후 기탁국 정부에 대한 서면 통고로써 이 협약으로부터의 탈퇴를 통고할 수 있다. 그러나 탈퇴는 이러한 통고접수 일자로부터 1년 후에 발효한다.

제28조

영어, 노어, 불어, 서반아어 및 중국어가 동등히 정본인 이 협약은 기탁국 정부의 문서 보관소에 기탁되어야 한다. 이 협약의 인증등본은 기탁국 정부에 의하여 서명국 및 가입국 정부에 전달되어야 한다.

1972년 3월 29일 런던, 모스코바 및 워싱톤에서 본서 3통을 작성하였다.

(서명 생략)

대한민국 선언

동 협정에 대한 대한민국 정부의 서명은 대한민국 정부가 국가 또는 정부로 승인하지 아니한 영역 또는 집단의 승인을 의미하는 것은 아니다.

CONVENTION ON REGISTRATION OF OBJECTS LAUNCHED INTO OUTER SPACE

The States Parties to this Convention,

Recognizing the common interest of all mankind in furthering the exploration and use of outer space for peaceful purposes,

Recalling that the Treaty on principles governing the activities of States in the exploration and use of outer space, including the moon and other celestial bodies of 27 January 1967 affirms that States shall bear international responsibility for their national activities in outer space and refers to the State on whose registry an object launched into outer space is carried,

Recalling also that the Agreement on the rescue of astronauts, the return of astronauts and the return of objects launched into outer space of 22 April 1968 provides that a launching authority shall, upon request, furnish identifying data prior to the return of an object it has launched into outer space found beyond the territorial limits of the launching authority,

Recalling further that the Convention on international liability for damage caused by space objects of 29 March 1972 establishes international rules and procedures concerning the liability of launching States for damage caused by their space objects,

Desiring, in the light of the Treaty on principles governing the activities of States in the exploration and use of outer space, including the moon and other celestial bodies, to make provision for the national registration by launching States of space objects launched into outer space,

Desiring further that a central register of objects launched into outer space be established and maintained, on a mandatory basis, by the Secretary-General of the United Nations,

Desiring also to provide for States Parties additional means and procedures to assist in the identification of space objects,

Believing that a mandatory system of registering objects launched into outer space would, in particular, assist in their identification and would contribute to the application and development of international law governing the exploration and use of outer space,

Have agreed on the following:

외기권에발사된물체의등록에관한협약

본 협약의 당사국은,

외기권의 평화적 목적을 위한 탐사 및 이용을 확대하는데 대한 전 인류의 공동 이해를 인정하고,

1967년 1월 27일의 달과 기타 천체를 포함한 외기권의 탐색과 이용에 있어 서의 국가 활동을 규율하는 원칙에 관한 조약이 외기권에서의 그들 국가의 행위에 대하여 국가가 국제 책임을 져야 함을 확인하고,

외기권에 발사된 물체의 등록을 한 국가에 언급하고 있음을 상기하고,

1968년 4월 22일의 우주 항공사의 구조, 우주 항공사의 귀환 및 외기권에 발 사된 물체의 회수에 관한 협정이 발사 당국이 그 영토적 한계를 넘어서 발 견된 외기권에 발사한 물체의 회수 이전에, 요구에 따라 확인 자료를 제공해 야 함을 규정하고 있음을 또한 상기하고,

1972년 3월 29일의 우주 물체에 의하여 발생한 손해에 대한 국제 책임에 관 한 협약이 우주 물체의 의해 발생하는 손해에 대한 발사국의 책임에 관하여 국제 규칙 및 소송 절차를 확립하고 있음을 나아가 상기하며,

달과 기타 천체를 포함한 외기권의 탐색과 이용에 있어서의 국가 활동을 규 율하는 원칙에 관한 조약에 비추어 외기권에 발사된 우주 물체의 발사국에 의한 국가등록을 위한 규정을 제정하기를 희망하며,

외기권에 발사된 물체의 중앙 등록부는 지속적 근거하에 국제 연합 사무총 장에 의해 작성되고 유지될 것을 나아가 희망하며,

당사국에 우주 물체의 정체 확인을 도울 추가 수단 및 절차를 제공할 것을 또한 희망하고,

외기권에 발사된 물체의 등록에 관한 지속적 체제가 특히 그들의 정체 확인 에 도움이 되며, 외기권에 탐색 및 사용을 규율하는 국제법의 응용 및 발달 에 이바지함을 믿으며,

다음과 같이 합의하였다.

Article I

For the purposes of this Convention:

(a) The term "launching State" means:

> (i) A State which launches or procures the launching of a space object;

> (ii) A State from whose territory or facility a space object is launched;

(b) The term "space object" includes component parts of a space object as well as its launch vehicle and parts thereof;

(c) The term "State of registry" means a launching State on whose registry a space object is carried in accordance with article II.

Article II

1. When a space object is launched into earth orbit or beyond, the launching State shall register the space object by means of an entry in an appropriate registry which it shall maintain. Each launching State shall inform the Secretary-General of the United Nations of the establishment of such a registry.

2. Where there are two or more launching States in respect of any such space object, they shall jointly determine which one of them shall register the object in accordance with paragraph 1 of this article, bearing in mind the provisions of article VIII of the Treaty on principles governing the activities of States in the exploration and use of outer space, including the moon and other celestial bodies, and without prejudice to appropriate agreements concluded or to be concluded among the launching States on jurisdiction and control over the space object and over any personnel thereof.

3. The contents of each registry and the conditions under which it is maintained shall be determined by the State of registry concerned.

Article III

1. The Secretary-General of the United Nations shall maintain a Register in which the information furnished in accordance with article IV shall be recorded.

2. There shall be full and open access to the information in this Register.

제1조

본 협약의 목적을 위하여,

(a) 용어 "발사국"이라 함은,

　　(i) 우주 물체를 발사하거나, 발사를 구매한 국가

　　(ii) 그 영토 또는 시설로부터 우주 물체가 발사된 국가를 의미한다.

(b) 용어 "우주 물체"라 함은 우주 물체의 복합 부품과 동 발사 운반체 및 그 부품을 포함한다.

(c) 용어 "등록국"이라 함은 제2조에 따라 우주 물체의 등록이 행하여진 발사국을 의미한다.

제2조

1. 우주 물체가 지구 궤도 또는 그 이원에 발사되었을 때, 발사국은 유지하여야 하는 적절한 등록부에 등재함으로써 우주 물체를 등록하여야 한다. 각 발사국은 동 등록의 확정을 국제 연합 사무총장에게 통보하여야 한다.

2. 그러한 여하한 우주 물체와 관련하여 발사국이 둘 또는 그 이상일 경우, 그들은 달과 기타 천체를 포함하여 외기권의 탐색 및 사용에 관한 국가의 활동을 규율하는 원칙에 관한 조약 제8조의 규정에 유의하고, 우주 물체 및 동 승무원에의 관할권 및 통제에 관하여 발사국 사이에 체결되고 장래 체결될 적절한 협정을 저해함이 없이, 그들 중의 일국이 본 조 제1항에 따라 동 물체의 등록을 하여야 함을 공동으로 결정하여야 한다.

3. 각 등록의 내용 및 그것이 유지되는 조건은 관련 등록국에 의하여 결정되어야 한다.

제3조

1. 국제연합 사무총장은 제4조에 따라 제공된 정보가 기록되어야 하는 등록부를 유지하여야 한다.

2. 본 등록부상의 정보에 대한 완전하고도 개방된 접근이 가능하여야 한다.

Article IV

1. Each State of registry shall furnish to the Secretary-General of the United Nations, as soon as practicable, the following information concerning each space object carried on its registry:

(a) Name of launching State or States;

(b) An appropriate designator of the space object or its registration number;

(c) Date and territory or location of launch;

(d) Basic orbital parameters, including:

       (i) Nodal period,

       (ii) Inclination,

       (iii) Apogee,

       (iv) Perigee;

(e) General function of the space object.

2. Each State of registry may, from time to time, provide the Secretary-General of the United Nations with additional information concerning a space object carried on its registry.

3. Each State of registry shall notify the Secretary-General of the United Nations, to the greatest extent feasible and as soon as practicable, of space objects concerning which it has previously transmitted information, and which have been but no longer are in earth orbit.

Article V

Whenever a space object launched into earth orbit or beyond is marked with the designator or registration number referred to in article IV, paragraph 1 (b), or both, the State of registry shall notify the Secretary-General of this fact when submitting the information regarding the space object in accordance with article IV. In such case, the Secretary-General of the United Nations shall record this notification in the Register.

제4조

1. 각 등록국은 등록부상 등재된 각 우주 물체에 관련한 다음 정보를 실행가능한 한 신속히 국제 연합 사무총장에게 제공하여야 한다.

(a) 발사국 및 복수 발사국명

(b) 우주 물체의 적절한 기탁자 또는 동 등록 번호

(c) 발사 일시 및 발사 지역 또는 위치

(d) 다음을 포함한 기본 궤도 요소

  (i) 노들주기

  (ii) 궤도 경사각

  (iii) 원지점

  (iv) 근지점

(e) 우주 물체의 일반적 기능

2. 각 등록국은 때때로 등록이 행해진 우주 물체에 관련된 추가 정보를 국제 연합 사무총장에게 제공할 수 있다.

3. 각 등록국은 이전에 정보를 전달하였으나 지구 궤도상에 존재하지 않는 관련 우주 물체에 대해서도 가능한 한 최대로, 또한 실행 가능한 한 신속히 국제연합 사무총장에게 통보하여야 한다.

제5조

지구 궤도 또는 그 이원에 발사된 우주 물체가 제4조 제1항 (b)에 언급된 기탁자 또는 등록 번호 또는 그 양자로서 표시되었을 때마다 등록국은 제4조에 따라 우주 물체에 관한 정보를 제출할 시 동 사실을 사무총장에게 통고하여야 한다. 그러한 경우에 국제 연합 사무총장은 등록부에 이 통고를 기재하여야 한다.

Article VI

Where the application of the provisions of this Convention has not enabled a State Party to identify a space object which has caused damage to it or to any of its natural or juridical persons, or which may be of a hazardous or deleterious nature, other States Parties, including in particular States possessing space monitoring and tracking facilities, shall respond to the greatest extent feasible to a request by that State Party, or transmitted through the Secretary-General on its behalf, for assistance under equitable and reasonable conditions in the identification of the object. A State Party making such a request shall, to the greatest extent feasible, submit information as to the time, nature and circumstances of the events giving rise to the request. Arrangements under which such assistance shall be rendered shall be the subject of agreement between the parties concerned.

Article VII

1. In this Convention, with the exception of articles VIII to XII inclusive, references to States shall be deemed to apply to any international intergovernmental organization which conducts space activities if the organization declares its acceptance of the rights and obligations provided for in this Convention and if a majority of the States members of the organization are States Parties to this Convention and to the Treaty on principles governing the activities of States in the exploration and use of outer space, including the moon and other celestial bodies.

2. States members of any such organization which are States Parties to this Convention shall take all appropriate steps to ensure that the organization makes a declaration in accordance with paragraph 1 of this article.

Article VIII

1. This Convention shall be open for signature by all States at United Nations Headquarters in New York. Any State which does not sign this Convention before its entry into force in accordance with paragraph 3 of this article may accede to it at any time.

2. This Convention shall be subject to ratification by signatory States. Instruments of ratification and instruments of accession shall be deposited with the Secretary-General of the United Nations.

3. This Convention shall enter into force among the States which have deposited instruments of ratification on the deposit of the fifth such instrument with the Secretary-General of the United Nations.

제6조

본 협약 제 조항의 적용으로 당사국이 또는 그 자연인 또는 법인에 손해를 야기하거나 또는 위험하거나 해로운 성질일지도 모르는 우주 물체를 식별할 수 없을 경우에는, 우주 탐지 및 추적 시설을 소유한 특정 국가를 포함하여 여타 당사국은 그 당사국의 요청에 따라 또는 대신 사무총장을 통하여 전달된 요청에 따라 그 물체의 정체 파악에 상응하고 합리적인 조건하에 가능한 최대한도로 원조를 하여야 한다. 그러한 요청을 한 당사국은 그러한 요청을 발생케 한 사건의 일시, 성격 및 정황에 관한 정보를 가능한 한 최대한 제출하여야 한다. 그러한 원조가 부여되어야 하는 약정은 관계 당사국 사이의 합의에 의한다.

제7조

1. 제8조에서 제12조까지 조항들을 제외하고 본 협약상 국가에 대한 언급은 우주 활동을 수행하는 어떠한 정부간 국제기구가 본 협약상 규정된 권리 의무의 수락을 선언하고 해당 기구의 다수 회원국이 본 협약 및 달과 기타 전체를 포함하는 외기권의 탐색 및 사용에 있어 국가 활동을 규율하는 원칙에 관한 조약의 당사국일 경우 당해 정부간 국제기구에도 해당되는 것으로 간주된다.

2. 본 협약의 당사국인 그러한 어떠한 기구의 회원국도 본 조 제1항에 따라 해당 기구가 선언하도록 함을 확보하기 위하여 모든 적절한 조치를 취하여야 한다.

제8조

1. 본 협약은 뉴욕의 국제 연합 본부에 모든 국가의 서명을 위하여 개방된다. 본 조 제3항에 따라 발효 이전에 본 협약에 서명하지 못한 어떠한 국가도 언제라도 동 협약에 가입할 수 있다.

2. 본 협약은 서명국의 비준에 의한다. 비준서 및 가입서는 국제연합 사무총장에게 기탁되어야 한다.

3. 본 협약은 국제연합 사무총장에게 다섯번째 비준서를 기탁한 일자로 부터 비준서를 기탁한 국가 사이에 발효한다.

4. For States whose instruments of ratification or accession are deposited subsequent to the entry into force of this Convention, it shall enter into force on the date of the deposit of their instruments of ratification or accession.

5. The Secretary-General shall promptly inform all signatory and acceding States of the date of each signature, the date of deposit of each instrument of ratification of and accession to this Convention, the date of its entry into force and other notices.

Article IX

Any State Party to this Convention may propose amendments to the Convention. Amendments shall enter into force for each State Party to the Convention accepting the amendments upon their acceptance by a majority of the States Parties to the Convention and thereafter for each remaining State Party to the Convention on the date of acceptance by it.

Article X

Ten years after the entry into force of this Convention, the question of the review of the Convention shall be included in the provisional agenda of the United Nations General Assembly in order to consider in the light of past application of the Convention, whether it requires revision.However, at any time after the Convention has been in force for five years, at the request of one third of the States Parties to the Convention and with the concurrence of the majority of the States Parties, a conference of the States Parties shall be convened to review this Convention. Such review shall take into account in particular any relevant technological developments, including those relating to the identification of space objects.

Article XI

Any State Party to this Convention may give notice of its withdrawal from the Convention one year after its entry into force by written notification to the Secretary-General of the United Nations. Such withdrawal shall take effect one year from the date of receipt of this notification.

Article XII

The original of this Convention, of which the Arabic, Chinese, English, French, Russian and Spanish texts are equally authentic, shall be deposited with the Secretary-General of the United Nations, who shall send certified copies thereof to all signatory and acceding States.

4. 본 협약 발효 이후 그 비준서나 가입서를 기탁한 국가에 대하여는 그 비준서나 가입서를 기탁한 일자에 발효한다.

5. 사무총장은 모든 서명국 및 가입국에 각 서명일자, 본 협약의 각 비준서 기탁일 및 가입서 기탁일, 동 발효일자 및 기타 공지사항을 즉각 통보하여야 한다.

제9조

본 협약의 어느 당사국도 협약의 개정을 제의할 수 있다. 개정은 협약의 과반수 당사국에 의해 수락되는 일자에 개정을 수락한 협약 당사국에 대하여 발효하며, 그 이후에 각 잔존 협약 당사국에 대하여는 동 국에 의해 수락된 일자에 발효한다.

제10조

본 협약의 발효 후 10년이 경과하였을 시, 협약의 과거 적용에 비추어 개정을 요하느냐를 고려하기 위하여 협약 심사 문제가 국제연합 총회의 잠정 의제에 포함되어야 한다. 그러나, 협약이 발효된 후 5년이 경과한 후에는 언제라도 협약 당사국 3분의 1의 요구에 의하여, 그리고 당사국의 과반수의 합의에 의하여 본 협약을 심사하기 위한 당사국 회의를 개최할 수 있다. 그러한 심사에는 우주 물체의 정체 확인에 관련된 것을 포함하여 어떠한 관련 기술적 발달도 특히 고려에 넣어야 한다.

제11조

본 협약의 어느 당사국도 발효 후 1년이 경과할 시에는 국제연합 사무총장에 대한 서면 통지로서 협약에의 탈퇴를 통고할 수 있다. 그러한 탈퇴는 이 통고의 수령일로 부터 1년이 경과하였을 시 효력이 있다.

제12조

본 협약의 원본인 아랍어, 중국어, 영어, 불어, 노어 및 서반어본은 동등히 정본이며, 국제 연합 사무총장에 기탁되며, 사무총장은 원본의 인증등본을 전 서명국 및 가입국에 송부하여야 한다.

In witness whereof the undersigned, being duly authorized thereto by their respective Governments, have signed this Convention, opened for signature at New York on the fourteenth day of January one thousand nine hundred and seventy-five.

이상의 증거로서, 각 정부에 의하여 정당히 권한이 주어진 하기 서명자들은
1975년 1월 14일 뉴욕에서 서명을 위하여 개방된 본 협약에 서명하였다.

Agreement Governing the Activities of States on the Moon and Other Celestial Bodies

THE STATES PARTIES TO THIS CONVENTION,

NOTING the achievements of States in the exploration and use of the moon and other celestial bodies,

RECOGNIZING that the moon, as a natural satellite of the earth, has an important role to play in the exploration of outer space,

DETERMINED to promote on the basis of equality the further development of co-operation among States in the exploration and use of the moon and other celestial bodies,

DESIRING to prevent the moon from becoming an area of international conflict,

BEARING in mind the benefits which may be derived from the exploitation of the natural resources of the moon and other celestial bodies,

RECALLING the Treaty on Principles Governing the Activities of States in the Exploration and Use of Outer Space, including the Moon and Other Celestial Bodies, the Agreement on the Rescue of Astronauts, the Return of Astronauts and the Return of Objects Launched into Outer Space, the Convention on International Liability for Damage Caused by Space Objects, and the Convention on Registration of Objects Launched into Outer Space,

TAKING INTO ACCOUNT the need to define and develop the provisions of these international instruments in relation to the moon and other celestial bodies, having regard to further progress in the exploration and use of outer space,

HAVE AGREED ON THE FOLLOWING:

달과 기타 천체에서의 국가 활동을 규율하는 협정

이 협정의 당사국은,

국가들의 달과 기타 천체의 탐색과 이용 성과에 주목하고,

달이 지구의 자연적인 위성으로서 외기권 탐색에 중요한 역할을 할 수 있음을 인정하고,

달과 기타 천체의 탐색과 이용에 있어 국가 간 협력이 더욱 발전되도록 평등의 원칙에 따라 촉진할 것을 결심하여,

달이 국제분쟁의 영역이 되는 것을 방지할 것을 희망하면서,

달과 기타 천체의 천연자원을 개발함으로써 얻어질 수 있는 이익을 유념하고,

달과 기타 천체를 포함한 외기권의 탐색과 이용에 있어서의 국가활동을 규율하는 규칙에 관한 조약, 우주항공사의 구조, 우주항공사의 귀환 및 외기권에 발사된 물체의 회수에 관한 협정, 우주물체에 의하여 발생한 손해에 대한 국제책임에 관한 협약 및 외기권에 발사된 물체의 등록에 관한 협약을 상기하며,

외기권의 탐색과 이용에 있어 그 이상의 진전을 고려하여 달과 기타 천체에 관련된 이러한 국제문서의 규정들을 명확히 하고 발전시킬 필요성을 감안하면서,

다음 사항에 합의하였다.

Article 1

1. The provisions of this Agreement relating to the moon shall also apply to other celestial bodies within the solar system, other than the earth, except in so far as specific legal norms enter into force with respect to any of these celestial bodies.

2. For the purposes of this Agreement reference to the moon shall include orbits around or other trajectories to or around it.

3. This Agreement does not apply to extraterrestrial materials which reach the surface of the earth by natural means.

Article 2

All activities on the moon, including its exploration and use, shall be carried out in accordance with international law, in particular the Charter of the United Nations, and taking into account the Declaration on Principles of International Law concerning Friendly Relations and Co-operation among States in accordance with the Charter of the United Nations, adopted by the General Assembly on 24 October 1970, in the interest of maintaining international peace and security and promoting international co-operation and mutual understanding, and with due regard to the corresponding interests of all other States Parties.

Article 3

1. The moon shall be used by all States Parties exclusively for peaceful purposes.

2. Any threat or use of force or any other hostile act or threat of hostile act on the moon is prohibited. It is likewise prohibited to use the moon in order to commit any such act or to engage in any such threat in relation to the earth, the moon, spacecraft, the personnel of spacecraft or man-made space objects.

3. States Parties shall not place in orbit around or other trajectory to or around the moon objects carrying nuclear weapons or any other kinds of weapons of mass destruction or place or use such weapons on or in the moon.

제1조

1. 달에 관련된 이 협정의 규정은 지구를 제외한 태양계 내의 기타 천체에도 적용된다. 단, 이러한 천체중 어느 것에 대하여 특별한 법적 규범이 효력을 발생하는 경우는 예외로 한다.

2. 이 협정의 목적상, 달이라고 함은 달 주변의 궤도 또는 달을 향하거나 선회하는 그 밖의 다른 궤적을 포함한다.

3. 이 협정은 자연의 작용으로 지구 표면에 도달하는 지구외적인 물질에는 적용되지 않는다.

제2조

달의 탐색과 이용을 포함하여 달에서의 모든 활동은 국제법, 특히 국제연합 헌장에 따라, 1970년 10월 24일 총회에서 채택된 국제연합 헌장에 따른 국가 간의 우호 관계와 협력에 관한 국제법 원칙에 대한 선언을 감안하고 국제 평화와 안전의 유지 및 국제협력과 상호 이해의 증진을 위하여, 그리고 그 밖의 다른 모든 당사국의 상응하는 이익을 충분히 고려하면서 수행한다.

제3조

1. 달은 모든 당사국에 의하여 오직 평화적 목적으로만 이용된다.

2. 달에서는 어떠한 무력 위협이나 사용 또는 그 밖의 다른 적대적 행동이나 적대적 행동의 위협도 금지되어 있다. 마찬가지로 지구, 달, 우주선, 우주선 원 또는 인공 우주물체와 관련하여 그러한 행동을 범하기 위하여 또는 그리 위협하기 위하여 달을 이용하는 것도 금지되어 있다.

3. 당사국은 달 주변의 궤도 또는 달을 향하거나 선회하는 그 밖의 다른 궤 적에 핵무기 또는 그 밖의 모든 종류의 대량파괴 무기를 운반하는 물체를 설치하지 아니하며, 그러한 무기를 달에 또는 달 안에 설치하거나 사용하지 아니한다.

4. The establishment of military bases, installations and fortifications, the testing of any type of weapons and the conduct of military manoeuvres on the moon shall be forbidden. The use of military personnel for scientific research or for any other peaceful purposes shall not be prohibited. The use of any equipment or facility necessary for peaceful exploration and use of the moon shall also not be prohibited.

Article 4

1. The exploration and use of the moon shall be the province of all mankind and shall be carried out for the benefit and in the interests of all countries, irrespective of their degree of economic or scientific development. Due regard shall be paid to interests of present and future generations as well as to the need to promote higher standards of living conditions of economic and social progress and development in accordance with the Charter of the United Nations.

2. States Parties shall be guided by the principle of co-operation and mutual assistance in all their activities concerning the exploration and use of the moon. International co-operation in pursuance of this Agreement should be as wide as possible and may take place on a multilateral basis, on a bilateral basis or through international intergovernmental organizations.

Article 5

1. States Parties shall inform the Secretary-General of the United Nations as well as the public and the international scientific community, to the greatest extent feasible and practicable, of their activities concerned with the exploration and use of the moon. Information on the time, purposes, locations, orbital parameters and duration shall be given in respect of each mission to the moon as soon as possible after launching, while information on the results of each mission, including scientific results, shall be furnished upon completion of the mission. In the case of a mission lasting more than sixty days, information on conduct of the mission including any scientific results, shall be given periodically, at thirty-day intervals. For missions lasting more than six months, only significant additions to such information need be reported thereafter.

2. If a State Party becomes aware that another State Party plans to operate simultaneously in the same area of or in the same orbit around or trajectory to or around the moon, it shall promptly inform the other State of the timing of and plans for its own operations.

4. 달에 있어서의 군사기지, 군사시설 및 군사요새의 설치, 모든 형태의 무기의 실험, 그리고 군사연습의 실시는 금지된다. 과학 조사 또는 그 밖의 모든 평화적 목적을 위하여 군인을 이용하는 것은 금지되지 아니한다. 달의 평화적 탐색과 이용에 필요한 어떠한 장비나 시설의 사용도 금지되지 아니한다.

제4조

1. 달의 탐색과 이용은 모든 인류의 활동 범위이며, 그들의 경제적 또는 과학적 발전의 정도에 관계없이 모든 국가의 이익을 위하여 수행된다. 국제연합 헌장에 따라 보다 높은 생활수준과 경제적 및 사회적 진보발전의 여건을 촉진할 필요성 뿐 아니라 현 세대와 다음 세대의 이익에 대해서도 충분히 고려한다.

2. 달의 탐색과 이용에 관련된 활동에 있어서 당사국은 협력과 상호 지원의 원칙에 따른다. 이 협정의 이행에 있어 국제 협력은 가능한 폭넓은 것이어야 하며, 다자적 내지 양자적으로, 또는 정부간 국제기구를 통하여 이루어질 수 있다.

제5조

1. 당사국은 달의 탐색과 이용에 관련된 그 활동을 실행가능한 최대한 일반 대중과 국제 과학계 뿐 아니라 국제연합 사무총장에게 통보한다. 달을 대상으로 하는 각 비행임무에 관해서는 그 시간·목적·위치·궤도요소 및 기간에 대한 정보를 발사 후 가능한 신속하게 제공하며, 과학적 성과를 포함한 각 비행임무의 결과는 그 임무가 종료되는 대로 제공한다. 60일을 초과하여 지속되는 임무의 경우, 과학적 성과를 포함하여 비행임무 수행에 대한 정보를 30일 간격으로 주기적으로 제공된다. 6개월을 초과하여 지속되는 임무의 경우, 그 이후로는 중요한 추가 정보만 보고할 필요가 있다.

2. 달의 동일 구역에서, 달 주변의 동일 궤도에서, 달을 향하거나 선회하는 동일 궤적에서 동시에 다른 당사국이 활동할 계획임을 알게된 당사국은 그 다른 국가에게 자국의 활동 시기와 계획을 신속하게 통보한다.

3. In carrying out activities under this Agreement, States Parties shall promptly inform the Secretary-General, as well as the public and the international scientific community, of any phenomena they discover in outer space, including the moon, which could endanger human life or health, as well as of any indication of organic life.

Article 6

1. There shall be freedom of scientific investigation on the moon by all States Parties without discrimination of any kind, on the basis of equality and in accordance with international law.

2. In carrying out scientific investigations and in furtherance of the provisions of this Agreement, the States Parties shall have the right to collect on and remove from the moon samples of its mineral and other substances. Such samples shall remain at the disposal of those States Parties which caused them to be collected and may be used by them for scientific purposes. States Parties shall have regard to the desirability of making a portion of such samples available to other interested States Parties and the international scientific community for scientific investigation. States Parties may in the course of scientific investigations also use mineral and other substances of the moon in quantities appropriate for the support of their missions.

3. States Parties agree on the desirability of exchanging scientific and other personnel on expeditions to or installations on the moon to the greatest extent feasible and practicable.

Article 7

1. In exploring and using the moon, States Parties shall take measures to prevent the disruption of the existing balance of its environment, whether by introducing adverse changes in that environment, by its harmful contamination through the introduction of extra-environmental matter or otherwise. States Parties shall also take measures to avoid harmfully affecting the environment of the earth through the introduction of extraterrestrial matter or otherwise.

2. States Parties shall inform the Secretary-General of the United Nations of the measures being adopted by them in accordance with paragraph 1 of this article and shall also, to the maximum extent feasible, notify him in advance of all placements by them of radio-active materials on the moon and of the purposes of such placements.

3. 이 협정에 따른 활동을 수행함에 있어서, 당사국은 생명체 존재의 징후 뿐 아니라 달을 포함한 외기권에서 발견하는 현상으로 인간의 생명이나 건 강을 위험하게 할 수 있는 현상에 관하여 일반 대중과 국제 과학계 뿐 아니 라 국제연합 사무총장에게 신속히 통보한다.

제6조

1. 모든 당사국은 어떠한 종류의 차별도 없이 평등의 원칙에 의하여 그리고 국제법에 따라 달에서 과학 조사의 자유를 갖는다.

2. 과학 조사의 수행과 이 협정 규정의 이행에 있어서 당사국은 달의 광물질 과 그 밖의 물질의 표본을 달에서 수집하고 달로부터 옮길 권리를 갖는다. 그 러한 표본은 이를 수집되도록 한 당사국의 처분에 따르며, 그 당사국에 의하 여 과학적 목적으로 사용될 수 있다. 당사국은 그러한 표본의 일부를 관심있 는 다른 당사국이나 국제 과학계가 과학 조사를 위하여 이용할 수 있도록 하 는 것이 바람직하다는 점을 고려한다. 당사국은 또한 과학 조사 과정에서 그 비행임무 지원에 적절한 양만큼 광물질과 그 밖의 물질을 이용할 수 있다.

3. 당사국은 실행가능한 최대한 달 탐색대 또는 달에 있는 시설의 과학 인력 과 그 밖의 다른 인력을 교환하는 것이 바람직하다는 점에 합의한다.

제7조

1. 달을 탐색하고 이용하는데 있어 당사국은 달 환경에 불리한 변화의 야기, 환경외적 물질의 도입을 통한 달의 유해한 오염 또는 다른 원인으로 인한 경우를 불문하고, 달 환경의 기존 균형이 파괴되는 것을 방지하기 위한 조치 를 취한다. 당사국은 또한 지구외적인 물질의 도입 또는 다른 원인으로 인하 여 지구 환경이 유해한 영향을 받는 것을 막기 위한 조치를 취한다.

2. 당사국은 이 조 제1항에 따라 채택한 조치를 국제연합 사무총장에게 통보 하며 또한 달에 있어서의 방사성 물질 배치사실과 그러한 배치의 목적을 미 리 국제연합 사무총장에게 실행가능한 최대한 통보한다.

3. States Parties shall report to other States Parties and to the Secretary-General concerning areas of the moon having special scientific interest in order that, without prejudice to the rights of other States Parties, consideration may be given to the designation of such areas as international scientific preserves for which special protective arrangements are to be agreed upon in consultation with the competent bodies of the United Nations.

Article 8

1. States Parties may pursue their activities in the exploration and use of the moon anywhere on or below its surface, subject to the provisions of this Agreement.

2. For these purposes States Parties may, in particular:

(a) Land their space objects on the moon and launch them from the moon;

(b) Place their personnel, space vehicles, equipment, facilities, stations and installations anywhere on or below the surface of the moon. Personnel, space vehicles, equipment, facilities, stations and installations may move or be moved freely over or below the surface of the moon.

3. Activities of States Parties in accordance with paragraphs 1 and 2 of this article shall not interfere with the activities of other States Parties on the moon. Where such interference may occur, the States Parties concerned shall undertake consultations in accordance with article 15, paragraphs 2 and 3, of this Agreement.

Article 9

1. States Parties may establish manned and unmanned stations on the moon. A State Party establishing a station shall use only that area which is required for the needs of the station and shall immediately inform the Secretary-General of the United Nations of the location and purposes of that station. Subsequently, at annual intervals that State shall likewise inform the Secretary-General whether the station continues in use and whether its purposes have changed.

3. 당사국은 달에서 과학적으로 특별히 흥미로운 지역에 관하여, 다른 당사국의 권리가 침해되지 않고 그러한 지역을 국제과학지역으로 지정하는 방안이 고려될 수 있도록, 다른 당사국과 사무총장에게 보고한다. 이러한 국제과학지역에 대해서는 국제연합의 권한있는 기관과의 협의하에 보호를 위한 특별 준비 방안이 합의되도록 한다.

제8조

1. 당사국은 이 협정의 규정에 따를 것을 조건으로 달 표면 위나 아래 어디에서나 달을 탐색하고 이용하는 활동을 수행할 수 있다.

2. 이러한 목적을 위하여 당사국은 특히 다음을 할 수 있다.

(a) 달에 우주물체를 착륙시키고 달로부터 우주물체를 발사하는 것

(b) 달 표면 위나 아래 어디에서든 인력·우주선·장비·시설·배치소 및 설비를 두는 것

인력·우주선·시설·배치소 및 설비는 달 표면의 위나 아래로 자유로이 이동하거나 이동시킬 수 있다.

3. 이 조 제1항과 제2항에 따른 당사국의 활동은 달에서의 다른 당사국의 활동을 방해하여서는 아니된다. 그러한 방해가 일어날 경우, 관련 당사국은 이 협정의 제15조 제2항과 제3항에 따라 협의에 착수한다.

제9조

1. 당사국은 달에 유인 및 무인 배치소를 설치할 수 있다. 배치소를 설치하는 당사국은 그 배치소의 필요상 요구되는 지역만을 사용하며 그 배치소의 위치와 목적을 국제연합 사무총장에게 즉시 통보한다. 이어서, 매년 간격으로 그 국가는 그 배치소가 계속 사용되고 있는지 여부와 그 목적이 변경되었는지 여부를 마찬가지로 사무총장에게 통보한다.

2. Stations shall be installed in such a manner that they do not impede the free access to all areas of the moon of personnel, vehicles and equipment of other States Parties conducting activities on the moon in accordance with the provisions of this Agreement or of article I of the Treaty of Principles Governing the Activities of States in the Exploration and Use of Outer Space, including the Moon and other Celestial Bodies.

Article 10

1. States Parties shall adopt all practicable measures to safeguard the life and health of persons on the moon. For this purpose they shall regard any person on the moon as an astronaut within the meaning of article V of the Treaty on Principles Governing the Activities of States on the Exploration and Use of Outer Space, including the Moon and Other Celestial Bodies and as part of the personnel of a spacecraft within the meaning of the Agreement on the Rescue of Astronauts, the Return of Astronauts and the Return of Objects Launched into Outer Space.

2. States Parties shall offer shelter in their stations, installations, vehicles and other facilities to persons in distress on the moon.

Article 11

1. The moon and its natural resources are the common heritage of mankind, which finds its expression in the provisions of this Agreement, in particular in paragraph 5 of this article.

2. The moon is not subject to national appropriation by any claim of sovereignty, by means of use or occupation, or by any other means.

3. Neither the surface nor the subsurface of the moon, nor any part thereof or natural resources in place, shall become property of any State, international intergovernmental or non-governmental organization, national organization or non-governmental entity or of any natural person. The placement of personnel, space vehicles, equipment, facilities, stations and installations on or below the surface of the moon, including structures connected with its surface or subsurface, shall not create a right of ownership over the surface or the subsurface of the moon or any areas thereof. The foregoing provisions are without prejudice to the international regime referred to in paragraph 5 of this article.

2. 배치소는 이 협정의 규정 또는 달과 기타 천체를 포함한 외기권의 탐색과 이용에 있어서의 국가 활동을 규율하는 규칙에 관한 조약 제1조에 따라 달에서 활동을 수행하는 다른 당사국의 인력·운송수단 및 장비가 달의 어느 지역에나 자유로이 접근하는 것을 방해하지 않는 방식으로 설치된다.

제10조

1. 당사국은 달에 있어서 사람의 생명과 건강을 보호하는데 모든 실행가능한 조치를 채택한다. 이 목적을 위하여 당사국은 달에 있는 모든 사람을 달과 기타 천체를 포함한 외기권의 탐색과 이용에 있어서의 국가 활동을 규율하는 규칙에 관한 조약 제5조의 의미상 우주인으로 간주하고 우주항공사의 구조, 우주항공사의 귀환 및 외기권에 발사된 물체의 회수에 관한 협정의 의미상 우주선원의 일원으로 간주한다.

2. 당사국은 달에서의 조난자에게 그 배치소, 설비, 운송수단 및 그 밖의 다른 시설 내에 피난처를 제공한다.

제11조

1. 달과 달의 천연자원은 인류의 공동유산이며, 이는 이 협정의 규정, 특히 이 조 제5항에 표현되어 있다.

2. 달은 어떠한 주권의 주장에 의하여 또는 이용과 점유에 의하여 또는 그 밖의 모든 수단에 의한 국가 전용의 대상이 되지 아니한다.

3. 달의 표면이나 지표 밑, 달의 어느 부분이나 달에 있는 천연자원은 어느 국가나, 정부간 국제기구 또는 비정부간 기구, 국가조직이나 비정부적 실체 또는 어느 자연인의 재산이 되지 아니한다. 달의 표면이나 지표 밑과 관련된 구조를 포함하여 달 표면의 위나 아래에 인력·우주선·장비·시설·배치소 및 설비를 두는 것은 달의 표면이나 지표 밑 또는 달의 어느 지역에 대하여 소유권을 창출하지 아니한다. 앞서의 규정은 이 조 제5항에 언급된 국제 체계를 침해하는 것은 아니다.

4. States Parties have the right to exploration and use of the moon without discrimination of any kind, on the basis of equality and in accordance with international law and the provisions of this Agreement.

5. States Parties to this Agreement hereby undertake to establish an international regime, including appropriate procedures, to govern the exploitation of the natural resources of the moon as such exploitation is about to become feasible. This provision shall be implemented in accordance with article 18 of this Agreement.

6. In order to facilitate the establishment of the international regime referred to in paragraph 5 of this article, States Parties shall inform the Secretary-General of the United Nations as well as the public and the international scientific community, to the greatest extent feasible and practicable, of any natural resources they may discover on the moon.

7. The main purposes of the international regime to be established shall include:

(a) The orderly and safe development of the natural resources of the moon;

(b) The rational management of those resources;

(c) The expansion of opportunities in the use of those resources;

(d) An equitable sharing by all States Parties in the benefits derived from those resources, whereby the interests and needs of the developing countries, as well as the efforts of those countries which have contributed either directly or indirectly to the exploration of the moon, shall be given special consideration.

8. All the activities with respect to the natural resources of the moon shall be carried out in a manner compatible with the purposes specified in paragraph 7 of this article and the provisions of article 6, paragraph 2, of this Agreement.

Article 12

1. States Parties shall retain jurisdiction and control over their personnel, space vehicles, equipment, facilities, stations and installations on the moon. The ownership of space vehicles, equipment, facilities, stations and installations shall not be affected by their presence on the moon.

4. 당사국은 평등의 원칙에 기초하고 국제법과 이 협정의 조건에 따라 어떠한 종류의 차별도 없이 달을 탐사하고 이용할 권리를 갖는다.

5. 이 협정의 당사국은 이에 달 천연자원의 개발이 가능하게 될 것임에 따라, 적절한 절차를 포함하여, 그러한 개발을 규율할 국제 체제를 수립할 것임을 약속한다. 이 규정은 이 협정의 제18조에 따라 이행된다.

6. 이 조의 제5항에 언급된 국제 체제의 수립을 용이하게 하기 위하여, 당사국은 일반 대중과 국제 과학계 뿐 아니라 국제연합 사무총장에게 실행가능한 최대한 달에서 발견하는 천연자원에 대하여 통보한다.

7. 수립될 국제 체제의 주요 목표는 다음을 포함한다.

(a) 달 천연자원의 질서있고 안전한 개발

(b) 이들 자원의 합리적인 관리

(c) 이들 자원의 이용기회 확대

(d) 달 탐색에 직접 내지 간접적으로 공헌한 국가들의 노력 뿐 아니라 개발도상국의 이익과 필요에 대해서도 특별히 고려하는 가운데, 이들 자원으로부터 얻어지는 이익을 모든 당사국 간에 공정하게 공유하는 것

8. 달 천연자원과 관련된 모든 활동은 이 조 제7항과 이 협정 제6조 제2항의 규정에 명시된 목적에 부합하는 방식으로 수행한다.

제12조

1. 당사국은 달에 있는 자국의 인력·운송수단·장비·시설·배치소 및 설비에 대한 관할권과 통제권을 보유한다. 우주선·장비·시설·배치소 및 설비에 대한 소유권은 이들이 달에 있는지 여부에 의하여 영향을 받지 아니한다.

2. Vehicles, installations and equipment or their component parts found in places other than their intended location shall be dealt with in accordance with article 5 of the Agreement on the Rescue of Astronauts, the Return of Astronauts and the Return of Objects Launched into Outer Space.

3. In the event of an emergency involving a threat to human life, States Parties may use the equipment, vehicles, installations, facilities or supplies of other States Parties on the moon. Prompt notification of such use shall be made to the Secretary-General of the United Nations or the State Party concerned.

Article 13

A State Party which learns of the crash landing, forced landing or other unintended landing on the moon of a space object, or its component parts, that were not launched by it, shall promptly inform the launching State Party and the Secretary-General of the United Nations.

Article 14

1. States Parties to this Agreement shall bear international responsibility for national activities on the moon, whether such activities are carried out by governmental agencies or by non-governmental entities, and for assuring that national activities are carried out in conformity with the provisions of this Agreement. States Parties shall ensure that non-governmental entities under their jurisdiction shall engage in activities on the moon only under the authority and continuing supervision of the appropriate State Party.

2. States Parties recognize that detailed arrangements concerning liability for damage caused on the moon, in addition to the provisions of the Treaty on Principles Governing the Activities of States in the Exploration and Use of Outer Space, including the Moon and Other Celestial Bodies and the Convention on International Liability for Damage Caused by Space Objects, may become necessary as a result of more extensive activities on the moon. Any such arrangements shall be elaborated in accordance with the procedure provided for in article 18 of this Agreement.

2. 의도된 위치가 아닌 장소에서 발견된 운송수단·설비·장비 또는 그 구성부분은 우주항공사의 귀환 및 외기권에 발사된 물체의 회수에 관한 협정 제5조에 따라 처리한다.

3. 사람의 생명에 대한 위협을 포함하는 긴급사태의 경우, 당사국은 달에 있는 다른 당사국의 장비·운송수단·설비·시설 또는 보급품을 이용할 수 있다. 그러한 이용에 대해서는 국제연합 사무총장 또는 관련 당사국에게 신속하게 통보된다.

제13조

자국이 발사한 것이 아닌 우주 물체나 그 구성부분이 달에 충돌착륙 내지 불시착륙 또는 그 밖에 의도되지 않은 착륙을 하였음을 알게 된 당사국은 발사 당사국과 국제연합 사무총장에게 신속히 통보한다.

제14 조

1. 이 협정의 당사국은 달에서의 국가 활동에 대하여, 그러한 활동이 정부기관에 의하여 또는 비정부실체에 의하여 행하여졌는지 여부에 관계없이, 국제적 책임을 지며, 국가 활동이 이 협정에 명시된 규정에 따라 수행될 것을 보장할 국제적 책임을 진다. 당사국은 그 관할권 하에 있는 비정부 실체들이 적절한 당사국의 권한과 지속적인 감독에 따라서만 달에서의 활동에 종사할 것을 보장한다.

2. 당사국은 달에서의 보다 광범위한 활동으로 말미암아 달과 기타 천체를 포함한 외기권의 탐색과 이용에 있어서의 국가활동을 규율하는 규칙에 관한 조약 및 우주물체로 인한 손해의 국제책임에 관한 협약의 규정에 더하여 달에서 발생한 손해에 대한 책임과 관련한 세부적인 준비방안이 필요해질 수 있음을 인정한다. 그러한 준비방안은 이 협정의 제18조에서 규정된 절차에 따라 작성되어야 한다.

Article 15

1. Each State Party may assure itself that the activities of other States Parties in the exploration and use of the moon are compatible with the provisions of this Agreement. To this end, all space vehicles, equipment, facilities, stations and installations on the moon shall be open to other States Parties. Such States Parties shall give reasonable advance notice of a projected visit, in order that appropriate consultations may be held and that maximum precautions may be taken to assure safety and to avoid interference with normal operations in the facility to be visited. In pursuance of this article, any State Party may act on its own behalf or with the full or partial assistance of any other State Party or through appropriate international procedures within the framework of the United Nations and in accordance with the Charter.

2. A State Party which has reason to believe that another State Party is not fulfilling the obligations incumbent upon it pursuant to this Agreement or that another State Party is interfering with the rights which the former State Party has under this Agreement may request consultations with that State Party. A State Party receiving such a request shall enter into such consultations without delay. Any other State Party which requests to do so shall be entitled to take part in the consultations. Each State Party participating in such consultations shall seek a mutually acceptable resolution of any controversy and shall bear in mind the rights and interests of all States Parties. The Secretary-General of the United Nations shall be informed of the results of the consultations and shall transmit the information received to all States Parties concerned.

3. If the consultations do not lead to a mutually acceptable settlement which has due regard for the rights and interests of all the States Parties, the parties concerned shall take all measures to settle the dispute by other peaceful means of their choice and appropriate to the circumstances and the nature of the dispute. If difficulties arise in connexion with the opening of consultations or if consultations do not lead to a mutually acceptable settlement, any State Party may seek the assistance of the Secretary-General, without seeking the consent of any other State Party concerned, in order to resolve the controversy. A State Party which does not maintain diplomatic relations with another State Party concerned shall participate in such consultations, at its choice, either itself or through another State Party or the Secretary-General as intermediary.

제15조

1. 각 당사국은 달의 탐색과 이용에 있어서 다른 당사국의 활동이 이 협정의 규정에 부합하는지 여부를 확인할 수 있다. 이를 위하여 달에 있는 모든 우주선·장비·시설·배치소 및 설비는 다른 당사국에게 개방된다. 그러한 당사국은 적절한 협의가 이루어질 수 있도록 그리고 방문할 시설에서 있어 안전을 확보하고 정상적인 활동에의 간섭을 피하기 위한 최대한의 예방 조치가 취하여질 수 있도록 방문 계획에 대하여 합리적으로 사전 통보한다. 이 조의 이행에 있어서 어떠한 당사국도 독자적으로 혹은 다른 당사국의 전적인 또는 부분적인 지원을 받아, 또는 국제연합의 틀 내에서 그 헌장에 따른 적절한 국제 절차를 거쳐 행동할 수 있다.

2. 당사국은 다른 당사국이 이 협정에 따라 지워진 의무를 이행하지 않고 있거나 이 협정에 따라 자국이 갖는 권리를 방해하고 있다고 믿을 이유가 있는 경우에는 그 다른 당사국과의 협의를 요청할 수 있다. 그러한 요청을 접수한 당사국은 지체없이 협의를 시작한다. 참여를 요청하는 그 밖의 다른 당사국은 협의에 참여할 권리가 있다. 그러한 협의에 참여하는 각 당사국은 어떠한 분쟁에 대해서도 상호 수락가능한 해결을 추구하며 모든 당사국의 권리와 이익을 염두에 둔다. 국제연합 사무총장은 협의 결과에 대해 통보를 받으며 받은 정보를 모든 관련 당사국에게 전달한다.

3. 협의가 상호 수락가능하고 모든 당사국의 권리와 이익을 충분히 고려한 해결에 이르지 못할 경우, 관련 당사자는 분쟁 상황과 성격에 적절한 그 밖의 다른 평화적 수단을 선택하여 분쟁을 해결하기 위한 모든 조치를 취한다. 협의 개시와 관련하여 어려움이 발생하거나 협의가 상호 수락가능한 해결에 이르지 못할 경우, 어느 당사국이든 분쟁을 해결하기 위하여 다른 관련 당사국의 동의를 구하지 않고 사무총장의 지원을 구할 수 있다. 다른 관련 당사국과 외교관계를 유지하고 있지 않은 당사국은 그 스스로의 선택에 따라 스스로 또는 그 밖의 다른 당사국이나 사무총장을 중재인으로 하여 그러한 협의에 참여한다.

Article 16

With the exception of articles 17 to 21, references in this Agreement to States shall be deemed to apply to any international intergovernmental organization which conducts space activities if the organization declares its acceptance of the rights and obligations provided for in this Agreement and if a majority of the States members of the organization are States Parties to this Agreement and to the Treaty on Principles Governing the Activities of States in the Exploration and Use of Outer Space, including the Moon and Other Celestial Bodies. States members of any such organization which are States Parties to this Agreement shall take all appropriate steps to ensure that the organization makes a declaration in accordance with the provisions of this article.

Article 17

Any State Party to this Agreement may propose amendments to the Agreement. Amendments shall enter into force for each State Party to the Agreement accepting the amendments upon their acceptance by a majority of the States Parties to the Agreement and thereafter for each remaining State Party to the Agreement on the date of acceptance by it.

Article 18

Ten years after the entry into force of this Agreement, the question of the review of the Agreement shall be included in the provisional agenda of the General Assembly of the United Nations in order to consider, in the light of past application of the Agreement, whether it requires revision. However, at any time after the Agreement has been in force for five years, the Secretary-General of the United Nations, as depository, shall, at the request of one third of the States Parties to the Agreement and with the concurrence of the majority of the States Parties, convene a conference of the States Parties to review this Agreement. A review conference shall also consider the question of the implementation of the provisions of article 11, paragraph 5, on the basis of the principle referred to in paragraph 1 of that article and taking into account in particular any relevant technological developments.

제16조

제17조에서 제22조까지는 제외하고, 이 협정에서 국가라 함은 이 협정에 규정된 권리와 의무를 수락함을 선언하고 그 회원국 다수가 이 협정 및 달과 다른 천체를 포함한 외기권 우주의 탐사 및 이용에 관한 국가활동을 규제하는 원칙에 관한 조약의 당사국인, 우주활동을 수행하는, 모든 정부간 국제기구에 적용되는 것으로 간주된다. 그러한 국제기구의 회원국인 이 협정의 당사국은 그 국제기구가 앞서 말한 바와 같이 선언을 행할 것을 보장하기 위하여 모든 적절한 조치를 취한다.

제17조

이 협정의 어떠한 당사국도 협정의 개정을 제안할 수 있다. 개정은 이 협정 당사국의 과반수가 수락할 때에 개정을 수락한 이 협정의 각 당사국에 대하여 발효하며 그 이후에는 이 협정의 나머지 각 당사국에 대하여 그 당사국이 수락하는 날에 발효한다

제18조

이 협정이 발효한 지 10년 후에, 그 때까지의 적용에 비추어 협정 개정이 필요한 지 여부를 고려하기 위하여 이 협정에 대한 검토 문제를 국제연합 총회의 잠정의제에 포함한다. 그러나, 국제연합 사무총장은 수탁자로서 이 협정이 발효한 지 5년 후 언제라도 이 협정 당사국의 3분의 1의 요청에 따라 당사국 과반수의 동의를 얻어 이 협정을 검토하기 위한 당사국 회의를 소집한다. 검토회의는 제11조 제1항에 언급된 원칙에 기초하고 특히 관련된 모든 기술발전을 감안하여 제11조 제5항 규정의 이행 문제를 또한 고려한다.

Article 19

1. This Agreement shall be open for signature by all States at United Nations Headquarters in New York.

2. This Agreement shall be subject to ratification by signatory States. Any State which does not sign this Agreement before its entry into force in accordance with paragraph 3 of this article may accede to it at any time. Instruments of ratification or accession shall be deposited with the Secretary-General of the United Nations.

3. This Agreement shall enter into force on the thirtieth day following the date of deposit of the fifth instrument of ratification.

4. For each State depositing its instrument of ratification or accession after the entry into force of this Agreement, it shall enter into force on the thirtieth day following the date of deposit of any such instrument.

5. The Secretary-General shall promptly inform all signatory and acceding States of the date of each signature, the date of deposit of each instrument of ratification or accession to this Agreement, the date of its entry into force and other notices.

Article 20

Any State Party to this Agreement may give notice of its withdrawal from the Agreement one year after its entry into force by written notification to the Secretary-General of the United Nations. Such withdrawal shall take effect one year from the date of receipt of this notification.

Article 21

The original of this Agreement, of which the Arabic, Chinese, English, French, Russian and Spanish texts are equally authentic, shall be deposited with the Secretary-General of the United Nations, who shall send certified copies thereof to all signatory and acceding States.

IN WITNESS WHEREOF the undersigned, being duly authorized thereto by their respective Governments, have signed this Agreement, opened for signature at New York on 18 December 1979.

제19조

1. 이 협정은 뉴욕의 국제연합 본부에서 서명을 위하여 모든 국가에게 개방된다.

2. 이 협정은 서명국에 의하여 비준되어야 한다. 이 조 제3항에 따른 협정 발효 전에 이 협정에 서명하지 아니한 국가는 언제든지 이 협정에 가입할 수 있다. 비준서 또는 가입서는 국제연합 사무총장에게 기탁한다.

3. 이 협정은 다섯 번 째 비준서의 기탁일 후 30일이 되는 날에 발효한다.

4. 이 협정의 발효 후에 자국의 비준서 또는 가입서를 기탁하는 각 국가에 대하여는 그러한 비준서 또는 가입서의 기탁일 후 30일이 되는 날에 발효한다.

5. 국제연합 사무총장은 모든 서명국과 가입국에 대하여, 각 서명일, 이 협정에 대한 각 비준서 또는 가입서의 기탁일, 이 협정의 발효일 및 그 밖의 다른 고지사항을 신속히 통보한다.

제20조

이 협정의 어떠한 당사국도 협정이 발효한 지 1년 후에는 국제연합 사무총장에 대한 서면통지 방식으로 협정으로부터의 탈퇴를 통고할 수 있다. 그러한 탈퇴는 이 통고의 접수일로부터 1년 후에 효력이 발생한다.

제21조

아라비아어, 중국어, 영어, 프랑스어, 러시아어 및 스페인어본이 동등히 정본인 이 협정 원본은 국제연합 사무총장에게 기탁되며, 국제연합 사무총장은 협정 인증등본을 모든 서명국과 가입국에게 송부한다.

이상의 증거로 아래의 서명은 그들 각각의 정부로부터 정당히 권한을 위임받아 이 협정에 서명하였다. 이 협정은 1979년 12월 18일 뉴욕에서 서명을 위하여 개방되었다.

Constitution of ITU: Chapter VII – Special Provisions for Radio

ARTICLE 44 - Use of the Radio-Frequency Spectrum and of the Geostationary-Satellite and Other Satellite Orbits

195 PP-02

1 Member States shall endeavour to limit the number of frequencies and the spectrum used to the minimum essential to provide in a satisfactory manner the necessary services. To that end, they shall endeavour to apply the latest technical advances as soon as possible.

196 PP-98

2 In using frequency bands for radio services, Member States shall bear in mind that radio frequencies and any associated orbits, including the geostationary-satellite orbit, are limited natural resources and that they must be used rationally, efficiently and economically, in conformity with the provisions of the Radio Regulations, so that countries or groups of countries may have equitable access to those orbits and frequencies, taking into account the special needs of the developing countries and the geographical situation of particular countries.

ARTICLE 45 - Harmful Interference

197 PP-98

1 All stations, whatever their purpose, must be established and operated in such a manner as not to cause harmful interference to the radio services or communications of other Member States or of recognized operating agencies, or of other duly authorized operating agencies which carry on a radio service, and which operate in accordance with the provisions of the Radio Regulations.

198 PP-98

2 Each Member State undertakes to require the operating agencies which it recognizes and the other

operating agencies duly authorized for this purpose to observe the provisions of No. 197 above.

199 PP-98

3 Further, the Member States recognize the necessity of taking all practicable steps to prevent the operation of electrical apparatus and installations of all kinds from causing harmful interference to the radio services or communications mentioned in No. 197 above.

ARTICLE 46 - Distress Calls and Messages

200

Radio stations shall be obliged to accept, with absolute priority, distress calls and messages regardless of their origin, to reply in the same manner to such messages, and immediately to take such action in regard thereto as may be required.

ARTICLE 47 - False or Deceptive Distress, Urgency, Safety or Identification Signals

201 PP-98

Member States agree to take the steps required to prevent the transmission or circulation of false or deceptive distress, urgency, safety or identification signals, and to collaborate in locating and identifying stations under their jurisdiction transmitting such signals.

ARTICLE 48 - Installations for National Defence Services

202 PP-98

1 Member States retain their entire freedom with regard to military radio installations.

203

2 Nevertheless, these installations must, so far as possible, observe statutory provisions relative to giving assistance in case of distress and to the measures to be taken to prevent harmful interference, and the provisions of the Administrative Regulations concerning the types of emission and the frequencies to be used, according to the nature of the service performed by such installations.

204

3 Moreover, when these installations take part in the service of public correspondence or other services governed by the Administrative Regulations, they must, in general, comply with the regulatory provisions for the conduct of such services.

CONVENTION
RELATING TO THE DISTRIBUTION
OF PROGRAMME-CARRYING SIGNALS
TRANSMITTED BY SATELLITE

The Contracting States,

Aware that the use of satellites for the distribution of programme-carrying signals is rapidly growing both in volume and geographical coverage;

Concerned that there is no world-wide system to prevent distributors from distributing programme-carrying signals transmitted by satellite which were not intended for those distributors, and that this lack is likely to hamper the use of satellite communications;

Recognizing, in this respect, the importance of the interests of authors, performers, producers of phonograms and broadcasting organizations;

Convinced that an international system should be established under which measures would be provided to prevent distributors from distributing programme-carrying signals transmitted by satellite which were not intended for those distributors;

Conscious of the need not to impair in any way international agreements already in force, including the International Telecommunication Convention and the Radio Regulations annexed to that Convention, and in particular in no way to prejudice wider acceptance of the Rome Convention of October 26, 1961, which affords protection to performers, producers of phonograms and broadcasting organizations,

Have agreed as follows:

Article 1

For the purposes of this Convention:

(i) "signal" is an electronically-generated carrier capable of transmitting programmes;

(ii) "programme" is a body of live or recorded material consisting of images, sounds or both, embodied in signals emitted for the purpose of ultimate distribution;

(iii) "satellite" is any device in extraterrestrial space capable of transmitting signals;

(iv) "emitted signal" or "signal emitted" is any programme-carrying signal that goes to or passes through a satellite;

(v) "derived signal" is a signal obtained by modifying the technical characteristics of the emitted signal, whether or not there have been one or more intervening fixations;

(vi) "originating organization" is the person or legal entity that decides what programme the emitted signals will carry;

(vii) "distributor" is the person or legal entity that decides that the transmission of the derived signals to the general public or any section thereof should take place;

(viii) "distribution" is the operation by which a distributor transmits derived signals to the general public or any section thereof.

Article 2

(1) Each Contracting State undertakes to take adequate measures to prevent the distribution on or from its territory of any programme-carrying signal by any distributor for whom the signal emitted to or passing through the satellite is not intended. This obligation shall apply where the originating organization is a national of another Contracting State and where the signal distributed is a derived signal.

(2) In any Contracting State in which the application of the measures referred to in paragraph (1) is limited in time, the duration thereof shall be fixed by its domestic law. The Secretary-General of the United Nations shall be notified in writing of such duration at the time of ratification, acceptance or accession, or if the domestic law comes into force or is changed thereafter, within six months of the coming into force of that law or of its modification.

(3) The obligation provided for in paragraph (1) shall not apply to the distribution of derived signals taken from signals which have already been distributed by a distributor for whom the emitted signals were intended.

Article 3

This Convention shall not apply where the signals emitted by or on behalf of the originating organization are intended for direct reception from the satellite by the general public.

Article 4

No Contracting State shall be required to apply the measures referred to in Article 2(1) where the signal distributed on its territory by a distributor for whom the emitted signal is not intended

(i) carries short excerpts of the programme carried by the emitted signal, consisting of reports of current events, but only to the extent justified by the informatory purpose of such excerpts, or

(ii) carries, as quotations, short excerpts of the programme carried by the emitted signal, provided that such quotations are compatible with fair practice and are justified by the informatory purpose of such quotations, or

(iii) carries, where the said territory is that of a Contracting State regarded as a developing country in conformity with the established practice of the General Assembly of the United Nations, a programme carried by the emitted signal, provided that the distribution is solely for the purpose of teaching, including teaching in the framework of adult education, or scientific research.

Article 5

No Contracting State shall be required to apply this Convention with respect to any signal emitted before this Convention entered into force for that State.

Article 6

This Convention shall in no way be interpreted to limit or prejudice the protection secured to authors, performers, producers of phonograms, or broadcasting organizations, under any domestic law or international agreement.

Article 7

This Convention shall in no way be interpreted as limiting the right of any Contracting State to apply its domestic law in order to prevent abuses of monopoly.

Article 8

(1) Subject to paragraphs (2) and (3), no reservation to this Convention shall be permitted.

(2) Any Contracting State whose domestic law, on May 21, 1974, so provides may, by a written notification deposited with the Secretary-General of the United Nations, declare that, for its purposes, the words "where the originating organization is a national of another Contracting State" appearing in Article 2(1) shall be considered as if they were replaced by the words "where the signal is emitted from the territory of another Contracting State."

(3)(a) Any Contracting State which, on May 21, 1974, limits or denies protection with respect to the distribution of programme-carrying signals by means of wires, cable or other similar communications channels to subscribing members of the public may, by a written notification deposited with the Secretary-General of the United Nations, declare that, to the extent that and as long as its domestic law limits or denies protection, it will not apply this Convention to such distributions.

(b) Any State that has deposited a notification in accordance with subparagraph (a) shall notify the Secretary-General of the United Nations in writing, within six months of their coming into force, of any changes in its domestic law whereby the reservation under that subparagraph becomes inapplicable or more limited in scope.

Article 9

(1) This Convention shall be deposited with the Secretary-General of the United Nations. It shall be open until March 31, 1975, for signature by any State that is a member of the United Nations, any of the Specialized Agencies brought into relationship with the United Nations, or the International Atomic Energy Agency, or is a party to the Statute of the International Court of Justice.

(2) This Convention shall be subject to ratification or acceptance by the signatory States. It shall be open for accession by any State referred to in paragraph (1).

(3) Instruments of ratification, acceptance or accession shall be deposited with the Secretary-General of the United Nations.

(4) It is understood that, at the time a State becomes bound by this Convention, it will be in a position in accordance with its domestic law to give effect to the provisions of the Convention.

Article 10

(1) This Convention shall enter into force three months after the deposit of the fifth instrument of ratification, acceptance or accession.

(2) For each State ratifying, accepting or acceding to this Convention after the deposit of the fifth instrument of ratification, acceptance or accession, this Convention shall enter into force three months after the deposit of its instrument.

Article 11

(1) Any Contracting State may denounce this Convention by written notification deposited with the Secretary-General of the United Nations.

(2) Denunciation shall take effect twelve months after the date on which the notification referred to in paragraph (1) is received.

Article 12

(1) This Convention shall be signed in a single copy in English, French, Russian and Spanish, the four texts being equally authentic.

(2) Official texts shall be established by the Director-General of the United Nations Educational, Scientific and Cultural Organization and the Director General of the World Intellectual Property Organization, after consultation with the interested Governments, in the Arabic, Dutch, German, Italian and Portuguese languages.

(3) The Secretary-General of the United Nations shall notify the States referred to in Article 9(1), as well as the Director-General of the United Nations Educational, Scientific and Cultural Organization, the Director General of the World Intellectual Property Organization, the Director-General of the International Labour Office and the Secretary-General of the International Telecommunication Union, of

(i) signatures to this Convention;

(ii) the deposit of instruments of ratification, acceptance or accession;

(iii) the date of entry into force of this Convention under Article 10(1);

(iv) the deposit of any notification relating to Article 2(2) or Article 8(2) or (3), together with its text;

(v) the receipt of notifications of denunciation.

(4) The Secretary-General of the United Nations shall transmit two certified copies of this Convention to all States referred to in Article 9(1).

IN WITNESS WHEREOF, the undersigned, being duly authorized, have signed this Convention.

DONE at Brussels, this twenty-first day of May, 1974.

PROTOCOL

TO THE CONVENTION ON INTERNATIONAL INTERESTS
IN MOBILE EQUIPMENT
ON MATTERS SPECIFIC TO SPACE ASSETS

Signed in Berlin on 9 March 2012

COPY CERTIFIED AS BEING IN CONFORMITY
WITH THE ORIGINAL

THE SECRETARY-GENERAL

JOSE ANGELO ESTRELLA FARIA

UNIDROIT

BERLIN

9 MARCH 2012

PROTOCOL TO THE CONVENTION ON INTERNATIONAL INTERESTS IN MOBILE EQUIPMENT ON MATTERS SPECIFIC TO SPACE ASSETS

THE STATES PARTIES TO THIS PROTOCOL,

CONSIDERING it desirable to implement the Convention on International Interests in Mobile Equipment (hereinafter referred to as *the Convention*) as it relates to space assets, in the light of the purposes set out in the preamble to the Convention,

CONSCIOUS of the need to adapt the Convention to meet the particular demand for and the utility of space assets and the need to finance their acquisition and use,

TAKING INTO CONSIDERATION the benefits to all States from expanded space-based services and financing which the Convention and this Protocol may yield,

MINDFUL of the principles of space law, including those contained in the international space treaties of the United Nations and the instruments of the International Telecommuni-cation Union,

RECALLING, for the carrying out of the transfers contemplated by this Protocol, the pre-eminence of State Party rights and obligations under the international space treaties of the United Nations by which the States Parties concerned are bound,

RECOGNISING the continuing development of the international commercial space industry and contemplating the expected benefits of a uniform and predictable regimen governing interests in space assets and in related rights and facilitating asset-based financing of the same,

HAVE AGREED upon the following provisions relating to space assets:

CHAPTER I – SPHERE OF APPLICATION AND GENERAL PROVISIONS

Article I – Defined terms

1. – In this Protocol, except where the context otherwise requires, terms used in it have the meanings set out in the Convention.

2. – In this Protocol the following terms are employed with the meanings set out below:

(a)   "debtor's rights" means rights to payment or other performance due or to become due to a debtor by any person with respect to a space asset;

(b)   "guarantee contract" means a contract entered into by a person as a guarantor;

(c)   "guarantor" means a person who, for the purpose of assuring performance of any obligations in favour of a creditor secured by a security agreement or under an agreement, gives or issues a suretyship or demand guarantee or standby letter of credit or other form of credit insurance;

(d)　"insolvency-related event" means:

　　　(i)　the commencement of the insolvency proceedings; or

　　　(ii)　the declared intention to suspend or actual suspension of payments by the debtor where the creditor's right to institute insolvency proceedings against the debtor or to exercise remedies under the Convention is prevented or suspended by law or State action;

(e)　"licence" means any permit, authorisation, concession or equivalent instrument that is granted or issued by, or pursuant to the authority of, a national or intergovernmental or other international body or authority, when acting in a regulatory capacity, to manufacture, launch, control, use or operate a space asset, or relating to the use of orbital positions or the transmission, emission or reception of electromagnetic signals to and from a space asset;

(f)　"obligor" means a person from whom payment or other performance of debtor's rights is due or to become due;

(g)　"primary insolvency jurisdiction" means the Contracting State in which the centre of the debtor's main interests is situated, which for this purpose shall be deemed to be the place of the debtor's statutory seat, or, if there is none, the place where the debtor is incorporated or formed, unless proved otherwise;

(h)　"rights assignment" means a contract by which the debtor confers on the creditor an interest (including an ownership interest) in or over the whole or part of existing or future debtor's rights to secure the performance of, or in reduction or discharge of, any existing or future obligation of the debtor to the creditor which under the agreement creating or providing for the international interest is secured by or associated with the space asset to which the agreement relates;

(i)　"rights reassignment" means:

　　　(i)　a contract by which the creditor transfers to the assignee, or an assignee transfers to a subsequent assignee, the whole or part of its rights and interest under a rights assignment; or

　　　(ii)　a transfer of debtor's rights under Article XII(4)(a) of this Protocol;

(j)　"space" means outer space, including the Moon and other celestial bodies; and

(k)　"space asset" means any man-made uniquely identifiable asset in space or designed to be launched into space, and comprising

　　　(i)　a spacecraft, such as a satellite, space station, space module, space capsule, space vehicle or reusable launch vehicle, whether or not including a space asset falling within (ii) or (iii) below;

　　　(ii)　a payload (whether telecommunications, navigation, observation, scientific or otherwise) in respect of which a separate registration may be effected in accordance with the regulations; or

　　　(iii)　a part of a spacecraft or payload such as a transponder, in respect of which a separate registration may be effected in accordance with the regulations,

together with all installed, incorporated or attached accessories, parts and equipment and all data, manuals and records relating thereto.

3. – For the purposes of the definition of "internal transaction" in Article 1(n) of the Convention, a space asset, when not on Earth, is deemed located in the Contracting State which registers the space asset, or on the registry of which the space asset is carried, as a space object under one of the following:

(a)   the Treaty on Principles Governing the Activities of States in the Exploration and Use of Outer Space, Including the Moon and Other Celestial Bodies, signed at London, Moscow and Washington, D.C. on 27 January 1967;

(b)   the Convention on Registration of Objects Launched into Outer Space, signed at New York on 14 January 1975; or

(c)   United Nations General Assembly Resolution 1721 (XVI) B of 20 December 1961.

4. −   In Article 43(1) of the Convention and Article XXII of this Protocol, references to a Contracting State on the territory of which an object or space asset is situated shall, as regards a space asset when not on Earth, be treated as references to any of the following:

(a)   the Contracting State referred to in the preceding paragraph;

(b)   a Contracting State which has issued a licence to operate the space asset; or

(c)   a Contracting State on the territory of which a mission control centre for the space asset is located.

Article II − Application of the Convention as regards space assets, debtor's rights and aircraft objects

1. −   The Convention shall apply in relation to space assets, rights assignments and rights reassignments as provided by the terms of this Protocol.

2. −   The Convention and this Protocol shall be known as the Convention on International Interests in Mobile Equipment as applied to space assets.

3. −   This Protocol does not apply to objects falling within the definition of "aircraft objects" under the Protocol to the Convention on International Interests in Mobile Equipment on Matters specific to Aircraft Equipment except where such objects are primarily designed for use in space, in which case this Protocol applies even while such objects are not in space.

4. −   This Protocol does not apply to an aircraft object merely because it is designed to be temporarily in space.

Article III − Preservation of rights and interests in a space asset

Ownership of or another right or interest in a space asset shall not be affected by:

(a)   the docking of the space asset with another space asset in space;

(b)   the installation of the space asset on or the removal of the space asset from another space asset; or

(c)   the return of the space asset from space.

Article IV – Application of the Convention to sales; salvage

1. – Article XL of this Protocol and the following provisions of the Convention apply as if references to an agreement creating or providing for an international interest were references to a contract of sale and as if references to an international interest, a prospective international interest, the debtor and the creditor were references to a sale, a prospective sale, the seller and the buyer respectively:

> Articles 3 and 4;
> Article 16(1)(a);
> Article 19(4);
> Article 20(1) (as regards registration of a contract of sale or a prospective sale);
> Article 25(2) (as regards a prospective sale); and
> Article 30.

In addition, the general provisions of Article 1, Article 5, Chapters IV to VII, Article 29 (other than Article 29(3) which is replaced by Article XXIII of this Protocol), Chapter X, Chapter XII (other than Article 43), Chapter XIII and Chapter XIV (other than Article 60) of the Convention shall apply to contracts of sale and prospective sales.

2. – The provisions of this Protocol applicable to rights assignments also apply to a transfer to the buyer of a space asset of rights to payment or other performance due or to become due to the seller by any person with respect to the space asset as if references to the debtor and the creditor were references to the seller and the buyer respectively.

3. – Nothing in the Convention or this Protocol affects any legal or contractual rights of an insurer to salvage recognised by the applicable law. "Salvage" means a legal or contractual right or interest in, relating to or derived from a space asset that vests in the insurer upon the payment of a loss relating to the space asset.

Article V – Formalities, effects and registration of contracts of sale

1. – For the purposes of this Protocol, a contract of sale is one which:

(a)   is in writing;

(b)   relates to a space asset of which the seller has power to dispose; and

(c)   enables the space asset to be identified in conformity with this Protocol.

2. – A contract of sale transfers the interest of the seller in the space asset to the buyer according to its terms.

3. – Registration of a contract of sale remains effective indefinitely. Registration of a prospective sale remains effective unless discharged or until expiry of the period, if any, specified in the registration.

Article VI – Representative capacities

A person may, in relation to a space asset, enter into an agreement or a contract of sale, effect a registration as defined by Article 16(3) of the Convention and assert rights and interests under the Convention in an agency, trust or representative capacity.

Article VII – Identification of space assets

1. – For the purposes of Article 7(c) of the Convention and Articles V and IX of this Protocol, a description of a space asset is sufficient to identify the space asset if it contains:

    (a)   a description of the space asset by item;

    (b)   a description of the space asset by type;

    (c)   a statement that the agreement covers all present and future space assets; or

    (d)   a statement that the agreement covers all present and future space assets except for specified items or types.

2. – For the purposes of Article 7 of the Convention, an interest in a future space asset identified in accordance with the preceding paragraph shall be constituted as an international interest as soon as the chargor, conditional seller or lessor acquires the power to dispose of the space asset, without the need for any new act of transfer.

Article VIII – Choice of law

1. – This Article applies unless a Contracting State has made a declaration pursuant to Article XLI(2)(a) of this Protocol.

2. – The parties to an agreement, a contract of sale, a rights assignment or rights reassignment or a related guarantee contract or subordination agreement may agree on the law which is to govern their contractual rights and obligations, wholly or in part.

3. – Unless otherwise agreed, the reference in the preceding paragraph to the law chosen by the parties is to the domestic rules of law of the designated State or, where that State comprises several territorial units, to the domestic law of the designated territorial unit.

Article IX – Formal requirements for rights assignment

A transfer of debtor's rights is constituted as a rights assignment where it is in writing and enables:

    (a)   the debtor's rights the subject of the rights assignment to be identified;

    (b)   the space asset to which those rights relate to be identified; and

    (c)   in the case of a rights assignment by way of security, the obligations secured by the agreement to be determined, but without the need to state a sum or maximum sum secured.

Article X — Effects of rights assignment

1. — A rights assignment made in conformity with Article IX of this Protocol transfers to the creditor the debtor's rights the subject of the rights assignment to the extent permitted by the applicable law.

2. — Subject to paragraph 3, the applicable law shall determine the defences and rights of set-off available to the obligor against the creditor.

3. — The obligor may at any time by agreement in writing waive all or any of the defences and rights of set-off referred to in the preceding paragraph other than defences arising from fraudulent acts on the part of the creditor.

Article XI — Assignment of future rights

A provision in a rights assignment by which future debtor's rights are assigned operates to confer on the creditor an interest in the assigned rights when they come into existence, without the need for any new act of transfer.

Article XII — Recording of rights assignment or acquisition by subrogation
as part of registration of international interest

1. — The holder of an international interest or prospective international interest in a space asset who has acquired an interest in or over debtor's rights under a rights assignment or by subrogation may, when registering the international interest or prospective international interest or subsequently by amendment to such registration, record the rights assignment or acquisition by subrogation as part of the registration. Such recording may identify the rights so assigned or acquired either specifically or by a statement that the debtor has assigned, or the holder of the international interest or prospective international interest has acquired, all or some of the debtor's rights, without further specification.

2. — Articles 18, 19, 20(1)-(4), 25(1), (2) and (4) and 30 of the Convention apply in relation to a recording made in accordance with the preceding paragraph as if:

(a)   references to an international interest were references to a rights assignment;

(b)   references to registration were references to the recording of the rights assignment; and

(c)   references to the debtor were references to the obligor.

3. — A search certificate issued under Article 22 of the Convention shall include the particulars recorded under paragraph 1.

4. — Where a rights assignment has been recorded as part of the registration of an international interest which is subsequently transferred in accordance with Articles 31 and 32 of the Convention, the transferee of the international interest acquires:

(a)   all the rights of the creditor under the rights assignment; and

(b)   the right to be shown in the record as assignee under the rights assignment.

5. – Discharge of the registration of an international interest also discharges any recording forming part of that registration under paragraph 1.

Article XIII – Priority of recorded rights assignment

1. – Subject to Article 29(6) of the Convention and paragraph 2 of the present Article, a recorded rights assignment has priority over any other transfer of debtor's rights (whether or not a rights assignment) except a rights assignment previously recorded.

2. – Where a rights assignment is recorded in the registration of a prospective international interest, it shall be treated as unrecorded unless and until the prospective international interest becomes an international interest, in which event the rights assignment has priority as from the time it was recorded provided that the registration was still current immediately before the international interest was constituted as provided by Article 7 of the Convention.

Article XIV – Obligor's duty to creditor

1. – To the extent that the debtor's rights have been assigned to the creditor under a rights assignment, the obligor is bound by the rights assignment, and has a duty to make payment or give other performance to the creditor, if and only if:

(a)   the obligor has been given notice of the rights assignment in writing by or with the authority of the debtor; and

(b)   the notice identifies the debtor's rights.

2. – For the purposes of the preceding paragraph, a notice given by the creditor after the debtor defaults in performance of any obligation secured by a rights assignment is deemed given with the authority of the debtor.

3. – Irrespective of any other ground on which payment or performance by the obligor discharges the obligor from liability, payment or performance shall be effective for this purpose if made in accordance with paragraph 1.

4. – Nothing in this Article shall affect the priority of competing rights assignments.

Article XV – Rights reassignment

1. – Articles IX to XIV of this Protocol apply to a rights reassignment by the creditor or a subsequent assignee. Where those Articles so apply, any references made to the creditor or holder are references to the assignee or subsequent assignee.

2. – A rights reassignment relating to an international interest in a space asset may be recorded only as part of the registration of the assignment of the international interest to the person to whom the rights reassignment was made.

Article XVI - Derogation

The parties may, by agreement in writing, exclude the application of Article XXI of this Protocol and, in their relations with each other, derogate from or vary the effect of any of the provisions of this Protocol except Article XVII(1) and (2).

CHAPTER II - DEFAULT REMEDIES, PRIORITIES AND ASSIGNMENTS

Article XVII - Modification of default remedies provisions as regards space assets

1. – Article 8(3) of the Convention shall not apply to space assets. Any remedy given by the Convention in relation to a space asset shall be exercised in a commercially reasonable manner. A remedy shall be deemed to be exercised in a commercially reasonable manner where it is exercised in conformity with a provision of the agreement except where such a provision is manifestly unreasonable.

2. – A chargee giving fourteen or more calendar days' prior written notice of a proposed sale or lease to interested persons shall be deemed to satisfy the requirement of providing "reasonable prior notice" specified in Article 8(4) of the Convention. The foregoing shall not prevent a chargee and a chargor or a guarantor from agreeing to a longer period of prior notice.

3. – Unless otherwise agreed, a creditor may not enforce an international interest in a space asset that is physically linked with another space asset so as to impair or interfere with the operation of the other space asset if an international interest or sale has been registered with respect to the other space asset prior to the registration of the international interest being enforced. For the purposes of this paragraph, a sale or an interest equivalent to an international interest made or arising before the effective date of the Convention, as defined in Article XL of this Protocol, which is registered within three years from that date is deemed to be an international interest or a sale registered at the time of the constitution of the international interest or the sale, as the case may be.

Article XVIII - Default remedies as regards rights
assignments and rights reassignments

1. – In the event of default by the debtor under a rights assignment by way of security, Articles 8, 9 and 11 to 14 of the Convention apply in the relations between the debtor and the creditor (and in relation to debtor's rights apply in so far as those provisions are capable of application to intangible property) as if:

(a)   references to the secured obligations and to the security interest were references to the obligations secured by the rights assignment and to the security interest created by that assignment;

(b)   references to the object were references to the debtor's rights.

2. – In the event of default by the assignor under a rights reassignment by way of security, the preceding paragraph applies as if references to the assignment were references to the reassignment.

Article XIX − Placement of data and materials

Subject to Article XXVI of this Protocol, the parties to an agreement may specifically agree for the placement of command codes and related data and materials with another person in order to afford the creditor an opportunity to take possession of, establish control over or operate the space asset.

Article XX − Modification of provisions regarding relief pending final determination

1. − This Article applies only where a Contracting State has made a declaration to that effect under Article XLI(3) of this Protocol and to the extent stated in such declaration.

2. − For the purposes of Article 13(1) of the Convention, "speedy" in the context of obtaining relief means within such number of calendar days from the date of filing of the application for relief as is specified in a declaration made by the Contracting State in which the application is made.

3. − Article 13(1) of the Convention applies with the following being added immediately after sub-paragraph (d):

"and (e) if at any time the debtor and the creditor specifically agree, sale and application of proceeds therefrom",

and Article 43(2) of the Convention applies with the substitution of "Article 13" for the words "Article 13(1)(d) or other interim relief by virtue of Article 13(4)".

4. − Ownership or any other interest of the debtor passing on a sale under the preceding paragraph is free from any other interest over which the creditor's international interest has priority under the provisions of Article 29 of the Convention.

5. − The creditor and the debtor or any other interested person may agree in writing to exclude the application of Article 13(2) of the Convention.

Article XXI − Remedies on insolvency

1. − This Article applies only where a Contracting State that is the primary insolvency jurisdiction has made a declaration pursuant to Article XLI(4) of this Protocol.

Alternative A

2. − Upon the occurrence of an insolvency-related event, the insolvency administrator or the debtor, as applicable, shall, subject to paragraph 8 and to Article XXVI(2) of this Protocol, give possession of or control over the space asset to the creditor no later than the earlier of:

(a)   the end of the waiting period; and

(b)   the date on which the creditor would be entitled to possession of or control over the space asset if this Article did not apply.

3. − Upon the occurrence of an insolvency-related event, the insolvency administrator or the debtor, as applicable, shall, subject to paragraph 8 and to Article XXVI(2) of this Protocol, give

possession of or control over the debtor's rights covered by a rights assignment to the creditor, no later than the earlier of:

      (a)   the end of the waiting period; and

      (b)   the date on which the creditor would be entitled to possession of or control over the debtor's rights covered by the rights assignment.

4. – For the purposes of this Article, the "waiting period" shall be the period specified in a declaration of the Contracting State which is the primary insolvency jurisdiction.

5. – References in this Article to the "insolvency administrator" shall be to that person in its official, not its personal, capacity.

6. – Unless and until the creditor is given possession of or control over the space asset under paragraph 2 or the debtor's rights under paragraph 3:

      (a)   the insolvency administrator or the debtor, as applicable, shall preserve the space asset and maintain it and its value in accordance with the agreement; and

      (b)   the creditor shall be entitled to apply for any other forms of interim relief available under the applicable law.

7. – Sub-paragraph (a) of the preceding paragraph shall not preclude the use of the space asset under arrangements designed to preserve the space asset and maintain it and its value.

8. – The insolvency administrator or the debtor, as applicable, may retain possession of and control over the space asset and the debtor's rights covered by a rights assignment where by the time specified in paragraph 2 or paragraph 3 it has cured all defaults other than a default constituted by the opening of insolvency proceedings and has agreed to perform all future obligations under the agreement. A second waiting period shall not apply in respect of a default in the performance of such future obligations.

9. – No exercise of remedies permitted by the Convention or this Protocol may be prevented or delayed after the date specified in paragraph 2 or paragraph 3.

10. – No obligations of the debtor under the agreement may be modified without the consent of the creditor.

11. – Nothing in the preceding paragraph shall be construed to affect the authority, if any, of the insolvency administrator under the applicable law to terminate the agreement.

12. – No rights or interests, except for non-consensual rights or interests of a category covered by a declaration pursuant to Article 39(1) of the Convention, shall have priority in insolvency proceedings over registered interests. This provision shall not derogate from the provisions of Article XXVI(2) of this Protocol.

13. – The Convention as modified by Article XVII of this Protocol shall apply to the exercise of any remedies under this Article.

2. – Upon the occurrence of an insolvency-related event, the insolvency administrator or the debtor, as applicable, upon the request of the creditor, shall give notice to the creditor within the time specified in a declaration of a Contracting State pursuant to Article XLI(4) of this Protocol whether it will:

(a) cure all defaults other than a default constituted by the opening of insolvency proceedings and agree to perform all future obligations, under the agreement and related transaction documents; or

(b) give the creditor the opportunity to take possession of or control and operation over the space asset, in accordance with the applicable law.

3. – The applicable law referred to in sub-paragraph (b) of the preceding paragraph may permit the court to require the taking of any additional step or the provision of any additional guarantee.

4. – The creditor shall provide evidence of its claims and proof that its international interest has been registered.

5. – If the insolvency administrator or the debtor, as applicable, does not give notice in conformity with paragraph 2, or when it has declared that it will give the creditor the opportunity to take possession of or control and operation over the space asset but fails to do so, the court may permit the creditor to take possession of or control and operation over the space asset upon such terms as the court may order and may require the taking of any additional step or the provision of any additional guarantee.

6. – The space asset shall not be sold pending a decision by a court regarding the claim and the international interest.

Article XXII – Insolvency assistance

1. – This Article applies only where a Contracting State has made a declaration pursuant to Article XLI(2)(b) of this Protocol.

2. – The courts of a Contracting State: (i) in the territory of which the space asset is situated; (ii) from the territory of which the space asset may be controlled; (iii) in the territory of which the debtor is located; (iv) in the territory of which the space asset is registered; (v) which has issued a licence in respect of the space asset; or (vi) otherwise having a close connection with the space asset, shall, in accordance with the law of the Contracting State, co-operate to the maximum extent possible with foreign courts and foreign insolvency administrators in carrying out the provisions of Article XXI of this Protocol.

Article XXIII – Modification of priority provisions

1. – The buyer of a space asset under a registered sale acquires its interest in that asset free from an interest subsequently registered and from an unregistered interest, even if the buyer has actual knowledge of the unregistered interest.

2. – The buyer of a space asset under a registered sale acquires its interest in that asset subject to an interest previously registered.

Article XXIV – Modification of assignment provisions

Article 33(1) of the Convention applies with the following being added immediately after sub-paragraph (b):

"and (c) the debtor has consented in writing, whether or not the consent is given in advance of the assignment or identifies the assignee."

Article XXV – Debtor provisions

1. – In the absence of a default within the meaning of Article 11 of the Convention, the debtor shall be entitled to the quiet possession and use of the space asset in accordance with the agreement as against:

(a)   its creditor and the holder of any interest from which the debtor takes free pursuant to Article 29(4)(b) of the Convention or, in the capacity of buyer, Article XXIII(1) of this Protocol, unless and to the extent that the debtor has otherwise agreed; and

(b)   the holder of any interest to which the debtor's right or interest is subject pursuant to Article 29(4)(a) of the Convention or, in the capacity of buyer, Article XXIII(2) of this Protocol, but only to the extent, if any, that such holder has agreed.

2. – Nothing in the Convention or this Protocol affects the liability of a creditor for any breach of the agreement under the applicable law in so far as that agreement relates to space assets.

Article XXVI – Preservation of powers of Contracting States

1. – This Protocol does not affect the exercise by a Contracting State of its authority to issue licences, approvals, permits or authorisations for the launch or operation of space assets or the provision of any service through the use or with the support of space assets.

2. – This Protocol further does not:

(a)   render transferable or assignable any licences, approvals, permits or authorisations which, in accordance with the laws and regulations of the granting Contracting State or the contractual or administrative provisions under which they are granted, may not be transferred or assigned;

(b)   limit the right of a Contracting State to authorise the use of orbital positions and frequencies in relation to space assets; or

(c)   affect the ability of a Contracting State in accordance with its laws and regulations to prohibit, restrict or attach conditions to the placement of command codes and related data and materials pursuant to Article XIX of this Protocol.

3. – Nothing in this Protocol shall be construed so as to require a Contracting State to recognise or enforce an international interest in a space asset when the recognition or enforcement of such interest would conflict with its laws or regulations concerning:

(a)   the export of controlled goods, technology, data and services; or

(b)   national security.

Article XXVII – Limitations on remedies in respect of public service

1. – Where the debtor or an entity controlled by the debtor and a public services provider enter into a contract that provides for the use of a space asset to provide services that are needed for the provision of a public service in a Contracting State, the parties and the Contracting State may agree that the public services provider or the Contracting State may register a public service notice.

2. – For the purposes of this Article:

(a) "public service notice" means a notice in the International Registry describing, in accordance with the regulations, the services which under the contract are intended to support the provision of a public service recognised as such under the laws of the relevant Contracting State at the time of registration; and

(b) "public services provider" means an entity of a Contracting State, another entity situated in that Contracting State and designated by the Contracting State as a provider of a public service or an entity recognised as a provider of a public service under the laws of a Contracting State.

3. – Subject to paragraph 9, a creditor holding an international interest in a space asset that is the subject of a public service notice may not, in the event of default, exercise any of the remedies provided in Chapter III of the Convention or Chapter II of this Protocol that would make the space asset unavailable for the provision of the relevant public service prior to the expiration of the period specified in a declaration by a Contracting State as provided by paragraph 4.

4. – A Contracting State shall at the time of ratification, acceptance, approval of, or accession to this Protocol specify by a declaration under Article XLI(1) a period for the purposes of the preceding paragraph not less than three months nor more than six months from the date of registration by the creditor of a notice in the International Registry that the creditor may exercise any such remedies if the debtor does not cure its default within that period.

5. – Paragraph 3 does not affect the ability of a creditor, if so authorised by the relevant authorities, temporarily to operate or ensure the continued operation of a space asset during the period referred to in that paragraph where the debtor is not able to do so.

6. – The creditor shall promptly notify the debtor and the public services provider of the date of registration of its notice under paragraph 3 and of the date of expiry of the period referred to therein.

7. – During the period referred to in paragraph 3:

(a) the creditor, the debtor and the public services provider shall co-operate in good faith with a view to finding a commercially reasonable solution permitting the continuation of the public service;

(b) the regulatory authority of a Contracting State that issued a licence required by the debtor to operate the space asset that is the subject of a public service notice shall, as appropriate, give the public services provider the opportunity to participate in any proceedings in which the debtor may participate in that Contracting State, with a view to the appointment of another operator under a new licence to be issued by that regulatory authority; and

(c) the creditor is not precluded from initiating proceedings with a view to the replacement of the debtor by another person as operator of the space asset concerned in accordance with the rules of the licensing authorities.

8. - Notwithstanding paragraphs 3 and 7, the creditor is free to exercise any of the remedies provided in Chapter III of the Convention or Chapter II of this Protocol if, at any time during the period referred to in paragraph 3, the public services provider fails to perform its duties under the contract referred to in paragraph 1.

9. - Unless otherwise agreed, the limitation on the remedies of the creditor provided for in paragraph 3 shall not apply in respect of an international interest registered by a creditor prior to the registration of a public service notice pursuant to paragraph 1, where:

(a) the international interest was created pursuant to an agreement made before the conclusion of the contract with the public services provider referred to in paragraph 1; and

(b) at the time the international interest was registered in the International Registry, the creditor had no knowledge that such a public services contract had been entered into.

10. - The preceding paragraph does not apply if such public service notice is registered no later than six months after the initial launch of the space asset.

CHAPTER III - REGISTRY PROVISIONS RELATING TO INTERNATIONAL INTERESTS
IN SPACE ASSETS

Article XXVIII - The Supervisory Authority

1. - The Supervisory Authority shall be designated at, or pursuant to a resolution of, the diplomatic Conference for the adoption of the draft Protocol to the Convention on International Interests in Mobile Equipment on Matters specific to Space Assets, provided that such Supervisory Authority is able and willing to act in such capacity.

2. - The Supervisory Authority and its officers and employees shall enjoy such immunity from legal and administrative process as is provided under the rules applicable to them as an international entity or otherwise.

3. - The Supervisory Authority shall establish a commission of experts, from among persons nominated by the negotiating States and having the necessary qualifications and experience, and entrust it with the task of assisting the Supervisory Authority in the discharge of its functions.

Article XXIX - First regulations

The first regulations shall be made by the Supervisory Authority so as to take effect on the entry into force of this Protocol.

Article XXX - Identification of space assets for registration purposes

A description of a space asset in accordance with the criteria for identification provided by the regulations is necessary and sufficient to identify the space asset for the purposes of registration in the International Registry.

Article XXXI – Designated entry points

A Contracting State may at any time designate an entity or entities in its territory as the entry point or entry points through which there shall or may be transmitted to the International Registry information required for registration other than registration of a notice of a national interest or a right or interest under Article 40 of the Convention in either case arising under the laws of another State.

Article XXXII – Additional modifications to Registry provisions

1. – Article 16 of the Convention applies with the following being added immediately after paragraph 1:

"1 *bis* The International Registry shall also provide for:

(a)   the recording of rights assignments and rights reassignments;

(b)   the recording of acquisitions of debtor's rights by subrogation;

(c)   the registration of public service notices under Article XXVII(1) of the Protocol to the Convention on International Interests in Mobile Equipment on Matters specific to Space Assets; and

(d)   the registration of creditors' notices under Article XXVII(4) of the Protocol to the Convention on International Interests in Mobile Equipment on Matters specific to Space Assets.".

2. – For the purposes of Article 19(6) of the Convention, the search criteria for space assets shall be the criteria specified in Article XXX of this Protocol.

3. – For the purposes of Article 25(2) of the Convention, and in the circumstances there described, the holder of a registered prospective international interest or a registered prospective assignment of an international interest or the person in whose favour a prospective sale has been registered shall take such steps as are within its power to procure the discharge of the registration no later than ten calendar days after the receipt of the demand described in such paragraph.

4. – The fees referred to in Article 17(2)(h) of the Convention shall be determined so as to recover the reasonable costs of establishing, operating and regulating the International Registry and the reasonable costs of the Supervisory Authority associated with the performance of the functions, exercise of the powers and discharge of the duties contemplated by Article 17(2) of the Convention.

5. – The centralised functions of the International Registry shall be operated and administered by the Registrar on a twenty-four hour basis.

6. – The insurance or financial guarantee referred to in Article 28(4) of the Convention shall cover the liability of the Registrar under the Convention to the extent provided by the regulations.

7. – Nothing in the Convention shall preclude the Registrar from procuring insurance or a financial guarantee covering events for which the Registrar is not liable under Article 28 of the Convention.

CHAPTER IV – JURISDICTION

Article XXXIII – Waiver of sovereign immunity

1. – Subject to paragraph 2, a waiver of sovereign immunity from jurisdiction of the courts specified in Article 42 or Article 43 of the Convention or relating to enforcement of rights and interests relating to a space asset under the Convention shall be binding and, if the other conditions to such jurisdiction or enforcement have been satisfied, shall be effective to confer jurisdiction and permit enforcement, as the case may be.

2. – A waiver under the preceding paragraph must be in writing and contain a description of the space asset in accordance with Article VII of this Protocol.

CHAPTER V – RELATIONSHIP WITH OTHER CONVENTIONS

Article XXXIV – Relationship with the UNIDROIT Convention on International Financial Leasing

The Convention as applied to space assets shall supersede the UNIDROIT Convention on International Financial Leasing in respect of the subject matter of this Protocol, as between States Parties to both Conventions.

Article XXXV – Relationship with the United Nations outer space treaties and instruments of the International Telecommunication Union

The Convention as applied to space assets shall not affect State Party rights and obligations under the existing United Nations outer space treaties or instruments of the International Telecommunication Union.

CHAPTER VI - FINAL PROVISIONS

Article XXXVI – Signature, ratification, acceptance, approval or accession

1. – This Protocol shall be open for signature in Berlin on 9 March 2012 by States participating in the diplomatic Conference for the adoption of the draft Protocol to the Convention on International Interests in Mobile Equipment on Matters specific to Space Assets held in Berlin from 27 February to 9 March 2012. After 9 March 2012 this Protocol shall be open to all States for signature at Rome until it enters into force in accordance with Article XXXVIII.

2. – This Protocol shall be subject to ratification, acceptance or approval by States which have signed it.

3. – Any State which does not sign this Protocol may accede to it at any time.

4. – Ratification, acceptance, approval or accession is effected by the deposit of a formal instrument to that effect with the Depositary.

5. – A State may not become a Party to this Protocol unless it is or becomes also a Party to the Convention.

Article XXXVII – Regional Economic Integration Organisations

1. – A Regional Economic Integration Organisation which is constituted by sovereign States and has competence over certain matters governed by this Protocol may similarly sign, accept, approve or accede to this Protocol. The Regional Economic Integration Organisation shall in that case have the rights and obligations of a Contracting State, to the extent that that Organisation has competence over matters governed by this Protocol. Where the number of Contracting States is relevant in this Protocol, the Regional Economic Integration Organisation shall not count as a Contracting State in addition to its Member States which are Contracting States.

2. – The Regional Economic Integration Organisation shall, at the time of signature, acceptance, approval or accession, make a declaration to the Depositary specifying the matters governed by this Protocol in respect of which competence has been transferred to that Organisation by its Member States. The Regional Economic Integration Organisation shall promptly notify the Depositary in writing of any changes to the distribution of competence, including new transfers of competence, specified in the declaration under this paragraph.

3. – Any reference to a "Contracting State", "Contracting States", "State Party" or "States Parties" in this Protocol applies equally to a Regional Economic Integration Organisation where the context so requires.

Article XXXVIII – Entry into force

1. – This Protocol enters into force between the States which have deposited instruments referred to in sub-paragraph (a) on the later of:

(a) the first day of the month following the expiration of three months after the date of the deposit of the tenth instrument of ratification, acceptance, approval or accession; and

(b) the date of the deposit by the Supervisory Authority with the Depositary of a certificate confirming that the International Registry is fully operational.

2. – For other States this Protocol enters into force on the first day of the month following the later of:

(a) the expiration of three months after the date of the deposit of their instrument of ratification, acceptance, approval or accession; and

(b) the date referred to in sub-paragraph (b) of the preceding paragraph.

Article XXXIX – Territorial units

1.– If a Contracting State has two or more territorial units in which different systems of law are applicable in relation to the matters dealt with in this Protocol, it may, at the time of signature, ratification, acceptance, approval or accession, make an initial declaration that this Protocol is to extend to all its territorial units or only to one or more of them and may modify its declaration by submitting another declaration at any time.

2. – Any such declaration shall state expressly the territorial units to which this Protocol applies.

3. – If a Contracting State has not made any declaration under paragraph 1, this Protocol shall apply to all territorial units of that State.

4. – Where a Contracting State extends this Protocol to one or more of its territorial units, declarations permitted under this Protocol may be made in respect of each such territorial unit, and the declarations made in respect of one territorial unit may be different from those made in respect of another territorial unit.

5. – In relation to a Contracting State with two or more territorial units in which different systems of law are applicable in relation to the matters dealt with in this Protocol, any reference to the law in force in a Contracting State or to the law of a Contracting State shall be construed as referring to the law in force in the relevant territorial unit.

6. – If a Contracting State has a federal system where the federal legislative power has competence over matters governed by this Protocol, that Contracting State shall have the same rights and obligations over those matters as those Contracting States which do not have a federal system.

Article XL – Transitional provisions

1. – Article 60 of the Convention shall not apply in relation to space assets.

2. – Subject to the second sentence of Article XVII(3) of this Protocol, the Convention does not apply to a right or interest of any kind in or over a space asset created or arising before the effective date of the Convention, which retains the priority it enjoyed under the applicable law before the effective date of the Convention.

3. – For the purposes of this Protocol:

(a) "effective date of the Convention" means in relation to a debtor the time when the Convention enters into force or the time when the State in which the debtor is situated at the time the right or interest is created or arises becomes a Contracting State, whichever is the later; and

(b) the debtor is situated in a State where it has its centre of administration or, if it has no centre of administration, its place of business or, if it has more than one place of business, its principal place of business or, if it has no place of business, its habitual residence.

Article XLI – Declarations relating to certain provisions

1. – A Contracting State shall, at the time of ratification, acceptance, approval of, or accession to this Protocol, make a declaration pursuant to Article XXVII(4) of this Protocol.

2. – A Contracting State may, at the time of ratification, acceptance, approval of, or accession to this Protocol, declare:

    (a)   that it will not apply Article VIII;

    (b)   that it will apply Article XXII.

3. – A Contracting State may, at the time of ratification, acceptance, approval of, or accession to this Protocol, declare that it will apply Article XX wholly or in part. If it so declares with respect to Article XX(2), it shall specify the time-period required thereby.

4. – A Contracting State may, at the time of ratification, acceptance, approval of, or accession to this Protocol, declare that it will apply the entirety of Alternative A, or the entirety of Alternative B of Article XXI and, if so, shall specify the types of insolvency proceeding, if any, to which it will apply Alternative A and the types of insolvency proceeding, if any, to which it will apply Alternative B. A Contracting State making a declaration pursuant to this paragraph shall specify the time-period required by Article XXI.

5. – The courts of Contracting States shall apply Article XXI in conformity with the declaration made by the Contracting State that is the primary insolvency jurisdiction.

Article XLII – Declarations under the Convention

Declarations made under the Convention, including those made under Articles 39, 40, 53, 54, 55, 57 and 58 of the Convention, shall be deemed to have also been made under this Protocol unless stated otherwise.

Article XLIII – Reservations and declarations

1. – No reservations may be made to this Protocol but declarations authorised by Articles XXXIX, XLI, XLII and XLIV may be made in accordance with these provisions.

2. – Any declaration, subsequent declaration or any withdrawal of a declaration made under this Protocol shall be notified in writing to the Depositary.

Article XLIV – Subsequent declarations

1. – A State Party may make a subsequent declaration at any time after the date on which this Protocol has entered into force for it, by notifying the Depositary to that effect.

2. – Any such subsequent declaration shall take effect on the first day of the month following the expiration of six months after the date of receipt of the notification by the Depositary. Where a longer period for that declaration to take effect is specified in the notification, it shall take effect upon the expiration of such longer period after receipt of the notification by the Depositary.

3. – Notwithstanding the previous paragraphs, this Protocol shall continue to apply, as if no such subsequent declaration had been made, in respect of all rights and interests arising prior to the effective date of any such subsequent declaration.

Article XLV – Withdrawal of declarations

1. – Any State Party having made a declaration under this Protocol may withdraw it at any time by notifying the Depositary. Such withdrawal is to take effect on the first day of the month following the expiration of six months after the date of receipt of the notification by the Depositary.

2. – Notwithstanding the previous paragraph, this Protocol shall continue to apply, as if no such withdrawal of declaration had been made, in respect of all rights and interests arising prior to the effective date of any such withdrawal of declaration.

Article XLVI – Denunciations

1. – Any State Party may denounce this Protocol by notification in writing to the Depositary.

2. – Any such denunciation shall take effect on the first day of the month following the expiration of twelve months after the date of receipt of the notification by the Depositary.

3. – Notwithstanding the previous paragraphs, this Protocol shall continue to apply, as if no such denunciation had been made, in respect of all rights and interests arising prior to the effective date of any such denunciation.

Article XLVII – Review Conferences, amendments and related matters

1. – The Depositary, in consultation with the Supervisory Authority, shall prepare reports yearly, or at such other time as the circumstances may require, for the States Parties as to the manner in which the international regimen established in the Convention as amended by this Protocol has operated in practice. In preparing such reports, the Depositary shall take into account the reports of the Supervisory Authority concerning the functioning of the international registration system.

2. – At the request of not less than twenty-five per cent of the States Parties, Review Conferences of the States Parties shall be convened from time to time by the Depositary, in consultation with the Supervisory Authority, to consider:

(a)   the practical operation of the Convention as amended by this Protocol and its effectiveness in facilitating the asset-based financing and leasing of the assets covered by its terms;

(b)   the judicial interpretation given to, and the application made of the terms of this Protocol and the regulations;

(c)   the functioning of the international registration system, the performance of the Registrar and its oversight by the Supervisory Authority, taking into account the reports of the Supervisory Authority; and (d)　whether any modifications to this Protocol or the arrangements relating to the International Registry are desirable.

3. – Any amendment to this Protocol shall be approved by at least a two-thirds majority of States Parties participating in the Conference referred to in the preceding paragraph and shall then enter into force in respect of States Parties which have ratified, accepted or approved such amendment when it has been ratified, accepted or approved by ten States Parties in accordance with the provisions of Article XXXVIII relating to its entry into force.

Article XLVIII – Depositary and its functions

1. – Instruments of ratification, acceptance, approval or accession shall be deposited with the International Institute for the Unification of Private Law (UNIDROIT), which is hereby designated the Depositary.

2. – The Depositary shall:

(a)　inform all Contracting States of:

(i)　each new signature or deposit of an instrument of ratification, acceptance, approval or accession, together with the date thereof;

(ii)　the date of entry into force of this Protocol;

(iii)　each declaration made in accordance with this Protocol, together with the date thereof;

(iv)　the withdrawal or amendment of any declaration, together with the date thereof; and

(v)　the notification of any denunciation of this Protocol together with the date thereof and the date on which it takes effect;

(b)　transmit certified true copies of this Protocol to all Contracting States;

(c)　provide the Supervisory Authority and the Registrar with a copy of each instrument of ratification, acceptance, approval or accession, together with the date of deposit thereof, of each declaration or withdrawal or amendment of a declaration and of each notification of denunciation, together with the date of notification thereof, so that the information contained therein is easily and fully available; and

(d)　perform such other functions customary for depositaries.

IN WITNESS WHEREOF the undersigned Plenipotentiaries, having been duly authorised, have signed this Protocol.

DONE at Berlin, this ninth day of March, two thousand and twelve, in a single original in the English and French languages, both texts being equally authentic, such authenticity to take effect upon verification by the Secretariat of the Conference under the authority of the President of the Conference within ninety days hereof as to the consistency of the texts with one another.

우주관련 기타 국제 문서

- UNESCO Declaration of Guiding Principles on the Use of Satellites Broadcasting for the Free Flow of Information, the Spread of Education and Greater Cultural Exchange (1972)
- UN COPUOS Space Debris Mitigation Guidelines adopted (2007)
- Draft International Code of Conduct for Outer Space Activities proposed by the European Union (2012)

United Nations Educational, Scientific and Cultural Organization

DECLARATION OF GUIDING PRINCIPLES ON THE USE OF SATELLITE BROADCASTING FOR THE FREE FLOW OF INFORMATION THE SPREAD OF EDUCATION AND GREATER CULTURAL EXCHANGE

The General Conference of the United Nations Educational, Scientific and Cultural Organization meeting in Paris at its seventeenth session in 1972,

Recognizing that the development of communication satellites capable of broadcasting programmes for community or individual reception establishes a new dimension in international communication,

Recalling that under its Constitution the purpose of Unesco is to contribute to peace and security by promoting collaboration among the nations through education, science and culture, and that, to realize this purpose, the Organization will collaborate in the work of advancing the mutual knowledge and understanding of peoples through all means of mass communication and to that end recommend such international agreements as may be necessary to promote the free flow of ideas by word and image,

Recalling that the Charter of the United Nations specifies, among the purposes and principles of the United Nations, the development of friendly relations among nations based on respect for the principle of equal rights, the non-interference in matters within the domestic jurisdiction of any State, the achievement of international co-operation and the respect for human rights and fundamental freedoms,

Bearing in mind that the Universal Declaration of Human Rights proclaims that everyone has the right to seek, receive and impart information and ideas through any media and regardless of frontiers, that everyone has the right to education and that everyone has the right freely to participate in the cultural life of the community, as well as the right to the protection of the moral and material interests resulting from any scientific, literary or artistic production of which he is the author,

Recalling the Declaration of Legal Principles Governing the Activities of States in the Exploration and Use of Outer Space (resolution 1962 (XVIII) of 13 December 1963), and the Treaty on Principles Governing the Activities of States in the Exploration and Use of Outer Space, including the Moon and Other Celestial Bodies, of 1967 (hereinafter referred to as the Outer Space Treaty),

Taking account of United Nations General Assembly resolution 110 (II) of 3 November 1947, condemning propaganda designed or likely to provoke or encourage any threat to the peace, breach of the peace or act of aggression, which resolution as stated in the preamble to the Outer Space Treaty is applicable to outer space; and the United Nations General Assembly resolution 1721 D (XVI) of 20 December 1961 declaring that communication by means of satellites should be available as soon as practicable on a global and non-discriminatory basis,

Bearing in mind the Declaration of the Principles of International Cultural Co-operation adopted by the General Conference of Unesco, at its fourteenth session,

Considering that radio frequencies are a limited natural resource belonging to all nations, that their use is regulated by the International Telecommunications Convention and its Radio Regulations and that the assignment of adequate frequencies is essential to the use of satellite broadcasting for education, science, culture and information,

Noting the United Nations General Assembly resolution 2733 (XXV) of 16 December 1970 recommending that Member States, regional and international organizations, including broadcasting associations, should promote and encourage international co-operation at regional and other levels in order to allow all participating parties to share in the establishment and operation of regional satellite broadcasting services,

Noting further that the same resolution invites Unesco to continue to promote the use of satellite broadcasting for the advancement of education and training, science and culture, and in consultation with appropriate intergovernmental and non-governmental organizations and broadcasting associations, to direct its efforts towards the solution of problems falling within its mandate,

Proclaims on the 15th day of November 1972, this Declaration of Guiding Principles on the Use of Satellite Broadcasting for the Free Flow of Information, the Spread of Education and Greater Cultural Exchange:

Article I

The use of Outer Space being governed by international law, the development of satellite broadcasting shall be guided by the principles and rules of international law, in particular the Charter of the United Nations and the Outer Space Treaty.

Article II

1.   Satellite broadcasting shall respect the sovereignty and equality of all States.

2. Satellite broadcasting shall be apolitical and conducted with due regard for the rights of individual persons and non-governmental entities, as recognized by States and international law.

Article III

1.   The benefits of satellite broadcasting should be available to all countries without discrimination and regardless of their degree of development.

2.   The use of satellites for broadcasting should be based on international co-operation, world-wide and regional, intergovernmental and professional.

Article IV

1.   Satellite broadcasting provides a new means of disseminating knowledge and promoting better understanding among peoples.

2.   The fulfilment of these potentialities requires that account be taken of the needs and rights of audiences, as well as the objectives of peace, friendship and co-operation between peoples, and of economic, social and cultural progress.

Article V

1.   The objective of satellite broadcasting for the free flow of information is to ensure the widest possible dissemination, among the peoples of the world, of news of all countries, developed and developing alike.

2.   Satellite broadcasting, making possible instantaneous world-wide dissemination of news, requires that every effort be made to ensure the factual accuracy of the information reaching the public.   News broadcasts shall identify the body which assumes responsibility for the news programme as a whole, attributing where appropriate particular news items to their source.

Article VI

1.   The objectives of satellite broadcasting for the spread of education are to accelerate the expansion of education, extend educational opportunities, improve the content of school curricula, further the training of educators, assist in the struggle against illiteracy, and help ensure life-long education.

2.   Each country has the right to decide on the content of the educational programmes broadcast by satellite to its people and, in cases where such programmes are produced in co-operation with other countries, to take part in their planning and production, on a free and equal footing.

Article VII

1.   The objective of satellite broadcasting for the promotion of cultural exchange is to foster greater contact and mutual understanding between peoples by permitting audiences to enjoy, on an unprecedented scale, programmes on each other's social and cultural life including artistic performances and sporting and other events.

2. Cultural programmes, while promoting the enrichment of all cultures, should respect the distinctive character, the value and the dignity of each, and the right of all countries and peoples to preserve their cultures as part of the common heritage of mankind.

Article VIII

Broadcasters and their national, regional and international associations should be encouraged to co-operate in the production and exchange of programmes and in all other aspects of satellite broadcasting including the training of technical and programme personnel.

Article IX

1. In order to further the objectives set out in the preceding articles, it is necessary that States, taking into account the principle of freedom of information, reach or promote prior agreements concerning direct satellite broadcasting to the population of countries other than the country of origin of the transmission.

2. With respect to commercial advertising, its transmission shall be subject to specific agreement between the originating and receiving countries.

Article X

In the preparation of programmes for direct broadcasting to other countries, account shall be taken of differences in the national laws of the countries of reception.

Article XI

The principles of this Declaration shall be applied with due regard for human rights and fundamental freedoms.

UNITED NATIONS
OFFICE FOR OUTER SPACE AFFAIRS

Space Debris Mitigation Guidelines of the Committee on the Peaceful Uses of Outer Space

UNITED NATIONS
Vienna, 2010

Preface

The Space Debris Mitigation Guidelines of the Committee on the Peaceful Uses of Outer Space are the result of many years of work by the Committee and its Scientific and Technical Subcommittee.

At its thirty-first session, in 1994, the Subcommittee considered for the first time, on a priority basis, matters associated with space debris under a new item of its agenda (A/AC.105/571, paras. 63-74). In accordance with the agreement of the Committee, the Subcommittee considered under that item scientific research relating to space debris, including relevant studies, mathematical modelling and other analytical work on the characterization of the space debris environment (A/48/20, para. 87).

In addressing the problem of space debris in its work, the Subcommittee at its thirty-second session, in 1995, agreed to focus on understanding aspects of research related to space debris, including debris measurement techniques; mathematical modelling of the debris environment; characterizing of the space debris environment; and measures to mitigate the risks of space debris, including spacecraft design measures to protect against space debris. Accordingly, the Subcommittee adopted a multi-year workplan for specific topics to be covered from 1996 to 1998. The Subcommittee agreed that at each session it should review the current operational debris mitigation practices and consider future mitigation methods with regard to cost efficiency (A/AC.105/605, para. 83).

At its thirty-third session, in 1996, the Subcommittee agreed to prepare a technical report on space debris that would be structured according to the specific topics addressed by the workplan during the period 1996-1998 and that the report would be carried forward and updated each year, leading to an accumulation of advice and guidance, in order to establish a common understanding that could serve as the basis for further deliberations of the Committee on that important matter (A/AC.105/637 and Corr. 1, para. 96).

At its thirty-sixth session, in 1999, the Subcommittee adopted the technical report on space debris (A/AC.105/720) and agreed to have it widely distributed, including by making it available to the Third United Nations Conference on the Exploration and Peaceful Uses of Outer Space (UNISPACE III), the Legal Subcommittee at its thirty-ninth session, in 2000, international organizations and other scientific meetings (A/AC.105/736, para. 39).

At its thirty-eighth session, in 2001, the Subcommittee agreed to establish a workplan for the period from 2002 to 2005 (A/AC.105/761, para. 130) with the goal of expediting international adoption of voluntary debris mitigation measures. In addition to the plan to address debris mitigation measures, it was envisaged that member States and international organizations would continue to report on research and other relevant aspects of space debris.

In accordance with that workplan, at the fortieth session of the Subcommittee, in 2003, the Inter-Agency Space Debris Coordination Committee (IADC) presented its proposals on debris mitigation, based on consensus among the IADC members. At the same session, the Subcommittee began its review of the proposals and discussed means of endorsing their utilization.

At its forty-first session, in 2004, the Subcommittee established a working group to consider comments from member States on the above-mentioned proposals of IADC on debris mitigation. The Working Group recommended that interested member States, observers to the Subcommittee and members of IADC become involved in updating the IADC proposals on space debris mitigation for the Working Group's consideration at the next session of the Subcommittee.

During the forty-second session of the Subcommittee, in 2005, the Working Group agreed on a set of considerations for space debris mitigation guidelines and prepared a new workplan for the period from 2005 to 2007, which was subsequently adopted by the Subcommittee. The Working Group also agreed on the text of the revised draft space debris mitigation guidelines (A/AC.105/848, annex II, paras. 5-6), submitted the text to the Subcommittee for its consideration and recommended that the revised draft space debris mitigation guidelines be circulated at the national level to secure consent for adoption of the guidelines by the Subcommittee at its forty-fourth session, in 2007.

At its forty-fourth session, in 2007, the Subcommittee adopted the space debris mitigation guidelines (A/AC.105/890, para. 99).

At its fiftieth session, in 2007, the Committee endorsed the space debris mitigation guidelines and agreed that its approval of those voluntary guidelines would increase mutual understanding on acceptable activities in space and thus enhance stability in space-related matters and decrease the likelihood of friction and conflict (A/62/20, paras. 118-119).

In its resolution 62/217 of 22 December 2007, the General Assembly endorsed the Space Debris Mitigation Guidelines of the Committee on the Peaceful Uses of Outer Space and agreed that the voluntary guidelines for the mitigation of space debris reflected the existing practices as developed by a number of national and international organizations, and invited Member States to implement those guidelines through relevant national mechanisms.

Space Debris Mitigation Guidelines of the Committee on the Peaceful Uses of Outer Space

1. Background

Since the Committee on the Peaceful Uses of Outer Space published its Technical Report on Space Debris in 1999,[1] it has been a common understanding that the current space debris environment poses a risk to spacecraft in Earth orbit. For the purpose of this document, space debris is defined as all man-made objects, including fragments and elements thereof, in Earth orbit or re-entering the atmosphere, that are non-functional. As the population of debris continues to grow, the probability of collisions that could lead to potential damage will consequently increase. In addition, there is also the risk of damage on the ground, if debris survives Earth's atmospheric re-entry. The prompt implementation of appropriate debris mitigation measures is therefore considered a prudent and necessary step towards preserving the outer space environment for future generations.

Historically, the primary sources of space debris in Earth orbits have been (a) accidental and intentional break-ups which produce long-lived debris and (b) debris released intentionally during the operation of launch vehicle orbital stages and spacecraft. In the future, fragments generated by collisions are expected to be a significant source of space debris.

Space debris mitigation measures can be divided into two broad categories: those that curtail the generation of potentially harmful space debris in the near term and those that limit their generation over the longer term. The former involves the curtailment of the production of mission-related space debris and the avoidance of break-ups. The latter concerns end-of-life procedures that remove decommissioned spacecraft and launch vehicle orbital stages from regions populated by operational spacecraft.

2. Rationale

The implementation of space debris mitigation measures is recommended since some space debris has the potential to damage spacecraft, leading to loss of mission, or loss of life in the case of manned spacecraft. For manned flight orbits, space debris mitigation measures are highly relevant due to crew safety implications.

A set of mitigation guidelines has been developed by the Inter-Agency Space Debris Coordination Committee (IADC), reflecting the fundamental mitigation elements of a series of existing practices, standards, codes and handbooks developed by a number of national and international organizations. The Committee on the Peaceful Uses of Outer

---

[1] United Nations publication, Sales No. E.99.I.17.

Space acknowledges the benefit of a set of high-level qualitative guidelines, having wider acceptance among the global space community. The Working Group on Space Debris was therefore established (by the Scientific and Technical Subcommittee of the Committee) to develop a set of recommended guidelines based on the technical content and the basic definitions of the IADC space debris mitigation guidelines, and taking into consideration the United Nations treaties and principles on outer space.

3. Application

Member States and international organizations should voluntarily take measures, through national mechanisms or through their own applicable mechanisms, to ensure that these guidelines are implemented, to the greatest extent feasible, through space debris mitigation practices and procedures.

These guidelines are applicable to mission planning and the operation of newly designed spacecraft and orbital stages and, if possible, to existing ones. They are not legally binding under international law.

It is also recognized that exceptions to the implementation of individual guidelines or elements thereof may be justified, for example, by the provisions of the United Nations treaties and principles on outer space.

4. Space debris mitigation guidelines

The following guidelines should be considered for the mission planning, design, manufacture and operational (launch, mission and disposal) phases of spacecraft and launch vehicle orbital stages:

Guideline 1:   Limit debris released during normal operations

Space systems should be designed not to release debris during normal operations. If this is not feasible, the effect of any release of debris on the outer space environment should be minimized.

During the early decades of the space age, launch vehicle and spacecraft designers permitted the intentional release of numerous mission-related objects into Earth orbit, including, among other things, sensor covers, separation mechanisms and deployment articles. Dedicated design efforts, prompted by the recognition of the threat posed by such objects, have proved effective in reducing this source of space debris.

Guideline 2:   Minimize the potential for break-ups during operational phases

Spacecraft and launch vehicle orbital stages should be designed to avoid failure modes which may lead to accidental break-ups. In cases where a condition leading to such a failure is detected, disposal and passivation measures should be planned and executed to avoid break-ups.

Historically, some break-ups have been caused by space system malfunctions, such as catastrophic failures of propulsion and power systems. By incorporating potential break-up scenarios in failure mode analysis, the probability of these catastrophic events can be reduced.

Guideline 3:   Limit the probability of accidental collision in orbit

In developing the design and mission profile of spacecraft and launch vehicle stages, the probability of accidental collision with known objects during the system's launch phase and orbital lifetime should be estimated and limited. If available orbital data indicate a potential collision, adjustment of the launch time or an on-orbit avoidance manoeuvre should be considered.

Some accidental collisions have already been identified. Numerous studies indicate that, as the number and mass of space debris increase, the primary source of new space debris is likely to be from collisions. Collision avoidance procedures have already been adopted by some member States and international organizations.

Guideline 4:   Avoid intentional destruction and other harmful activities

Recognizing that an increased risk of collision could pose a threat to space operations, the intentional destruction of any on-orbit spacecraft and launch vehicle orbital stages or other harmful activities that generate long-lived debris should be avoided. When intentional break-ups are necessary, they should be conducted at sufficiently low altitudes to limit the orbital lifetime of resulting fragments.

Guideline 5:   Minimize potential for post-mission break-ups resulting from stored energy

In order to limit the risk to other spacecraft and launch vehicle orbital stages from accidental break-ups, all on-board sources of stored energy should be depleted or made safe when they are no longer required for mission operations or post-mission disposal.

By far the largest percentage of the catalogued space debris population originated from the fragmentation of spacecraft and launch vehicle orbital stages. The majority of those break-ups were unintentional, many arising from the abandonment of spacecraft and launch vehicle orbital stages with significant amounts of stored energy. The most effective mitigation measures have been the passivation of spacecraft and launch vehicle orbital stages at the end of their mission. Passivation requires the removal of all forms of stored energy, including residual propellants and compressed fluids and the discharge of electrical storage devices.

Guideline 6:   Limit the long-term presence of spacecraft and launch vehicle orbital stages in the low-Earth orbit (LEO) region after the end of their mission

Spacecraft and launch vehicle orbital stages that have terminated their operational phases in orbits that pass through the LEO region should be removed from orbit in a controlled fashion. If this is not possible, they should be disposed of in orbits that avoid their long-term presence in the LEO region.

When making determinations regarding potential solutions for removing objects from LEO, due consideration should be given to ensuring that debris that survives to reach the surface of the Earth does not pose an undue risk to people or property, including through environmental pollution caused by hazardous substances.

Guideline 7:   Limit the long-term interference of spacecraft and launch vehicle orbital stages with the geosynchronous Earth orbit (GEO) region after the end of their mission

Spacecraft and launch vehicle orbital stages that have terminated their operational phases in orbits that pass through the GEO region should be left in orbits that avoid their long-term interference with the GEO region.

For space objects in or near the GEO region, the potential for future collisions can be reduced by leaving objects at the end of their mission in an orbit above the GEO region such that they will not interfere with, or return to, the GEO region.

5. Updates

Research by Member States and international organizations in the area of space debris should continue in a spirit of international cooperation to maximize the benefits of space debris mitigation initiatives. This document will be reviewed and may be revised, as warranted, in the light of new findings.

6. Reference

The reference version of the IADC space debris mitigation guidelines at the time of the publication of this document is contained in the annex to document A/AC.105/C.1/L.260.

For more in-depth descriptions and recommendations pertaining to space debris mitigation measures, Member States and international organizations may refer to the latest version of the IADC space debris mitigation guidelines and other supporting documents, which can be found on the IADC website (www.iadc-online.org).

WORKING DOCUMENT

REVISED DRAFT

INTERNATIONAL CODE OF CONDUCT FOR OUTER SPACE ACTIVITIES

Preamble

The Subscribing States

Considering that the activities of exploration and use of outer space for peaceful purposes play a growing role in the economic, social, and cultural development of nations, in the management of global issues such as the preservation of the environment, disaster management, the strengthening of national security, and in sustaining international peace;

Noting that all States should actively contribute to the promotion and strengthening of international cooperation relating to these activities;

Recognising the need for the widest possible adherence to relevant existing international instruments that promote the peaceful uses of outer space, in order to meet existing and emerging new challenges;

Further recognising that space capabilities - including associated ground and space segments and supporting links - are vital to national security and to the maintenance of international peace and security;

Recalling the initiatives aiming at promoting a peaceful, safe, and secure outer space environment, through international cooperation;

Recalling the importance of developing transparency and confidence-building measures for activities in outer space;

Considering the importance of the sustainable use of outer space for future generations;

Taking into account that space debris affects the sustainable use of outer space, constitutes a hazard to outer space activities and potentially limits the effective deployment and utilisation of associated outer space capabilities;

Stressing that the growing use of outer space increases the need for greater transparency and better information exchange among all actors conducting outer space activities;

Convinced that the formation of a set of best practices aimed at ensuring security in outer space could become a useful complement to international law as it applies to outer space;

Reaffirming their commitment to resolve any dispute concerning another State's actions in outer space by peaceful means;

Recognising that a comprehensive approach to safety and security in outer space should be guided by the following principles: (i) freedom of access to space for peaceful purposes; (ii) preservation of the security and integrity of space objects in orbit; and (iii) due consideration for the legitimate defence interests of States;

Conscious that a comprehensive code, including transparency and confidence-building measures could contribute to promoting mutual understandings;

Without prejudice to future work in other appropriate international *fora* such as the Conference on Disarmament and the United Nations Committee on the Peaceful Uses of Outer Space;

Adhere to the following Code of Conduct for Outer Space Activities (hereinafter referred to as the "Code").

I. Purpose, Scope and General Principles

1.   Purpose and Scope

1.1.   The purpose of this Code is to enhance the security, safety and sustainability of all outer space activities.

1.2.	This Code addresses all outer space activities conducted by a Subscribing State or jointly with other States or by non-governmental entities under the jurisdiction of a Subscribing State, including those activities conducted within the framework of international intergovernmental organisations.

1.3.	This Code, in endorsing best practices, contributes to transparency and confidence-building measures and is complementary to the normative framework regulating outer space activities.

1.4.	This Code is not legally binding. Adherence to this Code and to the measures contained in it is voluntary and open to all States.

## 2.	General Principles

The Subscribing States decide to abide by the following principles:

-	the freedom for all States, in accordance with international law, to access, to explore, and to use outer space for peaceful purposes without interference, fully respecting the security, safety and integrity of space objects and consistent with internationally accepted practices, operating procedures, technical standards and policies associated with the long-term sustainability of outer space activities, including, *inter alia*, the safe conduct of outer space activities;

-	the inherent right of individual or collective self-defence as recognised in the United Nations Charter;

-	the responsibility of States to take all appropriate measures and cooperate in good faith to prevent harmful interference in outer space activities; and

-	the responsibility of States, in the conduct of scientific, civil, commercial and military activities, to promote the peaceful exploration and use of outer space and to take all appropriate measures to prevent outer space from becoming an arena of conflict.

## 3.	Compliance with and Promotion of Treaties, Conventions and Other Commitments Relating to Outer Space Activities

The Subscribing States reaffirm their commitment to the existing legal framework relating to outer space activities. They reiterate their support to encouraging efforts in order to promote universal adoption, implementation, and full adherence to the instruments to which they are parties or subscribe to:

(a)   existing international legal instruments regulating outer space activities, including:

- the Treaty on Principles Governing the Activities of States in the Exploration and Use of Outer Space, including the Moon and Other Celestial Bodies (1967);

- the Agreement on the Rescue of Astronauts, the Return of Astronauts and the Return of Objects Launched into Outer Space (1968);

- the Convention on International Liability for Damage Caused by Space Objects (1972);

- the Convention on Registration of Objects Launched into Outer Space (1975);

- the Constitution and Convention of the International Telecommunication Union and its Radio Regulations, as amended;

- the Treaty Banning Nuclear Weapon Tests in the Atmosphere, in Outer Space and under Water (1963) and the Comprehensive Nuclear Test Ban Treaty (1996).

(b)   declarations, principles and recommendations, including:

- International Co-operation in the Peaceful Uses of Outer Space adopted by the United Nations General Assembly's (UNGA) Resolution 1721 (December 1961);

- the Declaration of Legal Principles Governing the Activities of States in the Exploration and Use of Outer Space as adopted in UNGA Resolution 1962 (XVIII) (1963);

- the Principles Relevant to the Use of Nuclear Power Sources in Outer Space as adopted by UNGA Resolution 47/68 (1992);

- the Declaration on International Cooperation in the Exploration and Use of Outer Space for the Benefit and in the Interest of All States, Taking into Particular Account the Needs of Developing Countries as adopted by UNGA Resolution 51/122 (1996);

- the International Code of Conduct against Ballistic Missile Proliferation (2002), as endorsed in UNGA Resolutions 59/91 (2004), 60/62 (2005), 63/64 (2008), and 65/73 (2010);
- the Recommendations on Enhancing the Practice of States and International Intergovernmental Organisations in Registering Space Objects as endorsed in UNGA Resolution 62/101 (2007);
- the Space Debris Mitigation Guidelines of the United Nations Committee for the Peaceful Uses of Outer Space, as endorsed in UNGA Resolution 62/217 (2007).

II. Safety, Security and Sustainability of Outer Space Activities

4. Measures on Space Operations and Mitigation of Space Debris

4.1. The Subscribing States commit to establish and implement policies and procedures to minimise the possibility of accidents in space, collisions between space objects or any form of harmful interference with another State's peaceful exploration, and use, of outer space.

4.2. The Subscribing States commit, in conducting outer space activities, to:
- refrain from any action which brings about, directly or indirectly, damage, or destruction, of space objects unless such action is conducted to reduce the creation of outer space debris or is justified by the inherent right of individual or collective self-defence as recognised in the United Nations Charter or by imperative safety considerations, and where such exceptional action is necessary, that it be undertaken in a manner so as to minimise, to the greatest extent possible, the creation of space debris and, in particular, the creation of long-lived space debris;
- take appropriate measures to minimize the risk of collision; and
- make progress towards adherence to, and implementation of International Telecommunication Union regulations on allocation of radio spectra and orbital assignments.

4.3 In order to minimise the creation of outer space debris and to mitigate its impact in outer space, the Subscribing States commit to avoid, to the greatest extent possible, any activities which may generate long-lived space debris. To that purpose, they commit to adopt and implement, in accordance with their own internal processes, the appropriate policies and procedures or other effective measures in order to implement the Space Debris Mitigation Guidelines of the United Nations Committee for the Peaceful Uses of Outer Space as endorsed by UNGA Resolution 62/217 (2007).

4.4. When executing manoeuvres of space objects, for example, to supply space stations, repair space objects, mitigate debris, or reposition space objects, the Subscribing States commit to take all reasonable measures to minimise the risks of collision.

5. Promotion of Relevant Measures in other Fora

The Subscribing States commit to promote the development of guidelines for outer space operations within the appropriate international *fora*, such as the Conference on Disarmament and the United Nations Committee on the Peaceful Uses of Outer Space, for the purpose of protecting the safety and security of outer space operations and the long-term sustainability of outer space activities.

III. Cooperation Mechanisms

6. Notification of Outer Space Activities

6.1. The Subscribing States commit to notify, in a timely manner, to the greatest extent possible and practicable, all potentially affected Subscribing States on the outer space activities conducted which are relevant for the purposes of this Code, including:

- scheduled manoeuvres which may result in dangerous proximity to the space objects of both Subscribing and non-Subscribing States;
- pre-notification of launch of space objects;
- collisions, break-ups in orbit, and any other destruction of a space object(s) which have taken place generating measurable orbital debris;
- predicted high-risk re-entry events in which the re-entering space object or residual material from the re-entering space object would likely cause potential significant damage or radioactive contamination;
- malfunctioning of space objects which could result in a significantly increased probability of a high risk re-entry event or a collision between space objects.

6.2. The Subscribing States commit to provide the notifications described above to all potentially affected States, including non-Subscribing States where appropriate, through diplomatic channels, or by any other method as may be mutually agreed, or through the Central Point of Contact to be established under section 11. In notifying the Central Point of Contact, the Subscribing States should identify, if applicable, the potentially affected States. The Central Point of Contact should ensure the timely distribution of the notifications to all Subscribing States.

7.   Registration of Space Objects

The Subscribing States commit to register, in a timely manner, space objects in accordance with the Convention on Registration of Objects Launched into Outer Space and to provide the United Nations Secretary-General with the relevant data as set forth in this Convention and in the Recommendations on Enhancing the Practice of States and International Intergovernmental Organisations in Registering Space Objects, as endorsed by UNGA Resolution 62/101 (2007).

8.   Information on Outer Space Activities

8.1. The Subscribing States commit to share, on an annual basis, where available and appropriate, information on:
-    their space policies and strategies;
-    their space policies and procedures to prevent and minimise the possibility of accidents, collisions or other forms of harmful interference and the creation of space debris; and
-    efforts taken in order to promote universal adoption and adherence to legal and political regulatory instruments concerning outer space activities.

8.2. The Subscribing States may also consider providing timely information on outer space environmental conditions and forecasts to the governmental agencies and the relevant non-governmental entities of all space faring nations, collected through their space situational awareness capabilities.

9.   Consultation Mechanism

9.1. Without prejudice to existing consultation mechanisms provided for in Article IX of the Outer Space Treaty of 1967 and in Article 56 of the ITU Constitution, the Subscribing States have decided on the creation of the following consultation mechanism:

- A Subscribing State or States that may be directly affected by certain outer space activities conducted by a Subscribing State or States and has reason to believe that those activities are, or may be contrary to the commitments made under this Code may request consultations with a view to achieving mutually acceptable solutions regarding measures to be adopted in order to prevent or minimise the potential risks of damage to persons or property, or of potentially harmful interference to a Subscribing State's outer space activities.

- The Subscribing States involved in a consultation process commit to:
  - consult through diplomatic channels or by other methods as may be mutually determined; and
  - work jointly and cooperatively in a timeframe sufficiently urgent to mitigate or eliminate the identified risk initially triggering the consultations.
- Any other Subscribing State or States which has reason to believe that its outer space activities would be directly affected by the identified risk may take part in the consultations if it requests so, with the consent of the Subscribing State or States which requested consultations and the Subscribing State or States which received the request.
- The Subscribing States participating in the consultations will seek mutually acceptable solutions in accordance with international law.

9.2. In addition, the Subscribing States may propose to create, on a case-by-case basis, independent, *ad hoc* fact-finding missions to investigate specific incidents affecting space objects and to collect reliable and objective information facilitating their assessment. These fact-finding missions, to be established by the Meeting of the Subscribing States, should utilise information provided on a voluntary basis by the Subscribing States, subject to national laws and regulations, and a roster of internationally recognised experts to undertake an investigation. The findings and any recommendations of these experts will be advisory, and will not be binding upon the Subscribing States involved in the incident that is the subject of the investigation.

IV. Organisational Aspects

10.   Meeting of Subscribing States

10.1. The Subscribing States decide to hold meetings biennially or as otherwise decided by the Subscribing States, to define, review and further develop this Code and ensure its effective implementation. The agenda for such meetings could include: (i) review of the implementation of the Code, (ii) evolution of the Code, and (iii) discussion of additional measures which may be necessary, including those due to advances in the development of space technologies and their application.

10.2. The decisions at such meetings, both substantive and procedural, are to be taken by consensus of the Subscribing States present.

10.3. Any Subscribing State may propose modifications to this Code. Modifications apply to Subscribing States upon acceptance by all Subscribing States.

10.4. The results of the Meeting of Subscribing States are to be brought in an appropriate manner to the attention of relevant international fora including the United Nations Committee on Peaceful Uses of Outer Space (COPUOS) and the Conference on Disarmament (CD).

11.   Central Point of Contact

A Central Point of Contact to be established by Subscribing States will:
-    receive and announce the subscription of additional States;
-    maintain an electronic database and communications system;
-    serve as secretariat at the Meetings of Subscribing States; and
-    carry out other tasks as determined by the Subscribing States.

12.   Outer Space Activities Database

12.1. The Subscribing States commit to creating an electronic database and communications system, which should be used exclusively for their benefit in order to:
-    collect and disseminate notifications and information submitted in accordance with the provisions of this Code; and
-    serve as a mechanism to channel requests for consultations.

12.2. Funding the development and maintenance of the Outer Space Activities Database will be agreed by the Meeting of Subscribing States.

13. Participation by Regional Integration Organisations and International Intergovernmental Organisations

In this Code, references to Subscribing States are intended to apply, upon their acceptance:

- To any regional integration organisation which has competences over matters covered by this Code, without prejudice to the competences of its member States.

- With the exception of sections 10 to 12 inclusive: To any international intergovernmental organisation which conducts outer space activities if a majority of the States members of the organisation are Subscribing States to this Code.

색 인

박원화 ───

　고려대학교(신문방송, 국제법, 항공법 전공)
　프랑스 국제행정학원(국제정치학 전공)
　캐나다 맥길대학교(항공우주법 전공)

　제8회 외무고시 합격, 외교부 근무 시작
　외교부 국제기구 과장, 정책기획국장
　기후변화협약 실천 1997년 교토의정서 채택 교섭 한국 수석 대표
　주(駐) 남아프리카공화국, 스위스 한국대사

　국제상설재판소(PCA) 우주활동 분쟁 중재재판관(2012.6.15)
　INTELSAT 법률전문가(1990~1994년)
　한국항공대학교 항공우주법 교수(2009년~)
　국제우주법학회(IISL) 회원(2011년~)
　공무원시험 출제위원

　『항공법 제3판』(2009)
　『우주법 제2판』(2009)
　『국제항공법』(2011)
　『국제항공법 제2판』(2012)
　『항공사법』(2012)
　기타 국내외 저널 논문 다수

정영진 ───

　프랑스 파리11대학교(Université Paris-Sud 11) 법학 박사(우주법)
　한국항공우주연구원(KARI) 선임연구원

우주법

제3판

초 판 인 쇄 ｜ 2012년 11월 23일
초 판 발 행 ｜ 2012년 11월 23일

지 은 이 ｜ 박원화 · 정영진
펴 낸 이 ｜ 채종준
펴 낸 곳 ｜ 한국학술정보㈜
주　　　소 ｜ 경기도 파주시 문발동 파주출판문화정보산업단지 513-5
전　　　화 ｜ 031) 908-3181(대표)
팩　　　스 ｜ 031) 908-3189
홈 페 이 지 ｜ http://ebook.kstudy.com
E - m a i l ｜ 출판사업부　publish@kstudy.com
등　　　록 ｜ 제일산-115호(2000. 6. 19)

ISBN　　　978-89-268-3911-9 93360 (Paper Book)
　　　　　978-89-268-3912-6 95360 (e-Book)